食用菌栽培与利用

SHIYONGJUN ZAIPEI YU LIYONG

杨 军 罗帮州 姚 昕 兰明先◎著

中国纺织出版社有限公司

图书在版编目（CIP）数据

食用菌栽培与利用 / 杨军等著. --北京：中国纺织出版社有限公司，2023.11

ISBN 978-7-5229-1009-3

Ⅰ. ①食… Ⅱ. ①杨… Ⅲ. ①食用菌–蔬菜园艺②食用菌–资源利用 Ⅳ. ①S646

中国国家版本馆 CIP 数据核字（2023）第 175000 号

责任编辑：毕仕林 国 帅 责任校对：高 涵
责任印制：王艳丽 特约编辑：金 鑫

中国纺织出版社有限公司出版发行
地址：北京市朝阳区百子湾东里 A407 号楼 邮政编码：100124
销售电话：010—67004422 传真：010—87155801
http://www.c-textilep.com
中国纺织出版社天猫旗舰店
官方微博 http://weibo.com/2119887771
三河市宏盛印务有限公司印刷 各地新华书店经销
2023 年 11 月第 1 版第 1 次印刷
开本：710×1000 1/16 印张：21
字数：388 千字 定价：98.00 元

凡购本书，如有缺页、倒页、脱页，由本社图书营销中心调换

前　言

　　食用菌是人类重要的食物资源，是具有巨大潜力的健康食品。我国是食用菌栽培产业的超级大国，随着现代农业技术、生物科学技术、设施栽培等方面的发展进步，我国食用菌栽培在实践操作性、技术创新性方面越发突出，栽培种植技术日臻完善，逐步朝着专业化、规模化、工厂化的方向发展。据统计，2021年全国食用菌产量达4133.94万吨，产值3475.63亿元，食用菌产业现已成为我国仅次于粮、油、果、菜之后的第五农业产业。

　　为适应现代食用菌产业的发展与农业产业结构的调整，促进食用菌产业的蓬勃发展，笔者深入生产一线调研食用菌生产中存在的难点和疑点并总结经验，同时参考大量国内外权威文献和研究成果，力求本书内容尽量丰富、系统。

　　全书内容共7章，包括食用菌栽培概述、食用菌菌种生产、常规食用菌高效栽培、珍稀食用菌高效栽培、食用菌病虫害防控、食用菌贮藏保鲜与加工和菌渣综合利用。全书内容重点突出、知识新颖、实用性强，可为相关产业从业者和科技工作者提供思路借鉴和理论参考。

　　本书得到了攀西特色作物研究与利用四川省重点实验室校内发展基金项目（XNFZ21010）的资助，撰写过程中汲取了各地的先进经验，在此向所有的著者和业内工作者致以最诚挚的谢意！由于时间仓促、编者水平有限，书中难免存在不妥之处，亟待后续研究加强和完善，敬请广大专家、同行和读者批评指正，以便再版时修订。

著　者

2023年8月

目　　录

第一章　食用菌栽培概述

第一节　食用菌栽培历史与产业发展

食用菌不是生物分类学上的名词，而是指真菌中能形成大型子实体或菌核并能供食用的种类，常被称作"菇""蕈""菌""蘑""耳"。常见的食用菌有香菇、平菇、金针菇、草菇、蘑菇、木耳、银耳、猴头、松茸、口蘑、红菇、牛肝菌、羊肚菌、灵芝、猪苓、虫草等。其中，具有肉质或胶质子实体且营养丰富、味道鲜美的大型真菌，称为食用菌，如平菇、香菇、金针菇、草菇、木耳等；含有药用成分，具有滋补人体、延年益寿、防癌、抗癌等特殊功效的真菌，称为药用真菌，如猴头、银耳、灵芝、猪苓、虫草等；还有一些种类既能药用又可食用，如猴头、竹荪、银耳等。食用菌属于菌物界真菌门中的担子菌亚门和子囊菌亚门，其中大约有90%的食用菌属于担子菌亚门，约10%属于子囊菌亚门。食用菌有"五不争"优势，即"不与人争粮""不与粮争地""不与地争肥""不与农争时""不与其他争资源"，目前已成为我国继粮、油、蔬、果后的第5大农业种植业。

一、食用菌的认识和利用

中国是世界四大文明古国之一，也是认识和利用食用菌最早的国家，其历史可以追溯到公元前4000年到公元前3000年的仰韶文化时期。公元前235年《吕氏春秋·本味篇》有"味之美者，越骆之菌"的记载。古农书中关于种菌法的最早记载可以追溯到唐代韩鄂所著的《四时纂要》中"种菌子"的一段："取烂构木及叶，于地埋之。常以泔浇令湿，两三日即生。又法：畦中下烂粪，取构木可长六七尺，截断碾碎。如种菜法，于畦中匀布，土盖。水浇长令润。如初有小菌子，仰杷推之，明旦又出，亦推之。三度后，出者甚大，即收食之。"这一记述，虽仅寥寥几十字，却包含着深奥的科学原理，含有现代食用菌栽培技术的基本要素——基质、菌种、温湿度控制。著名农学史家石声汉先生考证认为，从这一培植方法看，所指应是现称为金针菇的食用菌。金针菇在我国也曾俗称构菌。早在公元7世纪，我国人民就提出了木耳的人工接种和培植的方法。这在唐代苏恭所著《唐本草注》有所记述："桑、槐、楮、榆、柳，此为五木耳……煮浆粥，安诸木上，以草覆之，即生蕈耳。"香菇栽培 800 年前起源于我国浙江庆元、景宁、龙泉一带。吴三公发明了砍花栽培法，随之又发明了"敲木惊蕈"促菇技术。《广东通》（1822 年）记载草菇栽培起源于我国广东韶关的南华寺。据张树庭教授考证，其栽培技术由我国华侨传入东南亚。

我国特有传统栽培种类银耳起源于四川通江。据记载，通江银耳至少在清同治四年（1865 年）已有大规模人工栽培。为了保护银耳的生态环境，1898 年银耳农组织的耳山会立下"银耳碑"，规定不准在耳林中放牛割草、打猎采集、铲山灰和烧荒。

二、食用菌的驯化栽培

研究发现，自然界的菌物有 150 万种以上，其中大型真菌至少有 14 万种。目前世界范围内存在的真菌种类约有 10 万种，其中有 2300 余种为食药用菌。目前我国菌物约有 1.6 万种，其中食用菌大约有 1000 种，被广泛栽培和食用的有 200 种左右。在远古时代，人类对食用菌的利用完全来自野生环境的采集。经历几千年对食用菌形态、生境、习性的仔细观察，人类开始了食用菌的驯化栽培，我国食用菌栽培种类有 70~80 种，其中形成商业栽培地的有 50 余种，具有一定生产规模的有近 30 种，在报道的首次人工栽培的食用菌中，最早的栽培记录多数都在我国（表1-1）。当前进行人工栽培的食用菌绝大多数都是木腐菌，少数是草腐菌、土生菌、虫生菌。规模化商业栽培的种类几乎全部是木腐菌和草腐菌。我国栽培种类虽然丰富，主要产量仍然来自木腐菌类型。

表 1-1　食用菌主要栽培种类的首次栽培记录

中文名	首次栽培记录时间	栽培发源地
黑木耳	581 年~600 年	中国
金针菇	800 年	中国
茯苓	1232 年	中国
香菇	1000 年	中国
双孢蘑菇	1600 年	法国
草菇	1700 年	中国
银耳	1800 年	中国
糙皮侧耳	1900 年	美国
阿魏侧耳	1958 年	法国
杏鲍菇	1958 年	法国

中文名	首次栽培记录时间	栽培发源地
小孢鳞伞	1958 年	日本
猴头	1960 年	中国
泡囊侧耳（鲍鱼菇）	1969 年	中国
巴氏蘑菇	1970 年	日本
斑玉蕈	1973 年	日本
肺形侧耳	1974 年	印度
毛木耳	1975 年	中国
毛头鬼伞	1978 年	欧洲
高大环柄菇	1979 年	印度
大杯伞	1980 年	中国
金顶侧耳	1981 年	中国
竹荪 3 种	1982 年	中国
晚季亚侧耳	1982 年	中国
长根小奥德蘑	1982 年	中国
灰树花	1983 年	中国
蜜环菌	1983 年	中国
绣球菌	1985 年	中国
羊肚菌	1986 年	美国
白灵侧耳	1987 年	中国
蛹虫草	1987 年	中国
榆耳	1988 年	中国
猪苓多孔菌	1989 年	中国
蒙古白丽蘑	1990 年	中国

数据来源：黄年来.18 种珍稀美味食用菌栽培［M］. 北京：中国农业出版社，1997.

三、食用菌产业发展情况

（一）国外食用菌产业发展基本情况

欧洲工业革命后，随着微生物学、真菌学、遗传学、生理学等学科的发展，德国、法国、英国、美国、日本等把食用菌的栽培和加工业推进到科学化的阶段，并发展成为重要的产业。1905 年，Duggar 发明并公布了双孢蘑菇的菌种纯培养方法。1932 年，Sinden 发明了双孢蘑菇谷粒种的菌种制作技术，20 世纪 30 年代末，在纯菌种和谷粒种的基础上，标准化菇房在美国诞生，纯菌种、谷粒种、标准化菇房极大地促进了双孢蘑菇产量的提高，推动了欧美工业化国家食用菌生产的工业化、集约化和产业化进程。在此基础上，20 世纪 60 年代中后期，欧美双孢蘑菇形成了菌种和栽培的明确专业分工，实现了工业化栽培。从第二次世界大战期间开始，欧美的双孢蘑菇产量迅速增加，至今一直呈稳定增长。

日本是食用菌栽培多样化的国家，在 20 世纪 20 年代末首先制成香菇的纯培养菌种，20 世纪 50 年代后迅速发展香菇段木栽培技术，其段木香菇的人工纯菌种技术、人工接种技术和科学化的栽培管理，引领世界香菇产业发展达半个世纪之久。20 世纪 50~70 年代是日本香菇的黄金发展期，1960 年日本产香菇 4.8 万吨，1970 年升至 16 万吨，1970~1990 年产量基本稳定。随着社会的工业化和信息化，香菇的农业方式生产逐渐被削弱，产量持续下降。20 世纪 70 年代初，日本完成瓶栽模式的木腐菌工厂化栽培技术的研发并投入生产。此后，工厂化食用菌生产规模稳步扩大。工厂化栽培种类从 20 世纪 70 年代的一种金针菇，逐渐增加到 2000 年的滑菇、灰树花、杏鲍菇、白灵菇、斑玉蕈、离褶伞、香菇等数种，成为木腐食用菌工厂化技术领先的国家。

第二次世界大战后，荷兰、美国、日本等发达国家的食用菌生产趋于工厂化、机械化和集约化。20 世纪 60 年代，欧洲、北美洲的食用菌产量占世界总产量的 90%以上。20 世纪 70 年代，东南亚的发展中国家和地区如中国、韩国等，食用菌生产发展速度大大超过欧洲和美国，居世界前列。近年来，全球食用菌产量基本稳定，除中国之外超过 10 万吨产量的国家全球仅有 10 个，按产量依次是美国、日本、荷兰、韩国、波兰、越南、西班牙、法国、泰国、英国。全球栽培食用菌市值约 350 亿美元，药用菌产品约为 150 亿美元，总计约 500 亿美元。主要出口国有中国、荷兰、波兰、英国、西班牙、法国、越南、印度、日本和韩国等。

（二）我国食用菌产业发展基本情况

我国地域辽阔，生态环境多样，食用菌资源非常丰富。据统计，我国可食用菌多达 720 种，分 44 个科，143 属，几乎包揽了世界上已知的重要食用菌种类。我国人工栽培成功的食用菌品种已由 20 世纪的百余种发展到 260 多种；已商品化生产的品种也由过去的 20 多种发展到 50 多种。表 1-2 为部分我国已经人工栽培的食用菌。

表 1-2　我国已经人工栽培的食用菌（部分）

名称	商品名（或别名）	名称	商品名（或别名）
1. 双孢蘑菇	白蘑菇、双孢菇、洋蘑菇	19. 杨树菇	柳松菇、柳环菇
2. 双环蘑菇	大肥菇、高温蘑菇、美味蘑菇、高温洋菇	20. 茶薪菇	茶树菇
3. 金针菇	冬菇、金针蘑	21. 毛头鬼伞	鸡腿菇
4. 香菇	花菇、厚菇、香信、香蕈	22. 小孢毛头鬼伞	白鸡腿菇
5. 虎奶菇	虎奶菌、南洋茯苓	23. 高大环柄菇	棉花菇
6. 大斗菇	巨大香菇	24. 巨大口蘑	金福菇、仁王口蘑
7. 草菇	秆菇、麻菇、美味苞脚菇	25. 灰离褶伞	松毛菌
8. 银丝草菇	树生草菇、丝盖苞脚菇	26. 紫丁香蘑	裸口蘑
9. 姬松茸	巴西蘑菇、巴西菇	27. 黑木耳	细木耳、川耳、云耳
10. 皱环球盖菇	大球盖菇	28. 毛木耳	粗木耳、牛皮木耳、黄背木耳、白背木耳
11. 平菇	侧耳、北风菌	29. 琥珀褐木耳	斤耳、黄褐木耳
12. 美味侧耳	紫孢平菇	30. 皱木耳	砂木耳、网纹木耳
13. 凤尾菇	印度平菇	31. 银耳	白木耳、雪耳、通江银耳
14. 亚侧耳	黄蘑、元蘑、晚生北风菌	32. 金耳	云南黄木耳
15. 榆黄蘑	金顶侧耳	33. 阿魏侧耳	阿魏菇（含白灵菇）
16. 猴头菌	猴头菇	34. 榆耳	榆蘑
17. 白黄侧耳	姬菇、小平菇、美味侧耳	35. 灰树花	舞茸、栗蘑、云蕈
18. 刺芹侧耳	杏鲍菇、刺芹菇、干贝菇	36. 牛舌菌	牛排菌、肝脏菌

数据来源：黄年来．我国食用菌产业的现状与未来［J］．中国食用菌，2000，19（4）：3.

　　如表 1-3 所示，近年来，我国食用菌产业发展较快，产量从 1978 年的 5.8 万吨发展到 2021 年的 4133.94 万吨，增长率达 711.74%。随着科学技术研究的不断深入，食用菌栽培技术不断进步，同时由于消费者需求的结构升级，越来越多的食用菌成功实现了商业化栽培，并进入消费市场，我国食用菌产能不断增加。1990年，我国食用菌年产量突破 100 万吨，2000 年达到 663.70 万吨，2003 年我国食用菌年产量首次突破 1000 万吨大关。这一时期，食用菌已成为我国农村经济中极具活力的新兴产业，是我国农业产业结构调整中的重要组成部分。2010—2021 年，全国食用菌总产值由 1413.22 亿元增长至 2021 年的 3475.63 亿元，近 11 年间增量约2062.41 亿元、增幅约 145.17%、年均复合增长率约 9.38%，整体增速明显高于产量增速。据中国食用菌协会的统计调查，2021 年全国食用菌总产量为 4133.94 万吨（鲜品），较 2011 年的 2571.84 万吨增长了约 60.73%，比 2020 年的 4061.42 万吨增长了约 1.79%；2021 年全国食用菌总产值 3475.63 亿，作为食用菌第一大生产国和消费国，我国食用菌产业已超越油料作物，成为继蔬菜、粮食、水果、糖料之后的第 5 大农业种植业。

表 1-3　我国食用菌产量及产值增长情况（1978—2021 年）

年份	产量/万吨	产量增长率/%	产值/亿元	产值增长率/%
1978	5.80	—	—	—
1986	58.60	910.34	—	—
1993	154.00	162.80	—	—
1996	350.00	127.27	—	—
2000	663.70	89.63	—	—
2003	1038.70	56.50	—	—
2006	1474.00	41.81	—	—
2011	2571.84	74.48	1488.50	—
2012	2827.99	9.96	1772.06	19.05
2013	3167.68	12.08	2017.90	13.87
2014	3270.00	3.16	2258.10	11.90
2015	3476.15	6.30	2516.38	11.44
2016	3596.66	3.46	2741.78	8.96
2017	3712.00	3.21	2721.92	-0.72
2018	3842.04	3.50	2937.37	7.92
2019	3933.87	2.39	3126.67	6.44
2020	4061.43	3.24	3465.65	10.84
2021	4133.94	1.79	3475.63	0.29

从生产种类方面来看，我国食用菌栽培种类有 100 余种，其中形成商品种的有 50 多种，具有一定生产规模的有近 30 种。根据中国食用菌协会统计，我国食用菌年产量靠前的栽培种类主要是：香菇、黑木耳、平菇、金针菇、杏鲍菇、双孢菇、毛木耳、茶树菇、滑菇、银耳、秀珍菇、真姬菇。其中，香菇、黑木耳、平菇、金针菇、杏鲍菇、双孢菇、毛木耳 7 种食用菌年产量总和占全国食用菌总产量的 3/4 以上，是我国食用菌的主要栽培品类。

从种植模式（生产方式）方面来看，杏鲍菇、金针菇、真姬菇、双孢菇主要采用工厂化生产方式，产品周年供应，产量稳定，其余菇类主要采用传统农法栽培。

从食用菌栽培分布区域来看，我国食用菌产业发展快速，分布区域遍布各省市，从山区到平原均生产食用菌，在农业增效、农民增收中发挥了重要作用。但由于气候及资源因素，我国食用菌分布并不平衡，呈产业带状分布，东北三省、华中河南、湖北及山东、浙江沿海地区形成黑木耳产业带；东北辽宁，华北河北东北部，华中河南、湖北以及山东、浙江沿海地区形成香菇产业带；西南的四川、重庆、贵州、云南及华中的湖北、河南，华北的山东、河北形成羊肚菌种植产业带等，且区域间食用菌产业发展不平衡。各食用菌产业大省都已经形成各具特色的产业集群，如福建漳州的双孢蘑菇，浙江丽水、湖北随州、河南西峡和河北平泉的香菇，河南新乡、四川金堂和山东聊城的糙皮侧耳，黑龙江牡丹江和吉林延吉的黑木耳，四川什邡的毛木耳，产业特色鲜明。

（三）我国食用菌产业发展主要限制因素

1. 生产规模小而分散，生产管理技术落后

目前我国主要有两种食用菌生产方式：一种是工厂规模化生产，另一种是家庭化单户分散生产。其中，家庭化单户分散生产模式的主要特点是规模较小、机械化程度低，难以实现大规模的机械化生产，生产方式较为粗犷、生产条件简单、生产技术较为基础和承受市场风险的能力较低，不利于食用菌产业的可持续发展。同时，我国现有食用菌生产绝大多数仍处于常规栽培，在新形势下食用菌产业将面临前所未有的挑战，"生态、优质、安全、高效、高端"是未来食用菌产业发展的必然趋势，遵循可持续发展原则，按照绿色，甚至有机的栽培要求，产出安全优质的产品，才能保证该产业的健康稳定发展。

2. 科技研发不强，深加工能力不足

由于受生产规模和人力资本的限制，我国食用菌生产技术相对滞后，无法满足产业升级的需要。对于我国野生食用菌的培养、生产、调研和开发仍然处于初级阶段。由于我国食用菌产业科研水平还不到位，长期以来都存在缺乏食用菌菌种遗传资源、难以培植优质菌种、难以选育出适合规模化、工厂化发展需要的优质菌种等问题，导致在生产上基本选择的是国外的菌种，自由度不高。总之，由于缺乏技术开发水平，我国食用菌产业还处在简单的生产模式下。机械化生产、菌种培育、菌种遗传学研究等方面仍然缺乏系统性和专业性的研究。同时，食用菌生产行业普遍存在重生产、轻加工问题，产品主要以鲜销、腌渍等初加工为主，产业链条短，深加工能力不足。国内现有食用菌加工企业较少，且多数规模较小、设备简单、加工形式单一，产品附加值不高。

3. 新技术的研发推广力度不够，食品安全意识较弱

食用菌既是劳动密集型产业，又是技术密集型产业。我国食用菌产业技术发展较为缓慢，科研与生产联系不够紧密，食用菌科研资金投入偏低，在食用菌产业发展急需的一些科研攻关项目上还存在规模小、资金少、重复研究、科研和实际生产不能有效结合等不足，在一定程度上制约了食用菌产业的发展，导致我国食用菌产业在国际上的竞争力较低。在食用菌种业建设、食用菌高产高效栽培技术研发推广、食用菌产品质量安全、菌渣高效循环利用、病虫害绿色防治等关键生产技术及一些新技术推广应用缓慢。一些食用菌生产者在食用菌栽培过程中，为降低病虫害风险，大量使用了一些毒性较大的化学药剂，容易造成农药残留超标等食品安全事件，不能适应国际市场对食品安全的要求，对我国食用菌产品产生了一些负面影响，给我国食用菌出口造成了不必要的损失。

（四）食用菌产业发展趋势与期望

1. 食用菌生产向规模化、工厂化发展

食用菌的规模化和工厂化生产将使生产单位由分散生产向集约化、产业化生产发展；由手工生产向自动化、标准化生产发展；将食用菌种植、采收、保鲜、加工以及销售各环节联系起来，形成完整的产业链条，实现企业化管理；开发相对应的产品和品牌，提高食用菌生产经营水平，实现高产优质，如此才能提高在国际市场上的竞争力和抵御市场风险的能力。

2. 食用菌生产向标准化、智能化发展

在标准化发展方面，地方政府和前端企业将共同推动食用菌产业地方标准制订，积极做到对食用菌育种、栽培、采收、加工、检测以及流通等各环节全覆盖，用标准保证产品质量。在智能化发展方面，通过计算机和自动化等学科前沿技术的应用，有望实现机械化采摘；通过现代化机械设备和信息技术的发展，有望实现食用菌从栽培到采摘全记录、全监控、全可控状态；通过初、深加工设备不断进步，有望实现智能分选、智能分级、智能清洗等，满足众多食用菌品种的不同需求，相应的自动化和智能化水平有望实现多元发展。

3. 食用菌生产向资源持续化、菌种优质化发展

我国食用菌产业经过多年发展，依据各地自然资源和环境条件等情况开发出了特有的食用菌生产技术，随着食用菌产业的迅速发展，对木屑等生产原料的需求持续增加，在以绿色发展、循环发展、低碳发展为主题，推进建设生态文明的美丽中国建设背景下，开发出资源可持续利用的食用菌栽培生产新模式已成未来发展的必然。同时，以飞速发展的现代分子生物技术和其他交叉学科为依托，开展优质、高产、抗病、抗虫、耐贮等优质菌种选育，开发出适应不同地域、不同生境的具有我国知识产权的菌种，将是未来食用菌产业市场的重头戏。

4. 食用菌生产向产品深加工化和增值化发展

食用菌具有较高的营养价值和药用价值，传统烘干、腌制等初加工手段已不能

创造更高的价值，在现代食品加工科学的引领下，创新研发更保鲜、更保质的食用菌精深加工技术、保鲜贮藏技术势在必行，积极挖掘食用菌的药用价值和保健价值，使食用菌产业链向营养食品、功能性食品及保健食品等方面延伸。

第二节　食用菌的重要价值

一、食用菌的营养价值

食物的营养价值主要体现在蛋白质及其氨基酸组成、碳水化合物、脂肪、维生素、矿物质和膳食纤维的含量和比例（表1-4），食用菌营养丰富，富含蛋白质，低脂肪，低糖，多维生素、氨基酸、矿质元素及膳食纤维，且比例平衡，结构合理，符合现代人们崇尚的"三低一高"（低脂肪、低糖、低盐、高蛋白质）的食品要求。

表1-4　几种常见的食用菌的主要营养成分（50g干重中所含克数）

种类	蛋白质	脂肪	糖类	膳食纤维
草菇	17.6	1.3	17.6	10.4
香菇	13.3	1.8	11.5	19.9
平菇	12.7	2.2	15.4	15.4
金针菇	12.3	2.1	16.9	13.8
双孢菇	18.1	1.8	15.6	3.2
黑木耳	6.1	0.8	17.9	15.1
银耳	5.4	0.7	18.5	15.2
草菇	17.6	1.3	17.6	10.4

食用菌营养丰富、味道鲜美，被联合国粮农组织推荐为21世纪的理想健康食品。现代科学研究证明，食用菌中蛋白质含量相当丰富，蛋白质含量一般占其子实体鲜重的3.5%~4.0%，其蛋白质含量高于多数蔬菜和水果，也高于小麦、水稻、玉米、谷子等粮食作物。据报道，每100g猴头菇干品含蛋白质高达26.3g；每100g鲜木耳含蛋白质10.6g；滑子菇菌丝体的蛋白质含量为24.35%，子实体为21.80%；香菇素有"菇中皇后"之称，每100g干品约含蛋白质26g；双孢蘑菇是世界第一大食用菌，其蛋白质含量高达42%。

食用菌脂肪含量一般低于10%，其中粗脂肪含量占其干质量的1.1%~8.0%，平均为4%，对人体生长发育有益的不饱和脂肪酸占75%以上，这些不饱和脂肪酸中又有70%以上是人体必需脂肪酸，如油酸、亚油酸、软脂酸等，这些不饱和脂肪酸可有效地清除人体血液中的垃圾，延缓衰老，还能降低胆固醇含量和血液黏稠度，预防高血压、脑血栓等心脑血管疾病，是典型的高蛋白、低脂肪的食物。

组成食用菌蛋白质的氨基酸种类齐全，含量丰富，人体所需的20种氨基酸，食用菌中含有17~18种，人体必需的8种氨基酸食用菌几乎都能提供，特别是一般谷物中所缺乏的赖氨酸、蛋氨酸、苏氨酸等在食用菌中含量丰富。例如金针菇、草菇和蘑菇等含有大量的赖氨酸，常食用这些菇类，有利于儿童体质增强和智力发育，食用菌中所含的必需氨基酸占总氨基酸量的25%~40%，其数量和比例与人体每日所需数量和比例十分吻合，同时食用菌鲜美的味道也与其含有丰富的氨基酸有关。

食品中维生素的含量是考察食品质量和价值的重要指标（表1-5）。食用菌中富含多种维生素，如维生素 B_1、核黄素（维生素 B_2）、烟酸（维生素 B_5）、生物素（维生素 B_7）、泛酸（维生素 B_3）、叶酸（维生素 B_{11}）、维生素 C、视黄醇（维生素 A），其中 B 族维生素含量普遍高于植物性食品，是人体维生素的重要来源，食用菌的维生素含量比一般蔬菜高，一般每人每天吃 100g 鲜菇就可满足人体维生素的需要，据测定，每 100g 鲜草菇中维生素 C 含量高达 206.27mg，是辣椒的 1.2~2.8 倍，是橙子的 2~5 倍、番茄的 17 倍。香菇含有丰富的维生素 D 原，维生素 D 原经紫外线照射后可转化为维生素 D。一个正常人维生素 D 每天需要量为 400IU（国际单位），每天食用 3~4g 干香菇就可满足对维生素 D 的需求。

表1-5　几种常见食用菌的维生素含量（50g 干重中含有的毫克数）

种类	A	B_1	B_2	B_6	C	E
草菇	—	0.52	2.21	51.5	—	2.19
香菇	—	—	0.47	12.2	6.0	—
平菇	0.06	0.30	1.04	20.6	26.3	5.5
金针菇	—	0.15	1.53	0.96	20.8	10.4
双孢菇			1.74	21.2		
黑木耳	009	0.10	0.25	13.1	—	7.42
银耳	0.03	0.05	0.06	—		0.66
羊肚菌	0.61	0.57	1.31	5.1	1.5	2.08

人体的生长发育需要多种矿物质元素，而这些矿物质元素一般情况下完全靠食品提供，因此食品中矿物质元素的含量对人体健康起着重要作用。食用菌中矿物质含量是蔬菜的 2 倍，其中含有很多人体不可缺少的矿物元素。食用菌含量最高的矿

物质是钾，其次是磷、硫、钠、钙、镁，此外食用菌中还含有微量元素如铜、铁、锰、钼等。研究发现，金针菇含有 47 种矿物质，且富含对人体有益的 K、Na、Ca、Mg 等常量元素以及 Zn、Fe、Mn、Se 等微量元素。茶树菇味美香浓，含有丰富的 Ca、Mg、Zn、Fe 等矿质元素，其中 Ca、Zn 含量高，有益于老年人和正在生长发育的儿童，Fe 含量高特别适合贫血、低血糖人群食用。羊肚菌含有 20 种以上无机元素，包括 Zn、Mn、Cu、Co、Cr、Fe、Ni、B、Sr、V 10 种人体必需微量元素及 Ca、Mg、P 3 种常量元素。黑木耳富含 Fe 元素，100g 鲜木耳中含 Fe 185mg，比叶菜类铁含量最高的芹菜还要高出 20 多倍，比动物食品中含铁量最高的猪肝高近 7 倍。

二、食用菌的药用价值

食用菌不仅营养价值很高，而且药用保健与保健价值也很高，据统计可作药用的真菌大约有 1000 余种。食用菌中的生物活性物质成分主要有多糖、氨基酸、蛋白质、维生素、苷类、生物碱、甾醇类、蒽醌类、黄酮类、微量元素及抗生素等，具有增强机体免疫、抗肿瘤、抗病毒、降血糖、降血压、抗辐射、抗衰老等功效，食用菌中的抗肿瘤物质主要为多糖与糖蛋白，如猪苓、侧耳、云芝、银耳、茯苓、冬虫夏草、姬松茸等中的多糖对某些肿瘤有防治作用，它们主要通过增强机体的免疫功能而发挥抗肿瘤活性，尤其是香菇、金针菇、灵芝、猴头菇等食用菌是一种很好的天然免疫力增强剂，其免疫效果非常显著；黑木耳、银耳等食用菌具有养血和活血作用，可辅助治疗营养不良性贫血；香菇、银耳、灵芝、金针菇、平菇、草菇等食用菌具有降血脂、降胆固醇、降血压等作用；灵芝等食用菌具有抗凝血、抗血栓的功能；此外，有些食用菌还可辅助治疗白细胞减少症及糖尿病。食用菌中的多糖是一种理想的活性成分，它能刺激抗体的形成，提高人体防御能力，同时能抑制一些诱发肿瘤发生的物质；食用菌中的多糖能够保护并修复胰岛素细胞，将葡萄糖转变为其他物质，从而降低人体对葡萄糖的吸收量，维持体内血糖平衡，有助于糖尿病人降低血糖浓度；香菇与灵芝中含有多酚、皂苷和黄酮类物质，对降低人体内的胆固醇有明显作用，此外香菇还能够减少人体对脂类物质的吸收，并能减少其在体内的沉淀累积，有助于肥胖人群降脂减肥。表 1-6 为几种常见食用菌的药效。

表 1-6 几种常见食用菌的药效

种类	重要药效成分	主要药效
灵芝	多糖、三萜类化合物、甾醇类化合物等	抗肿瘤，防治心血管疾病、慢性支气管炎和哮喘病、肝炎等，治疗神经衰弱、带状疱疹等

种类	重要药效成分	主要药效
银耳	酸性多糖、中性杂多糖、酸性低聚糖等	提高和调节免疫功能，抗肿瘤、溃疡、突变、衰老、应激反应，降血糖、血脂，保护细胞膜等
香菇	香菇多糖、腺嘌呤、胆碱、麦角甾醇等	提高免疫和肝功能，治疗慢性肝炎、频繁性感冒，抗有害药物对肝脏的侵害，降血脂，抑制肿瘤等
平菇	平菇素、酸性多糖体、蘑菇核糖酸等	提高免疫力，降胆固醇、血液黏度，保肝解毒，抗肿瘤、氧化、血栓形成、生物氧化作用等
蝉花	肝糖、多种生物碱及麦角甾醇等	抗肿瘤、辐射、疲劳，滋补，催眠，镇痛，免疫，降低血压，减慢心率，调节中枢神经系统等
茯苓	茯苓聚糖、茯苓酸	抑制湿疹、病毒、肿瘤，提高机体免疫功能，降低有害化学药物对机体的损害等
木耳	多糖体、磷脂	降血脂、血糖，止血、活血，抗脂质过氧化，延缓机体衰老，提高免疫力与机体耐缺氧能力
云芝	云芝多糖	抑制肿瘤生长，保护肝脏、肾脏，镇痛镇静，提高免疫、动物抗辐射以及抗有害化学物的能力等
金耳	金耳多糖	促进造血功能，活化神经细胞，改善神经功能，提高免疫功能，保肝作用，抗衰老作用等
猴头菇	猴头多糖、齐墩果酸、氨基酸等	抑制肿瘤，促进消化道溃疡和炎症的修复，提高免疫，改善胚胎营养状况、血液循环等
蛹虫草	虫草素、虫草酸、麦角甾醇、腺嘌呤等	降压，补肾强体，安神，促睡眠，抗炎，抗氧化，抗肿瘤，提高机体耐缺氧与机体免疫力
灰树花	$\beta-(1,3)$-葡聚糖	抵抗艾滋病病毒、疲劳，抑制肿瘤、脂肪细胞堆积，增强免疫、肠运动作用，减少胰岛素抵抗等
姬松茸	核酸、外源凝集素、甾醇、多糖等	抗肿瘤，降血压以及血液黏度，对冠心病、心肌梗死、动脉硬化等病也有改善症状的功效
金针菇	多糖、核苷酸类、火菇素、多糖蛋白等	降低胆固醇，抗疲劳、肿瘤、衰老，抑制癌细胞，可提高身体免疫力，增长记忆力等
鸡腿菇	鸡腿菇多糖	提高机体免疫力，通便，安神除烦，抗癌，治疗糖尿病，降血压、改善心律、提高心血输出量等

种类	重要药效成分	主要药效
冬虫夏草	多糖、腺嘌呤、脱氧腺苷、尿嘧啶等	补气助阳，提高性腺、肾、免疫等功能，保护肝脏，抑制肿瘤，降胆固醇，防治甲状腺功能减退

第三节 食用菌的形态结构

食用菌种类繁多、分布广泛、虽然形态各异、生长方式多样，但是其生长发育过程都可分为菌丝体生长和子实体发育两个阶段。菌丝体生长在基质内，是着生并供给子实体养分和水分的器官，子实体是具有一定形态可供人们食用的部分，一般有伞状、贝壳状、耳状、头状、花状、球状、舌状、笔状、盘状、蜂窝状等形态。

一、菌丝体

孢子是食用菌等产孢真菌的繁殖单位。在适宜条件下，孢子萌发形成管状细胞，它们聚集形成丝状体，每根丝状体称为菌丝。菌丝一般呈管状，有横膈膜将菌丝隔成多个细胞，每个细胞中细胞核的数目不一，子囊菌一般含有一个或者多个核，而担子菌大多含有 2 个核。菌丝大都无色透明，有分枝。菌丝由顶端生长，在基质中蔓延伸展，许多分枝的菌丝交织在一起形成菌丝体。它的功能是分解基质、吸收营养和水分，供食用菌生长发育需要，因此它是食用菌的营养器官，相当于高等植物的根、茎、叶。菌丝也可以进行繁殖，取一小段菌丝放在一定的环境中，经一定时间后，可以繁殖成新的菌丝体（属无性繁殖），实际生产中大多使用菌丝来进行繁殖。

二、子实体

菌丝生长后期，菌丝体局部膨大，当菌丝体达到生理成熟时，发生扭结，形成子实体原基，进而形成子实体。子实体是食用菌的繁殖器官，相当于高等植物的果实，其主要功能是产生孢子，繁殖后代。子实体是人们食用的主要部位，如通常食用的菇、耳就是指这一部分。子实体一般生长在培养料、土表、朽木、腐殖质等基质表面，也有极少数的食用菌（如地下菌类的块菌、层腹菌、须腹菌等）子实体生长于地下土壤中。

第四节　食用菌的营养

营养是指微生物吸收和利用营养物质的过程，食用菌是异养生物，与其他生物一样，需要不断地从外界环境当中吸收各种营养物质，以满足自身代谢的需要，支撑其完成生活史。

一、食用菌的营养类型

不同种类的食用菌摄取营养的方式不同，一般可分为腐生型、寄生型、共生型三种类型。栽培的食用菌有腐生型和共生型，大部分是腐生型食用菌。生长在木材上的称为木腐菌，生长于各种禾本科植物的秸秆上的称为草腐菌，另外，也有生长于粪便上的粪生菌。

（一）腐生型

从动植物尸体上或无生命的有机物中吸收养料的方式称为腐生型，对应的食用菌称为腐生菌，蘑菇、香菇、木耳等大部分食用菌都属于腐生菌。这类食用菌易于栽培，能够分泌各种胞外酶和胞内酶，用以分解已经死亡的有机体，并从中吸收养料。根据食用菌的生态环境可具体分为木腐型、草腐型、粪草生型三个生态群。木腐型食用菌主要生长在枯木、树桩及断枝上，菌体主要以木本植物尤其是阔叶树的木材为主要碳源，木腐菌细胞能够大量分泌分解纤维素、半纤维素、木质素的酶类，将木质素等分解成为小分子而获得营养，常见类型如香菇、平菇、木耳等；草腐型食用菌多生长在森林腐烂枯枝落叶层、牧场、草地、肥沃田野等特定生境；粪草生型食用菌多生长在腐熟堆肥、厩肥以及腐烂草堆或有机废料上，如蘑菇、姬松茸等。目前，进行规模化商业栽培的食用菌绝大多数都属于腐生型菌类，在实际生产中要具体根据它们的营养生理来选择合适的培养料。

（二）寄生型

寄生型食用菌完全依赖寄主生存，菌体从活的寄主细胞中吸收营养用于自身的生长发育，多为兼性寄生或兼性腐生。在生活史的某一阶段营寄生生活，而其他时期则营腐生生活，称为兼性寄生，其典型代表是蜜环菌，菌体可以在树木的死亡部分营腐生生活，菌体进入木质部的活细胞后就转为寄生生活，常生长在针叶或阔叶树干的基部或根部，形成根腐病；或是在生活史的某一阶段营腐生生活，而其他时期则营寄生生活，称为兼性腐生，典型代表是冬虫夏草，它是寄生在鳞翅目幼虫上的一种真菌，能够杀死虫体并将虫体变成长满菌丝的菌核。

（三）共生型

与高等植物、昆虫、原生动物或其他菌类相互依存、互利共生的食用菌称为共生菌。这类食用菌不能独自在枯枝腐木上生长，它们需要的营养必须由活的松树等植物来供给，被寄生植物和这些食用菌在营养上彼此有益。

食用菌与植物共生的典型代表是菌根菌，大多数森林蘑菇都是这种菌根菌，食用菌菌丝与植物的根结合成复合体——菌根，菌根菌能分泌生长激素，促进植物根系的生长，菌丝还可帮助植物吸收水分及无机盐，而植物则把光合作用合成的碳水化合物提供给菌根菌。

食用菌与动物构成共生关系中最典型的是一些热带食用菌与白蚁或蚂蚁存在的密切的共生关系。自然条件下，鸡枞只生长在白蚁窝附近，鸡枞在白蚁窝上的生长为白蚁提供了丰富的营养物质，而白蚁窝则为鸡枞提供了营养生长基质。

食用菌与微生物的共生关系中最典型的例子就是银耳属。银耳与香灰菌存在偏共生关系。

二、食用菌的营养要素

食用菌的营养物质种类很多，包括碳源、氮源、无机盐、生长因子等。实际生产中，必须满足食用菌对这些营养物质的要求才能保证食用菌的正常生长。

（一）碳源

为食用菌提供碳素的物质总称为碳源，碳源是构成各种食用菌细胞和代谢产物中碳素的重要来源，也是其生命活动所需要的能量来源，是食用菌最重要的营养源之一。食用菌吸收的碳元素大约20%用于细胞物质的合成，其余部分用于维持生命活动所需的能量而被氧化分解。碳源是食用菌生长发育过程中需要量最大的营养成分。

碳源物质分无机碳和有机碳。食用菌不能利用无机碳，只能利用有机碳。食用菌主要利用的碳源有：单糖、双糖、半纤维素、纤维素、木质素、果胶、淀粉等。小分子碳水化合物如单糖、有机酸和醇类等可以被菌体直接吸收利用，其中葡萄糖是利用最广泛、使用最频繁的碳源；大分子碳水化合物如纤维素、半纤维素、木质素、淀粉、果胶等，需在水解酶的作用下水解为单糖后，才能被菌体吸收利用。实际生产中，食用菌的碳源主要来源于各种富含纤维素、半纤维素的植物性原料，如杂木屑、玉米芯、棉籽壳、甘蔗渣、秸秆等。这些原料多为农产品的下脚料或是一些农林废弃物，具有来源广泛、价格低廉、使用方便的优点。

在生产过程中，木屑、玉米芯、甘蔗渣等大分子碳水化合物分解速度较慢，为促使接种后的菌丝体很快恢复创伤，使食用菌在菌丝生长初期也能充分吸收碳素，在拌料时需适当地加入一些容易吸收的碳源。例如，白糖等作为菌丝生长初期的辅助碳源，它可促进菌丝的快速生长，并可诱导纤维素酶、半纤维素酶、木质素酶等胞外酶的产生。但加入辅助碳源的含量不宜太高，一般糖的含量为 0.5%~5% 即可，否则可能导致菌体细胞发生质壁分离，引起细胞失水，影响菌丝生长。

（二）氮源

氮源是指为食用菌生命活动提供氮素的来源，即用于构成细胞物质或代谢产物中氮素来源的物质。氮源是食用菌蛋白质和核酸合成的必需原料，对生长发育有着重要作用，氮源一般不提供能量，是除碳源以外食用菌最重要的营养元素之一。

氮源物质分为无机氮化合物和有机氮化合物两大类。常见的有机氮化合物有酵母膏、蛋白胨等，无机氮化合物有铵盐和硝酸盐等，生产实践中食用菌以无机氮化合物为唯一氮源，菌丝合成氨基酸的能力较弱，菌体细胞生长较慢，表明食用菌对无机氮化合物的利用效果较有机氮化合物差，因此对食用菌生产来说，有机氮更优于无机氮。食用菌的氮源主要是尿素、氨基酸、蛋白质等。氨基酸、尿素等为小分子有机氮，豆饼、米糠、粪肥、稻糠、玉米粉、豆粕等中含有大分子氮。小分子的氨基酸和尿素等能被菌丝直接吸收，而大分子的蛋白质则必须经蛋白酶水解成氨基酸后才能被吸收利用。在进行食用菌生产时，常用的有机氮有蛋白胨、酵母膏、尿素、麸皮、米糠、豆饼、玉米浆，以及各种禽、畜粪便等。由于尿素经高温处理后易分解并释放出氨和异氰酸，会增高培养料的 pH 并产生氨味，不利于菌丝的生长发育。因此，若生产时需加尿素，需要控制其用量，一般为 0.1%~0.2%，切勿用量过大。

有机物中碳的总含量与氮的总含量的比值称为碳氮比，一般用 C/N 表示。食用菌对碳素和氮素的吸收利用是有一定比例的，实际生产中，对于不同种类的食用菌和处于不同的生长发育阶段食用菌，应具体考虑其不同的 C/N。一般来说，食用菌在菌丝体生长阶段所需要的 C/N 比较小，以 20：1 为好，在子实体生长阶段所需的 C/N 比较大，以 30：1~40：1 为宜。不同菌类对最适 C/N 比的需求不同，如草菇的 C/N 比是 40：1~60：1，而一般香菇的 C/N 比是 20：1~25：1。若 C/N 比过大，菌丝生长慢而弱，难以高产；若 C/N 比小，菌丝会因徒长而不易转入生殖生长。生产中，许多食用菌栽培常选用棉籽壳为主原料，原因是棉籽壳的 C/N 接近 20：1，极有利于食用菌的生长。

（三）无机盐

无机盐也称为矿物质，是细胞的构成成分和酶的组成成分，能维持酶的作用，调节细胞渗透压、控制原生质胶态、充当细胞内生化反应活化剂、调节氢离子浓度及氧化还原电位等（表1-7）。

表 1-7　常见无机盐及其生理功能

元素	常用化合物形式	生理功能
磷	KH_2PO_4，K_2HPO_4	核酸、核蛋白、磷脂、辅酶及 ATP 等高能分子的成分，作为缓冲系统调节培养基 pH
硫	$(NH_4)_2SO_4$，$MgSO_4$	含硫氨基酸（半胱氨酸、甲硫氨酸等）、维生素的成分，谷胱甘肽可调节细胞内氧化还原电位
钙	$CaCl_2$，$Ca(NO_3)_2$	己糖磷酸化酶、异柠檬酸脱氢酶、核酸聚合酶等活性中心组分，叶绿素和细菌叶绿素成分
镁	$MgSO_4$	某些酶的辅因子，维持酶（如蛋白酶）的稳定性
钠	NaCl	细胞运输系统组分，维持细胞渗透压，维持某些酶的稳定性
钾	KH_2PO_4，K_2HPO_4	某些酶的辅因子，维持细胞渗透压
铁	$FeSO_4$	细胞色素及某些酶的组分

　　常用的无机盐有磷、镁、硫、钙、钾、铁、钴、锰、锌等盐类，其中以磷、钙、钾、镁尤为重要。磷、硫、钾、钙、镁为大量元素，主要功能是参与细胞物质的构成和酶的构成并参与维持酶的作用、控制原生质胶态和调节细胞渗透压等。在食用菌生产中，通常向培养料中加入适量的磷酸二氢钾、磷酸氢二钾、石膏或硫酸镁，以满足食用菌的需求。铁、铜、锌、钴、锰、铝、硼等为微量元素（表 1-8），它们是酶活性基的组成成分或酶的激活剂，菌体对其需求量极少，实验室培养中，培养基中的微量元素含量在 1mg/kg 左右即可。配置培养基时通常不另行添加，一般营养基质和天然水中的含量就可以满足，若加入过量则会对菌体生长产生抑制或毒害作用。食用菌栽培中常用的杂木屑、作物秸秆及牲畜粪便等用料中的无机盐含量通常都能满足食用菌生长发育需求，但在生产中常添加草木灰、1%～2%石膏或1%～2%生石灰、1%～5%过磷酸钙、0.5%～1%硫酸镁等进一步补充矿质元素。

表 1-8　微量元素及生理功能

元素	生理功能
锌	存在于乙醇脱氢酶、乳酸脱氢酶、碱性磷酸酶、醛缩酶、RNA 与 DNA 聚合酶中
锰	存在于过氧化物歧化酶、柠檬酸合成酶中
钼	存在于硝酸盐还原酶、固氮酶、甲酸脱氢酶中
硒	存在于甘氨酸还原酶、甲酸脱氢酶中

元素	生理功能
钴	存在于谷氨酸变位酶中
铜	存在于细胞色素氧化酶中
钨	存在于甲酸脱氢酶中
镍	存在于脲酶中，为氢细菌生长所必需

(四) 生长因子

生长因子是食用菌生长发育需要的微量营养物质，主要有维生素、氨基酸、嘌呤和嘧啶等。生长因子不提供能量，也不参与细胞结构的组成，一般是酶的组成部分，并具有调节代谢和促进生长的作用。

维生素是维持食用菌生长发育所需的一类特殊有机化合物调节物质，其主要功能是参与酶组成、菌体代谢以及起辅酶作用，是食用菌生长发育不可缺少的一类特殊营养物质。例如培养基中缺少维生素 B，会使菌丝生长变慢，子实体的发生受到抑制，严重缺乏时，会使其生长完全停止。一般培养基中最适浓度为 $0.01 \sim 0.1 mg/L$。马铃薯、麦芽、酵母膏、麸皮、米糠中含有较多维生素，当用此类物质配制培养基时，不需另行添加维生素。同时要注意的是，维生素不耐高温，在 $120℃$ 以上时极易被破坏分解，因此在培养基灭菌时要防止温度过高。

上述碳源、氮源、无机盐、生长因子都是食用菌生长发育过程所需的营养物质。这些营养物质大都可以从树木、杂木屑、农作物秸秆等废弃物、畜禽粪便等中获取。在选用培养基材料时，需要根据待培养菌体实际情况对各成分的配置比例进行适度调整，达到营养协调。另外，在生产实践中发现，有些原料如松、杉、樟、楠等树木含有不利于食用菌生长的酚类和树脂等抑菌性成分，会抑制食用菌菌丝生长和子实体发育，有些农林副产品，由于在原始生境中被大量使用农药而含有一定的农药残留，或由于环境污染等原因而含有较多的镉、铅、锌、铜、汞等重金属元素，这些成分的存在会使食用菌生长受到明显抑制，长期使用此类原料栽培食用菌会使相关成分在食用菌子实体中富集，进而影响人体健康，生产中不宜采用此类原料进行生产。

第五节　环境条件对食用菌生长的影响

食用菌的生长发育易受生态环境的影响，不同食用菌、同种食用菌的不同生长阶段对外界环境的需求都不同，如金针菇更宜在寒冷的冬天生长，草菇适宜在炎热的夏季生产，猴头菌在枯枝上生长，鸡枞菌多生长在蚂蚁窝附近；同一种食用菌在不同发育阶段对环境的要求也不同，如一般食用菌对温度的要求在子实体阶段比在菌丝体阶段更低，有的还要求一定的昼夜温差以及更多的通风与较高的空气相对湿度等。影响食用菌生长发育的环境因素有物理因素、化学因素和生物因素，其中重要的有温度、水分和空气相对湿度、氧气、光照、酸碱度（pH）以及生物因子，实际栽培生产中，需要创造适宜食用菌生长发育的生态环境条件才能获得优质和高产的食用菌。

一、温度

　　食用菌的生长发育过程中，无论是菌丝生长阶段还是子实体生长阶段，都需要在一定的温度条件下进行，几乎所有的生命代谢活动都是通过一系列复杂的酶促化学反应过程进行。酶的催化作用与温度调节密切相关，因此，不同的食用菌所要求的生长温度不同，同一种食用菌的不同生长发育阶段对温度条件的要求也不同，各类食用菌的各个生长发育阶段，都有其最适温度、最低温度和最高温度界限。在最适温度范围内，食用菌菌丝和菌体生长迅速，生长速度随着温度的升高而加快。在最高或最低范围内菌丝和菌体生长缓慢，因为温度过高或过低都会影响酶的活性，低温会抑制酶活，高温则可使蛋白质凝固，进而使酶失活。

（一）孢子萌发对温度的要求

　　食用菌的孢子萌发需要一定的温度条件。大部分食用菌担孢子萌发的适宜温度是 20~30℃，最适温度为 25℃。在一定温度范围内，随着温度升高，孢子萌发率逐渐升高；超出适宜温度范围后，萌发率逐渐下降，直到孢子不萌发或死亡；在低温条件下，多数孢子生长会受到抑制。

（二）菌丝体对温度的要求

　　大部分食用菌菌丝体生长的温度范围是 5~33℃，最适宜温度范围是 20~30℃。食用菌菌丝大多都耐低温，在 0℃ 的低温也不会死亡，而是使菌丝生长受到抑制，不能正常生长发育。口蘑菌丝在自然界中可耐受零下 10℃ 的低温；香菇菌丝在菇木生长时可耐受低至零下 20℃ 的低温。受到低温抑制的菌丝在生境温度恢复到适宜范围时又能重新生长发育，但是大部分食用菌菌丝不耐高温，温度过高时，因为高温使蛋白质凝固，使酶失去活性，此时菌丝的生命力会迅速下降，甚至死亡，大部分食用菌的致死温度为 40℃ 左右。

（三）子实体分化与发育对温度的要求

　　当菌丝体繁殖适量后，受到较低温度的刺激会形成子实体原基，原基继续生长就形成子实体，从原基到子实体明显出现，就是子实体的分化阶段。食用菌子实体分化和发育的适温范围相对较窄，与孢子萌发和菌丝体生长两个阶段相比，子实体分化和发育阶段对温度的需求更低，即孢子萌发的温度高于菌丝体生长，菌丝体生长的温度高于子实体分化和发育的温度（表1-9）。

表1-9　常见食用菌温度需求情况　　　　　　　　　单位：℃

食用菌种类	菌丝体生长温度		子实体分化、发育温度	
	生长温度范围	最适温度	子实体分化温度	子实体发育温度
双孢蘑菇	6~33	24~25	8~18	12~16
香菇	3~33	22~25	7~21	12~18
侧耳	10~35	24~27	7~22	10~20
猴头	12~33	21~24	12~24	15~22
金针菇	7~30	23	5~19	8~14
木耳	4~39	30	15~27	24~27
银耳	8~36	25	18~26	20~24
大肥菇	6~33	30	20~25	18~22
草菇	12~38	28~36	22~32	28~32
松口菇	10~30	22~24	14~20	15~16
鸡腿菇	10~35	25	9~20	12~18

资料改自：常明昌．食用菌栽培学［M］．北京：中国农业出版社，2003．

1. 子实体的分化需要的温度

不同食用菌在子实体分化期间对温度的要求存在一定的差异，根据子实体分化所需的最适温度，将食用菌分成三大类群：

低温型：子实体分化的适宜温度为13~18℃，如双孢蘑菇、金针菇、滑菇等，低温型菇类多发于春季、秋末及冬季。

中温型：子实体分化的适宜温度为20~24℃，如肺形侧耳、黑木耳、竹荪等，中温型菇类多发于春、秋季。

高温型：子实体分化的适宜温度为24~30℃，最高可达40℃左右，如草菇、灵芝、榆黄蘑等，高温型菇类多发于盛夏季节。

2. 子实体发育需要的温度

食用菌子实体分化形成以后，便进入子实体发育阶段，在适宜条件下，子实体逐渐由小变大，发育成熟并产生孢子。子实体发育阶段所需温度略高于分化时的温度。在此温度条件下，子实体能达到最佳的分化发育情况，食用菌子实体生长正常，朵形好，菌柄与菌盖比例适中，肉质肥嫩，品质高。若在子实体发育阶段温度过高，会使子实体生长过快，但菇体通常组织疏松，干物质积累较少，菇肉（耳片）薄，柄盖比例畸形，易开伞，品质偏低；若温度控制过低，会使菇体生长过于缓慢，拉长生产周期，降低总产量，拉高生产成本。

有些种类的食用菌在子实体形成期间，不仅要求较低的温度，而且要求一定的昼夜温差刺激才能形成子实体，这种食用菌的特性称作变温结实性，相应的食用菌称为变温型，如香菇、平菇等。与此相反的，则称为恒温结实型和恒温型，如金针菇、蘑菇、猴头菇、黑木耳、草菇、灵芝等。此外还需注意，子实体在破袋或破土后生长于空气中，受空气温度的影响较大，因此子实体发育的温度主要是指气温，而菌丝体生长的温度和子实体分化的温度则是指料温，在实际生产中，既要注重料温，也要注重气温。同时，还需根据温度选择不同类型食用菌的栽培季节，生产中通常在较高温度的季节播种培养，在做好病害和污染防护的前提下，促进菌丝的快速生长。以袋料栽培为例，当菌丝长满培养料袋后，要适当降低培养室温度，对菌丝进行低温刺激，解除高温对子实体分化的抑制作用，进入子实体生长发育阶段后又可将温度适当调高，促进菇体生长发育。

二、水分

水是食用菌体的重要组成成分，新鲜食用菌的含水量通常约为75%~90%，水既是菇体细胞的重要组分，也是细胞吸收营养物质、分解和合成代谢等生理生化过程不可缺少的基本溶剂，同时，水分是维持食用菌固有形态的基本保障，细胞一旦失水其形态就会萎缩而变形，食用菌生产过程如果缺水会对菌丝生长产生不良影响，最终导致不出菇或减产。

（一）食用菌的含水量

食用菌菌丝体的含水量一般为70%~80%，子实体的含水量一般为80%~90%，特殊情况甚至可以达到90%以上。不同的食用菌的含水量不同。同一种食用菌的含水量与其不同的生长阶段、生长环境（包括栽培基质含水量、空气相对湿度、温度等）具有密切的关系。一般在子实体发育的成熟期，食用菌的含水量比较低，在基质含水量或空气相对湿度比较高时，食用菌的含水量就比较高。

（二）菌丝生长阶段对含水量的要求

食用菌菌丝在最适含水量的基质中生长最好，基质含水量过高会导致菌丝因通气不良抑制呼吸作用等原因使菌丝吸水力减弱，菌丝长势变慢，甚至受到抑制；基质含水量过低会导致菌丝水分供应不足、营养物质吸收变慢，从而使菌丝生长量偏少，出现菌丝细弱等情况。段木在多雨的季节由于含水量高，食用菌的菌丝一般在外部蔓延，很难深入到内部；相反，在干旱季节，由于段木表层含水量很低，菌丝很难在外部蔓延，而经常伸入到段木内部。

(三) 子实体生长阶段对含水量的要求

子实体生长阶段菌体细胞对养料与水分的需求更加旺盛，基质中的含水量的高低直接影响食用菌的产量，如果基质中没有充足的水分，子实体就不能分化，已经分化的子实体也会受到影响而生长缓慢甚至停止生长。以香菇栽培生产为例，当香菇菌丝长满后，将培养料含水量控制在60%~65%时，子实体发生的个数最多，其干物质量也最大，此时若培养料含水量升高，达到70%时，子实体发生量会变少，干物质量也下降；若培养料含水量降低到50%~55%时，子实体数量与干物质量最小。

(四) 食用菌生长发育对空气相对湿度的要求

食用菌的水分一部分来自培养料，另一部分由空气提供。

菌丝生长阶段食用菌菌丝体生长所需的水分，主要来源于培养基质，对空气的相对湿度要求不高，但对于敞开式栽培如生料床栽等，周围的空气湿度在一定程度上会影响培养料中水分的蒸发，空气过分干燥会影响料面菌丝的生长，所以，在菌丝体生长阶段，也要求周围环境保持适宜的空气相对湿度，一般为65%~70%。

子实体的分化与发育阶段，不仅要求培养基具有合适的含水量，还对空气相对湿度有较高要求。适当的空气相对湿度，能加速子实体表面的水分蒸发，从而促使菌丝体中的营养向子实体运送转移。常见食用菌的栽培过程中，菌丝体培养阶段空气相对湿度通常为60%~70%，子实体原基分化阶段通常80%~85%，出菇阶段则通常为85%~95%。出菇期若空气相对湿度在70%以下，会导致正在形成的菌盖变硬甚至龟裂，低于50%则会导致子实体枯死，停止出菇；若空气相对湿度过高，形成的静止高温环境会影响氧气的供应，导致二氧化碳和其他有害气体的积累，对子实体形成毒害，还会减少菇体水分的蒸发，妨碍菌丝体中的营养成分向菇体运输。另外，出菇期若相对湿度在90%以上，菇盖上会留有水滴，容易引起杂菌污染，导致减产坏包。在木耳栽培实践中，当空气相对湿度在50%以下时，培养基会很快干缩，导致小耳不能分化；空气相对湿度在60%~70%时，小耳即使能分化，出耳量也很少，发育停止；在70%~95%时小耳大量出现，而当空气相对湿度在80%~85%时分化速度达到最快，当空气相对湿度在90%~95%时分化的小耳很快成长为大耳，其耳片肉质厚。

总之，在培养过程中一定要根据具体栽培品种与栽培季节将培养料含水量与空气湿度调节适宜，保障食用菌正常生长发育。

三、空气

空气是食用菌生长发育必不可少的重要生态因子。氧气和二氧化碳对食用菌的生长发育的影响最为显著。食用菌是需氧型生物，其呼吸作用同其他生物一样，需吸收氧气，呼出二氧化碳，同时释放出能量。在没有氧气的环境中菌体不能生长，当二氧化碳浓度过高或缺少氧气时其生长也会受到抑制或毒害。因此，在食用菌的生长发育过程中，要保证菌体获得充足的氧气，同时，对随之产生的越来越多的二氧化碳也要恰当调节。

（一）氧气和二氧化碳的影响

正常情况下，空气中氧气（约占 21%）可以完全满足食用菌不同生长发育阶段对氧气的需求，食用菌都是需氧微生物，通过呼吸作用分解营养物质以提供生长代谢所需的能量。当菇棚或菇房中的空气流通不畅、空气中含氧量低时，食用菌的呼吸会受到阻碍，菌丝体的生长和子实体的发育也因呼吸作用被抑制而受到抑制，使菌丝易衰老、死亡。同时，如果菇房没有及时通风换气，会使呼吸作用产生的二氧化碳大量聚集，浓度升高，对于那些二氧化碳敏感的食用菌，会产生一定的毒害作用而影响其正常生长。不同的食用菌对二氧化碳的敏感性是不同的，蘑菇、平菇等属于二氧化碳敏感菌；香菇、黑木耳、金针菇等属于二氧化碳抵抗菌。

（二）空气对食用菌子实体的影响

一般而言，从菌丝体生长阶段到子实体生长发育阶段，食用菌对氧气的需求量逐步增高。在子实体分化阶段，对氧气需求量相对低于子实体发育阶段，此时若略提高二氧化碳浓度，可促进子实体原基的分化。在栽培香菇、木耳、平菇、猴头菇等食用菌时，从菌丝生长到成熟阶段，在袋上开口划破塑料袋，就容易从接触空气的开口部位生长出子实体。子实体发育阶段对氧气需求量急剧增加，此时若环境中的二氧化碳过高会使菌盖发育受阻，菌柄徒长，造成畸形菇，适当的菇房通风可调整菌盖和菌柄的比例，但是若通风量大，过多的氧气会刺激菌盖生长，反之，通风量小，二氧化碳浓度较高，则会抑制菌盖生长，刺激菌柄生长。

因此，在栽培生产实践中，菌丝体阶段以及子实体的发育形成期，要给予充足的氧气，尽量避免较高浓度的二氧化碳的影响，即要求提供大量的新鲜空气。通常采取勤通风、多换气措施。在子实体发育阶段，应根据不同食用菌的具体要求，通过调节氧气和二氧化碳浓度的措施控制子实体的形态，以达到提高食用菌商品性状的目的。

四、酸碱度

与其他生物的细胞一样，食用菌的生长发育尤其是其菌丝体的生长，要求生长基质具有适宜且稳定的酸碱度（pH），适宜的 pH 是食用菌生理活动正常进行的重要前提，酶在过低或过高的 pH 环境中会降低活性甚至失去活性，pH 是通过影响酶活性促进或抑制菌丝生长。所有的盐类都必须溶解成离子状态才可被细胞吸收，pH

的变化可改变细胞膜的通透性，从而影响食用菌对矿质营养的吸收，如 pH 低，细胞质膜 H⁺ 浓度高，会妨碍细胞对阳离子的吸收，pH 高，细胞质膜 OH⁻ 浓度高，会阻碍细胞对阴离子的吸收。另外，pH 的变化也会影响菌丝体的呼吸作用，当 pH 低时有利于菌丝体呼吸作用，生长加快；当 pH 过高时，菌丝体呼吸作用受到影响，生长减缓。

　　不同种类的食用菌菌丝体生长所适宜的酸碱度不同，大部分食用菌菌丝生长喜中性偏酸环境，最适 pH 为 5~5.5，当 pH 大于 7 时生长受阻，pH 大于 8 时生长停止（表 1-10）。在实际食用菌生产中，因培养料在灭菌的过程中会使 pH 下降，同时在菌丝生长过程中会产生草酸、乙酸、柠檬酸等一些酸性物质，所以在制作培养料时应根据所种植食用菌的种类，将 pH 在其最适值的基础上调高 1.5 左右或在料内加入一定量的 pH 缓冲剂，常用食用菌培养料缓冲剂有石膏粉、石灰粉、磷酸二氢钾、碳酸钙等。因此，在食用菌栽培生产中，要认识到酸碱度对食用菌生长的重要性，调节好培养基质的酸碱度，保证食用菌的正常生理活动。

表 1-10　常见食用菌菌丝生长对 pH 的要求范围

食用菌种类	生长	适宜	食用菌种类	生长	适宜
双孢蘑菇	5.0~8.0	6.8~7.0	黑木耳	4.0~7.5	5.0~6.5
大肥菇	5.5~8.0	6.0~6.5	银耳	5.0~7.5	5.0~6.0
香菇	3.0~6.5	4.5~6.0	灰树花	3.5~7.0	4.0~5.5
草菇	4.0~10.0	8.0~9.0	猴头菌	3.0~7.0	4.0~5.5
金针菇	3.0~8.5	5.0~6.5	灵芝	3.0~7.5	5.0~6.0
滑菇	4.0~7.0	5.0~6.0	茯苓	3.0~7.0	4.0~5.5
平菇	3.0~7.5	5.4~6.0	竹荪	5.0~6.5	5.6~6.0

资料引自：王贺祥，刘庆洪．食用菌栽培学［M］．北京：中国农业大学出版社，2014.

五、光照

　　食用菌不能像植物一样通过光照进行光合作用，但是光照对食用菌生长发育极其重要。食用菌在不同生长发育阶段对光照的需求不同，在菌丝生长阶段、子实体分化和发育阶段，光照的影响都是极其明显的。

（一）光照对食用菌菌丝生长的影响

　　大部分食用菌菌丝体的生长阶段不需要光照，光线对食用菌菌丝生长起抑制作用，光照越强，菌丝生长越缓慢，如果把食用菌培养在直射日光下，由于日光的紫外线有杀菌的作用，加之水分受热急剧蒸发而失水，不利于食用菌的生长，所以实际食用菌栽培生产中通常在暗室内进行菌丝培养阶段。

（二）光照对食用菌子实体发育的影响

尽管食用菌菌丝体的生长不需要光照，但是大多数食用菌在子实体生长发育阶段需要一定的散射光。光照对子实体生长发育的影响主要体现在以下几个方面：

（1）光照对子实体分化的诱导作用。在子实体分化时期，不同的食用菌对光照的要求是不同的，大部分食用菌子实体发育都需要一定的散射光，如香菇、草菇等在完全黑暗条件下不能形成子实体；平菇、金针菇在无光条件下虽能形成子实体，但菇体畸形，只长菌柄，不长菌盖，也不产生孢子。

（2）影响子实体形态建成。光照能抑制某些食用菌菌柄的伸长，研究表明，在完全黑暗或光线微弱的条件下，灵芝的子实体畸形发育为菌柄瘦长、菌盖细小的异形菇，当光照强度升高到适宜强度时，灵芝的子实体才能恢复生长正常。同时，食用菌的子实体还具有正向光性，栽培环境中若改变光源的方向，也会使子实体畸形，因此在菇房中应将光源设置在有利于菌柄直立生长的位置。

（3）影响子实体色泽。光线能促进子实体色素的形成和转化，因此光照还能影响子实体的色泽。一般来说，光照能加深子实体的色泽，如平菇室外栽培颜色较深，室内栽培颜色较浅；草菇在光照不足时呈灰白色；黑木耳色泽在光照不足时也变浅。

由此可见，食用菌的子实体发育都需要一定的光照，光是食用菌正常生长发育必不可少的环境因子，只有调节好适宜的光照，才能得到产量高、菇形正、色泽好的食用菌产品。

六、生物因子

不论是人工栽培，还是在野外生长的食用菌，菌体都与周围的环境和生物有着密切关系。植物、动物、其他微生物与食用菌直接相互影响，有的对食用菌生长发育有利，有的则有抑制或危害。这些与食用菌发生相互影响的生物称为食用菌生长发育的生物因子。从事食用菌生产，必须要重视这些生物因素，厘清它们之间的相互关系，发展其有益食用菌生长的方面，防控其不利于食用菌生长的方面。

食用菌与植物之间的关系紧密，首先，食用菌本身无法合成有机物，绿色植物是食用菌营养物质的直接或间接来源，为食用菌的人工栽培提供无尽的原料；其次是大量绿色植物为自然生长的食用菌创造了适宜的气候条件，植物叶片表面的蒸腾作用调节了林地的温度和湿度，一定的遮蔽度与漫射光形成了阴郁且具有一定散射光的环境；同时，不同的树种与植被，创造出了适宜的生态环境，也造就了品种繁多的食用菌，如在针叶树林地上常产生松乳菇等，在竹林中产生竹荪等。

动物对食用菌的生长发育也有一定的影响。有的动物对食用菌是有益的，它们可为食用菌提供营养，也可作为食用菌孢子的传播媒介，如白蚁对鸡枞菌的形成有利，鸡枞菌通常长在蚁窝上，以蚁粪等为营养，鸡枞菌丝帮白蚁分解木质素获取营养。另一些动物，如菇蝇、菇蚊、跳虫、蜗牛、鼠类、野猪、猴子等，会直接吞食或咬食食用菌的菌丝体或子实体，危害食用菌的生长。

许多微生物对食用菌的生长发育有益。有些能给食用菌提供必要的营养物质，如假单胞菌、嗜热性放线菌、嗜热真菌等，能分解纤维素、半纤维素、木质素，使结构复杂物质变为简单物质，易于被食用菌吸收利用。这些微生物死亡后，体内的蛋白质、糖类也是食用菌良好的营养物质；有些微生物能帮助食用菌孢子萌发，例如大马勃的孢子在人工培养基上不能萌发，而在有红酵母的培养基上就可以萌发，有些微生物对食用菌的生长发育有抑制或有害作用，主要表现在与食用菌争夺养料、污染菌种和培养料、引起子实体腐烂、造成子实体病害等。青霉、曲霉、木霉、镰刀霉等是危害食用菌的重要微生物，有的与食用菌争夺培养基，有的寄生于食用菌的子实体上产生病害，往往造成食用菌严重减产甚至绝产。

在实际生产中一定要认识到上述的各种条件都是互相综合对食用菌发生作用的，食用菌在自然界中，并不是单独存在的，而是与周围环境中的微生物、动物及植物有着密切的生态关系，共同构成极复杂的生长环境。在实际栽培生产中，应尽可能根据各种食用菌的具体要求，模拟和创造出最适宜的生活环境，以获得最高的产量和最好的品质。

第六节　食用菌栽培模式

自然界的菌物有 150 万种以上，其中大型真菌至少有 14 万种。目前世界范围内存在的真菌种类约有 10 万种，其中有 2300 余种为食药用菌。目前我国菌物约有 1.6 万种，其中食用菌大约有 1000 种，被广泛栽培和食用的有 200 种左右。在远古时代，人类对食用菌的利用完全来自野生环境的采集。经历几千年对食用菌形态、生境、习性的仔细观察，人类开始了食用菌的驯化栽培，我国食用菌栽培种类有 100 余种，其中有 50 余种已商业栽培，具有一定生产规模的有近 30 种。在这些种类繁多的食用菌中，不同菌种在菌丝体和子实体生长特性、与生态环境的适应性以及栽培生产模式和方法等方面存在较大差异，具体栽培生产模式依据栽培方式、培养料处理方式、覆土方式和工厂化、设施化栽培程度等分为不同的类型。

一、按栽培方式分类

根据食用菌栽培过程中栽培方式的不同，分为床式栽培、瓶装栽培、代料栽培、畦式栽培等。

（一）床式栽培

床式栽培是一种开放式的、简便易行的生产方法。预先在室内菌床上铺上配制好的栽培料，料厚15cm左右，然后将菌种播种在菌床上进行生产。它分为生料床栽和发酵料床栽。生料床栽是将培养料直接加水拌匀后，铺料播种，发菌出菇的一种方法。该法简便易行，但易感染杂菌，出菇率低，生产风险大。发酵料床栽是先将培养料进行堆制发酵处理，然后再铺料播种，发菌出菇的一种方法。该法通过堆制发酵处理培养料，可降低杂菌污染率，提高平菇栽培成功率和产量。双孢蘑菇、草菇、竹荪等菌类可采用床式栽培。

（二）瓶装栽培

将按照配方配制好的培养料在合适大小的塑料瓶或玻璃瓶（常见规格为750mL、800mL、1000mL等）中进行食用菌栽培的方式。瓶装栽培是现代食用菌规模化、工厂化生产中采用较多的一种栽培方式，具有设施设备先进、自动化程度和生产效率高等特点，其各个生产环节均可以机械代替人工，可显著提高生产效率，产菇规格易统一，品质较好，常见的金针菇、蟹味菇和白玉菇等工厂化栽培品种主要采用瓶栽模式，杏鲍菇、蛹虫草等菌类也常采用瓶装栽培方式进行生产。

（三）代料栽培

代料栽培是利用木屑、稻草、玉米芯、棉籽壳等农林下脚料为材料生产食用菌的栽培方式，具体是将按照配方配制好的培养料装在适宜大小的聚丙烯塑料袋中（常用规格为长40cm、宽17cm，或长38cm、宽16cm，厚约0.05cm）进行食用菌栽培的方式。代料栽培的原料来源充足，方法简便，成本低，收益快，是我国食用菌生产中采用最多的一种栽培方式，香菇、木耳、银耳、灵芝、平菇等常采用代料栽培。

（四）畦式栽培

畦式栽培是指将地块整地做畦，将菌种播种于畦上进行食用菌栽培生产的方式。应选择四周开阔、水源便捷、排灌顺畅的地块。土地经深翻晒白后，整地作畦，依据地形做畦，宽1.5m左右、高20cm左右，长则根据地形而定，并在畦面撒一层生石灰粉进行土层消毒。将配制好的培养料平铺在畦上，料厚约10cm，整平后将料层轻轻压实即可进行播种。播种后在畦上搭小型菇棚，覆盖黑色塑料薄膜，薄膜上再覆盖一层稻草编织成的草帘进行遮光和保湿。平菇、草菇、鸡腿菇、双孢蘑菇等可采用畦式栽培。

二、按培养料处理方式分类

根据食用菌栽培过程中对培养料处理方式的不同，分为生料栽培、熟料栽培和发酵料栽培等。

（一）生料栽培

食用菌培养料未经高温灭菌处理直接进行接种栽培，或采用拌药简易消毒栽培食用菌的方法叫作生料栽培。生料栽培操作简单易行，培养料中养分分解损失少，不需要专门的设施，对环境要求不严格，省工省时省能源，能在短时间内进行大规模生产而不受灭菌量的限制，投资少、见效快。在我国北方地区和南方低温季节的栽培中采用较多，但是生料栽培也存在比较明显的缺点：不适合在高温地区和高温季节栽培；很难控制病虫害，菌丝体容易受到培养料中虫卵孵化成的幼虫啃食；对培养料的新鲜程度和种类要求较高；栽培过程发菌速度慢、要求较大接种量等。常见的平菇、大球盖菇、草菇等采用生料栽培。

（二）熟料栽培

按照配方将培养料加水拌匀、装袋，经过高压或常压灭菌处理后再接种栽培的叫作熟料栽培。这种栽培方式的优点是菌种用量少，原料中的养分分解比较充分，易于吸收，发菌较快，发菌阶段不易受外界影响，在较高的温度下也可以发菌，病虫害较少、产量高等。缺点是接种、灭菌等工作量较大，操作麻烦，成本较高等。

（三）发酵料栽培

将食用菌培养料加水拌匀后经过堆制发酵处理，使培养料腐熟后再接种栽培的叫作发酵料栽培。发酵料栽培的培养料不需要高温灭菌，是一种介于生料栽培和熟料栽培之间的栽培方法，也称半生料栽培。发酵培养料的灭菌、养料分解程度都介于生料和熟料之间，与生料栽培相比，发酵料栽培杂菌污染率低、易成功、产量高，与熟料栽培相比，发酵料栽培投资少，工艺简单，是农村采用较多的食用菌栽培方式。

三、按覆土形式分类

食用菌栽培中，根据出菇时对菌床或菌棒是否进行覆土可以分为覆土栽培和不覆土栽培。草腐菌栽培一般都需要覆土，木腐菌既可采用覆土栽培也可采用不覆土栽培。生产中通常根据各地区具体情况和种植习惯采取相应的栽培方式。

（一）覆土栽培

土壤中含有丰富的腐殖质、氮、磷、钾，还有钙、磷、镁、硼、锰、铜、锌、钼等矿质元素，以及多种维生素等，可为食用菌提供辅助性氮素营养、矿质营养和多种酶类的辅助因子或活化剂。土壤中的氮素、碳素可以通过食用菌菌丝体内的生化反应被合成为营养物质。食用菌在栽培过程中，为了达到高产和优质的目的，在菌床覆盖一层经预处理的土壤颗粒可促进子实体原基的形成，简称覆土。研究表明，覆土是一项增产增收的有效措施，在生产上应用很广。前述床栽、畦栽以及脱袋地埋都需要覆土。

覆土可以改善培养料内部环境，补充水分及某些元素，减少光线及温度变化对菌丝的影响，有利于出菇和菇体生长发育。对草腐菌如双孢蘑菇、草菇、鸡腿菇等栽培时必须要覆土才能出菇，否则可能出现出菇少、产量低、质量差等情况。部分木腐菌覆土可以保持培养料的含水量，实现高产。

通常而言，覆土有以下优点：保持培养料水分，有利于子实体发育；改变培养料中二氧化碳浓度，覆土后二氧化碳浓度升高，刺激菌丝从营养生长向生殖生长转变，形成子实体原基；覆土中含有有益微生物，对菌丝体生长和子实体分化有促进作用；覆土对子实体生长起支撑作用；覆土中施加的石灰粉可有效调节栽培料酸碱度，减少杂菌危害。

覆土一般选择透气、持水率高的土壤或材料。通常要求覆土土壤有一定团粒结构，透气透水，不板结。一般来说，结构疏松、通气性能良好，有一定团粒结构，有较大持水力，有一定重量，不含病原微生物和害虫，且含有对食用菌有益微生物，中性或弱碱性的各种材料，都可以作为食用菌的覆土材料。土壤中含有大量微生物，如细菌、真菌（病原真菌）、放线菌、藻类等，其新陈代谢进行的氧化、硝化、氨化、固氮、硫化等作用，促进土壤中有机物质的分解和转化。所以通常在使用前通过物理、化学等手段对土壤消毒，尽量降低土壤单位体积内病原菌和有害昆虫的数量，有利于食用菌栽培。双孢蘑菇已有百年栽培历史，在国外已形成完整的覆土技术流程并制定了标准。在欧洲，双孢蘑菇栽培分工细致，覆土材料由专门生产覆土材料的企业提供。泥炭土在使用前，先将其投入搅拌机，一边搅拌一边添加碳酸钙、石灰调整 pH，同时还喷洒雾状的 1%福尔马林溶液对土壤进行消毒。栽培结束后，将蒸汽引进栽培库内，控制消杀蒸汽温度不超过 60℃，维持 1~2h 后再由传送带将栽培废料送出，由专用运输车运走。我国季节性地栽覆土菌类，如竹荪、大球盖菇等多是就地筑畦，就地取土覆盖，覆土一般依靠撒生石灰的方式简单消毒和调节酸碱度。

各类食用菌生物学特性不同，栽培工艺有异，因此生产上对覆土的要求也有差异。例如，袋栽平菇出潮菇后脱袋采用畦式覆土栽培模式，可以再出潮菇，能一定程度上提高产量。草菇栽培时必须覆土，可在播种后立即覆土，也可在播种后一周内进行。

常用覆土材料有泥炭土、耕层土、糠土、腐殖土等。泥炭土是较特殊的覆土材料，是指在某些河湖沉积的低平原及山间谷地中，由于长期积水，茂密的水生植被在缺氧情况下分解不充分，大量的植物残体积累而形成的土壤。大量生产实践证明，泥炭土能提升双孢蘑菇单产 10%，但我国泥炭土资源匮乏，成本较高，主要集中在东北地区。耕层土来自一般耕地的耕作层土壤或耕作层 20cm 以下土层，经过暴晒等杀菌处理后作为覆土材料，制备简单，省工省力，但在实际生产中要防止菇床出现板结。制备糠土时，将稻壳与河泥按重量比例约1∶10配制，每100m²的栽培面积大约需要4000kg河泥和500kg稻壳以及辅料。覆土材料的消毒：覆土栽培中，若覆土材料为泥炭土、河泥等，可以直接使用，不用消毒。若以普通土作为覆土材料，由于土壤中带有病原菌或者虫卵，需要进行消毒处理后再使用。消毒时可将覆土材料置于烈日下暴晒3天，以杀死病菌孢子和虫卵。

(二) 不覆土栽培

食用菌种性决定其对栽培料的降解方式，木腐生菌类大多无须覆土，采用代料栽培和段木栽培的多种木腐菌类不需要覆土也能获得较高的产量和质量。代料栽培时，将发好菌的菌袋转移到出菇环境中，通过日常管理后可出菇。段木栽培是将菌种接种在一定长度的阔叶树段木孔穴内，经过发菌培养后在菇木上出菇栽培。

四、自然生态条件下的食用菌栽培模式

按照配方进行配制栽培料，播种后在自然生态条件下开展栽培生产，菌体与自然界紧密接触，充分感受自然界的温湿度等情况，对提高产品的内在质量有促进作用。目前主要有林下食用菌栽培、田间套作食用菌栽培、果园套作食用菌栽培等模式。

(一) 林下食用菌栽培

食用菌生性喜阴，天然野生食用菌一般生长在林下、林缘或草丛等环境。林下为食用菌生长提供了天然的遮阴、温度、湿度和通风环境，适宜食用菌生长。林下食用菌栽培是指在富含氧气、阳光充足、通风良好、温湿度适宜、郁闭度良好的树林里，优先选取理想的食用菌菌种并通过恰当的技术手段成功栽培食用菌。林下食用菌栽培不仅能够充分利用林地的剩余空间和残留的枯枝，同时栽培过后产生的菌渣也可以为林木的生长提供天然肥料，二者不仅生长空间互补，且相互促进、协调发展，为开发绿色林下经济提供有力支撑。林下食用菌栽培能形成"以菇促林、以林种菇"的良性循环种植模式。

林下食用菌栽培获得成功的一个重要关键是菌种筛选。筛选菌种时要根据所要栽培的林地的温度、湿度、光照、氧气、生态条件、资源条件匹配合适的菌种。如在竹林中气温温差小，湿度易保持，适宜竹荪生长。在选取林地时，要求栽培食用菌的林地大气质量良好，交通便利，水源充足，水质健康安全；还应考虑到林地的林木密度、郁闭度、林地的坡度地势等。除此之外，在栽培食用菌之前还应对所选的林地展开残枝废叶清扫打理，畦床准备，排水沟挖掘等工作。

林下食用菌栽培主要有林下食用菌地表栽培、林下食用菌覆土栽培、林下食用菌畦栽等。

林下食用菌地表栽培是指将已经长好菌丝的菌棒或者菌包直接放置于林间空地上（不需要在地表开沟或者放置架子），然后让其自然出菇的一种栽培方式。适合林下地表栽培的食用菌有香菇、黑木耳、平菇、黄伞（柳蘑）等。林下地表栽培食用菌时，因为食用菌菌棒直接接触地面可能会破坏地面或者造成菌棒污染，可在地表铺膜后或者将菌棒放置在排架上，另外可对菌棒搭建小拱棚或覆盖遮阳网、草帘等保持其温度和湿度。

林下食用菌覆土栽培是指在林地中找行距适合的林木之间开沟或作畦，将菌棒（掰开成块或粉末）放置其中，然后覆土、树叶之类。适合林下覆土栽培的有鸡腿菇、灰树花、金福菇、长根菇等食用菌。开沟或坑的深度高于菌棒 2~3cm，覆土时高于菌棒 2~3cm，覆土厚度根据不同菌种有所区别。覆土后可在土层上面覆盖树叶如松针之类，栽培过后要一次性浇透水。如对环境温度与湿度有一定要求，可在上面搭建小拱棚或是覆盖草帘、遮阳网等。

林下食用菌畦栽是指在林间空地上整理出适当规模的畦床，在畦床上将培养食用菌的熟料或生料铺好，在培养料上面播撒菌种，后覆土或培养料等逐层覆盖的栽培方法。适合林下畦栽的有竹荪、姬松茸、草菇等菌种。种植结束后，要注意控制温度和湿度，如用未发酵过的生料种植，则需防止微生物分解产生的热量过高而杀死菌种，此时需要提前进行控温保湿，可在上面覆膜或者搭建小拱棚、遮阳网等。

（二）田间套作食用菌

食用菌与田间农作物套作栽培，能充分利用空间，作物生长的中后期可以为食用菌遮阴，在田间建立一个温湿度适宜、通风透气的小气候，为食用菌创造适宜的生长环境。食用菌采收后的菌渣残留在土壤中，能增加土壤有机质，改良土壤理化性质，提高土壤保水保肥能力，食用菌与田间作物套作能有效提高农用田地的利用率、优化种植环境和在一定程度上节省生产种植成本，是一种生态、节能、高效的套作模式。

食用菌与田间农作物套作栽培，要做好适宜于套种的作物品种和食用菌品种的筛选工作。一般情况下，农作物生长期间气温普遍较高，套作时应选择耐高温的食用菌品种，具体操作方法是：在室内避光环境进行菌丝生长培育，当菌丝满袋后将菌袋移至作物行间进行套作栽培，菌袋摆放时应与作物根部保持一定距离。不同食用菌品种出菇方式有差异，套作中的摆放方式也有不同：平菇、秀珍菇等菌袋两端出菇的品种，宜采取堆码的方式套作；香菇、木耳等菌棒周身出菇的品种，宜采取搭架排放的方式进行套作；鸡腿菇等采用脱袋覆土栽培的品种，在脱袋后，一般采用立埋或者卧埋的方式摆放，菌棒直接不留空隙，最后覆土培养。

田间套作栽培食用菌的具体管理要注意以下几点：一是要保持田间湿度，采用喷洒等方式补水，确保田间湿度为 85%~95%；二是如遇阴雨天气应在雨前采菇，不能采摘时用薄膜盖好，避免雨水滴溅影响菇体品质；三是当环境气温较高时，要注意遮阴降温，防止菌丝高温老化，加强出菇管理。

（三）果园套作食用菌

果园套作食用菌是利用果园林果下的土地和林荫空间，选择适合林果下生长及能利用枝丫、落果、落叶的食用菌品种，进行合理套种，从而实现资源共享、优势互补、循环利用、协调发展的生态农业模式。应选择树龄较大、遮阴较好的果园，如葡萄、柑橘、苹果、梨等果园，可套作的菌类多种多样，各地区可根据气候特点选择香菇、鸡腿菇、木耳、平菇、羊肚菌、大球盖菇等。栽培方式有畦栽、袋栽、段木栽培等。

五、工厂化食用菌栽培模式

随着社会需求的不断增加和科技水平的进步，传统的食用菌生产方式已难以适应现代市场经济，与现代农业生产的高产出、高品质、高效益的要求不相匹配，达不到食用菌规模化、集约化、标准化、连续化、周年均衡供应的要求。工厂化食用菌栽培模式已蓬勃兴起。发展食用菌工厂化生产是农业产业结构调整的有效途径，是高效农业的必然要求，也是食用菌产业做大做强的必然要求。社会效益、经济效益、生态效益良好，发展前景广阔。

工厂化食用菌栽培模式对于自然资源的节约利用、循环利用和永续利用，控制农业面源污染，促进农业健康和可持续发展具有重大意义。工厂化生产食用菌是集生物工程育种、人工模拟生态环境、智能化控制、自动化机械作业于一体的新型生产方式。采用工业化的技术手段，根据食用菌自身适宜生长条件所需，在不同的季节，通过人工控制的环境设施系统，克服自然环境限制因素，在相对可控的环境设施条件下，按照菇类生长所需设计的封闭式厂房中，利用温控、湿控、风控、光控设备，模拟食用菌生长地生态环境，采取最优的环境控制模式，应用智能化控制、自动化机械作业，形成高密度、规模化、立体化、集约化、标准化有序生产，使产品达到安全绿色（有机）标准，实现食用菌周年优质、高效生产的目标。

工厂化食用菌栽培模式具有不受自然条件影响、生产稳定、管理先进、生产规模大、效益高、质量好、保护生态环境等优点，是食用菌产业跨越式发展的必由之路。与传统生产方式相比，食用菌工厂化生产优势日益突出。一是产品品质安全可靠，可以通过控制原料安全以及精准控制环境条件，实现安全优质生产。二是产品数量可控，可以稳定供应市场，避免季节性上市对销售商和消费者的影响。三是劳动强度低，实现了机械化、自动化的生产。四是劳动力投入少，通过智能化设备设施的应用，部分生产环节基本可以实现无人化。五是生产效率高，因为可以精准调控环境条件，通过层架栽培实现高效生产。

早在 20 世纪，荷兰已经开始双孢蘑菇工厂化生产，随后波兰、美国等国家也纷纷效仿。近年来，日本也实现了食用菌的工厂化生产，并被韩国引进，逐渐发展为成熟的栽培技术。1987 年，我国灌南县成立了第一个食用菌现代农业示范区，经过多年的发展，种植技术逐渐成熟，已实现食用菌的工厂化生产，先后产出了杏鲍菇、金针菇、白灵菇等多种食用菌。食用菌产业已成为中国农业种植业中继粮食、蔬菜、果树、油料之后的第五大产业。

通常而言，砖混结构和钢结构的房屋最适合用来做菇房。在建设菇房时，要严格地遵循冷库的标准建设，菇房要具备保温、通风以及保湿等条件。要合理地布置生产场地，严格区分场地中的加工区、生产区、生活区和原料仓库等，不能将这些功能不一的区域混为一谈，造成功能混乱。在生产区之中，拌料区域、原料区域、装料区域、接种区域、冷却区域等，都应该保持其独立性，但同时也需要相互呼应，有效衔接；而接种区、冷却区和灭菌区，这三者需要紧密地衔接在一起；处理区和堆放肥料的区域，必须要和生产区保持一定的距离，以免产生不必要的交叉污染。在挑选食用菌的品种时要严格把关，尽量挑选已经参与过出菇试验的食用菌株，同时还要保证其具备较强的抗逆性、优质、高产、适应性强、货架期长、功能性强等特点。工厂化食用菌栽培中需要的制冷系统、制冷机、自动控制系统、通风系统和风机，均应按照冷库的标准进行采购和配备。在生产区域，必须配备完整的消防设备，按照我国相关规定，购买整套的消防器材。生产设备一般包含照明设备、通风设备、装瓶设备、接种设备、灭菌设备、拌料设备、清理设备和采收包装设备等。工人只需操控设备，无须参与具体的生产劳动，基本上实现了生产自动化。主要生产流程如下：

第一步，配料。生产人员要根据不同菇种的不同生物学特征，针对性地选择合适的配方以及栽培原料。

第二步，搅拌原料。通过搅拌，保证所有的原材料都保持统一的湿度，确保没有干料块，没有死角。在搅拌的过程之中，还要保证原材料的质量，不能出现酸败情况。

第三步，装瓶装袋。将培养料均匀地装在容器瓶或者袋子中，坚持上紧下松的原则，含水量须控制在 65% 左右，且上下一致。在瓶子的中央部位，设置一个 2cm 左右的圆孔，保证其正常通风和接种。瓶子和瓶子之间不能留有缝隙，培养基质要保持同样的空隙度。

第四步，消毒灭菌。严格地遵循相关的规定，在灭菌锅之中，对原料的密度和数量进行严格控制。在夏日高温季节，工作人员必须在灭菌之前，通过猛火尽快升温，让原料的温度快速升至 100℃；在高压灭菌时，要保证原料温度达到 121℃，保温 2h 左右。

第五步，冷却工作。要将冷却室打扫干净，并做好消毒工作，净化度要大于一万级，有条件的话，可安装空气净化机。在冷却室中，制冷机需要调节成内循环，以便快速降温，尽量降低空气的交换率，杜绝被污染的情况发生。

第六步，接种工作。接种室的地面必须铺设容易打理的材料，温度保持在20℃左右，室内安装臭氧发生器。保持接种室的清洁，工作人员需定期进行打扫和消毒工作，以保证室内正压的稳定性。在引入新风时，必须要先高效过滤。严格遵循无菌操作标准，进行接种工作。

第七步，培养发菌。培养发菌的环境要保证恒湿、恒温、避光，定时通风。一般来说，不同的菌种有着不同的发菌时间，要按照实际条件进行相应的调整。

第八步，搔菌。例如，金针菇和杏鲍菇要进行搔菌。当菌丝成熟以后，工作人员通过人工搔菌将培养料表面的老菌丝剔除，也可以使用专门的搔菌设备。

第九步，催蕾。对于金针菇，当菌丝表现为绒絮状，颜色呈灰色时，就可以进行催蕾了。降低菇房的温度，保持在12~14℃，大约一周，培养料的表面上就会产生针头形状的菇蕾。当产生了菇蕾以后，可以进行适当的散射光照射。对于杏鲍菇，催蕾的湿度应保持在85%~95%，最佳温度为12~15℃。当袋子里面出现细小的菇蕾时，就可以打开袋口，进行下一步出菇。

第十步，出菇。当金针菇的菇蕾超过瓶口1cm左右时，工作人员可以将上面的覆盖物揭开，保证库房温度在15℃左右，空气的湿度保证在80%~95%（不同菇种适宜的湿度不同），对地面和空间进行喷水，需要注意的是，一定不能将水直接喷射到菇蕾上。随着菇丛的不断增大，需要增加通风量，降低湿度，让空气保持新鲜流通，大约一周，就可以培养出商品菇。金针菇的培育环境湿度要保持在85%~90%，温度在15~18℃。当菇蕾有花生米一般大的时候，就可以疏除过密或者畸形的菇蕾，一个瓶子留下2~3个良好的菇蕾即可。

第十一步，采收。当金针菇长到13cm左右时，实体已经到了瓶口处。每一个瓶子的产量基本保持在150g左右。柄长保持在13cm为最佳，菇盖的半径小于0.5cm，没有畸形的情况，就可以进行采收。对杏鲍菇的培育环境，要多注重通风，始终保持恰当的湿度和温度，尽量杜绝有假单孢杆菌的出现。当菌盖平展时，就可以进行采收工作。

此外还要注意病虫害的防控。进行食用菌工厂化生产时，要做好病虫害的防控工作。在选择原料时，一定要挑选没有霉变、干燥的材料，培养料要控制恰当的水分，保持整体环境的清洁。工作人员要严格按照工作标准进行操作，在灭菌时要彻底地将细菌消灭干净，严格地对接种室进行消毒，做好空气净化工作。每一个菌种都有其不同的特性，从发菌到出菇，工作人员要设置恰当的光照、温度、湿度和通风等条件，为食用菌创设良好的生长环境，尽量避免病虫害的出现。

第七节　食用菌栽培用料

一、食用菌栽培原料

食用菌栽培原料种类繁多，主要包括各种林木主干及枝丫材、农作物秸秆、农产品加工副产物及果树枝条等，一些灌木和草本植物也可作为栽培原料。《中共中央关于制定国民经济和社会发展第十三个五年规划的建议》提出：完善天然林保护制度，全面停止天然林商业性采伐，增加森林面积和蓄积量。该政策已于2017年开始实施，意味着未来食用菌栽培的原材料要更多利用农作物秸秆、农产品加工副产物等。

（一）林木与木屑

在食用菌的人工栽培中，通常采用不含芳香油类物质的阔叶树作为原料，阔叶树木屑是栽培食用菌的良好材料，由多种阔叶树木屑混合而成的，统称为杂木屑，常见树种有栎树、麻栎等。不同阔叶树种木屑在养分含量、物理性状等方面都有较大差异，而食用菌对不同木屑的适应性也不同。林木砍伐后，将主干截成长1~1.2m的木段，直接用于香菇、黑木耳、银耳等食用菌的段木栽培。将林木枝丫材用机械粉碎成一定大小的木屑，替代段木进行食用菌栽培，即为代料栽培。

（二）农作物秸秆

秸秆是农作物收获后残留的秆、茎、叶等不能食用的副产品，主要成分为碳水化合物、纤维素、半纤维素、木质素、粗蛋白、粗脂肪，并含有钾、钙、镁等微量元素。秸秆主要有作为燃料、饲料、肥料、工业原料及食用菌基料等5种用途。目前，我国的农作物秸秆主要源于粮食作物、油料作物、麻类和糖料作物。其中，粮食作物又可分为谷物（包括稻谷、小麦、玉米和其他谷物）、豆类及薯类作物；油料作物包括花生、油菜、芝麻和向日葵等；糖类作物则包括甜菜和甘蔗等。可用作食用菌栽培的有玉米秸秆、水稻秸秆、小麦秸秆、甘蔗秸秆、油菜秸秆、大豆秸秆等，其中玉米、水稻和小麦秸秆占到秸秆资源总量的75%以上，已广泛应用。使用农作物秸秆作为主要栽培原料，不仅能高效利用生物资源、减少环境污染，还能降低食用菌栽培成本，实现食用菌产业的绿色可持续发展。

食用菌菌丝分泌的漆酶、纤维素酶、木聚糖酶、锰过氧化物酶等酶类，能够降解作物秸秆中含有的木质素、纤维素和半纤维素，菌丝在降解过程中可以获取营养和能量。所以，理论上大多数农作物秸秆都可以作为食用菌栽培基质主要成分，难点在于对各品种进行针对性的培养基配方优化，以期获得生物效率高、栽培成本低的效果。

　　玉米秸秆是玉米收获后的副产物，主要包括玉米的茎秆、叶梢和芯，在我国分布范围很广，资源量约占我国秸秆资源总量的1/3。目前，可利用玉米秸秆栽培的食用菌品种有杏鲍菇、双孢蘑菇、黑木耳、糙皮侧耳、毛头鬼伞、大球盖菇等。

　　小麦秸秆是小麦作物形成的生物质资源，主要含粗纤维、微量元素及粗蛋白等，是众多能源材料、饲料和有机肥的原材料。小麦秸秆的年产量约为 $1.5×10^8$ t，约占秸秆资源总量的20%。目前，利用小麦秸秆进行培养和栽培研究的食用菌品种主要有灵芝、香菇、糙皮侧耳、毛头鬼伞、大球盖菇、肺形侧耳等。

　　水稻是我国的主要粮食作物之一，近年来，我国每年的水稻秸秆产量约为 $2.1×10^8$ t，约占秸秆资源总量的25%。利用水稻秸秆为主要原料进行培养和栽培研究及应用的食用菌品种主要有双孢蘑菇、姬松茸、糙皮侧耳、金针菇等。

　　油菜是我国的主要油料作物之一，油菜秸秆含有丰富的纤维素、半纤维素和木质素，可为木腐类和草腐类食用菌提供营养。据估计，我国每年的油菜秸秆总量为 $6.3×10^8$ t，且多年来产量一直比较稳定。目前以油菜秸秆为主料进行栽培研究和应用的主要食用菌品种有平菇、金针菇、蟹味菇、草菇和香菇等。

　　大豆是我国最主要的豆类作物，产量约占全国豆类作物总产量的3/4以上。从全国农作物秸秆资源量看，我国豆类秸秆产量波动不大，每年的产量约为 $2.077×10^8$ t。目前国内以大豆秸秆为主料进行栽培研究的食用菌品种主要有平菇、香菇、黑木耳、猴头菇、灰树花等。

　　在实际生产中，用于食用菌栽培的农作物秸秆必须是无霉变的，选定秸秆后需要在阳光下暴晒，经过粉碎之后再进行为期一周的浸泡发酵处理，若秸秆数量较大，还必须翻动数次，保证秸秆均匀吸水。进行发酵主要是为了使农作物秸秆吸足水分变软，有利于有益微生物（如白色放线菌）的繁殖。其中所选用的农作物秸秆可以是玉米秸秆、大豆秸秆、小麦秸秆等，而无霉变的农作物秸秆的细胞还具有一定的生命力，其中半纤维素和纤维素很难被菌丝分解，这也是实施发酵处理的原因。观察秸秆发酵的状态，当出现一层白色放线菌时就可用于食用菌的栽培。

（三）果树枝条

　　各种果树枝条可作为食用菌的栽培原料，果树枝条中的木质纤维素可为木腐菌的生长发育提供大量碳素营养。目前苹果、葡萄、梨、猕猴桃、茶树及柑橘等枝条已作为食用菌栽培原料被广泛应用。

　　利用桑木屑栽培木腐菌的研究较多，栽培技术较为成熟，桑枝中含有丰富的钾、钙、镁等矿物质元素，还富含酚类、黄酮类、生物碱等多种特殊成分，适量添加能提高食用菌品质，目前，人们已可栽培香菇、黑木耳、真姬菇、金针菇、猴头菇、平菇、灵芝、杏鲍菇等食用菌。桑枝屑木质较软，木质素含量在19%左右，低于传统杂木，因此易于被菌丝分解吸收，菌丝生长较快，但是产菇后劲不足，产量偏低，在生产上桑枝屑尚不能完全代替杂木屑栽培食用菌。

（四）农产品加工副产物

各种农产品加工后会产生大量副产物，包括麸皮、米糠、玉米粉、玉米芯、菜籽饼、黄豆粉、谷壳等。它们主要作为氮源，被添加到食用菌栽培料中。可可、咖啡、榛子、花生、油棕榈、向日葵、棉籽等加工后产生的废弃物，可部分或完全替代木屑栽培食用菌，食用菌出菇后培养基中剩余的菌渣也可再次调配后用于其他种类的食用菌栽培。

玉米芯是玉米脱去籽粒后的穗轴，其营养比较丰富。据有关资料介绍，含粗蛋白1.1%、粗脂肪0.6%、粗纤维31.8%、可溶性糖类51.8%、钙0.40%、磷0.25%、粗灰分1.3%，还含有镁、硫、铁、钾等多种矿物质元素。作为一种农业废弃物资源，其可替代目前市场上逐渐减少的棉籽壳，用来栽培各种食用菌，据有关资料介绍，每100kg玉米芯可产鲜平菇100~150kg，生物转化率高，经济效益可观。

谷壳又名稻壳、砻糠，是稻谷加工的副产物之一，谷壳中含有大量的木质素以及纤维素，能够作为食用菌的培养基，且产量高、效益好、成本低、易推广，现已利用谷壳开展金针菇、平菇、毛木耳以及大球盖菇的栽培。

食用菌菌渣是食用菌完全采收后的培养基，是食用菌菌丝残体、经食用菌酶解后结构发生质变的培养料残余物质和食用菌生长过程中产生的次生代谢产物等成分的复合物。生产食用菌的原材料主要由纤维素、半纤维素和木质素组成。食用菌在生长过程中能产生大量分解纤维素、半纤维素和木质素的酶类，这些酶类可以把以上物质分解成多糖、醌类化合物等以供食用菌的菌丝体生长。食用菌栽培基质经食用菌降解、吸收、再利用后，其成分主要由多糖类、蛋白质、氨基酸、有机酸、生物活性物质、矿物质微量元素等营养成分组成。在食用菌生产过程中，菌渣的再利用是降低成本和菌渣资源化的一个重要途径。在滑菇栽培过程中，加入杏鲍菇、黑木耳、香菇菌渣可以显著加快发菌速度，缩短出菇期，减少杂菌污染，提高生物学效率。在培养料中添加杏鲍菇菌渣栽培平菇，可以提高平菇菌丝生长速度，增加菌丝的致密性，并可以把生物学效率提高到82.53%，菇形明显好于对照。在高钙平菇栽培过程中，以牛粪、麸皮、米糠、石膏、碳酸钙为原料，添加10%的菌渣，可以缩短现蕾时间和采收时间，并且子实体的质量、干物质以及生物学效率都有较佳的表现。香菇菌渣加入平菇培养料中，平菇菌丝生长速度和产量都可以和目前成熟的配方相媲美。在发酵料栽培鸡腿菇时，适当地加入杏鲍菇菌渣，利用杏鲍菇菌渣代替玉米芯，可以有效增强菌丝长势，缩短发菌时间。但是要注意的是，在利用菌在进行生产食用菌过程中，容易引起杂菌和病虫害的增加，要做好相关消毒灭菌工作。

二、栽培原料中有害物质处理

伐木厂、锯木厂、木器厂等碎屑，都可以收集作为栽培的培养料。但这些下脚料木屑树种比较复杂，需要剔除其中可能含有的油脂、脂肪酸、精油、醇类、醚类以及芳香性抗菌或杀菌物质的树种，如松、柏、杉、樟、洋槐等不宜直接取用，必须经过适当的技术处理，消除有害物质后才能使用。

（一）高压或常压排除法

采用高压或常压灭菌，排除有害物质。高压灭菌时按常规操作，排除冷气后，待气压上升到 147.1kPa 时，加大火力或通入蒸汽，然后慢慢打开排气阀，排气 10min，关上气阀。保持灭菌 2h，达标后停火，让压力自然下降，这样能使其中的有害物质基本被除去。也可采用常压灭菌法排除有害物质。具体操作方法：待灭菌灶内灭菌 30min 后，加大火力，排气 10min，让有害物质排除，然后保持 100℃ 10h以上，再焖 8h 后出锅，晒干待用。

（二）蒸馏法

利用蒸馏香茅草油或薄荷油的设备，先把水放进锅内，距通气木隔板 10cm。再装入松、杉木屑，稍压实后用木棍插几个通气孔，盖好锅盖，以防漏气，并在锅内沿注满水。然后把锅盖上的通气管冷却器上部接好，冷却器底部直通桶外，连接油水分离器。安装后烧猛火，经 2~2.5h 开始出油，然后保持火力 4~5h，待无油出现时即熄火。第二天取出木屑晒干备用。

（三）石灰水浸泡法

用 0.2%~0.5% 石灰澄清液，浸泡松、杉等木屑 12~14h，捞起后用清水冲洗至无浑浊，pH 7 以下为止。再将水沥干或晒干后待用。以上述浓度的石灰水浸泡，气温在 20℃ 以下时，至少需要 24h。

（四）堆积发酵法

将松、杉木屑倒进水沟填满水，经过一段时间的风吹日晒雨淋后，挖取下半部的木屑晒干备用。也可将此类木屑拌 2%~3% 浓度的石灰水，将含水量调节至 65%左右后，每隔 4~5 天翻堆 1 次，堆积发酵 30~40 天后，晒干待用。

三、常见培养基类型及栽培配方

（一）杂木屑培养基配方

配方 1：杂木屑 75%、麦麸 20%、茶籽饼 3%、蔗糖 1%、碳酸钙 1%。

配方 2：杂木屑 72%、麦麸 25%、石膏 1%、蔗糖 1%、过磷酸钙 1%。

（二）棉籽壳培养基配方

配方 1：棉籽壳 82%、麦麸 16%、石灰 2%。

配方 2：棉籽壳 70%、麦麸 20%、花生饼 5%、玉米粉 3%、石膏 1%、蔗糖 1%。

配方 3：棉籽壳 72%、米糠 20%、茶籽饼粉 5%、石灰 1%、蔗糖 1%、磷酸二氢钾 1%。

配方 4：棉籽壳 78%、麦麸 20%、石膏 1%、蔗糖 0.5%、石灰 0.5%。

（三）混合培养基配方

配方 1：杂木屑 38%、棉籽壳 37%、麦麸或米糠 20%、玉米粉 3%、蔗糖 1%、碳酸钙 1%。

配方 2：棉籽壳 56%、杂木屑 17%、麦麸 20%、茶籽饼粉 4.8%、碳酸钙 1%、磷酸二氢钾 0.2%、蔗糖 1%。

配方 3：杂木屑 40%、棉籽壳 30%、麦麸 16%、玉米粉 6%、茶籽饼 5%、石膏 1.5%、蔗糖 1%、磷酸二氢钾 0.4%、硫酸镁 0.1%。

配方 4：棉籽壳 39%、杂木屑 39%、麦麸 20%、石膏 2%。

配方 5：杂木屑 36%、棉籽壳 36%、麦麸 20%、玉米粉 5%、茶籽饼 1%、轻质碳酸钙 1%、蔗糖 1%。

配方 6：茶籽壳 40%、棉籽壳 32%、麦麸 20%、玉米粉 5%、石灰 2%、过磷酸钙 1%。

（四）玉米芯培养基配方

配方 1：玉米芯 37%、杂木屑 38%、麦麸 23%、石膏 1%、过磷酸钙 0.5%、石灰 0.5%。

配方 2：玉米芯 60%、棉籽壳 10%、杂木屑 10%、麦麸 12%、玉米粉 6%、石膏 1%、蔗糖 0.5%、磷酸二氢钾 0.4%、硫酸镁 0.1%。

（五）甘蔗渣培养基配方

配方 1：甘蔗渣 60%、棉籽壳 10%、杂木屑 10%、麦麸 12%、玉米粉 5%、石膏 1.5%、红糖 1%、磷酸二氢钾 0.4%、碳酸钙 0.1%。

配方 2：甘蔗渣 36%、棉籽壳 36%、棉籽饼 5%、麦麸 15%、玉米粉 5%、石膏 1%、红糖 1.5%、磷酸二氢钾 0.4%、碳酸镁 0.1%。

四、栽培料配制技术

（一）碳氮比合理

合理的碳氮比有利于食用菌生长发育，主要是影响食用菌生长发育过程中的营养平衡。其中最关键的是培养基中的碳素和氮素的浓度要有适当的比例，即碳氮比（C/N）要合理。食用菌利用木质素的能力差，而利用蛋白质的能力极强。在培养基配方中，必须加入能满足其生理需要的各种碳源和氮源。各种食用菌品种在菌丝生长阶段碳氮比要求约为 20：1，子实体分化发育阶段则要求碳氮比约为 30：1~40：1。如果氮浓度过高，酪精氨酸超过 0.02% 时，就会抑制原基分化，难以形成子实体。

碳氮比计算方法是把各类原材料的碳素相加，所得总数除以各种原料、辅料的氮素相加，所得的商数，就是碳氮比。

(二) 配料关键控制点

1. 含水量控制

调水要掌握"四多四少"。配料中基质颗粒细或偏干的，吸收性强的，水分宜多些；基质颗粒硬或偏湿的，吸水性差，水分应少些；晴天的水分蒸发量较大，水分可偏多些；阴天空气湿度大，水分不易蒸发，则偏少些；若配料场所是水泥地，因其吸水性强，水分宜多些，若是木板地，因其吸收性差，水分宜调少些；在高海拔地区和秋季干燥天气，用水量要略多一些，在30℃气温以下配料时，含水量应略少些。木材质地坚硬与松软，木屑颗粒粗与细，本身基质干与湿之差，一般约相差10%。特别是甘蔗渣、棉籽壳、玉米芯等原料，吸水性极强，所以调水量应相应增加。

2. 均匀度控制

拌料不均匀，培养料养分不均衡，接种后会出现菌丝生长不整齐等现象。例如，配方中常用的过磷酸钙，如若未经完全溶化就倒入料中搅拌，在拌料后又没过筛，过磷酸钙就会整块集聚，在装袋后就会集中在部分袋内，致使食用菌丝接触这部分培养料时难以生长。还有的由于拌料不均匀，导致氮源等分布不均匀，出现只长菌丝不出菇的情况。因此，配料时要求做到"三均匀"，即原料与辅料混合均匀、干湿搅拌均匀、酸碱度均匀。

3. 操作速度控制

秋栽的品种在南方遇到气温在25~30℃的天气，常因拌料时间延长，导致培养料发生酸变，接种后菌袋成品率不高等情况。因为培养料配制时要加水、加糖，再加上气温高，极易发酵变酸。所以，当干物料加水后，从搅拌至装袋开始，其时间以不超过2h为宜。这就要做到搅拌及时，当天拌料，及时装袋灭菌，避免基质酸变。建议推广使用新型拌料机拌料，加快速度。如采用人工拌料，就要提前配够拌料人手，并要求在2h内完成拌料。

4. 污染源控制

在培养料配制中，为避免杂菌侵蚀，必须从原料选择入手，要求干燥，无霉变；在配料前原料应置于烈日下暴晒1~2天，利用阳光的紫外线杀死存放过程感染的部分霉菌。拌料选择晴天上午气温低时开始，争取上午8点前拌料结束，转入装料灭菌，避免基质发酸，滋生杂菌。

5. 添加剂控制

培养基添加剂必须严格执行《无公害食品　食用菌栽培基质安全技术要求》（NY 5099—2002）标准。

第二章　食用菌菌种生产

第一节　食用菌菌种概述

食用菌类似高等植物，其生产前的首要任务是制种，优良的菌种是栽培出菇及获得稳定、优质、高产的保证。目前，食用菌的制种采用母种、原种、栽培种三级繁育程序，根据菌种制成后的物理性状又分为固体菌种和液体菌种，前者制种具有工艺简单、所需设施廉价、易规模化生产等优点，但菌丝生长慢、周期长、菌龄差异较大等；后者制种可弥补前者的缺点，但所需设备昂贵，目前很难大规模推广。

一、菌种的概念

食用菌的菌种是指人工培养，并供进一步繁殖的食用菌的纯菌丝体。优良的菌种是食用菌优质、高产的基础。在适宜的条件下，食用菌孢子、菌丝组织体或子实体组织经萌发而成的可以出菇的纯菌丝体即为菌种，其是以试验、栽培、保藏为目的，遗传特性相对稳定且可供进一步繁殖或栽培使用，通常是由菌丝体和基质共同组成的联合体。优良的菌种应具有高产、优质、抗逆性强等特性。制种工艺是食用菌生产过程中的关键技术，对食用菌生产的成败、经济效益的高低起着决定性的作用。

二、菌种的分类

菌种因分类标准不同可进行多种分类：根据物理性状分为液体菌种、固体菌种及固化菌种；按照使用目的分为保藏用菌种、试验用菌种及生产用菌种；依据培养对象和培养料分为木质菌种（灵芝、香菇、木耳等）和草质菌种（草菇、双孢蘑菇、大肥菇等）；针对培养基的不同分为谷粒菌种、粪草菌种、木块菌种等。在实际生产中，应用最广泛的分类是根据菌株来源、生产目的、繁殖代数等把菌种分为母种、原种和栽培种。

母种，也称一级种、试管种或斜面菌种，是指在试管斜面上培养出的菌种，是采用孢子分离或子实体组织分离获得的纯菌丝体，再经出菇实验证实具有优良的性状，具有生产价值的菌株。母种的菌丝纤细，分解养料的能力低，需要培养在养料丰富并易吸收的培养基上。因分离法获得的母种数量有限，通常将其菌丝再次转接到新的培养基上扩大繁殖（1 支试管母种接种 10 多支新试管），能得到更多的母种，称为再生母种，生产用的母种实际上都是再生母种。母种除了用于扩大培养外，还用于菌种保藏（4℃的冰箱保存）。

原种，也称二级菌种或瓶装种，是将母种接到无菌的棉籽壳、木屑、粪草等固体培养基上所培养出来的菌种。菌丝体经这种培养基的培养后，变得丰满粗壮，增强了对生产用培养基的适应能力，同时为生产栽培用种提供了较大量的接种材料。原种主要用于菌种的扩大生产，有时也作为生产用种使用。原种通常以透明的玻璃瓶或塑料瓶为容器，以保持较高纯度。1 支母种可扩大繁殖 6~8 瓶原种。原种只能短期保藏，不能长期存放。

栽培种，又称三级种、生产种或袋装种，是将原种接种在相同或相似固体培养基质上所培养出来的菌种，其具有菌丝强壮、数量多、成本低等特点，是大面积栽培所使用的菌种，因此也称生产种。菌种经进一步扩大培养，菌丝分解基质的能力进一步增强，更能适应外界环境条件。直接应用于生产或可作为菌种接种到菌床、段木、栽培袋等，但一般不能用于扩大繁殖菌种，否则将会导致菌种退化，甚至减产。栽培种可用瓶作容器培养，也可用塑料袋作容器培养。长好的栽培种最好在10~40 天内使用，时间过长或自行分化形成子实体，或生活能力下降容易感染杂菌而引起减产。

第二节　消毒和灭菌

食用菌栽培是人工创造适宜食用菌生长繁殖的条件，对食用菌进行纯培养的过程。在自然条件下，食用菌的培养原料、生活空间以及食用菌栽培所使用的工具都存在着大量的微生物，而适宜食用菌生长繁殖的条件同样有利于杂菌的生长繁殖，若不进行处理，杂菌就会与食用菌争夺养料，占据生存空间，给食用菌生产造成损失，或导致食用菌生产失败。对培养料和环境、工具的除菌处理措施称为消毒和灭菌。

灭菌和消毒是两个不同的概念。灭菌是指用物理和化学方法杀死全部微生物，是一种彻底的杀菌方法，能够杀灭包括耐高温细菌芽孢在内的一切有生命的物质。通常对食用菌母种、原种、栽培种的培养基和使用的工具、器皿以及操作环境进行灭菌处理，使菌种在完全无菌的条件下生长。消毒是指采用物理和化学方法杀死部分微生物，即一般以杀死有害微生物为目的，但不能杀死微生物的休眠体（细菌芽孢），是一种不彻底的灭菌方法。消毒一般只能杀死或消除物体表面、基质及环境中的微生物营养体，并不一定能杀死包括耐高温细菌芽孢在内的一切有生命的物质。其具有暂时性、不彻底性及随机性，但因成本低、简单易行、可操作性强、易推广等优点在食用菌制种工作中应用很广，如对食用菌生产用料、生产环境进行消毒处理，使其即使有杂菌存在，也不至于对食用菌生产造成危害。

一、消毒和灭菌的措施

（一）物理方法

高温杀菌是常用的灭菌方法。有机体中的蛋白质、核酸对高温特别敏感，高温可破坏其结构，从而造成细胞死亡。一般情况下60℃可造成蛋白质变性凝固，失去生物活性，80~100℃可造成核酸变性，丧失其功能。多数细菌、真菌的营养细胞和病毒在60℃保持10min可致死，细菌芽孢抗热性最强，在100℃条件下可耐受很长时间。高温灭菌分干热灭菌和湿热灭菌，湿热灭菌又分为高压蒸汽灭菌和常压蒸汽灭菌。

利用射线所释放的能量能引起微生物细胞分子发生电离，使细胞中各种活性物质发生变性，最终导致细胞死亡而杀死微生物营养体或休眠体的方法即为射线灭菌法，其主要适用于较大又不耐高温的物品灭菌。多种辐射线如 α 射线、γ 射线和 X 射线、紫外光线等能对有机体造成损害，因此射线灭菌也是常用的灭菌方法。由于其他射线对人损害大，产生、防护条件要求严格，因此实验室中常用紫外线辐射灭菌，紫外线能引起细胞内的核酸和酶的结构改变，有很强的杀菌作用。另外，空气在紫外辐射下能产生臭氧，臭氧也有杀菌作用。紫外线杀菌效率最高的波长是260nm，市售紫外光灯是热阴极式低压水银灯，其发出的光波长85%在253nm（有效波长为240~280nm），因此灭菌效果好。处理方法一般是在 10m³ 的空间，用30W 紫外灯黑暗照射30min，再等待 0.5h 后打开日光灯或遮光布即可使用。此方法简单易行，但针对细菌杀灭效果好而真菌效果较差，只能作为灭菌的辅助措施。适合于接种室、接种箱、缓冲室等的消毒。

利用紫外灯产生的紫外线使细胞内核酸、蛋白质和酶发生光化学变化，使空气中氧气部分变为臭氧而杀灭部分微生物的方法即为紫外线消毒。

通过微波炉等设备，利用其电磁场的热效应使细菌蛋白质变化，从而使细菌失去营养、繁殖及生存的条件而死亡的一种方法即为微波灭菌法，其主要适用于较小且耐高温的物品灭菌。

（二）化学方法

化学灭菌剂有很多，常用的有甲醛、乙醇、高锰酸钾、升汞、漂白粉、苯酚（石炭酸）、次氯酸钠、新洁尔灭、石灰水、硫酸铜。采用化学药品对空气、皮肤、基质等消毒的方法即为化学药品消毒。要根据消毒对象和化学药品特性来搭配，药品之间应定期轮换或几种同时使用才能达到良好的消毒效果，同时也要注意抗药性及操作人员的安全。该方法适用于食用菌菌种生产中的器械、菌袋表面及周围环境等的消毒。根据不同消毒对象可分为表面擦拭消毒药品（75%酒精、0.25%苯扎氯铵、0.1%~0.2%高锰酸钾等）、空间熏蒸消毒药品（如10mL/m³甲醛+5g/m³高锰酸钾）、空间喷雾消毒药品（1%~2%来苏尔、5%苯酚、0.25%~0.5%苯扎氯铵等）、表面撒施消毒药品（盐、生石灰等）、基质内部消毒药品（0.1%多菌灵、0.1%百菌清、0.1%~0.2%甲基托布津等）五大类。

（三）生物消毒法

在一定的时间内，利用一般细菌的致死点均为68℃下30min的原理，将固体或液体培养基置于较低的温度（一般在60~82℃）进行加热处理杀死部分微生物的方法即为生物消毒法，也称低温消毒法或巴氏消毒法。该方法能保持基质中营养物质不变，但只能杀死微生物营养体，无法杀死所有生命体，适用于食用菌饮料、口服液、发酵料等制作的消毒。在食用菌生产中，一般是针对培养料各成分称量、加水建堆后，利用料内嗜热微生物自身新陈代谢所产生的生物热进行发酵升温至60~70℃，然后维持数小时而起到杀死大部分微生物的方法。

二、培养基灭菌

通过高压或常压灭菌锅产生的高温蒸汽对物品进行灭菌的方法称为蒸汽灭菌。此方法让高温蒸汽进入细胞内凝结成水并能放出潜在热量而提高杀菌温度，蒸汽具有穿透力与杀伤力强，通过使蛋白质变性、酶系统被破坏等达到杀菌的效果，此方法被广泛应用于食用菌种植的各个环节。常用的湿热灭菌方法有以下3种。

高压蒸汽灭菌：在密封的容器内，利用水的沸点与压强成正比的原理，当水加热后，因蒸汽不能逸出而蒸汽压力增大，水温随压力上升而上升，在保持相应的灭菌时间内，具有较高温度的热蒸汽很快穿透被灭菌的物体，使其表面或内部的微生物（包括抗热能力极强的芽孢杆菌）因蛋白质的变性而丧失活力。此方法杀菌彻底、用时短、使用广且能杀死包括休眠孢子在内的一切微生物，但此方法需要专业设备，具有一次灭菌量少、成本高、易破坏基质营养等缺点，适用于食用菌各级菌种培养基制作。常见的高压灭菌锅分为手提式、立式、卧式3类（图2-1）。

高压蒸汽灭菌主要用于母种培养基灭菌，也可用于原种和栽培种培养料灭菌。高压灭菌是一个密闭的容器，因水蒸气不能逸出而压力上升，温度升高，高温、高压加强了蒸汽的穿透力，可以在短时间内达到灭菌的目的。一般琼脂培养基用0.1MPa、121℃、30min，木屑、棉壳、玉米芯等固体培养料用0.15MPa、128℃、1~1.5h灭菌。谷粒、发酵粪草培养基杀菌2~2.5h，有时延长至4h。压力过大，温度过高，维持时间过长会破坏培养基的营养成分，因此不宜随意改变灭菌条件。使用高压灭菌器时应彻底排出容器内冷空气，否则压力达到要求但温度达不到要求，

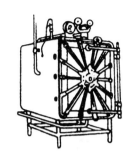

（a）手提式高压锅　　　（b）立式高压锅　　　（c）卧式高压锅

图 2-1　食用菌常见的高压灭菌锅

（常明昌.食用菌栽培学［M］.北京：中国农业出版社，2003.）

出现"假升磅"现象，达不到灭菌目的。

使用方法：先向高压灭菌器中加水至刻度要求（卧式灭菌器由锅炉提供蒸汽，不需加水），然后放入灭菌物品，封闭器盖，加热。水沸腾后压力逐渐上升，至 0.05MPa 时打开放气阀，压力降至 0 时，再关闭放气阀（或先开放气阀再加热，至放气阀冒出大量蒸汽时再关闭放气阀），继续加热至所需压力开始计时，维持压力至所需时间，停止加热。压力自然降至 0 时打开放气阀，打开器盖，温度降至 30~40℃时，取出灭菌物。

常压蒸汽灭菌：自然压力下，将被灭菌的物料置于常压灭菌锅（又称土蒸锅，图 2-2）、自制蒸笼、流通蒸汽灭菌灶等容器内，利用 97~105℃的蒸汽保持 8~10h 进行灭菌的方法即为常压蒸汽灭菌。其多用于原种和栽培种培养基灭菌，可根据生产需要设计柜式灭菌灶。其灭菌原理是：水蒸气遇到灭菌物时凝成水放热，使灭菌物温度上升，水蒸气凝聚成水后体积变小产生负压，使外层蒸汽先进入补充，从而提高了水蒸气的穿透力，达到灭菌的目的。采用常压灭菌柜灭菌，在灭菌柜内温度升至 100℃时开始计时，持续加热 8~10h，注意补充锅内水，停火后用灶内余火焖一夜，第二天取出。灭菌容器建造形状各异、结构简单、容量大、成本低，超过 4h 可杀死耐热性的芽孢。主要适用于栽培种灭菌或蒸料，但生产中锅内菌种瓶或菌种袋摆放不宜过密，应保留一定的空间，以促使锅内热蒸汽均匀串通，达到好的灭菌效果。

间歇灭菌：自然压力下，将待灭菌的物品置于灭菌容器内，利用反复多次的流通蒸汽加热，杀死所有微生物的方法即为间歇灭菌。一般在 100℃下先加热 0.5~1h（杀死培养基内微生物的营养体）后，将培养基置于 25~35℃条件下培养 24h（诱发培养基没被杀死的芽孢等生命体形成营养体），接着对培养基再次灭菌 30min（以杀死新萌发的微生物营养体），继续在 25~35℃下培养 24h 后进行第三次灭菌，

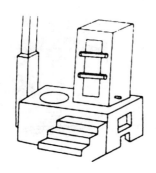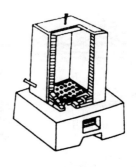

图 2-2　土蒸锅

（常明昌. 食用菌栽培学［M］. 北京：中国农业出版社，2003.）

彻底杀死细菌所有繁殖体和芽孢。母种、原种、栽培种培养基均可采用间歇常压灭菌法灭菌，其适用于不耐高温的营养物、药品或特殊培养基的灭菌。

三、室箱消毒

（一）甲醛熏蒸

甲醛常温为无色气体，其 37%~40% 的水溶液，称为福尔马林。甲醛可使细胞中的蛋白质变性而杀菌。甲醛在空气中含量为 15mg/L 时，2h 杀死细菌营养体，12h 杀死细菌芽孢。甲醛常用于培养室、接种室、接种箱的熏蒸灭菌，$1m^3$ 空间用 10mL 福尔马林。其可以用玻璃、陶质或金属器皿盛放，用酒精灯加热使之挥发，也可以用高锰酸钾使之挥发（因两者反应产生大量的热），方法是按 10mL 甲醛配 5g 高锰酸钾的比例称量好，先将高锰酸钾放入容器，然后倒入甲醛，立即关门离开。

甲醛熏蒸后，经 24h 后才能入室工作，为除残留甲醛气味，可在熏蒸后 12h 用 25%~28% 的氨水，以 $1m^3$ 38mL 熏蒸或喷雾 10~30min。氨与甲醛反应，产生无色无味的粉末状化合物。无氨水时也可以用 $5g/m^3$ 氨肥进行熏蒸中和。

（二）紫外线灭菌

紫外灯的有效距离为 1.5~2m（30W），以 1.2m 以内最好。紫外灯连续照射 2h 可杀死所有微生物。在实际应用中，照射 15~30min，可杀死空气中 95% 的细菌。因可见光对紫外线的作用有光复活作用，因此照射时应遮光，照射紫外线后不要马上开启日光灯。紫外线灯管有使用时限，使用时间为 4000h，超过这个时限，杀菌效果很快下降，应定期更换。

（三）漂白粉灭菌

漂白粉又称含氯石灰，溶于水后形成次氯酸，能侵入细胞，靠其强氧化力杀死细胞。漂白粉为白色粉末状，能溶于水但生成沉淀，有效氯一般为 25%~32%，通常按 25% 计算。还有一种高效漂白粉，有效氯为 40%~80%，一般按 50% 计算。漂白粉的使用浓度为 5%，配制后取上清液喷雾杀菌，漂白粉液稳定性差，宜现用现配。在漂白粉液中加入等量或半量的氯化铵或硫酸铵或硝酸铵，称为活性液，可加强杀菌作用，但要在配后 1~2h 内用完。在潮湿的环境可以用漂白粉直接喷洒地面，用量为 20~40g/m²。漂白粉应放在密闭容器内保存，以减少有效氯的损失。使用漂白粉要注意安全和防护工作，因为释放出来的氯可使人流泪、咳嗽，并刺激皮肤和黏膜，干粉溅入眼内可导致烧伤。

四、器械灭菌

器械灭菌包括火焰灭菌和干热灭菌，采用灼烧或干热空气使附在物体表面的微生物死亡的方法。前者具有杀菌温度高、灭菌时间短的特点，适用于耐热物品包括接种针、接种勺、接种铲等接种工具及试管、玻璃瓶等容器口的灭菌；后者具有干热空气穿透力差及灭菌物品容量少的特点，适用于耐高温的固体材料灭菌，如将试管、金属用具、玻璃器皿等放入烘箱在 160℃ 条件下保持 2h 可达到灭菌的效果，但不适用于塑料制品、纸张、棉塞等的灭菌。

五、表面消毒

表面消毒主要是指子实体、组织块等的消毒，因为这类物品不能用高温、熏蒸法灭菌。表面消毒主要使用氯化汞和乙醇两种试剂。

（一）氯化汞

氯化汞即升汞，剧毒，是因为重金属汞离子能不断进入细胞，沉淀蛋白质起到杀菌作用。配法：氯化汞 20g 加浓盐酸 100mL，配成原液，用时取原液 5mL，加蒸馏水 995mL。直接配制时可取氯化汞 1g、食盐 5g、浓盐酸 2.5mL、水 1000mL。盐酸和食盐可增加氯化汞溶解度，盐酸可防沉淀，且有增强杀菌的能力。因氯化汞为剧毒品，可在溶液中加几滴红色或蓝色的颜料，引起注意。一般处理：0.1% 氯化汞浸泡 1~2min，取出后用无菌水冲洗干净。

（二）乙醇

高浓度的乙醇消毒能力低，因其与菌体接触后，引起菌体表层蛋白质凝固，形成保护膜，反而使醇分子不易透过。70%（质量计）或 77%（容积计）的乙醇有较强的渗透力，杀菌效果好。乙醇消毒只能涂擦，不可浸泡，表面有水的应该用 80%~90% 的乙醇浓度。

六、灭菌与消毒效果检验

（一）灭菌效果检验

食用菌生产中，灭菌效果检验主要针对已灭菌的培养基质，检验方法如下。

母种。可采用斜面检验法，即在消毒场所将灭菌后的琼脂斜面培养基试管随机各取 3 支，打开试管塞并将其置于灭菌过的培养皿内 30min，再通过火焰塞回试管，最后，连同 3 支对照试管一起在 30℃下培养 48h 后检验有无杂菌生长。

原种和栽培种。可采用平板检验法，即在消毒场所将已灭菌的经过检验的培养基平板随机各取 3 皿，在无菌操作下，用镊子挑取少量已灭菌的原种或栽培种培养料，接种于平板内置于 30℃下连同 3 皿对照平板培养 48h 后检验有无杂菌生长。

（二）消毒效果检验

食用菌栽培过程中，消毒效果检验主要针对发酵料培养基质与消毒场所空气的检测，检验方法如下。

发酵料培养基质：合格的发酵料培养基质应该是无粪臭及氨味，草茎尚存，培养料的颜色变成咖啡色或深褐色且有松软弹性感，但不允许有粘手或刺手的感觉。

消毒场所空气：可采用斜面检验法或平板检验法，即在消毒场所将灭菌后的琼脂斜面培养基试管或培养基平板随机各取 3 支或 3 皿，打开试管塞并将其置于灭过菌且无盖的空培养皿内或直接打开培养基平板上盖，暴露于消毒场所空气中 30min 后通过火焰塞回试管或闭合培养基平板上盖，最后连同 3 支对照试管或 3 个对照培养基平板一起在 30℃下培养 48h 后检验有无杂菌生长。一般要求斜面培养基开塞 30min 后以不出现菌落为合格，平板培养基开盖 30min 后菌落不超过 5 个为合格。

第三节　菌种生产设备及条件

优良的菌种需要通过严格的菌种制作技术来生产。食用菌的菌种生产是在无菌条件下进行的，包括培养基的彻底灭菌、接种环境的严格消毒、严格的无菌操作和洁净的培养环境，任何一个环节上的疏忽都会导致菌种生产的失败。因此，菌种生产必须具备一定的设施、设备和良好的生产环境。

一、菌种生产设备

（一）培养基制备

1. 称量

（1）设备。称量常用的设备有电子天平、台秤、磅秤、自制取样器等（图 2-3），用于称量培养基成分。

电子天平   电子台秤   电子磅秤

图 2-3 称量的主要设备

（2）用品。

①器具：药勺、称量纸、量杯、量筒、移液管等。

②样品：树皮、甘蔗渣、玉米芯、棉籽壳、木屑、盐酸、氢氧化钠等。

2. 加热

（1）设备。加热的主要用具有电炉、电磁炉、微波炉、电饭煲等（图 2-4），用于煮液、溶解、预消毒处理等加热。

电炉   电磁炉   微波炉

图 2-4 加热设备

（2）用品。

①器具：玻璃棒、石棉网、酒精灯、烧杯、不锈钢蒸锅、过滤勺、搪瓷缸等。

②样品：琼脂、黄豆芽、玉米粉、黄豆粉、胡萝卜、马铃薯、小麦粒等。

3. 配料

（1）设备。制备配料的主要设备有粉碎机、切片机、搅拌机等（图 2-5），用于粉碎原始农作物下脚料、制造适宜大小固体颗粒、混合培养基成分等。

（2）用品。

①器具：铁铲、塑料盆、塑料膜、塑料水管、pH 试纸等。

②样品：水、各种原始配料、石膏粉、石灰粉等。

粉碎机   切片机   搅拌机

图2-5 配料设备

4. 分装

（1）设备。分装的主要用具和设备有分装器（自制分装器、医用灌肠杯改装的装置、保温装置等，图2-6）、装瓶机、装袋机等（图2-7），用于母种培养基、原种培养料、栽培种培养料的分装或装袋等。

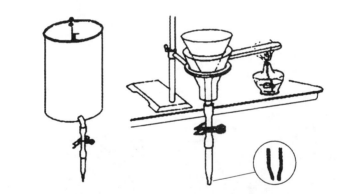

图2-6 母种培养基分装装置及保温装置

装瓶机   装袋机

图2-7 分装的其他设备

（2）用品。

①器具：试管、培养皿、分液漏斗、铁架台、烧杯、栽培袋（瓶）、套环、记号笔、三角瓶等。

②样品：液体培养基、固体培养料。

5. 封口

（1）设备。封口的主要设备有盖瓶机、扎口机、真空包装机等（图2-8），用于原种瓶的快速封盖、栽培袋的机械扎口等。

|盖瓶机|扎口机|真空包装机|

图 2-8　封口的主要设备

（2）用品。

①器具：原种专用瓶、栽培种专用袋、普通塑料袋等。

②样品：已分装的原种与栽培种培养基等。

（二）灭菌

1. 设备

灭菌的主要设备有灭菌桶（图2-9）、灭菌柜、高压灭菌锅、高压灭菌器、常压灭菌锅、高温灭菌锅炉等，其主要功能是各种容器或塑料袋的杀菌，母种、原种及栽培种培养基的灭菌。

2. 用品

①器具：铁框、耐高温手套、加水容器（塑料盆、烧杯、水壶等）等。

②样品：各种待灭菌容器、塑料袋、培养基等。

（三）接种

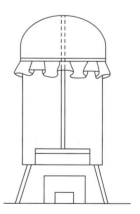

图 2-9　简易灭菌桶

1. 设备

实验室接菌的主要设备有超净工作台（图 2-10）、电热数字接种器械灭菌器、红外接种环灭菌器、接种棒（图 2-11）等，其主要功能是母种、原种、栽培种等的接菌。

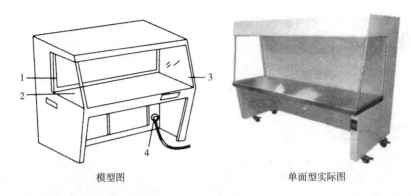

模型图   单面型实际图

图 2-10　超净工作台

（杜敏华．食用菌栽培学［M］．北京：化学工业出版社，2007．）

1—高效过滤器　2—工作台面　3—侧玻璃　4—电源

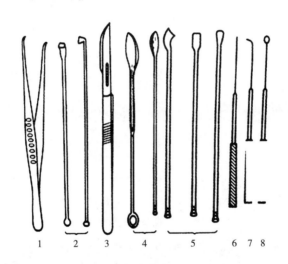

图 2-11　常用接种工具

（杜敏华．食用菌栽培学［M］．北京：化学工业出版社，2007．）

1—手术镊　2—接种锄　3—解剖刀　4—接种勺　5—接种铲　6—接种针　7—接种钩　8—接种环

2. 用品

①器具：紫外线灯、日光灯、接种工具、酒精灯、桌凳等。

②样品：待接菌的培养基、酒精棉、95%乙醇等。

（四）生产

1. 设备

生产上接菌的主要设备和工具有接种箱、液体菌种接种机、固体菌种接种机、液体菌种接种枪、接种帐、接种电炉、菌袋打孔接种棒等（图2-12），用于固体菌种与液体菌种的规模化接种。

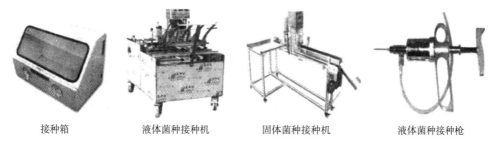

接种箱　　　液体菌种接种机　　　固体菌种接种机　　　液体菌种接种枪

图 2-12　生产上接菌的主要设备

2. 用品

①器具：电炉、铁桶、板凳等。

②样品：灭菌的培养基、消毒剂、手套等。

（五）培养

1. 固体菌种

（1）设备。用于固体菌种恒温培养的设备有空调、小型恒温干燥箱、人工气候箱、电热炉、培养室等（图 2-13），即创造一个适合于食用菌生长的良好环境。

图 2-13　固体菌种培养的设备

（2）用品。

①器具：培养架、照明系统、紫外线灯等。

②样品：已分离或转接的母种，已接菌的原种及栽培种。

2. 液体菌种

（1）设备。用于液体菌种恒温培养的设备有变温摇床、恒温摇床、液体菌种发酵罐等（图2-14），功能是创造一个适合食用菌菌丝体有氧生长的良好液体环境。图2-15为液体菌种培养的工艺设备和管路图。

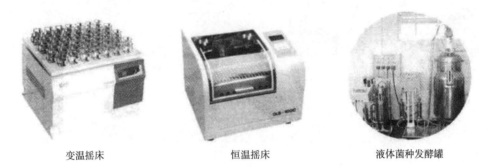

变温摇床　　　　　　　恒温摇床　　　　　　液体菌种发酵罐

图2-14　液体菌种培养的主要设备

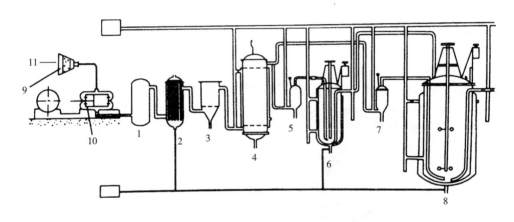

图2-15　液体菌种培养的工艺设备及管路图

（杜敏华. 食用菌栽培学［M］. 北京：化学工业出版社，2007.）

1—贮气罐　2—空气冷却器　3—油水分离器　4—总空气过滤器　5—分空气过滤器　6—种子罐
7—分空气过滤器　8—发酵罐　9—空气粗过滤器　10—空气压缩机　11—空气进口

（2）用品。

①器具：照明灯、加热管、菌种观察镜、三角瓶等。

②样品：已接菌的液体菌种，包括摇瓶液体菌种和发酵罐液体菌种。

（六）菌种保藏

1. 设备

菌种保藏的主要设备有冰箱、生物冷藏柜、液氮罐等（图2-16），其主要作用是利用低温抑制菌丝体生长来延长菌种的寿命。

冰箱　　　　　　　　生物冷藏柜　　　　　　　液氮罐

图 2-16　菌种保藏主要设备

2. 用品

①器具：保藏架、分装袋、分类盒、标签纸、铅笔等。

②样品：各类菌种、石蜡、沙土、滤纸片、生理盐水、蒸馏水等。

（七）出菇

1. 设备

用于出菇的环境条件监测和控制，即监测菇房或菇棚的环境因素，并为食用菌出菇营造一个适宜的环境，包括温湿度监测仪、光照度计、二氧化碳和氧气测定仪、精密 pH 测定盒、微风测速仪、升降温设施、加湿仪等。

2. 用品

①器具：遮阳网、草帘、平板车、周转筐、水管、黄板、日光灯等。

②样品：各种待出菇的栽培种、自来水、覆土材料、石灰粉等。

二、菌种生产场所

（一）灭菌室、无菌室和培养室

大批量的菌种生产需要具备灭菌室、无菌室和培养室。

1. 灭菌室

灭菌室是专门用于培养基灭菌的地方，需要具备灭菌锅和加热设施。

灭菌锅常用的有手提式高压灭菌锅、立式高压灭菌锅和卧式灭菌锅三种类型。

手提式高压灭菌锅有内热式和外源加热式两种。外热式可以用电炉加热，也可以用火焰加热；内热式是用内热式电热器加热的。手提式压力锅容积较小（约18L），主要用于玻璃器皿、琼脂（试管）培养基和无菌水的灭菌。

立式高压灭菌锅容积较大（约48L），除用于玻璃器皿、琼脂培养基的灭菌外，多用于原种培养基的灭菌，立式高压灭菌锅的加热方式与手提式高压灭菌锅一致，使用方法也相似，使用时先加水，再放入需灭菌的物品，固定锅盖打开排气阀，然后加热。

卧式高压灭菌锅需要附设锅炉提供蒸汽，规模大，使用较复杂，使用者须经培训。

使用高压灭菌锅时应注意：

（1）排净冷空气，使用开始时应将高压灭菌锅内的空气完全排出，否则压力表所示压力与温度的关系与正确使用时不一致，即压力达到了要求而达不到所需的温度，出现"假升磅"现象。

（2）不要打开放气阀排气降压，特别在对液体或固体培养基等灭菌时，压力下降过快，液体会沸腾，或溅到塞盖上，或因试管或培养瓶内外压力差太大冲破塞盖、炸裂容器。最好自然降压。

（3）及时开阀开盖，锅内压力降为0时，锅内蒸汽与大气压力相同，要及时开排气阀，否则温度下降锅内形成负压，再开阀时大气压会压破瓶盖或将棉塞压入试管内。打开压力锅盖时留缝的目的是利用灭菌物品的余热将自身的外表水汽烘干。

2. 无菌室

无菌室又称接种室，是一间用于接种的可以严密封闭的小房间（图2-17），无菌室不宜过大，面积4~6m²，高度不超过2m为宜，以便于清洁、消毒和保持无菌状态。无菌室外需有一个缓冲间，供工作人员换衣、帽、鞋用。无菌室和缓冲间的门要采用左右移动的拉门，以防止开门时造成空气流动。为保证无菌室的空气清新，还应安装一个带活动门的通气窗，并且用8层纱布过滤空气。无菌室和缓冲间上方需各安装一支30~40W的紫外灯和一支日光灯，无菌室空间较大的可以多安装几个紫外灯，用于杀菌，高度宜距工作台面80cm，不宜超过1m。无菌室和缓冲间内的设备力求简单，以减少灭菌死角。电线宜安放在室外或藏入室内。通常无菌室内安放一个坐凳、一个工作台、一个放物搁架，台面上放置酒精灯、火柴、剪刀、镊子、接种针（接种铲、接种环）、消毒用酒精棉球及杂物盘等。

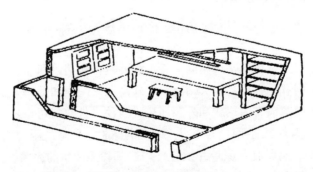

图2-17　无菌室示意图

无菌室的灭菌工作非常重要，启用前要用甲醛熏蒸，平时使用前 15~30min 用紫外灯灭菌，或用空气灭菌气雾剂灭菌后放入接种用的培养基和用品，然后再开紫外灯灭菌 30min。一般连续使用的无菌室每隔 2~3 个月用甲醛熏蒸一次，以彻底灭菌。为方便操作和避免污染，无菌室应建在灭菌室和培养室之间。

3. 培养室

培养室是用于培养原种或栽培种的房间。应具备一定的保温、加热条件，以及遮光换气条件，室内外应洁净无杂物。

（二）食用菌生产场地

一般的房屋经过改造都可以作为菇房，也可以建立专用菇房。菇房栽培一般采用床架式，以充分利用空间。

1. 菇房应具备的条件

（1）具有良好的保温性能。墙壁宜厚，门窗封闭性能好，能避免外界气温变化造成室内温度产生剧烈变化，具有冬暖夏凉的条件。

（2）具备良好的通风排气性能。既不能有死角，又不能通气时风直接吹到菇床上。

（3）具备加温设施。平稳、均衡供热的高效、经济加温设施，是优质、高产、高收的基础。

（4）墙面、地面光洁坚实。若做成水泥墙地面，可便于清洁消毒，防治杂菌和害虫。

（5）采光方便。没有直射光。

（6）有水源，有配制培养料的场地、四周清洁，易排水。

2. 菇房的类型

（1）地上菇房。地上菇房要求地势较高，远离鸡舍畜栏，附近无空气污染源，近水源，有堆料场地。一般菇房宽 8~10m、高 5.3~6m、长 20m。其东西走向，便于通风换气，冬季采暖；开上、下两排或上、中、下三排通风窗，窗大小以 0.4m×0.5m 为宜，窗上装网纱以防虫，下窗口下沿近地面 10cm 左右，以排出二氧化碳废气，二氧化碳密度较大，常沉积在底层。菇房中间顶上应安置拨风筒，高 130cm、直径 40cm，拨风筒顶端装风帽。拨风筒可使菇房上下空气均匀一致，又可避免风直接吹到菇床上。菇床可采用木制、钢制或钢筋混凝土预制条架成，宽度以采菇方便为标准，层距 60~70cm，底层距地面 20cm、床架排列方向与菇房走向垂直为好。

（2）地下菇房。山洞、地窖、地下室、防空洞均可作地下菇房栽培食用菌，也可以建造专用地下菇房。地下菇房冬暖夏凉，空气湿度大，适于全年栽培食用菌。但是，其通风条件差，常需要电动鼓风机送风排气。地下菇房可采用畦式栽培，也可床栽。袋式栽培的可采用脱袋堆墙式出菇方式，简单实用，效果较好。

（3）半地下棚式菇房。这是与冬暖式蔬菜大棚一样的菇房，适合北方地区使用。许多地方已采用蔬菜大棚栽培食用菌。

菇房东西走向，坐北朝南，长度不限，宽4~5m，地下深度0.8~1.2m，将四周和地面夯实。地上部分：北墙高0.8~1.0m，东西墙起脊，北坡长1.0~1.2m，上部用竹竿或钢管、角铁、铁丝等物搭框架，中间和南边用水泥立柱支撑，覆盖塑料膜封严，最上面覆盖草帘。围墙可打成0.4~0.6m的土墙，也可砌成带夹层的砖墙，中间填满保温材料。后墙打制时，贴地面留通气孔，孔间距2.0~2.5m，直径0.3~0.4m。菇房一端留门。这种菇房，采用塑料袋立体栽培，每25m²可投料1t。

（4）塑料大棚。塑料大棚可制成地上式或半地下式，一般长10~15m，宽5~6m，室内空间高度2.0~2.5m。棚架可以是竹制，也可以是钢制或木制，可在塑料薄膜外面盖上草帘或苇席，在北方地区作为太阳能温室，也可做成多层薄膜，保温保湿。墙上或壁面上要开通窗或拨风筒，以利空气流通。棚内采用床栽，也可采用袋料立体栽培。

（5）坑道式菇房。坑道式菇房适用于丘陵山地利用荒坡栽培食用菌。在背风朝阳的南坡、东南坡挖坑道，东西走向，宽3m左右，深2m，长度不限，以管理方便为标准，一般为8~10m。一端或两端开进出口并作通风口，挖出的石土堆筑在南北两侧，使北高南低，南北两侧分别挖排水沟，坑道上面南北架木棒或钢筋水泥铸造的水泥棒，上面盖塑料薄膜，再在上面覆盖稻草或草帘、草席，可以遮阳保温。坑道内可进行床栽、袋料菌墙式栽培。坑道式菇房保温保湿性能好，冬季可以利用太阳能提高室温。

第四节　制种场地布局及制种基本流程

一、制种场地布局

制种对食用菌生产是至关重要的，场地布局要合理。因此，在实际制种过程中，厂房的建造要从结构和功能上均能满足生产每个环节的要求，如接种室、培养室等应以15~20m²为宜，数量根据生产规模确定，接种和培养室外面设置缓冲室确保干净，减少接种或培养时不必要的污染；晒料场、配料室、灭菌室、冷却室、接种室、培养室等的设置应该顺序进行（图2-18）。

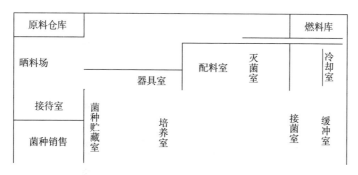

图 2-18　简易食用菌制种场地布局示意图

二、制种基本流程

制种是食用菌菌种大量扩繁，其基本流程通常经母种、原种和栽培种三级培养的过程（图 2-19）。

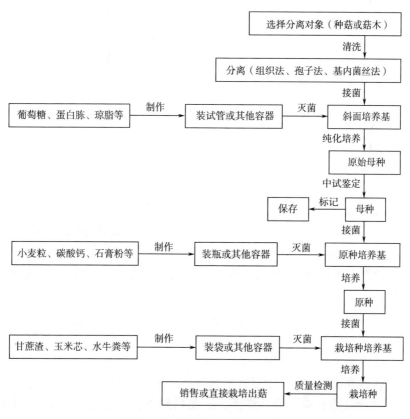

图 2-19　食用菌制种的基本流程

第五节　母种生产技术

一、培养基的制备

食用菌属于异养型微生物，维持其正常生命活动的营养物质必须由外界提供。母种培养基的成分是根据食用菌的营养生理来设计的，一般要求营养平衡、适当的含水量和适宜的酸碱度。母种培养基除了用于分离或扩大培养菌种外，也常用于生理研究、遗传学分析和生物测定。

(一)　母种培养基的配方

供食用菌分离培养的培养基配方有很多，下面主要讲一下固体培养基的制作方法。根据各类食用菌的营养生理要求不同，成分各有侧重。常用的食用菌母种培养基有：

（1）马铃薯葡萄糖琼脂培养基（PDA）：马铃薯（去皮切碎）200g，葡萄糖20g，琼脂20g，水1000mL，pH自然。广泛适用于培养各类真菌。

（2）马铃薯综合培养基：马铃薯（去皮切碎）200g，葡萄糖20g，磷酸二氢钾3g，硫酸镁1.5g，维生素B（医用药剂）2~4片，琼脂20g，水1000mL，pH自然。其适用于培养猴头菇、灵芝等。

（3）复壮培养基：马铃薯200g，麸皮100g，玉米粉50g，蔗糖20g，琼脂20g，水1000mL，pH自然。其广泛适用于各类食用菌的分离培养。可将去皮的马铃薯碎片和玉米粉、麸皮用纱布包好煮沸10~15min，在其汁中加入其他成分。

（4）双孢蘑菇培养基：硫酸镁0.5g，磷酸二氢钾1g，蔗糖3g，麦芽糖1g，葡萄糖1g，琼脂20g，蒸馏水1000mL，pH自然。适用于分离双孢蘑菇担孢子。

（5）改进PDA培养基：马铃薯200g，葡萄糖20g，硫酸钙1g，琼脂20g，蘑菇菇床堆肥料100~150g，水1000mL，pH自然。其适用于培养蘑菇菌种，菌丝生长旺盛，易于萌发，不易衰老，可作为保鲜培养基。可用堆肥料加水制取肥液，然后再按常规方法配制。

（6）完全培养基：硫酸镁0.5g，磷酸氢二钾1g，葡萄糖20g，磷酸二氢钾0.46g，蛋白胨2g，琼脂20g，蒸馏水1000mL，pH自然。该培养基是培养食用菌最常用的合成培养基，有缓冲作用，适用于保藏各类菌种。可用于培养银耳芽孢，孢外多糖减少，菌落较稠，有利于与香灰菌交合。

（7）普通标准培养基：酵母浸膏2g，蛋白胨10g，硫酸镁0.5g，葡萄糖20g，磷酸二氢钾1g，琼脂20g，水1000mL，pH自然。其适用于培养各种木生型菌类。

（8）玉米粉综合培养基：玉米粉 20~30g，磷酸氢二钾 1g，蛋白胨 1g，葡萄糖 20g，硫酸镁 0.5g，琼脂 20g，水 1000mL，pH 自然。其很适合培养蘑菇菌种。

（9）高粱琼脂培养基：高粱粉 30g，琼脂 10g，水 1000mL，pH 自然。其特别适用于平菇类生长。

（10）苹果琼脂培养基：苹果（压碎取汁）100g，蛋白胨 2g，蔗糖 20g，琼脂 20g，水（补足）1000mL。其特别适于草菇菌丝生长。

（11）杏汁琼脂培养基：干杏 25g，琼脂 20g，水 1000mL。其特别适于金针菇子实体发生。

（12）稻草汁琼脂培养基：干稻草 50g（取汁），蔗糖 20g，碳酸钙 1g，硫酸镁 0.5g，磷酸二氢钾 1.5g，硫酸钙 1g，琼脂 20g，水（补足）1000mL，pH 自然。其适用于培养凤尾菇。

（13）木汁麸皮培养基：阔叶树木片 500g，麸皮 100g，硫酸铵 1g，蔗糖 20g，琼脂 20g，水 1000mL，pH 自然。其适用于木腐菌类的菌种分离和培养。

（14）草菇琼脂培养基：稻草（切碎）200g，蔗糖 3g，硫酸铵 3g，琼脂 20g，水 1000mL，pH 自然。

（15）木腐菌培养基：牛肉汁 5g，麦芽浸出物 25g，琼脂 20g，水 1000mL。其适用于培养大多数木腐菌。

（16）灵芝培养基：马铃薯 200g，蔗糖 20g，蛋白胨 2g，酵母粉 3g，磷酸二氢钾 1g，硫酸镁 0.6g，琼脂 20g，水 1000mL；其适用于培养灵芝菌丝。或马铃薯 200g，蔗糖 20g，磷酸二氢钾 1g，硫酸铵 20g，琼脂 10g，水 1000mL；其适用于促进灵芝担孢子萌发。

（17）羊肚菌培养基：麦芽浸膏 25g，琼脂 10g，蒸馏水 1000mL。或蔗糖 50g，硝酸钾 10g，磷酸二氢钾 5g，硫酸镁 2.5g，氯化铁 0.02g，琼脂 20g，蒸馏水 1000mL。

（18）GMY 培养基：葡萄糖 10g，麦芽糖 10g，酵母膏 4g，琼脂 10g，水 1000mL。其适用于香菇菌种的分离和培养。

（19）金钱菌培养基：葡萄糖 10g，磷酸二氢钾 1.5g，磷酸氢钙 0.8g，天门冬酰胺 1.12g，硫酸镁 2g，丝氨酸 2g，硫酸亚铁 0.02g，氢氧化铵 1g，硫酸锌 0.02g，维生素 $B_1$10mg，硫酸锰 0.02g，水 1000mL。

（20）猴头菌培养基：马铃薯 200g，葡萄糖 20g，蛋白胨 5g，酵母膏 1g，琼脂 20g 水 1000mL。

（21）蜜环菌培养基：马铃薯 200g，蚕蛹粉 50g，蔗糖 20g，琼脂 17g，水 1000mL。或杂木屑 100g，麦皮 50g，蔗糖 20g，磷酸二氢钾 1g，琼脂 20g，水 1000mL。

（22）鸡枞菌分离培养基：葡萄糖 250g，牛肉膏 100g，磷酸二氢钾 2g，硫酸镁 2g，硫酸亚铁 2g，丙氨酸 2g，氯化钠 25g，琼脂 20g，水 1000mL。可用柠檬酸调

pH 至 4.5。

（23）茯苓培养基：葡萄糖 30g，蛋白胨 15g，磷酸二氢钾 1g，硫酸镁 0.5g，琼脂 17~23g，水 1000mL。

（24）银耳芽孢培养基：蛋白胨 1g，麦芽糖 5.9g，磷酸二氢钾 0.3g，硫酸镁 0.2g，水 1000mL。或硫酸铵 20g，磷酸二氢钾 3g，天冬酰胺 2g，氯化钙 1.5g，硫酸镁 0.25g，蒸馏水 1000mL。

（二）母种培养基的配制

母种培养基一般用试管作为容器，所以又称试管斜面培养基，常用于菌种分离、提纯、扩大、转管及菌种保藏。母种培养基大多采用固体培养基，制作方法和步骤基本相同。制作步骤如下。

1. 称量溶解、取汁和补水

易于溶解的物质如琼脂，按配方称取后置于烧杯或搪瓷杯中，先加入总量的 1/4~1/3 的水，搅成糊状，然后慢慢加足水分，加热煮沸至琼脂完全溶解。在加热过程中要边加热边搅拌，避免沉淀烧焦。难溶解的物质按配方称取后，加适量水，加热并不断搅拌促使其溶解。所用微量药品先配成高浓度母液，再按比例换算成相应的量加入培养基中。去皮切块的马铃薯、洋葱、黄豆芽等，按配方称取后置于容器中，加清水 1000mL，用文火煮沸 20~30min，再用双层以上纱布过滤取其汁，然后再加入其他成分。麦芽称量后加水 1000mL，加热至 60~62℃，保持温度 60min，然后过滤取汁，再加入其他成分。最后补充水至 1000mL。

2. 酸碱度的测定和调整

溶液的酸碱度以 pH 表示，pH 为 7 的溶液为中性，大于 7 的为碱性，小于 7 的为酸性。每种生物只能在一定的 pH 范围内生长，酵母、霉菌和大多数担子菌喜微酸环境，少数食用菌喜偏碱环境，在制备培养基时，必须测定并调整 pH 至所需范围。

常用 pH 试纸测定 pH。市售 pH 试纸规格很多，分为广泛试纸和精密试纸两种。测定的方法是取培养液滴于试纸上。或用镊子夹住一小段 pH 试纸伸入培养基中 1s，试纸的颜色会立即发生变化，取出后与标准色板比较，找到与比色板上色带相一致者，其数值即为该培养基的 pH。如果培养基 pH 不符合要求，则要进行调整。培养基偏酸性时可加稀碱（1mol/L NaOH）液调整；若偏碱性，则用稀酸（1mol/L HCl）液来调整，直至 pH 合适。

3. 培养基的分装

根据使用目的选用不同的培养容器，一般使用玻璃试管或三角烧瓶。所用的容器事先要清洗、干燥。新启用的试管，因管内常残留烧碱，最好先用稀硫酸溶液在烧杯中煮沸，再冲洗干净，倒置晾干备用。

培养基的分装是通过玻璃漏斗分装进行的。分装时应尽量避免培养基黏附到管口和外表，若有黏附应擦拭干净后再加棉花塞。分装量如果是作斜面培养基，一般为试管的1/5左右，如果是作深层培养，一般为试管的1/3~1/2。分装好培养基不管是试管还是三角烧瓶都要加棉花塞，以防止杂菌侵入和过滤空气，也可以减缓培养基的水分蒸发，塞子大小、松紧要适宜，过紧或过松都不符合要求。棉花松紧的标准是手抓住棉花塞试管不会掉下来，把棉花塞拉出来后又能自如地塞进去。

4. 培养基的灭菌

灭菌的目的是杀死培养基中所有的微生物。食用菌母种培养基在高压蒸汽灭菌器内121℃维持20~30min可达到灭菌目的，如果用大容器分装可适当延长时间。灭菌后的固体培养基要在压力降到0时打开放气阀，趁热取出摆成斜面。制好的培养基要妥善保管，以防杂菌污染。

5. PDA培养基制作流程

以PDA培养基（图2-20）为例，马铃薯去皮，清洗，切成$1cm^3$的小块，称取200g，加入1L水煮沸约20min至用玻璃棒稍用力一戳即破的状态，过滤得上清液，加入葡萄糖20g，琼脂15~20g，加热待完全溶解后加水定容至1L，趁热分装于试管、三角瓶等容器，捆扎后121℃下灭菌20min，摆放斜面或倒平板。

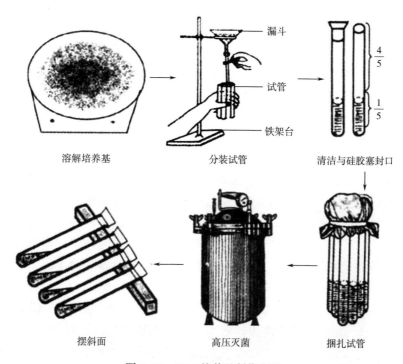

图2-20 PDA培养基制作流程

二、母种分离

母种是食用菌的第一代种子，其质量的优劣直接影响到生产和经济效益，因此必须十分重视母种的筛选和培养工作。在自然界中各种微生物无孔不入，即使是生长正常的食用菌子实体表面也带有大量的微生物。为了获得高纯度的食用菌菌种，必须排除杂菌的污染，把食用菌从微生物环境中分离出来。这需要具有严格的科学态度和精炼的分离技术。母种分离是食用菌栽培的前提，根据不同类型的菇种选用不同的方法将其菌丝体分离。食用菌的分离方法很多，主要介绍常用的孢子分离法、组织分离法、基内菌丝分离法（基质分离法）。

（一）孢子分离法

孢子是食用菌的基本繁殖单位。孢子分离法，是利用成熟子实体产生的有性孢子（如香菇的担孢子和羊肚菌的子囊孢子）能自动从子实体层中弹射出来的特性，在无菌条件下收集食用菌的孢子，在适当的培养基上，使孢子萌发成菌丝，获得纯菌丝体的一种方法。所谓有性孢子，是指细胞已经过核配过程和减数分裂而产生的孢子，为担孢子和子囊孢子。有性孢子含有双亲的遗传物质，具有双亲的遗传性。孢子具有生命力强、数量多、变异率高、范围广的特点，因此采用孢子分离法，从中选择出优良菌株的机会较多。但是，孢子分离法过程较烦琐，工作量大，所需时间长，必须通过出菇试验以后才能在生产上使用。

孢子分离法有多孢分离与单孢分离之分。性遗传模式为同宗结合的菌类可采用单孢子分离法（如双孢蘑菇、草菇），而异宗结合的菌类应采用多孢子分离法（平菇、大肥菇、香菇等），否则单亲菌丝因没有经过两性细胞的结合而不育。无论采用哪种方法都要经种菇选择、种菇消毒、采集孢子、接种、培养、挑选菌落、纯化菌种的过程，最终才能获得母种。

1. 孢子的采集

选择个体健壮、菇形美观、适度成熟的子实体（一般要求成熟度八至九成）作为分离的材料。双孢蘑菇和草菇等有菌膜的菇类，应在其菌膜即将破裂时采集子实体，因为这样的种菇发育已成熟，而子实层又未被污染；香菇等无菌膜或菌膜易自动破裂的菇类，可选择八成熟、正在释放孢子的菇体，此时采集的孢子基本上是无菌的。如果条件允许，最好是在无菌瓶中单独培养子实体至生理成熟，从这些子实体上分离的担孢子表面是无杂菌的。

子实体采回后要及时切除基部，并进行表面消毒。对子实层未外露的种菇（如蘑菇）可浸入0.1%氯化汞溶液中消毒约1min，用镊子取出后经无菌水冲洗数次，再用无菌纱布将表面水吸干；对于子实层裸露的种菇（如香菇），只能用75%酒精擦拭菌盖及菌柄表面；而对于银耳、木耳类子实体，千万不能接触消毒剂，只能置于烧杯中用无菌水洗涤，然后用无菌纱布吸干表面的水。孢子采集的常用方法有以下 4 种：

（1）孢子弹射法。孢子弹射法通常有以下 3 种形式：

①整菇播种法适用于伞菇类的孢子采集。在接种室（箱）中，将经消毒处理的整个菇体插入无菌收集器里，再将孢子收集器置于室温下让其自然弹射孢子。不同的食用菌释放孢子的温度不同，如木耳释放孢子的温度为 20~26℃，香菇为 12~18℃，银耳为 20~26℃，蘑菇为 14~18℃。待孢子下落后将孢子收集器移至无菌室中，打开钟罩，拿去种菇和支架，将培养皿盖好，并且用透明胶带封贴好保存。如果没有孢子收集器也可用灭菌的大玻璃瓶代替，在瓶口挂种菇的同时挂上无菌湿棉花团，增加瓶内的湿度，同样可以收集孢子。

②钩悬分离法（图 2-21）适用于不具菌柄的子实体孢子采集。即在无菌条件下，将子实体用无菌水洗涤几次，用无菌纱布吸干表面的水，取一个事先准备好的具有两头钩的铁丝，经火焰消毒后，一头钩住子实体，一头钩在瓶口上。三角瓶内装有固体培养基或空瓶均可，瓶口加棉塞，置于室温下培养 1~2 天，待看见有一层孢子层时，即可移入无菌室，取出钩子和种菇。如果三角瓶装有固体培养基可直接恒温培养，待孢子萌发在培养基表面形成小菌落时，再挑取无污染，生长良好的菌落，连同培养基一起移到新的试管斜面培养基中培养。如果三角瓶是空瓶也可直接收集孢子。

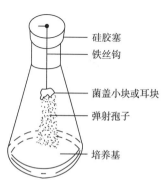

图 2-21 钩悬分离法

③试管贴附法（图 2-22）具体做法是，在无菌箱里，取一小块经消毒处理的菌褶或耳片，蘸少量无菌琼脂黏附在经灭菌的 PDA 培养基斜面试管壁的正上方，加棉塞后置适温下培养，待孢子下落再移入无菌箱里，去除菌褶或耳片，加棉塞后直接培养。

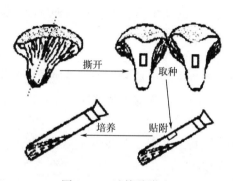

图 2-22 试管贴附法

（2）菌褶涂抹孢子法。在接种箱内取消毒好的菌盖，用经火焰灭菌的接种环，蘸上无菌水后准确伸入菌褶间，切勿让接种环碰菌体表面，轻轻地抹取子实层，使孢子黏附在接种环上，取出接种环，在准备好的斜面培养基上或平板培养基上划线接种，加上棉塞或盖上皿盖恒温培养。此分离法的动作要准确、敏捷。

（3）孢子印采集法。取成熟的子实体切去菌柄，将菌褶朝下，置于经灭菌的白色或黑色的蜡光纸上，置于玻璃钟罩中，20~25℃静置数小时后，轻轻拿走菌盖，此时有大量的孢子弹出，按菌褶的排列方式散落在纸上，称为孢子印，将有孢子印的纸置于无菌条件下保存备用。

（4）空气孢子捕捉法。凤尾菇、平菇、香菇等伞菌子实体成熟后，大量的孢子自动弹射出来，形成肉眼可见的"孢子云"，此时用培养皿平板或斜面试管，打开盖，慢慢地在空气中迎着孢子云捞过去，孢子就会黏附在培养基表面，随即盖上皿盖或加棉塞即可。

2. 孢子的分离

采集到的孢子，不经分离也可直接在培养基上培养长出纯菌丝，但是所采集到的孢子在萌发的菌丝体中必然会夹有发育畸形或生长衰弱的菌丝。此外，对于性基因属四极性的食用菌来说，由于它们之间能配对的孢子只有25%，在萌发菌丝体中必然混有许多不孕的菌丝体。因此，采集到的孢子必须经过分离选择制成母种，才能选育出性状优良的菇种。其分离方法可分为单孢分离和多孢分离两种。

单孢分离就是将采集到的孢子群单个分开进行培养，让它单独萌发成菌丝而获得纯种的方法。在目前已驯化培养的食用菌中，蘑菇和草菇等同宗结合型的食用菌，由单孢培养的菌丝，经双核化后形成的双核菌丝，一般具有结实能力，因此可以采用单孢分离法生产菌种。其他的一些食用菌如香菇、平菇、金针菇、凤尾菇等异宗结合型的食用菌，其孢子具有性别，单个孢子萌发的菌丝无结实能力，必须通过不同性别的单孢子间的结合形成双核菌丝才能结实。因此，必须用多孢子分离法或单孢子分离形成的菌丝再混合培养，控制其杂交，使其形成双核菌丝后制得菌种。单孢分离法直接在生产上应用不多，但它却是研究食用菌生物学特性和遗传育种的一项重要技术。

（1）单孢分离法。单孢子分离的方法，按其分离的手段有如下几种。

①稀释分离法。该法通过不断稀释的手段，使孢子分散到最低限度，再吸取一定量的孢子液注入平板，这样分散的孢子就被固定在原处从而形成单孢菌落，其步骤如下。

制备无菌水：取5支试管，其中1支装10mL蒸馏水，其余4支各装9mL蒸馏水，经高压灭菌即成无菌水。

制孢子悬液：取一接种勺（量不宜太多）孢子粉，加入10mL的无菌水试管中，摇动使孢子分散成菌悬液。用无菌注射器或无菌吸管，取 1mL 孢子悬液于第 2 支试管，摇动使其分散，并依此类推至第 5 支无菌水试管。这种梯度稀释法，每稀释一支试管，悬液中孢子的量就缩小 10 倍，稀释度越高悬液中孢子含量越少。最终以把孢子浓度控制在每毫升 300～500 个孢子。镜检时视野中只有 1～2 个分散的孢子为准。

培养基平板接种：将煮熔的培养基趁热倒入无菌培养皿中制成平板，再加入 0.2mL 菌悬液，用无菌玻璃刮铲，使菌液涂布于平板培养基的表面，经恒温培养可形成单个菌落。如果平板上形成的菌落不是单个存在，说明菌液孢子含量过多，要增加稀释度，重新培养。要分离出单个菌落每种浓度必须做 5～10 个培养皿，以利挑选单个菌落。

挑取单个菌落纯培养：在培养期间要经常观察，及时排出污染。当孢子萌发生长出绒毛状菌丝，并且菌落之间还未连起来的时候，选择发育匀称、菌丝健壮的单个菌落移入新斜面培养基中培养即成为纯种。挑取菌落要在无菌环境中进行，点燃酒精灯，在火焰旁边打开皿盖。接种铲在火焰上灭菌后，伸入平板中稍冷却，看准挑选的菌落，用接种铲连同菌落周围的培养基一起移入斜面试管培养基中。如果是异宗结合的菌类则要同时挑选能生育的一对单菌落进行培养，并经出菇试验后方能成为生产用菌种，如果不出菇的则不能使用。

②平板划线分离法。该法是根据通过接种环的移动使孢子分散落在培养基表面而生长的原理所采用的一种分离方法。具体步骤如下。

制培养基平板：将琼脂培养基熔化，在接种箱或无菌室，以无菌操作方式向无菌培养皿中倒入培养基，一般以铺满培养皿底部厚 1cm 为宜。制平板是微生物工作的基本操作技术，要领是左手拿住培养皿，拇指和食指抓住平皿的盖，小指和无名指托住平皿的底部，在酒精灯的火焰旁打开，右手抓住装有煮熔培养基的三角瓶，左手的无名指拔出棉塞，将培养基倒入培养皿中，摇匀放于平皿冷却成为平板。用于划线分离的平板要求硬度大些（增加琼脂含量），薄厚均匀，表面光滑，以利于划线。

制孢子悬液：取一支试管，装 10mL 蒸馏水，经高压灭菌即成无菌水，在其中接入一接种勺的食用菌孢子，摇匀即成孢子悬液。

划线分离：划线分离法是微生物最常用的分离法。按无菌操作要求，在酒精灯旁，左手拿培养皿，右手拿接种环，打开皿盖后保持在火焰无菌区，取一环孢子悬液在平板表面划线。划线时要使接种环与平板表面成 30°～40°，角度大易把培养基表面划破。根据划线的方法不同，可分为扇形划线、分级划线、方格划线、平行划线和连续划线。分级划线和方格划线每划完一个方向要烧掉接种环上的孢子。划好线的平板，倒置于适宜温度下培养。

（2）多孢分离法。多孢分离法是将收集到的孢子混合培养在培养基斜面上，使其萌发，自由交配获得纯菌种的方法。此法操作比较简单，在食用菌制种中应用较普遍。常用的方法是划线法。

划线法操作过程：在无菌条件下，用接种环从采集的孢子中蘸取少量的孢子，在试管斜面培养基上或平板培养基上，轻轻划线，不要划破培养基表面，抽出接种环，烧管口，塞上棉塞；置于适宜的温度下培养，每天检查，发现有杂菌污染的应及时挑拣出来，并检查孢子的萌发情况。培养 6~10 天后，在培养基上会出现星星点点的菌落，这些菌落中有的发育快，有的发育慢；有的菌丝生长整齐，有的参差不齐；有的菌丝浓密，有的菌丝稀疏，易倒伏。挑选发育匀称，生长快速的菌落，移至另一空白斜面上，然后再进行一次生长情况的比较试验，选取最优者，再经出菇试验后可作为母种扩大繁殖。也可将孢子先制作成孢子悬浮液，然后再进行划线接种。

3. 孢子的萌发

大型食用菌大多数属于担子菌，担孢子萌发的最适温度，几乎与该菌种菌丝生长的最适温度相一致，一般在 20~30℃范围内萌发，其萌发率受诸多因素的影响。

（1）影响孢子萌发的因素。

①孢子结构影响萌发率：对于孢子壁薄的孢子，水容易通过孢壁渗透进入孢子，使其萌发，如香菇孢子吸胀后，以伸长式萌发形成菌丝。对于孢子壁厚的孢子（如草菇），水及营养液只能从孢孔进入，再由孢孔萌发出芽管，形成菌丝，因此这类孢子萌发率低。

②多孢刺激能诱导萌发：大多数腐生菌类，其孢子都容易萌发，由于孢子呼吸代谢释放出气体，能刺激孢子萌发，所以，多孢子比单孢子容易萌发。

③孢子萌发受温度的制约：孢子的萌发受温度的影响最明显。不同食用菌孢子萌发所需的温度和子实体形成最适温度相近。如茯苓在 35℃最高萌发率为 34.6%；草菇置于 40℃培养 2 天后降到 25℃，萌发率为 73.4%；黑木耳孢子在 30℃培养，孢子萌发率最高为 65.66%。因此孢子分离时，要置于最适温度中培养。

（2）诱导孢子萌发的方法。

①洗净处理：孢子用无菌水或 0.05%磷酸缓冲液（pH 8.0）浸 12h，然后用滤纸过滤，取其孢子接种和培养，如草菇。

②高温处理：将孢子液在 40℃培养 48h，给予"启动"处理，于 25℃培养。或 45℃处理 4h 后用牛粪提取液琼脂培养基接种，在 25℃培养，如鬼伞。

③低温处理：孢子在-7℃经过 10 周保存后，移接在 25℃麦芽浸膏琼脂培养基进行培养。

④添加萌发诱导物质：以 0.001%~0.01%异戊酸或异戊醇加入培养基中，于

25℃培养（如双孢蘑菇）可提高萌发率。

⑤在培养基中加天然基质提取液：在配制培养基时，将菇类的生长基质、腐殖质、土壤或子实体浸取液加入其中，可以促进其孢子萌发。这是一种常见的简单有效的方法，如用灵芝子实体的浸出液可以促进其孢子萌发。

（二）组织分离法

组织分离法是以食用菌子实体、菌核、菌索等为分离对象获得菌丝体的一种最常见最广泛的方法，因其属于无性繁殖，采用该方法获得菌丝体保持了亲本所有遗传特性。组织分离属于无性繁殖。大型食用菌的子实体实际上是菌丝体的特殊结构，组织化的菌丝团，只要切取一小块组织移到合适的培养基上，便可生长成为营养菌丝，从而获得纯菌种。用组织分离法培养出来的营养菌丝中的两个核心并不融合，即双亲的染色体并没有发生重组，因此它们都能出菇。无论是菇蕾或是成熟的菇体，只要菇肉新鲜，菌丝细胞具有生命力，都能分离出菇种。组织分离是最常用的菌种分离方法，适合广大菇农采用。组织分离法较孢子分离法操作简单，菌丝不容易变异，出菇的机会多。

在进行组织分离时，首先要选择优良的种菇为材料。要求种菇菇形健壮美观，七八成熟度，在栽培中生产性能好，有推广使用价值。在分离前准备好接种箱、解剖刀、剪刀、接种钩、镊子、斜面培养基、无菌水和酒精灯等。在常见的食用菌中，有的组织肥厚，如蘑菇、平菇、香菇；有的呈薄片状具胶质，如木耳；还有呈密集的块状（即菌核），如茯苓、猪苓等。由于分离材料不同，进行组织分离的方法也有所不同。

1. 伞菌类的组织分离

组织肥厚的伞菌类分离方法最简单，具体做法是：在种菇收获前 2 天停止直接向菇体喷水，以保持菇体的干爽，提高分离的成功率。菇体的含水量越高分离的成功率越低。采菇时用干净的塑料袋将种菇装好拿回来，种菇不经表面消毒，在无菌室或无菌箱中操作效果更好。如果没有无菌条件，可在门窗密闭的室内操作。在工作台上铺上一张干净的湿布，操作就在湿布上进行，湿布有防止尘埃飞扬的作用。

从理论上讲，子实体的任何一部分都可以作为组织分离的材料，但由于各部分组织的细胞性质有差异，所分离的菌种的活力也就有所不同，通常认为采用菌盖与菌柄交接处的组织进行分离的效果好。对于有菌幕的菇类，取菌幕下保护的幼嫩的菌褶接种，生活力更加旺盛。对于某些菌根菌（如松蕈）来说，取靠近基部的菌柄组织才易成活。对大部分菇类来说，若能消除污染，用幼嫩菌褶进行分离，一般要比菌肉好。

从菌盖中的菌肉作材料分离时，先用经火焰灭菌的剪刀将固体表皮剪断，用镊子将菇体表皮拉开、露出洁白的菇肉，再用消毒刀片将菇肉截成小块，最后用消毒接种钩将小块菌肉分别移入斜面培养基中，置于25℃的恒温箱中培养，气温高时也可以置于室温下培养（图2-23）。用菌柄、菌柄与菌盖交接处或菌盖菌肉较厚处的菌肉作材料时，也可以用撕裂法露出内部菌肉组织，然后用无菌镊子取一小块菌肉组织直接投入斜面试管中。所要注意的是镊子不能碰触任何菇体外表面，包括菌褶，以免发生污染。成功分离的关键是菇体含水量要低，分离工具用前需用火焰灭菌，暴露出来的菇肉不能接触异物，以防污染。室内分离要在酒精灯的无菌区操作，动作要快。传统的组织分离法，种菇要用75%酒精或0.1%升汞表面消毒。如果菇体较大，结构紧密可以用蘸有酒精的棉花抹擦菇体表面，如蘑菇；如果组织疏松，一般不采用表面消毒，更不能把菇体泡在消毒剂中。经过消毒剂浸泡过的菇体，含水量高，分离的成功率低。

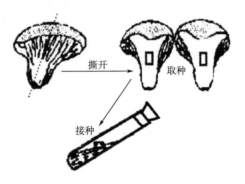

图2-23　伞菌类的组织分离

斜面培养基中的组织块经过10天左右的恒温培养后菌丝便可布满斜面。在培养的过程中要经常检查，及时排除污染菌株，保留纯菌株。如果培养基表面有黏稠状物，可能是细菌或酵母菌污染，不能使用。如果培养基表面有各种颜色的绒毛状菌丝或蜘蛛网状物，说明有霉菌污染，也不能使用。正常的食用菌菌丝是浓厚洁白，生长速度一致的。如果一支试管的绝大多数菌丝生长良好，但有小部分杂菌污染，可采取提前分离方法将其纯化，即从菌丝生长健壮，并在远离污染点的地方切取一小块带有菌丝的培养基移到新的培养基上培养，同样可以获得纯菌种。

2. 胶质菌类的组织分离

黑木耳、毛木耳等胶质菌，因子实体组织层较薄，质地较韧，且菌丝数量极少，故进行组织分离的难度较大。分离时，无菌操作剖取尚未展开的耳片的内部肉质组织块，直接置于斜面培养基上进行培养；也可将经无菌水反复冲洗的耳片，切成约5mm的小块，移入斜面培养基中培养。银耳和金耳的分离较为特殊，如银耳取其耳片组织块来进行分离，难以获得银耳纯白菌丝，只有取其胶质团内组织来进行分离，才有可能获得银耳的纯白菌丝，或获得银耳纯白菌丝和羽毛状菌丝的混合体。

3. 菌核类的组织分离

药用真菌如茯苓、猪苓都是菌核。以茯苓为例，它生长于松树的根旁，菌核组织是一个贮藏器官，其外壳主要是由密集交织的菌丝体组成，中部主要是粉质贮藏物（茯苓聚糖）。由于菌核中的菌丝具有很强的再生能力，因此菌核可作为菌种的分离材料，并可直接用作生产上的"种子"。

进行组织分离时，先将菌核冲洗干净，用纱布擦干水分后，移至接种箱内，再用75%酒精消毒。然后用经火焰灭菌的解剖刀，把菌核切成两半，在接近菌核外壳附近，剖取蚕豆大小的组织块，移入斜面培养基上于25℃培养。

4. 菌索类的组织分离（图2-24）

菌索是某些食用菌（如蜜环菌）在不良的环境条件下形成的绳索状菌丝组织体，其组织具有厌氧生长的习性，但容易污染。蜜环菌、假蜜环菌、安洛小伞等属菌索类。菌索一般长而极细，由菌鞘和菌髓组成，它对不良环境有较强的抵抗能力。菌鞘深褐色，具角质化；菌髓白色，似薄壁细胞组织。分离时，可通过在培养基中加入浓度为40mg/L左右的青霉素或链霉素提高分离的成功率。其分离方法类似菌核，在无菌操作下，取半干湿的菌索用75%的酒精表面消毒2~3次，去掉黑色外皮层（菌鞘）、抽出白色菌髓部分直接接入培养基，或者将菌索生长点切断，经无菌水数次冲洗后，接入含氮较高的培养基内促进其营养繁殖，最终置于25℃下培养可获得菌丝体。

图2-24　菌索分离法

（黄毅. 食用菌栽培［M］. 北京：高等教育出版社，2008.）

（三）基内菌丝分离法（基质分离法）

在进行食用菌工作中，经常会遇到某些子实体已腐烂，但又必须保留该种菌种的情况，在这种情况下可采取基内菌丝分离法制得菌种。有些子实体小而薄，用组织分离法和孢子分离法较困难，也可采用基内菌丝分离法进行分离。还有一些菌类（如银耳菌丝），只有与香灰菌丝生长在一起才能产生子实体，如果要同时得到这两种菌丝的混合种，也只能采用基内菌丝分离法进行分离。

从食用菌生长基质中将菌丝分离出来的一种无性繁殖方法即为基内菌丝分离法，根据基质的不同又可分为耳（菇）木菌丝分离、土壤菌丝分离、袋料菌丝分离等。因生长基质中微生物群落的复杂性，该方法比组织分离与孢子分离污染率高，只针对菇体小而薄、有胶质或孢子不易获得的菇类。

1. 耳（菇）木菌丝分离法（图2-25）

此法必须在出菇季节进行。耳木的分离部位是获得纯菌种的关键。腐木上带有各种腐生微生物，在腐木上形成有色抑制线，可根据食用菌的生长特性决定取样部位。把采到的耳木，在生长子实体处的两侧，锯下约1cm厚的木片，置接种箱里，再从耳或菇基穴的周围，切取一个三角形，浸在0.1%氯化汞溶液中，表面消毒30~60s（时间因材质紧密度而定），取出并用无菌水冲洗，再用无菌纱布吸干水分，移至另一块无菌纱布上，用无菌解剖刀切除树皮后把木片劈成比火柴梗略粗的小块（即菇木），接入斜面培养基上，置于22~25℃培养。

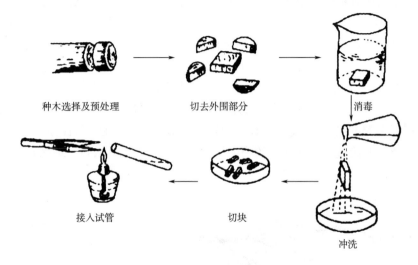

图2-25 耳（菇）木菌丝分离法

（常明昌．食用菌栽培学［M］．北京：中国农业出版社，2003．）

这种分离法是一般单一型耳（菇）基内菌丝的分离法，而对于由两种菌丝混合组成的银耳等菌类来讲，其两种菌丝生长速度的差别大，银耳纯白菌丝长得慢，只能在其耳基的下部分离得到，而香灰菌丝分解木质素的能力较强，生长较快，可以在离耳基较远的段木中分离得到。在切片取样时，取耳基下方的小块，接入培养基，于23℃培养10天左右，如见有绣球状白毛团，即为银耳纯白菌丝；劈开耳木在黑色抑制线附近取样，将种木接入培养基进行培养，若能很快萌发，并在培养基内分泌黑色素，即为香灰菌丝。两者分别经提纯配合培养后，才能用于生产。纯白菌丝和香灰菌丝配合后，经接入木屑培养基，若出现绒毛团菌丝，并逐渐胶质化，则是适于作段木栽培用的银耳种；若形成淡黄色胶质团，则是适于作袋式栽培的银耳种。

2. 土壤菌丝分离法

利用土层中腐生菌的菌丝体，也能分离获得纯菌种。具体方法是：取菇体与菇根相连的粗壮菌丝束，用清水将附着的泥土轻轻冲洗干净，再用无菌水反复轻轻冲洗，并用无菌纱布吸干水分，然后取菌丝束的尖端部分，接入含细菌抑制剂的 PDA 培养基上，于（25±1）℃培养，若无杂菌污染，经出菇试验，即可确认是该菌的纯菌种。

三、菌种纯化

初分离的菌种时常会带有细菌、酵母菌、霉菌等杂菌，必须要进行纯化去除污染杂菌，主要措施如下。

（一）细菌

1. 预防措施

配制分离培养基时可加入 40mg/L 左右的青霉素、链霉素等抗细菌物质，琼脂用量增加至 2.3%~2.5%来提高其硬度，且冷却后无冷凝水，同时利用某些大型真菌在较低的温度下其菌丝生长速度比细菌菌苔蔓延速度快的特点，接种后低温培养（15~20℃）。

2. 除污措施

在菌种培养过程中，一旦发现黏稠状的细菌污染，应及时用尖细的接种针切割没被细菌污染的菌丝，将其转接到新的培养基上培养，连续 2~3 次可获得所要的纯菌丝。

（二）酵母菌

1. 预防措施

酵母菌预防措施与细菌相似，又因其喜欢偏酸（最适 pH 为 4.5~6）条件及麦芽汁培养基，因此，在上述预防的基础上可将 pH 提高，增加到 6.5~7，同时避免使用麦芽粉或麦芽糖作为配制培养基的材料。

2. 除污措施

分离的菌种斜面上一旦发现酵母菌污染（菌落大而厚、光滑、黏稠、湿润呈油脂状，多为乳白色或红色、不透明、圆形，用接种针很容易挑起），应及时用尖细的接种针切割没被酵母菌污染的菌丝，将其转接到新的培养基上培养，重复 1~2 次可获得所要的纯菌丝，或者直接将酵母菌落除去。

（三）霉菌

1. 预防措施

霉菌喜欢偏酸的生长环境（最适 pH 为 4~6），在自然界广泛分布，在温度为28℃时生长速度极快。因此，为了防止霉菌污染，配制培养基时可将 pH 提高到6.5~7，接种环境与接种工具应做消毒处理，如果条件不允许，接种时要严格无菌操作过程，尽量在酒精灯火焰无菌区进行。

2. 除污措施

霉菌的菌落大而疏松，干燥不透明，颜色多样，有霉味，呈绒毛状、絮状、网状等。菌种分离后培养时，勤观察早发现，能提高分离的成功率。一旦发现在非接种区域出现菌丝，则可能是以霉菌为主的杂菌菌落，立即用尖细的接种针切割没被其污染的菌丝，将其转接到新的培养基上培养。若观察到有色孢子出现，其基内菌丝很有可能已经和食用菌菌丝混生在一起，若后者菌丝蔓延范围太小很难分离成功；如果食用菌菌丝蔓延范围较大，可将含1%多菌灵的湿滤纸块覆盖在霉菌的菌落上，轻拿试管，用火焰灼烧过的接种铲将分离物表层铲除，用另一接种钩将分离物下面的基内菌丝取少量移入新的培养基中培养。

四、母种提纯

通过上述分离方法一般都能获得纯菌丝，但也有不纯的现象，因此，必须对菌丝进行提纯。

(一) 菌丝生长提纯

取分离母种菌落小块接入平板培养基中央培养，若母种是纯菌丝，随培养天数的增加，菌落会逐渐向四周呈辐射状散开且外缘整齐；若母种不纯，则因混有其他丝状真菌，菌丝生长速度不一，出现分泌色素分布不匀及外缘参差不齐，应及时将菌落中生长速度较为一致的部分挑取移入新的培养基上培养。

(二) 菌丝尖端提纯脱病毒

在无菌条件下，利用显微操作器把菌丝尖端切下，直接移入新的培养基中央培养，通过该技术既保证了菌种的纯度，同时也可起到脱病毒的作用。

(三) 择优提纯

随着转接代数的增多，母种的培养特性和栽培农艺性状会发生变异，因此，在栽培过程中应采用组织分离技术择优留种与妥善保藏，以防母种进一步发生性状变化。

(四) 营养提纯

不同的生长发育阶段菌种所需要的营养存在差异，如果不及时调整营养会导致其逐渐衰退。因此，母种在扩繁及保藏过程中，适当地更换培养基成分或增加营养成分会提高菌丝的生活力，可防止其衰退。

(五) 有性繁殖提纯

菌种无性繁殖次数过多，会出现生殖菌丝减少、气生菌丝增多、抗逆性减弱等菌种衰退现象。因此，适当地进行无性繁殖与有性繁殖的交替，及时保留有性繁殖所产生的优良菌种，可保持或提高后代的优良性状。

五、母种转接

无菌操作条件下，将母种菌丝转接于新的培养基上继代培养即母种转接，也称为母种扩繁或接菌。母种因分离或购买数量有限，通常都要扩大培养后再用。无论是试管母种与试管母种的转接，还是试管母种与培养皿母种的转接，接种量不宜过大，一般情况下接种菌块直径为5mm或黄豆大小即可，如果接种量太大，容易造成母种老化菌块数量增多，不利于其在原种基质上的生长。一般1支母种斜面试管转接10支再生母种，转管2~3代，转管次数太多会导致菌种纯度降低和活力减弱，影响栽培的产量和质量。同时，培养基不适、贮藏环境不当、菌丝体污染或老化等因素，也容易导致母种扩繁后菌丝成活率低、污染、老化、菌种变异等问题。

母种接种要严格按照无菌操作要求操作。接种可以在无菌箱（或超净工作台）中进行。

（一）无菌室、箱、净化工作台接种

图2-26为母种转接流程。无菌室、箱用紫外线杀菌半小时，净化工作台开机运转20min后（或按说明书要求）即可开始接种。首先点燃酒精灯。左手平握供试种试管和待种试管，试管的斜面向上，管口向右。右手拿接种铲（因食用菌的菌丝粗壮、柔韧、不易折断，用接种环效果不好，而需用专门的接种铲），将接种铲放到酒精灯的火焰上烧灼，前端要烧红，后面可能进入试管的部分从火焰上过一遍灼烧，可不必烧红。试管口放到火焰上端，用右手的小指和环指分别夹住两个试管的棉塞，拔下棉塞。将试管管口放于火焰上烧灼灭菌。接种铲冷却后，将菌种斜面铲成小块，取其中的一小块，迅速放到受种试管的斜面上。烧灼试管口和棉塞，塞好棉塞，烧灼接种铲。操作完毕后贴上标签，注明菌种类型、菌株及接种时间、操作人姓名。

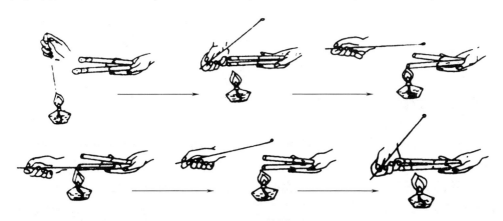

图 2-26 母种转接流程

（刘振祥，张胜 . 食用菌栽培技术［M］. 北京：化学工业出版社，2007.）

由于室、箱内接种环境是无菌的（事先已灭菌），因此，操作也可以不在酒精灯火焰上部进行，但应做好管口烧灼消毒和棉塞烧灼消毒及接种铲消毒等无菌操作工作。

（二）母种接种时应注意的问题

要严格按照无菌操作的程序进行接种，以防在母种生产期造成潜在的污染隐患。在使用接种工具时，每次都要烧灼灭菌，不要因节约时间而在接种工具尚未冷却前接触菌种，从而烫死菌丝细胞，造成人力、物力的浪费，耽误供种时间。

接种部位的菌丝老化快、生活力差，不宜作母种使用，更不宜用于母种扩大培养。气生型菌如蘑菇、平菇母种斜面的种块附近常出现菌丝塌陷区，原因是种块太厚、培养温度太高、菌丝生长太快，菌丝先向四周蔓延生长然后才向基内定植。

六、母种培养

母种接种后，应保持接种块在斜面中央且紧贴培养基，将其放入消过毒的25℃培养箱或置于25~33℃干净室内黑暗培养，2~3天后检查细菌与真菌污染及菌丝萌发情况，大多数食用菌7~15天后，母种菌丝可长满试管。

由于母种是用试管斜面培养的，占据空间小，且培养条件要求严格，因此通常用电热恒温培养箱培养。所接母种的量特别大时，也可以在培养室中培养。母种培养要注意以下几个问题：

（一）分类捆扎、摆放

要将不同的种类、株型、接种时间的母种分别捆扎在一起，分类摆放，以免混杂，也便于观察取用。培养箱中培养时，还要注意箱内上、下空气的流通，以保证箱内上、下温度一致。

（二）适温培养

不同食用菌的最适培养温度不同，应将所接种试管放在最适温度下培养至种块长出菌丝，在菌丝向四周蔓延后，再降低培养温度2~3℃，促使菌丝健壮。气生菌丝发达的菌种还要逐渐降低温度培养，如气生型蘑菇，接种后置20℃培养，当长至菌落有蚕豆大小时降温至15℃继续培养，当长至斜面的1/2时，降至12℃培养至长满斜面。过高的温度会致使菌丝衰老快。

（三）保持温度的稳定

温度波动过大，会引起试管壁凝水，水滴接触的菌丝便会出现发黄、倒伏现象。

（四）保证氧气供应

要保证培养环境的空气流通和交换，避免试管排列拥挤，以免因氧气不足造成菌丝衰老发黄、生命力减弱。

（五）注意斜面菌落，防止杂菌污染

接种培养3天后，要检查试管斜面菌落，除去有污染的试管。若发现出现污染的试管的比例较大，还要注意观察没有污染的试管，并分析产生污染的原因。斜面菌落是判断有无污染的标志。斜面接种后，种块第2天即可长出菌丝，菌丝向四周辐射蔓延。常用的食用菌中，金针菇的菌丝前端可以形成粉孢子，老熟的猴头菌丝会折断，这些情况下斜面上会发生新菌落，其他菌种若出现新菌落，便要认真对待。细菌菌落黏稠光滑，霉菌菌落开始时无色，5~10天后会呈现出特定的颜色并形成大量的孢子。种块一侧或周围出现细菌污染，多是因为母种不纯引起的，斜面上出现分散性菌落，则与灭菌不彻底，无菌操作不严格有关。

（六）注意特殊菌种的培养

灵芝等菌种的表面气生菌丝光下易革质化，可用黑纸包裹试管进行培养，以延缓老化时间。

（七）适时保藏

不能立即使用的母种要注意适时保藏，通常要在菌丝尚未长满试管时移入冰箱中保存。

七、母种生产的注意事项

（一）菌种要做出菇鉴定

用于生产的菌种无论是引进的还是自己分离的，都要事先做出菇鉴定，避免因菌种选择不当造成不可估量的损失。出菇鉴定的内容包括生产性状、商品性状和遗传性状三个方面。

（二）限制使用五代以上菌种

转接移植的机械损伤及培养条件的改变，会削弱菌丝的生活力，甚至会引起菌种遗传性状的改变，造成出菇率下降、菌丝丧失形成子实体的能力，使产量、品质、商品价值下降，所以，已经选定了的母种要尽量避免过多转管。一般认为，母种经3~4代转管就应进行菌种复壮，繁殖代数应控制在5代以内，见图2-27。

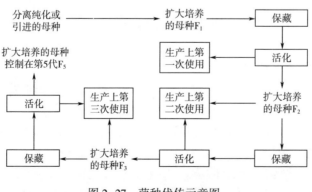

图2-27　菌种代传示意图

（三）建立菌种档案

菌种应有专人管理，并建立菌种档案，详细记录有关菌种的所有情况，包括菌种名称、菌株代号、菌种来源、转接时间、培养基配方、母种性状、生产上使用的情况、保藏的时间和条件。

（四）做好标签或标记，防误用菌种

保藏的菌种要在试管上和捆包装上做双重标记，切勿制作、使用无标记的菌种。

（五）正确使用保藏的菌种

冰箱中长期保藏的菌种，使用时应先进行活化培养 1~2 天，温度逐渐提高到 25℃，使菌丝从休眠状态进入生长状态。要选用菌龄小的母种进行接种。不要使用培养基已经干缩或正在干缩的母种，因为培养基已经干缩的母种可能已导致菌种优良性状的衰退，甚至菌种失活。若无小龄菌种，而对菌种活力有怀疑时，可先转接试管培养观察，在新斜面长好之后，用活化的斜面菌种进行扩大培养。

保藏的菌种使用前要认真检查有无污染。方法是从斜面上方和背面两个方向观察，有异样的菌落或菌丝出现则说明发生了污染，不能使用。菌种活化后应再检查一遍。保藏的母种即使无明显污染现象，但有可疑的菌丝出现，也不能用于生产。

（六）注意保留原始菌种

保藏的菌种无论在什么情况下都不能全部用完，以免菌种绝传，对生产造成损失。

（七）制订菌种生产计划

要根据母种的使用时间认真安排母种生产计划，最好将菌丝长满斜面后的母种立即用于原种生产，此时菌丝的生活力旺盛，定植速度快。若不能立即使用，只有在菌丝长满斜面后，用玻璃纸包好试管，置低温避光处保存。

八、母种的质量鉴定

引进的菌种或分离出的菌种，首先要经过检查，只有符合要求的母种才能用于扩大培养。

（一）一般检查的主要项目

1. 外观形态

要求母种菌丝浓密、洁白、粗壮、爬壁能力强，培养基没有收缩，无杂菌，无异色，符合其品种（株型）的外观特征。

2. 镜检菌丝

挑取少量菌丝放在显微镜下检验，查看菌丝特征是否符合所培养的菌类，有无杂菌污染。具有锁状联合特性的种类还应看到锁状联合现象，且有锁状联合出现得越多菌种结实性越强的特点。

3. 转接斜面培养观察

将菌丝接种在斜面培养基上，适温下培养，菌丝生长快而整齐、浓密健壮者为优良品种，较差的菌种菌丝细弱、稀疏、不整齐。在适宜条件下生长良好，再放入高温下（一般菌 30℃，凤尾菇 35℃，草菇等高温型菇例外）培养，菌丝仍能健壮生长者为优良品种，菌丝萎缩者是较差的品种。

4. 转接原种培养料培养观察

将母种接种到原种培养料中，很快定植、萌动、吃料的菌种是优良品种，在湿度适宜和偏干、偏湿的培养料中都能正常吃料者为优良品种，否则说明适应力差，为较差的品种。

5. 出菇（耳）检查

这是菌种投入生产前必须做的结实性鉴定试验，通常称为出菇试验。将原种或母种（无菌操作）转接到原种培养基上培养，适温下培养至长满菌丝，然后降低温度至子实体形成的适温，调节好出菇所需的空气湿度、光照和氧气条件，观察出菇情况。优良品种出菇（耳）快、多、整齐、朵形好。

（二）常见食用菌优良母种的形态特征

1. 香菇

菌丝洁白、细短，呈棉絮状，不产生色素。生长速度中等，接种后一般 12~14 天长满斜面。后期会分泌酱油状液滴，在斜面培养基上一般不能形成子实体原基，早熟种可形成原基。

2. 双孢蘑菇

菌丝灰白带微蓝，纤细稀疏。生长速度慢，接种后一般 15 天以上才能长满斜面。菌种有三种类型，即气生型、匍匐型和半匍匐半气生型。气生型菌种菌丝发达，菌丝尖端挺拔有力，基内菌丝较发达；匍匐型菌种菌丝贴生在培养基表面，横向伸展生长，前端呈线状放射状；半匍匐半气生型介于二者之间，菌种菌丝分布均匀，生长整齐挺拔有力，没有形成扇形变异，基内菌丝发达，斜面上无子实体分化者为优良菌种。

3. 草菇

菌丝淡白至淡黄色，细长、稀疏、透明，有金属光泽，数天后产生厚垣孢子呈链状，初期为淡黄色，成熟后呈深红褐色。菌丝生长快，接种后 6~7 天长满斜面，菌丝爬壁能力强，可长满试管空间。不产生厚垣孢子的结菇能力差。若菌丝密集，颜色洁白，可怀疑有杂菌污染。

4. 金针菇

菌丝白色至灰白色，长绒毛状，初期较蓬松，后期气生菌丝紧贴培养基。菌丝爬壁慢。菌丝细胞能产生色素，使培养基逐渐变为淡黄色。菌丝生长速度较快，室温下 10 天长满斜面。菌丝易断裂，形成节孢子，节孢子成串排列。后期在斜面培养基上易形成子实体，菌丝扭结之前会分泌黄色至琥珀色液滴，有的品系不分泌。已分化的子实体上出现次生菌丝或子实体萎缩，是开始老化的表现。较老的菌种，壁管上会出现菌丝断裂形成的粉状粉孢子。形成粉孢子多的品种，品质一般不理想。

5. 木耳

初级菌丝纤细、透明、洁白，二级菌丝粗壮、密集、洁白、呈棉絮状，后期颜色加深，能分泌褐色色素，培养基会因此而变色。其能在斜面上形成耳芽。菌丝生长较快，室温下 10 天可长满斜面。

6. 银耳

银耳的母种有芽孢母种、银耳纯菌丝、香灰菌丝和混合菌种等几种形式，其使用方式也因此而不同。

银耳纯菌丝体呈白色或浅黄色，气生菌丝直立、斜立或平贴于培养基表面。初期气生菌丝密而成团称为白毛团。菌丝生长极慢。老熟的菌丝会在培养基表面缠结成团，并逐渐胶质化，变成耳原基，小耳片。双核菌丝移植后，或继续长菌丝，或迅速胶质化，或变成酵母状分生孢子，取决于菌株的菌龄、发育程度，或培养基表面有无水层、接种时的热刺激或机械刺激。

7. 香灰菌丝

菌丝白色，羽毛状（有细尖的主干和对称的侧枝）。老龄菌丝变为淡黄色或浅棕色，琼脂培养基也逐渐变为淡褐色、黑色或带黑绿色。气生菌丝灰白色，细绒状，有时有碳质黑疤。间或形成黄绿色或草绿色分生孢子。菌丝生长迅速，适温下 4~5 天可长满斜面。

8. 平菇

菌丝洁白、浓密、粗壮、生长整齐、爬壁力强，不产生色素。一般气生菌丝少，有的菌种气生菌丝发达，可布满试管空间。有的菌株培养时间过长或在 28℃ 培养时气生菌丝顶端会变成橘红色，这种斜面菌种可用于扩大为原种但不能转管培养。菌丝生长快，室温下 6~8 天可长满斜面。以菌丝粗壮、生长整齐、气生菌丝较少、有菇香味的菌种为优良菌种，气生菌丝多的菌种不宜扩大培养。

9. 猴头

菌丝粉白或灰白，线绒状，气生菌丝粗、短、稀，紧贴于培养基表面。基内菌丝发达。菌丝能产生棕褐色色素，使琼脂培养基变成褐色至茶色。转接后菌丝恢复生长很慢，15~20 天长满斜面。较老的菌丝形成节孢子，后期菌丝产生褐色分泌物，易形成珊瑚状子实体原基。过深的基内菌丝活力下降，不宜扩大培养和接种原种。

10. 蜜环菌

菌丝灰白色、透明、棉絮状，转接初期呈白色，以后颜色逐渐加深，培养 13～15 天形成菌索。菌索根状，幼嫩时为白色，以后逐渐变为红褐色，尖端为白色或黄白色，完全老化时变为黑色，产生的色素使琼脂斜面变为红褐色。菌丝和嫩菌束产生荧光。

11. 灵芝

菌丝白色，浓密，短绒状。气生菌丝不繁茂，老熟革质化，易形成有菌管的子实体原基。菌丝生长速度中等，在适温下 7～10 天长满试管斜面。

第六节　原种生产技术

一、培养基制备

（一）原种培养基常用原料

培养菌种的原料选择和配制对菌种的质量和使用效果至关重要，应根据菌种和生产的实际情况来确定。如蘑菇的菌种若以谷粒（小麦粒或玉米粒）作原料，操作简单，处理方便，适于工业化生产，但菌种的菌丝主要长在谷粒的表面，很少穿透到内部，因此易损伤且易受不利环境的影响而发育不良，甚至死亡。另外，生产料堆制后若处理不当，上菌床后仍有游离氨，可致使菌种块表面菌丝死亡。若用传统的草堆肥制种，菌丝能伸入到培养料块的内部，抵抗不良环境。因此，对于蘑菇来说，机械化生产宜用谷粒作菌种料，人工种植则宜用草堆肥作培养料。

从原理上讲，所有可用于栽培的培养原料都可以用于制作原种的培养基。培养基的主料有木屑、棉籽壳、玉米芯、谷粒、作物秸秆等。配料（辅料）有米糠、蔗糖（食用白糖即可）、石膏粉、碳酸钙等。培养基中的辅料用量不宜太大，一般 10% 左右即可，超过 25% 则营养用不完，在菌种培育阶段和播种上床以后，都容易感染霉菌。培养基中的木屑一般用阔叶树木屑。木屑的特点是颗粒细、颗粒之间的空隙小，通气性差，配制时含水量宜稍小些。另外，木屑含纤维素丰富，含氮较少，应添加麸皮、米糠等辅料。棉籽壳营养成分高，质地硬，利于菌丝逐步分解利用；其碳氮比合适，后劲足；其形状不规则，颗粒大小适宜，又残留有棉纤维，因此通气好，有利于菌丝发育。作物秸秆如豆秸、稻草、玉米秸、麦秸等，含丰富的纤维素、粗蛋白等营养成分，但营养不均衡或不持久，因此应添加辅料调节碳氮比。

（二）原种培养基常用配方

1. **木屑培养基Ⅰ**

阔叶树木屑78%，麸皮（或米糠）20%，蔗糖1%，石膏粉1%。这是常见的木屑培养基配方。其适用于制作香菇、平菇、黑木耳、金针菇、滑菇、灵芝、猴头菇等多种木腐型菌种。

2. **木屑培养基Ⅱ**

阔叶树木屑77%，麸皮20%，蔗糖1.5%，石膏粉1%。尿素0.5%。该配方适用于制作平菇、凤尾菇等菌种。

3. **木屑培养基Ⅲ**

松木屑77%，麸皮（或米糠）20%，蔗糖2%，石膏粉1%。该配方适用于制作茯苓菌种。

4. **棉籽壳培养基**

棉籽壳78%（93%），麸皮（或米糠）20%（5%），蔗糖1%，石膏粉1%。其适用于制作金针菇、平菇、凤尾菇、草菇、银耳、黑木耳、猴头菇等菌种。

5. **棉籽壳木屑培养基**

棉籽壳40%，木屑40%，麸皮18%，蔗糖1%，石膏粉1%。其适用于制作木腐类菌种。

6. **玉米芯培养基Ⅰ**

玉米芯78%，麸皮20%，石膏粉1%，蔗糖1%。

7. **玉米芯培养基Ⅱ**

玉米芯84%，麸皮10%，石膏粉2.5%，蔗糖1%，过磷酸钙2.5%。其适用于制作草菇、平菇、木耳、猴头菇等菌种。

8. **甘蔗渣培养基**

甘蔗渣75%，麸皮24%，石膏粉1%。其适用于制作平菇、凤尾菇、金针菇、毛木耳等菌种。

9. **花生壳培养基**

花生壳78%，米糠20%，石膏粉1%，蔗糖1%。其适用于制作平菇、香菇、木耳、猴头菇、灵芝等菌种。

10. **麦粒培养基Ⅰ**

麦粒86.5%，砻糠10%，石膏粉1.5%，碳酸钙2%。

11. **麦粒培养基Ⅱ**

麦粒87%，碳酸钙或石膏粉3%，发酵干牛粪10%，另加少许发酵稻草。该配方适用于制作平菇、凤尾菇、双孢蘑菇等菌种。

12. **稻草培养基**

稻草50%，棉籽壳40%，麸皮8%，石膏粉2%，另加石灰0.5%用于浸稻草。

其适用于制作草菇、平菇菌种。

13. 谷粒（小麦、玉米、大麦、高粱）培养基

谷粒88%，碳酸钙4%，石膏粉8%，另用0.1%的多菌灵浸泡谷粒。该配方适用于多种食用菌的原种、栽培种制作，小麦、玉米培养基多用于蘑菇、平菇，高粱培养基则对平菇效果更好。

14. 干稻草培养基

干稻草89%，麸皮10%，石膏粉1%。其适用于制作草菇、平菇、凤尾菇菌。

15. 厩肥粉培养基 I

厩肥粉20%，谷壳粉50%，贝壳粉15%，淀粉15%。其适用于蘑菇菌种制作。

16. 厩肥粉培养基 II

厩肥粉42%，废棉线42%，碎稻草11%，米糠2%，石灰3%。其适用于制作草菇菌种。

17. 木块（阔叶树）培养基

木块80%，阔叶树木屑12%，麸皮4%，蔗糖2%，石膏粉2%。其适用于香菇、黑木耳、银耳等木腐型菌种制作。

（三）培养基配制要求及注意问题

用于配制培养基的材料要新鲜、干燥、无污染变质现象，木屑要用阔叶树的，针叶树木屑中的树脂、挥发油等物质含量高，须经过特别处理后才能使用。木屑、棉籽壳、蔗渣等颗粒较细的培养料可直接用于配制。粗、长、大的培养原料要进行机械粉碎：稻草要在吸足水后切成2~3cm的小段，也可先切段再浸水2~3天，捞出沥至不滴水，然后加辅料配制；玉米芯要用粉碎机粉碎成玉米粒大小再配制；其他作物秸秆如玉米秸、豆秸、花生秧等，日下暴晒后，碾碎，然后同稻草一样处理；谷粒要先用清水浸泡2~3天（中间要换几次清水），吸胀后再煮至熟而不烂，沥去水滴后使用；粪草必须经过堆积发酵处理，使粪草达到半腐熟程度，晒干备用；木条或竹签要事先切成条状或三角形，用时先用水浸1天，沥水后加入适量木屑米糠，以充填之间的大空隙，补充营养。

首先，培养基的含水量比菇房播种用的培养料稍低一些，培养基含水量均为60%~65%，因为培养料过湿，菌丝向下延伸较慢，且易衰老、僵化，含水量稍少些，可延缓菌种衰老。其次，不同培养料加水量应有区别，颗粒大的培养料加水量可稍大些，因为颗粒之间的空隙大，便于通气；相反，颗粒小的如木屑，加水量宜少些，以免影响通气。另外，原种一般不用袋装培养而用瓶装培养，栽培种可用瓶、袋方式培养。瓶装用水宜少，袋装则加水宜多。

（四）原种培养基制作流程

以木腐菌小麦粒木屑培养基为例介绍原种具体配制方法（图2-28）。

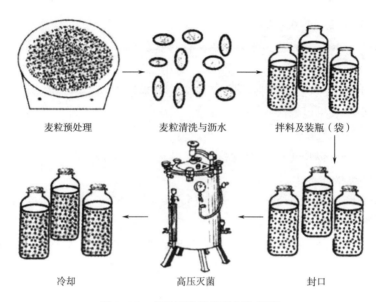

麦粒预处理　　　　　　麦粒清洗与沥水　　　　拌料及装瓶（袋）

冷却　　　　　　　　　　高压灭菌　　　　　　　　封口

图2-28　麦粒原种培养基制作流程

1. 小麦粒预处理

风干且无病虫害的小麦粒按配方称量，自来水清洗 3 次，倒入开水浸泡 8~12h，再水煮 15~30min（不断搅拌，以防受热不均匀）至小麦粒白芯少于10%，关闭热源后继续浸泡 10min。

2. 小麦粒清洗与沥水

将预处理过的小麦粒用自来水清洗 3 次，沥去多余的水，摊开，晾至手心有潮湿感或少量的水印即可，备用。

3. 拌料及装瓶（袋）

称取阔叶干木屑、石膏粉与小麦粒拌匀，含水量60%~65%，pH 自然，建堆，闷堆 10min，使水分分布均匀后装入原种瓶（袋）中。

4. 封口

清洗干净瓶口或袋口，在原种瓶上先覆盖一层中央留有直径为1cm 左右的耐高温塑料膜，再加 4 层报纸后用棉绳捆扎。如果是原种袋，直接在袋口安装套环（套颈圈，把塑料膜翻下来，盖上带有过滤透的无棉塑料盖）或在袋口加入一簇棉花（通气作用）后用棉绳捆扎，但不要太紧，最后用铅笔写上标签。

5. 高压灭菌

将封口的原种培养基装入高压灭菌锅或常压灭菌锅，原种瓶（袋）之间要留1cm 左右的缝隙（图2-29），以保证灭菌彻底，在 121℃灭菌 2h 或 100℃灭菌 8h以上。

图 2-29 待灭菌的原种培养基

6. 冷却

灭菌完成后，将已灭过菌的原种培养基趁热移入消毒过的接种室，室温慢慢冷却。

二、原种接菌

接种前要检查供接种用的母种的纯度和生活力，检查菌种内或棉塞上有无霉菌斑和细菌菌落，有明显的杂菌污染或者对菌种纯度有怀疑的、母种培养基开始干缩的、培养基内菌丝长势不好、菌丝稀疏或多是细线状菌索的、没有菌种标签的可疑菌种，均不能用于接种。

在冰箱中保存的母种使用时要提前取出，活化 1~2 天再用。若母种在冰箱中保藏的时间较长，超过 3 个月，最好转管培养一次再用，以提高菌种生活力，保证接种成功。

如图 2-30、图 2-31 所示，将灭菌后已冷却的料瓶和接种器材（接种铲、接种锄、酒精灯、火柴）放入无菌操作台（无菌箱）内，用甲醛熏蒸或开紫外灯照射 0.5h，或用专用气雾消毒剂灭菌。用甲醛熏蒸消毒的，要先打开氨水瓶，除去空气中的甲醛分子。原种接种须在无菌条件下操作，先对母种试管表面消毒，然后用一只手拿起试管，管口向下稍稍倾斜，靠近酒精火焰区，不让空气中的杂菌侵入，另一只手拔棉塞或硅胶塞，并在酒精灯火焰上消毒接种针。待消毒完成后，在火焰区将接种针慢慢伸入试管内、冷却后，再切去试管内靠近管塞前端菌种少许，将剩余母种斜面切割成手指甲长的几段，每段连同培养基一起迅速移接到原种培养基上，快速塞好棉塞或硅胶塞。一般 1 支母种斜面试管（25mm×150mm）转接 2~4 瓶原种。

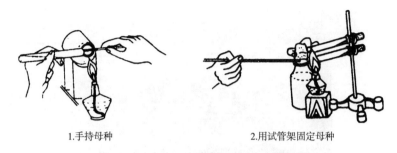

1.手持母种   2.用试管架固定母种

图 2-30　原种接种流程

（常明昌. 食用菌栽培学 ［M］. 北京：中国农业出版社，2003.）

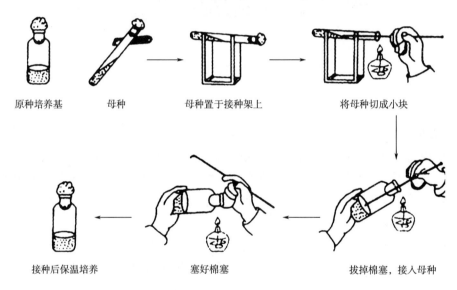

原种培养基　　母种　　母种置于接种架上　　将母种切成小块

接种后保温培养　　　塞好棉塞　　　拔掉棉塞，接入母种

图 2-31　母种扩接原种

（王贺祥. 食用菌栽培学 ［M］. 北京：中国农业大学出版社，2014.）

三、原种培养

将接种好的原种直立放置于消毒过的培养室内 25℃ 左右黑暗培养，也可置于 25~33℃ 干净室内黑暗培养，因原种比母种培养基存在菌丝分解难度大、灭菌效果不好把握、接菌面大等问题，最好根据菌种的生物学特性给予最佳培养温度，增强菌丝长势和覆盖面，防止杂菌污染。同时，菌丝生长初期须及时检查新生菌丝萌发、长势、杂菌污染等情况。在菌丝未定植之前应不动或减少原种的翻动次数，以免因移动延长菌丝适应期或带入杂菌。适宜的温度下，原种菌丝在 3 天的适应期结束后恢复菌丝生长，待菌丝吃料并覆盖整个培养基表面后，可倒卧叠放或搔菌，将菌种翻动至培养基各个角落后既可保证水分分布均匀，也可缩短菌丝生长期、减少污染。一旦发现污染应立即清理，否则易造成大面积污染。当菌丝长满培养基的1/3时，应及时降低培养温度2~3℃，以免因菌丝生长代谢增强，生物热产生过多使料温上升，引起菌丝高温障碍或烧菌。此时，培养室要加强通风换气，保持60%~70%的相对湿度。多数食用菌在适宜的条件下经20~40天培养可长满整个培养基，继续保持7~10天的培养，让菌丝继续生长以保证较多的菌丝量及培养料营养的充分转化，优质原种菌丝应长势浓白、吃料速度快、生命力强，并伴有一定的清香味（图2-32）。培养好的菌种应存放在干燥、凉爽、通风、清洁、避光等环境下，菌种培养好之后，要及时使用，若培养、保持时间过长，会引起菌丝生活力下降、菌丝老化、形成子实体原基等情况的发生，还会增加后期污染的可能性。

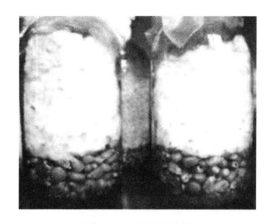

图2-32　原种的培养

四、原种质量鉴定

原种质量的好坏，直接影响食用菌生产的产量高低，子实体商品价值高低，甚至食用菌生产的成败。对生产出的或购进的原种进行质量检查至关重要，具体项目如下：

（一）外观要求

（1）菌丝已长满培养基，菌丝粗壮、密集、洁白（或呈该菌种应有的颜色，银耳菌种还应有香灰色的香灰菌丝），有爬壁能力，菌丝分布均匀一致，绒状菌丝多，有特殊的菇香味。

银耳的菌种培养基表面要有子实体或子实体原基出现。

（2）无污染菌丝，无绿、红、黑等杂色，培养料形成的菌丝柱状体无收缩，无黄色积液。菌丝长满后放置7~20天内无菇蕾形成。

若上部菌丝生长不均匀，菌丝稀疏或成束生长，底部不长菌丝或长透培养料的时间很长，说明培养基过湿。如果没有酸味产生，还可作为菌种使用，但要加大接种量；若有酸味产生，说明已形成污染，不能使用。若菌丝生长缓慢，或底部不长菌丝、培养料色淡，则是培养料过干，长满后也可使用，但要加大接种量。

如果菌丝柱已收缩，底部有黄色积液，说明培养时间过长（已超过60天），这样的菌种生活力很弱，一般只能直接出菇，不能作菌种使用。

培养基（料）或菌丝柱内有杂色出现，是感染了霉菌造成的，不能作菌种使用，污染严重的应深埋土中，避免霉菌孢子的大量散发，污染环境，造成再度感染。

（二）菌龄要求

（1）要用正处在生长旺盛期的母种接种进行原种的生产。

（2）原种在常温下可放置1个月，超过此标准，即使直观健壮，其生活力也大大下降，不能用于生产。

第七节　栽培种生产技术

一、培养基制备

（一）栽培种培养基常用原料

制作栽培种培养基的常用原料有甘蔗渣、玉米芯、玉米秆、米糠、牛粪、高粱粉、发酵料、草坪草、棉籽壳、木屑、麸皮、豆饼、啤酒糟等。

（二）栽培种培养基常用配方

1号：甘蔗渣68%、米糠27%、豌豆粉2%、石膏粉1.5%、白砂糖0.5%、石灰粉1%。

2号：玉米芯76%、米糠20%、高粱粉2%、白砂糖1%、石膏粉1%。

3号：木屑78%、米糠18%、高粱粉2%、白砂糖1%、石膏粉1%。

4号：发酵料50%、米糠20%、木屑15%、山基土13%、白砂糖1%、石膏粉1%。

5号：小麦秆78%、米糠18%、高粱粉2%、白砂糖1%、石膏粉1%。

6号：草坪草40%、木屑38%、米糠20%、白砂糖1%、石膏粉1%。

7号：干牛粪40%、草坪草20%、米糠20%、木屑18%、白砂糖1%、石膏粉1%。

注意：以上培养基含水量均为 60%~65%，pH 自然或根据不同菌株要求稍作调整。

(三) 栽培种培养基拌料原则

在栽培种拌料过程中，应把握"由细到粗、由少到多、由干到湿"的原则，即一般情况下，根据料的粗细程度，依次将细料拌入粗料，量少的依次拌入量多的培养料，干料与干料先混合，再加水，但也有特殊情况，比如玉米芯、棉籽壳、大块干牛粪等吸水慢或容易加水过多的培养料应提前预湿。

(四) 栽培种培养基制作流程

以 2 号培养基为例介绍栽培种具体配制方法（图 2-33）。

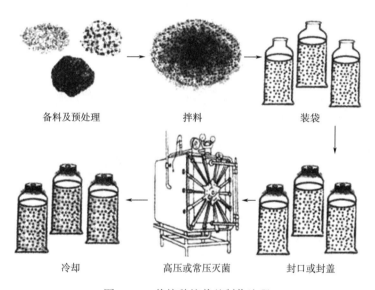

备料及预处理　　　　拌料　　　　装袋

冷却　　　　高压或常压灭菌　　　　封口或封盖

图 2-33　栽培种培养基制作流程

1. 备料及预处理

按配方分别称取玉米芯、米糠、高粱粉、白砂糖、石膏粉，其中玉米芯事先拌入 65% 水预湿 2h，白砂糖溶解于自来水，制成溶液。

2. 拌料

采取上述拌料原则，依次将石膏粉、高粱粉、米糠、玉米芯混合，加入白砂糖溶液，再补水至含水量达到 60%~65%（手抓紧湿料，指缝有水滴但悬而不漏），pH 自然，闷堆 10~20min，备用。

3. 装袋

(1) 选择食用菌专用栽培袋。食用菌栽培塑料袋有聚丙烯、低压高密度聚乙烯和高压低密度聚乙烯 3 种，其中以聚丙烯和低压聚乙烯最常用。

聚丙烯袋：透明度好，能承受135℃的高温，但其耐低温性能差，柔韧性也略差，冬季使用不便，适于高压灭菌或常压灭菌（高压灭菌最好使用聚丙烯袋）。

低压高密度聚乙烯袋：半透明、韧性强、柔软及抗拉强度高，能承受120℃的高温，适于进行常压灭菌。

高压低密度聚乙烯袋：透明、柔软，只能承受100℃的高温，抗拉强度较差，一般不用于食用菌栽培。

（2）装袋。待湿料水分分布均匀后，利用装袋机或人工进行装袋，装料要求松紧适度，上下均匀一致，料面平整，比如17cm×33cm规格的可装湿料0.9~1kg，14cm×25cm规格的可装湿料0.4~0.6kg。先装入袋高的2/3，用手慢慢向下压紧1/2处，再装满菌袋，继续用手慢慢向下压紧至袋口7~8cm处，最后向中央插入带有棉绳的接种棒。

4. 封口或封盖

清洗干净塑料袋口，在栽培袋上套颈圈，把塑料膜翻下来，包上包头纸或直接在袋口安装套环（套颈圈，直接盖上带有过滤透气的无棉塑料盖），如果条件不好，可在袋口加入一簇棉花（通气作用）后用棉绳轻轻捆扎。

5. 高压或常压灭菌

将封口栽培种培养基装入高压灭菌锅或常压灭菌锅，栽培袋之间要留1cm左右的缝隙，以保证灭菌彻底，在121℃灭菌2h或100℃灭菌8h以上。

6. 冷却

灭菌完成后，将灭过菌的栽培种培养基趁热移入消毒过的接种室，室温下慢慢冷却。

二、栽培种接种

栽培种的接种类似于原种接种，但所用菌种是原种，原种瓶大，有时上部或瓶塞、瓶盖上会有污染，操作时应加以注意。首先，对栽培袋、原种瓶外壁表面消毒。其次，在无菌操作条件下，将接种勺在酒精灯火焰上灼烧后慢慢移入原种瓶内，冷却。最后，去掉上层老化菌丝以及栽培袋或栽培瓶内的接种棒，直接迅速接1~3勺菌种于栽培袋或栽培瓶即可。通常1瓶原种可接50~80瓶栽培种或25袋左右栽培种。

1. 瓶—瓶接种（图2-34）

这种接种方法可以在无菌箱内操作，也可以在无菌室内操作。在无菌箱内操作时，可以先把栽培种料瓶和原种瓶一同放入，然后用甲醛熏蒸消毒，氨水除味后点燃酒精灯，烧灼接种铲等接种工具。打开菌种瓶，烧灼瓶口，用接种铲（锄）去掉原种瓶内上部一层的菌丝层或未长菌丝的培养料。再烧灼一次接种铲。将原种瓶平放，以便于取种。取栽培种料瓶，打开瓶口，若用棉塞封口，应烧灼瓶口和棉塞。若用纸封口，则开一半，使呈 45°，将 2cm×2cm×2cm 大小的菌种块（或花生米大小）放入接种穴中，封口。若在无菌室内操作，则放入栽培种料瓶，消毒后，带入原种瓶，用酒精棉球擦拭原种瓶外壁，用酒精灯烧去封口纸或烧灼露在外面的棉塞，以杀死可能存在的杂菌，拔去棉塞，烧灼瓶口，去掉表层菌种皮或培养料，固定在支架上，用火焰封口，其他操作同无菌箱内操作。

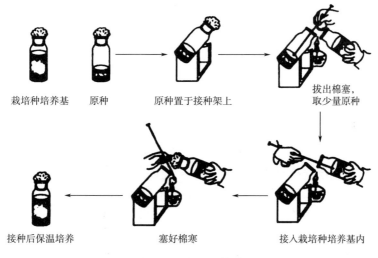

栽培种培养基　　原种　　　　原种置于接种架上　　　　拔出棉塞，取少量原种

接种后保温培养　　　塞好棉塞　　　　接入栽培种培养基内

图 2-34　瓶—瓶接种

2. 瓶—袋接种

由于塑料袋无法用火焰封口、灭菌，操作难度大，一般不在无菌室内操作，而是在无菌箱内接种。先对袋、种进行甲醛熏蒸灭菌处理，方法同前，然后接种。若从袋口处接种，接种前要先用石灰水浸泡片刻，接种方法同前，接种完扎紧袋口后，再用浓石灰水浸泡片刻，使可能出现而不易发现的袋壁裂隙被石灰浆密封。若从袋中央打孔接种，则首先用75%的酒精棉球擦拭接种孔上的胶布或胶带，然后掀开胶布，露出接种穴，铲取菌种接种，接种后再用原来的胶布封好接种孔。

三、栽培种培养

栽培种的培养类似原种，接种后根据菌种的生物学特性，置于消过毒的培养室内，将室内温度调节至适宜其菌丝生长的温度（25℃左右）下黑暗培养，并及时检查新生菌丝萌发、长势、杂菌污染等情况，污染瓶（袋）应及时处理。多数食用菌在适宜的条件下经30~40天培养可长满整个培养基，供栽培使用（图2-35）。

图 2-35　栽培种的培养

第八节　液体菌种生产技术

食用菌接种于液体培养基中，经无性繁殖而成的菌丝球即为液体菌种，其可作母种、原种及栽培种，具有生产周期短、接种方便、发菌快、菌龄较一致、易于机械化操作等特点。液体菌种是在无菌条件下，将斜面菌种接种于合适的液体培养基中，通过振荡、搅拌等方式培养出来的菌丝球。它是将菌种培养在发酵罐或三角瓶内，通过不断通气搅拌或振荡，以增加培养基中溶解氧含量，控制发酵工艺参数，获得大量菌体或代谢产物的方法。它能在短期内获得大量的菌丝体（球）和代谢产物，不仅可生产液体菌种用作母种或二级菌种，也可直接作为三级菌种，而且还可以直接用于医药和食品工业，生产药品、调味品、饮料等。传统的食用菌菌种生产工艺，是由试管母种扩繁成二级菌种、三级菌种，生产周期长、污染率高、成本高、需要大量人力，且管理困难。食用菌液体菌种由于具有生产规模化、控制自动化、生长无菌化、发菌高速化的生产应用优势，是发展食用菌产业的一条崭新途径，将对我国食用菌菌种工厂化生产有重要的推动作用。目前应用深层发酵培养菌丝体作菌种的食用菌有香菇、侧耳、金针菇、草菇、黑木耳、蘑菇、茶树菇、蜜环菌、灵芝等。

一、液体菌种特点

液体菌种与固体菌种相比，具有以下特点。

（一）菌种制作程序简单

固体菌种的制作要经过从母种到原种再到栽培种三级制种过程，而且要更换培养基，手续繁杂。液体菌种的制作，只要同一种培养基，培养出来的菌种，既可作为母种使用，也可作为原种、栽培种使用，减少了培养基的更换和培养环境的改变。

（二）生产周期短

由于菌种采用液体培养，菌种在发酵液内呈均匀分布，加之发酵条件易控制，菌丝可以在最佳条件下生长。因此，食用菌菌丝代谢旺盛，菌丝生长迅速。一般液体菌种的生产周期从接种到发酵结束，需3~7天。固体菌种从母种到三级菌种的时间一般为2个月，培养固体二级菌种或三级菌种的时间需25~40天。液体菌种大大地缩短了制种时间，能够及时地供应生产需要。

（三）菌丝球菌龄一致，生长旺盛，生命力强

采用传统的固体方法制种时，菌种瓶（袋）中的菌龄往往是不一致的。因为固体菌种是靠接种块上的菌丝体蔓延长成的，处在菌种瓶上部和下部的菌丝体菌龄差异很大，一般相差20~30天，往往当下部菌丝体刚长到瓶底时，处在接种处的上部菌丝体就接近"老化"，这就造成菌种瓶（袋）中的菌龄不一致。而液体菌种则不一样，液体菌种在同一个条件下培养而成，菌丝体生长发育均匀一致，菌龄整齐。一般采用发酵方法培养液体菌种时，处于3~7天时的菌丝体正值旺盛生长期，接种后萌发快，发育健壮。此外，由于菌种的菌龄整齐一致，出菇时间也较一致，更加便于管理、采收与加工。

（四）接种手续简便

液体菌种呈流体状态，这样更加便于接种，特别是便于接种工艺的机械化、自动化，有利于工作效率的提高。接种时，可采用特殊的液体接种枪或食用菌专用的液体菌种接种机进行接种。一般是将发酵好的液体菌种置于一密闭容器内，容器内加入无菌空气并保持一定气压，菌种经过管道进入一个特制的接种枪内。该接种枪可随时开或关，具有尖嘴可刺破塑料薄膜，用于接种固体栽培料。

（五）定植发育快

因为液体菌种有流动性，将液体菌种接种固体料后，各个菌丝球和菌丝片段可以流散在不同的部位萌发。这样，菌丝萌发点多、萌发速度快、菌丝出菇周期短。此外，由于液体菌种的生产是在设备完全密闭的情况下进行的，菌种纯度高。而且，用液体菌种扩繁的固体菌种具有各瓶菌丝生长速度较均匀、出现死菌（菌丝不萌发）瓶数较少的优点。用这种固体菌种进行栽培，可获得高产优质的子实体。

液体菌种也有缺点。一是不便贮藏和运输：液体菌种一旦发酵好，应尽快使用，否则菌种将迅速老化，失去活力。一般常温下（20℃）液体菌种可保藏2~3天，0~5℃的冰箱仅放9~17天。液体菌种和固体菌种相比运输相对困难，包装和贮藏成本也高。二是技术难度大：液体菌种的生产需要专业的技术人员管理。深层培养过程中菌种的选择、培养基的配比、发酵过程中各个参数的控制和对发酵液污

染的判断等，任何一个环节都必须掌握好，否则就会失败。三是产量不稳：目前用液体菌种进行熟料栽培的技术比较成熟，但产量不稳定，还需进一步研究菌丝从液体培养状态进入固体培养后的生理变化机制的转换。四是投资大：生产液体菌种需要专用设备和充足的电力，一次性投资大，对设备要求也高。

二、液体菌种培养基

液体菌种的培养基主要成分是碳源、氮源、矿质元素和维生素。碳源主要是蔗糖、葡萄糖、淀粉等。氮源主要是蛋白胨、酵母粉、酵母浸膏等。无机盐可加入磷酸二氢钾、硫酸镁等。维生素可加入维生素 B_1。液体培养基的黏度与食用菌的菌球形成关系密切。黏度小，形成的菌丝球大，数量少；黏度大，形成的菌丝球小，数量多。在生产中常加入淀粉、琼脂和玉米粉增加黏度。下面介绍几种常用食用菌液体培养基配方。

（一）通用液体培养基

（1）葡萄糖3%，豆饼粉2%，玉米粉1%，酵母粉0.5%，磷酸二氢钾0.1%，碳酸钙0.2%，硫酸镁0.05%，pH自然。其适用于多种食用菌的液体培养。

（2）可溶性淀粉3%~6%，蔗糖1%，磷酸二氢钾0.3%，硫酸镁0.15%，酵母膏0.1%，pH 6.0。其适用于培养平菇、香菇、草菇、猴头菇、木耳等多种食用菌，以平菇最为适宜。

（二）香菇液体培养基

（1）葡萄糖20g，蛋白胨25g，酵母膏25g，磷酸二氢钾1g，硫酸镁1g，氯化钠1g，水1000mL，pH 6.0。

（2）麦麸5%，葡萄糖2%，硫酸铵0.1%，硫酸镁0.4%，硫酸锌0.02%，硼酸0.01%，石膏粉1%，维生素 B_1 10mg/L，琼脂0.05%，pH自然。琼脂能增加培养液黏度，菌丝生长快。

（3）麸皮3%，玉米粉1%，蔗糖2%，磷酸二氢钾0.15%，硫酸镁0.1%，pH自然。

（三）平菇液体培养基

（1）马铃薯20%，蛋白胨0.2%，葡萄糖2%，磷酸二氢钾0.05%，硫酸镁0.05%，氯化钠0.01%，pH自然。

（2）麸皮3%~4%，玉米粉1%，蔗糖2%，磷酸二氢钾0.15%，硫酸镁0.1%，pH自然。

（四）金针菇液体培养基

（1）玉米粉5%，酵母粉0.5%，蔗糖4%，碳酸钙0.2%，维生素 B_1 1mg/L，pH 5.5。

（2）葡萄糖 20g，磷酸二氢钾 7g，硫酸镁 25g，氯化钙 0.1g，氯化钠 0.1g，1% 柠檬酸铁 0.5mg，硫酸锌 20mg，硫酸锰 50μg，水 1000mL，pH 5.3。

（五）蘑菇液体培养基

（1）葡萄糖 50g，磷酸二氢钾 0.87g，硫酸镁 0.4g，尿素 5g，维生素 B_1 2mg，微量元素液 20mL，蒸馏水 1000mL。微量元素液组成：硫酸亚铁 0.5g，硫酸铜 0.05g，氯化锰 0.05g，氯化锌 0.2g，蒸馏水 1000mL。

（2）葡萄糖 50g，硝酸钙 0.5g，硝酸钾 2g，氯化钠 0.1g，磷酸二氢钾 0.5g，硫酸镁 0.5g，硫酸亚铁 2mg，维生素 B_1 2mg，水 1000mL，pH 5.0。

（六）木耳液体培养基

（1）淀粉 30g，葡萄糖 20g，酵母膏 2g，磷酸二氢钾 2g，硫酸镁 1g，水 1000mL，pH 6.5。

（2）玉米粉 2%，葡萄糖 2%，磷酸二氢钾 0.15%，硫酸镁 0.075%，pH 5.0~6.0。

（七）草菇液体培养基

（1）葡萄糖 3%，豆饼粉 2%，玉米粉 1%，酵母粉 0.5%，磷酸二氢钾 0.1%，碳酸钙 0.2%，硫酸镁 0.05%，pH 7.5~8.0。豆饼粉、玉米粉先用冷水调成糊状，沸水煮制后使用。

（2）淀粉浆 4%，蔗糖 1%，葡萄糖 1%，酵母膏 0.3%，蛋白胨 0.1%，磷酸二氢钾 0.1%，硫酸镁 0.05%，pH 7.5~8.0。培养二级摇瓶菌种用。

（八）猴头菇液体培养基

（1）玉米糖浆 3%，黄豆粉 2%，蔗糖 1%，酵母膏 0.1%，磷酸二氢钾 0.1%，硫酸镁 0.05%，维生素 B_1 10mg/L，pH 4.0。

（2）麦麸 5%，葡萄糖 2%，蛋白胨 0.2%，酵母粉 0.2%，磷酸二氢钾 0.15%，硫酸镁 0.075%，pH 5.0。

（九）滑子菇液体培养基

（1）葡萄糖 1%，豆饼粉 1%。磷酸二氢钾 0.1%，硫酸镁 0.1%，琼脂 0.1%，pH 自然。

（2）淀粉 30g，脱脂大豆 4g，酵母膏 4g，硫酸镁 1g，磷酸二氢钾 1g，氯化钙 0.1g，硫酸亚铁 0.003g，硫酸锌 0.003g，硫酸锰 0.003g，羧甲基纤维素 10g。其适用于滑子菇的深层培养，也适合金针菇、平菇等的深层培养。

（十）灵芝液体培养基

（1）蔗糖 2%，豆饼粉 1%，磷酸二氢钾 0.075%，硫酸镁 0.03%，pH 6.5。

（2）葡萄糖 4%，黄豆粉 2%，蛋白胨 0.2%，硫酸铵 0.2%，氯化钠 0.25%，磷酸二氢钾 0.05%，碳酸钙 0.5%，pH 自然。

（十一）灰树花液体培养基

（1）葡萄糖20g，酪蛋白水解物0.3g，磷酸二氢钾1g，硫酸镁0.3g，氯化钙0.1g，硫酸亚铁0.15mg，硫酸锰0.1mg，硫酸铜0.1mg，维生素B_1 0.01mg，腺嘌呤5mg，泛酸钙0.3mg，维生素B_6 0.2mg，肌醇0.3mg，叶酸0.03mg，蒸馏水1000mL，pH 5.5。氨基酸与维生素用微孔滤膜方法除菌后加入。

（2）葡萄糖3%，马铃薯汁20%，蛋白胨0.6%，豆油0.1%，硫酸镁0.05%，磷酸二氢钾0.05%，pH 6.0。可用于灰树花液体发酵产多糖。

（十二）茯苓液体培养基

（1）葡萄糖2.5%，酵母膏0.35%，玉米浆（含氮量7.1%）0.18%，磷酸二氢钾0.1%，硫酸镁0.05%，氯化钙0.006%，每1L培养液内另加硫酸锌4mg，硫酸锰5mg，柠檬酸铁5mg，维生素B_1 0.1mg。

（2）葡萄糖3%，蛋白胨1.5%，磷酸二氢钾0.1%，硫酸镁0.05%，pH自然。

（十三）竹荪液体培养基

葡萄糖1%，蛋白胨1%，麦芽糖1%，磷酸二氢钾0.15%，硫酸镁0.15%，生长素微量。

三、液体菌种制作方法

液体菌种的培养方式主要有振荡培养和发酵罐培养两类。振荡培养又称为摇瓶培养，是利用机械振荡，使培养液振动而达到通气的目的，是将斜面试管菌种接种到培养液中，置摇床上振荡培养。经摇瓶培养的菌丝体一般呈球状、絮状等多种形态，培养液呈黏稠状或清液状，有或无清香味及其他异味。菌液中因有菌体发酵产生的次生代谢产物，可呈不同的颜色。发酵罐培养是利用发酵罐进行深层液体培养。

（一）摇瓶种的制备

1. 摇瓶培养工艺流程

制备培养基→分装→灭菌→冷却→接种→摇床培养→一级液体菌种→二级液体菌种

2. 摇瓶培养要点

（1）培养基的配制。按配方称好各种成分，装入容器中，加水溶解后，分装入三角瓶中，一般250~300mL三角瓶装100mL培养液，塞上棉塞，用报纸包扎；也可用8层纱布封口，外面用牛皮纸包扎。

（2）灭菌。一般采用高压灭菌方法，灭菌要求121℃、30min，取出冷却到30℃左右，放入无菌室或接种箱内备用。

（3）接种。按无菌操作要求每瓶接入1~2cm²的斜面菌种2~3块，每支斜面菌种可接4~5瓶。接入的菌种稍带点培养基为好，能使其浮在培养基的表面，接种后用原塞瓶口的纱布展开后盖在瓶口，并用线绳扎牢。

（4）培养。接种好的菌种瓶可置于摇床上培养，也可置于24~26℃恒温静置培养48h后，待气生菌丝延伸到培养液中后再进行振荡培养。往复式摇床的振荡频率为80~120r/min，旋转式摇床的频率为150~220r/min，摇床培养3~4天即可。培养结束时，因菌种不同，培养液出现不同色泽，如平菇、金针菇的培养液呈浅黄色；香菇、猴头菇的培养液呈红棕色，并有菇香味；木耳的培养液呈褐色，黏稠有香甜味。培养液经检测，无杂菌污染，菌丝干重达10g/L，菌丝球直径在1~2mm时，才可用于生产或进一步扩大培养。

（5）二级液体菌种制作。二级液体菌种培养基的制作同一级液体菌种，培养容器要大些，可采用5000mL三角瓶，装量不超过3500mL。灭菌冷却后，将已经发酵好的一级液体菌种按5%~10%的比例接入5000mL三角瓶中，置摇床上培养，转速要适当慢些。经过2~3天的振荡培养，就可得到菌球均匀分布、发酵液清澈透明的液体菌种。

（二）发酵罐液体菌种的制备

如需要大量的液体菌种，必须使用发酵罐生产。发酵罐的设计与选用必须能够提供适宜于菌丝体生长和产生产物的多种条件，促进菌丝体的新陈代谢，使它能在低消耗的条件下获得较多的产物，如保持适宜的温度、能用冷却水带走发酵产生的热量、能使通入的无菌空气均匀分布，并能及时排放代谢产物和对发酵过程进行监测和调控。采用发酵罐发酵，要掌握培养基装量、pH调整、温度、接种量、通气量、罐压、发酵周期和消泡剂的使用，操作要比摇瓶培养复杂得多。

1. 工艺流程

发酵罐的清洗和检查→培养基配制→上料装罐→培养基灭菌→降温冷却→发酵罐接种→发酵培养→液体菌种

2. 发酵设备

发酵的相关设备很多，整个发酵系统可由种子罐、发酵罐、补料罐、酸碱度调节罐、消泡罐、空气净化设备、蒸汽灭菌系统、温度控制系统、pH控制系统、溶解氧测量系统、微机控制系统等部分组成。

（1）蒸汽灭菌系统。食用菌液体发酵中必须配有蒸汽发生设备作为灭菌和消毒之用。发酵生产中多采用"空消"和"实消"的灭菌形式。空消即在投放培养料前，对通气管路、培养料管路、种子罐、发酵罐、酸碱度调节罐以及消泡罐等用蒸汽进行灭菌，消除所有死角的杂菌。保证系统处于无菌状态；实消即将培养液置于发酵罐内，再用高压蒸汽灭菌对培养基进行灭菌的过程。此外，在发酵罐发酵过程中，还可以利用蒸汽对取样口进行消毒。

（2）空气净化设备。深层发酵生产要往发酵罐内不断地输入无菌空气以保证耗氧的需要及维持罐内有一定的压力，防止外界杂菌的侵入。无菌空气由空气净化设备产生。空气净化设备一般由空气压缩机、油水分离器、空气贮罐、空气过滤器等组成。一般为压缩空气通过一个油水分离器，除去空气中的大部分油和水后通入空气贮罐，再经过空气过滤系统进行过滤除菌，从而达到无菌空气要求。深层发酵中，空气过滤除菌系统的好坏是保证进入的空气无菌度的关键。一般细菌直径在 $0.5 \sim 5 \mu m$，酵母菌在 $1 \sim 10 \mu m$，病毒一般在 $20 \sim 400 nm$，所以采用深层发酵方法生产液体菌种时，空气净化设备要达到设计的要求。

（3）发酵培养设备。发酵培养设备包括种子罐、发酵罐、补料罐、酸碱度调节罐以及消泡罐等设备。此外，在种子罐和发酵罐罐体上往往配有温度控制系统、pH控制系统以及溶解氧测量系统等，这些设施可以与电脑通过微机控制系统相连接，能够对发酵参数进行监控。食用菌的发酵生产多采用二级发酵和三级发酵。一级种子罐容量一般为 $50 \sim 100L$，二级菌种子罐容量为 $500 \sim 1000L$，有的大型发酵罐还配有三级菌种子罐，容量为 $2000 \sim 10000L$，大的可达 $2 \times 10^5 L$。一般两个种子罐以上配一个发酵罐，这样一旦一个种子罐染菌了，还有一个种子罐可供备用。种子罐容积越小，摇瓶菌种的接种量越小，污染杂菌的概率也越小。

3. 发酵参数

发酵罐培养受很多因素的影响，除培养基外，还有温度、氧气、pH、泡沫、杂菌污染等的影响，每个参数的变化均反映了培养过程的代谢状况。在生产实践中就是通过对这些参数的观察和控制来维持整个培养过程的正常进行。

（1）温度。温度可影响发酵过程中基质的反应速率及氧的溶解度。温度和菌体代谢、代谢产物的产生有密切的关系。不同菌种的适宜温度不同，绝大多数食用菌都属于中温型，其菌丝生长温度为 $20 \sim 30^\circ C$，以 $25 \sim 28^\circ C$ 生长为最好；有的菌类属于高温型，菌丝生长最适温度为 $28 \sim 34^\circ C$，最高可达 $36^\circ C$，如茯苓、草菇等。

一般情况下，发酵罐带有的温度控制系统可以随时监控发酵罐内的温度变化。当温度控制系统与计算机相连接，并设置为自动控制后，罐内温度可以保持恒定，控制发酵生产的温度均采用往发酵罐夹层或蛇形管中注入热水或冷水的方式，进行升温或降温。

（2）溶氧浓度。液体菌种生产中最关键的也是培养液中氧的溶解量，因为在菌丝生长过程中，必须不断地吸收溶解其中的氧气将营养物质氧化分解，并释放能量，用于细胞生长和代谢产物的合成。如氧气供应不足，菌体的生长和代谢会受到抑制。发酵过程中的溶解氧浓度大小和菌株的耗氧相关，如果发酵设备的供氧量不变，那么溶解氧的变化就反映出发酵菌体呼吸量的增减。一般情况下，在发酵的前期，由于菌体逐渐大量繁殖，耗氧会逐渐增加，表现为溶氧浓度逐渐下降；到了发酵的中期，发酵罐内菌体浓度达到最高稳定时期，此时溶氧浓度变化不大；到了发酵后期，由于菌体的衰老，罐内耗氧量逐渐减少，溶氧浓度表现上升。此外，发酵过程中的溶解氧浓度还与通气量、搅拌速度、氧在液体中的溶解及传递等因素有关。一般情况下，通气量大，溶解氧浓度会增大；搅拌速度增快，有助于溶氧浓度的增加；温度越低，氧的溶解度越高；培养基中溶质越多，氧的溶解度越小。

发酵过程中的溶解氧浓度大小可用插入发酵液中的溶解氧电极传感器来测定。在工业生产中，常通过调节通气量和搅拌转速来达到控制溶解氧的目的。其中，通气量可用空气流量计得出。空气流量计是发酵罐的附属设施，空气流量是指每分钟内单位体积发酵液与通入空气体积之比。在食用菌的发酵生产中，往往采取前期通气量小，中期通气量大，后期通气量小的方式，小通气量一般为 0.517L/min，大通气量一般为 1.517L/min。但是，这一方法盲目性较大，对于实际的发酵生产来讲，通气量应当根据具体发酵情况来相应调节。

（3）搅拌速度。食用菌属于好氧生物，生长过程中需要大量的氧气，而氧气的供给属于气液传递过程。液体深层培养菌丝体只能利用溶解的氧，而氧是难溶于水的气体，目前解决此问题主要靠搅拌和连续通入空气的方法。搅拌能把通入的空气打碎成气泡，增加气液的接触面积，一方面增加氧的传递；另一方面还可使液体形成涡流，延长气泡在液体中的停留时间，增加液体的湍动程度，增大氧的传递系数，此外，搅拌还可减少菌丝结团现象，改善细胞对氧的吸收，有利于菌丝增殖。

一般在发酵初期，菌种耗氧速度较低，当菌体进入快速生长期，菌体浓度迅速增加，耗氧速度加快，要相应提高发酵罐的通气量和搅拌速度，以满足菌体对氧的需求。

（4）pH。发酵液的 pH 是保证菌丝体正常生长的主要条件之一，也是发酵过程中各种生化反应的综合指标，了解该 pH 的变化规律，可了解菌体的生长规律与代谢特征。pH 影响酶的活力，影响菌体细胞膜所带的电荷，从而改变细胞膜的透性，影响菌体对营养物质的吸收和代谢产物的排泄。pH 还影响培养基中某些营养物质和中间代谢产物的利用，pH 的改变往往会引起菌体代谢途径的改变，使代谢产物发生变化。因此，必须选用合适的 pH 进行发酵。大多食用菌菌丝体最适 pH 为 5.0~6.5。在培养过程中，菌体代谢会产酸，导致 pH 下降；到了发酵后期，菌体衰老和自溶，氨基氮回升，pH 也回升。

（5）泡沫。在培养过程中，由于培养基中含有蛋白胨、玉米浆、黄豆粉、酵母粉等原料，这些都是发泡性物质，加上菌体呼吸过程中产生的 CO_2 的作用，就会产生泡沫。此外，在通气和搅拌条件下，由引进的气流和机械的分散作用造成了大量泡沫的产生。

泡沫是深层发酵的最大障碍，过多而且持久的泡沫会给发酵带来很多不利因素。如发酵罐的装液量减少，如不加以控制，会造成发酵液从排气管排出而损失；泡沫还可能从发酵罐顶的油封处渗出，增加污染的概率；泡沫还增加了灭菌的困难，由于某些耐热的菌潜伏在泡沫里，泡沫中的空气和泡沫的薄膜有隔热作用，热量不易穿透进去杀死其中潜伏的菌体，一旦泡沫破裂，就会造成污染。此外，泡沫严重时，还会影响菌体的代谢。

消除泡沫的方法有机械消泡和加消泡剂两种。机械消泡法是在搅拌轴上方安装消沫器，利用机械强烈振动或压力变化而使泡沫破裂。常用的消泡剂有天然油脂类、高碳醇、脂肪酸和酯类、聚醚类、硅酮类五大类。其中，以天然油脂类和聚醚类在发酵中最为常用。天然油脂类有豆油、菜籽油、玉米油等。

4. 发酵终点的判断

食用菌的液体菌种生产主要是以菌丝为目的物的发酵生产，发酵终点可以通过菌丝纯度、菌丝的形态、菌丝含量等综合形态学指标来判断，也可以测定发酵液中养分的消耗和代谢的变化等作为确定发酵终点的指标。

（1）食用菌深层培养中形态学观察指标。

①菌丝纯度检查：发酵中定期取发酵液样品用显微镜直接镜检法和液体稀释平板法检测是否有杂菌污染。液体菌种生产要求无任何杂菌污染，如有污染则应及时停止发酵。

②菌丝体形态观察：可以通过肉眼或显微镜观察菌丝体形态。肉眼观察的是菌球的形态，菌球是在深层培养过程中菌丝常常疏松或紧密地集合在一起，呈网状、球状的结构。菌球已经中空，表明菌球中部菌丝已老化，部分菌丝自溶，菌球变得光滑，菌球的颜色由浅变深，也是老化的象征。有的菌丝在深层培养中呈絮状，菌球表面有或无毛刺，有毛刺说明生长旺盛，毛刺消失，菌球光滑，表明开始老化；菌球颜色由浅变深，也表明老化；在正常培养中，80%的菌球直径要小于2mm，培养终止时菌球浓度一般达到1000~1500个/mL。显微镜观察菌丝体时，在深层培养的早期和中期，菌丝粗壮，分枝较少，着色深，有锁状联合。而后期菌丝变细，并有大量分枝产生，色浅，出现较多空泡，少量存在锁状联合，这是菌丝衰老的象征，应在此之前放罐。

③菌丝含量测定：采用单位体积内菌丝体的质量或菌泥质量来表示。量取一定体积的培养液，经3000r/min离心10min，倾弃上清液，称得菌泥质量。这种方法的准确性依培养液营养组成而定，若培养液组成都是可溶性的，那么测定结果是准确的；若营养组分是部分溶解性的如麸皮、黄豆粉等，则测定结果偏高。菌丝体的质量还可用过滤法测得，方法是根据菌丝球的大小，选用适当的筛子过滤，洗涤，滤得的菌丝体在80℃烘干，再在105℃烘至质量恒定。培养终止时，菌丝干质量应达10g/L或菌泥干质量在20~25g/L。

（2）食用菌发酵罐培养中代谢变化。

①pH：在食用菌深层培养中，多数食用菌由于菌体代谢会产酸，导致 pH 下降。在发酵初期，由于发酵液菌体含量少，代谢较慢，pH 基本稳定。随着菌丝体的快速增长，菌体代谢产酸量增大，pH 会逐渐降低。到了发酵后期，菌体衰老和自溶，pH 会回升。一般发酵终止时，pH 在 5.0 左右。如果有异常发酵时，pH 也会有明显变化。

②含糖量测定：通过测定发酵液中含糖量，可以分析菌体对营养基质的利用情况。在发酵初期，菌体生长缓慢，总糖下降不明显；发酵中期，菌丝大量生长繁殖，降解利用基质能力加强，总糖含量迅速下降；发酵后期，由于代谢产物积累，营养消耗，菌丝生长缓慢，因此总糖含量保持在一定水平上。此外，在食用菌液体发酵中也经常测定还原糖的变化。还原糖的变化与总糖变化相似，也分三个阶段。在培养初期，还原糖下降缓慢；在培养中期，还原糖含量下降迅速；在培养后期，还原糖含量趋于稳定，但是也有很多菌类在发酵后期产生一些还原性物质并且发生菌丝自溶，其还原糖会出现回升现象。

③氨基氮的测定：食用菌菌丝体在生长过程中，释放胞外蛋白酶，降解基质中的蛋白质，产生氨基酸或短肽，一部分被菌丝吸收利用，另一部分积累在培养液中。在发酵初期，氨基氮含量缓慢上升；在发酵中期，菌丝大量生长繁殖，分泌大量胞外蛋白酶，使培养液中氨基氮含量迅速增加；在发酵后期，氨基氮的含量又处于缓增状态。发酵结束时，放罐标准以氨基氮含量不超过 30mg/mL 为宜。

此外，发酵终点的判断除了采用形态学指标和代谢指标外，在发酵中还经常通过闻气味的方法分析发酵情况。若培养正常，在发酵罐排气处可闻到菇香或培养液原有的气味，在发酵后期，气味可能会略带酸味。若有杂菌污染，可闻到酸臭味。

液体菌种每次发酵结束后，需要针对污染情况，对发酵液的颜色、气味、酸碱度、浑浊度、多糖及氨基酸含量，菌球的颜色、大小、数量、干湿重，溶氧系数等质量进行检测，任何一个环节的疏忽或失败将会造成重大的经济损失。只有菌球（均匀地分布、数量多、体积小、干湿重大）、发酵液（清澈、无异味且有菌种的特殊香味）的生物、物理和化学性状符合规定标准，该液体菌种才是合格的菌种。

培养结束时，液体菌种需经过质量检查才能使用。因菌种不同，培养出来的菌种液色泽也不同，平菇、金针菇的培养液呈浅黄色；香菇、猴头的培养液呈黄棕色，清澈透明，并有菇香味；木耳的培养液呈青褐色，黏稠，有香甜味。如果培养液浑浊，大多是细菌污染的结果，不能作菌种使用，培养液通过目测检查之后，还需经显微镜下检查，取 5mL 菌液加等量水稀释，倒入培养皿中，在实体显微镜下观察菌丝球的大小、数目，在显微镜下检查有无杂菌污染，合格者才能用于生产。

四、液体菌种使用

摇床培养的液体菌种数量少，一般作为原种用于固体菌种栽培种的接种，由于摇瓶培养制作液体菌种的周期短，连续扩大培养菌种质量不变，液体菌种可以转接到三角瓶中，继续进行摇瓶液体菌种的培养。液体菌种转接到培养液（每瓶接种菌液10mL左右）后，因菌丝球正处于旺盛生长状态，菌丝球分散性好，再培养的时间大幅缩短，2~3天即可再次获得液体菌种，比用液体菌种作母种生产出原种缩短了很多时间。三角瓶中的液体菌种，在4℃的冰箱中可以保藏1~2个月，在15~20℃的室温中，可以保藏7~10天，而生活力无大变化，可以正常使用。

（一）作为原种制作栽培种

用液体菌种作为原种制作栽培种，通过改进接种方式，能够扩大菌种与培养料的接触范围，定植快、生长迅速、周期短、污染率低。改进的接种方式为注射法：取100mL注射器，改造针头，用较硬的塑料吸管（内径2mm左右）作钊头，或相同内径的金属管作针尖，锡焊到针头座上，长度为10cm。高温灭菌或沸水中煮30min。瓶装的栽培种料瓶用塑料薄膜封口或一层牛皮纸加一层塑料薄膜封口。可以在普通室内接种，关闭门窗，避免空气流动，空中喷水降尘。接种时用75%酒精棉球擦拭封口薄膜，吸取菌种液，将针头插入封口薄膜内，深入培养料内，注入8~15mL菌种液，拔出针头后再用酒精棉球擦拭针孔，贴上橡皮膏或透明胶带即可。注射时可边注射边拔针头，在不同培养料层中接种。一般750mL的菌种瓶发好菌的时间在15天左右，比接种固体菌种块提前10~20天。若用塑料袋装料制作三级种，可采用多点注射接种法，长好菌种的时间会更短。

（二）作栽培种使用

若生产的液体菌种量较大，也可直接作为栽培种使用，播种方式有拌料混播法和条播、穴播法。瓶栽、袋栽时，可采用拌料混播法接种，即在拌料时将液体菌种均匀地拌入培养料中，调好培养料的含水量，装瓶、装袋即可，菌种用量为30%~50%（质量比）。也可在装瓶（袋）后将菌种注射入瓶（袋）料内，但要注意培养料配制时水含量的控制，以免接种后含水量太大影响发菌。

床栽时可采用散播和穴播相结合的方式接种，在菌床上料时，一边上料一边撒种，用种量在30%左右，上好料后再采用穴播法接种余下的菌种。床栽的用种总量为每平方米500mL左右。

平菇、凤尾菇可采用袋栽法；香菇可采用压块栽培；草菇、猴头、木耳可采用瓶栽法。

液体菌种作为栽培种使用具有发菌快、污染率低、产量高、操作简便的优点。因此，液体菌种的使用具有广泛的前景。

第九节　菌种鉴定及保藏

一、菌种质量鉴定

菌种是重要的生物资源，也是决定食用菌生产效益高低的重要因素。菌种鉴定主要包括两方面的内容，一方面鉴定未知菌种，明确该菌种的分类学地位、生物学特性，以便根据菌种特性安排栽培生产，避免菌种混乱带来的损失；另一方面鉴定已知菌种质量的好坏、菌种内在质量的高低及遗传性状的优劣，这决定着食用菌的生产能力。在相同的栽培条件下，良种比一般品种可增产三成以上，甚至成倍增长。因此，若要取得食用菌的丰产，必须选择优良品种。

鉴定一个菌种的优劣，是通过菌种质量标准进行的。菌种质量标准就是衡量菌种生理特性、培养特征、栽培性状、经济效益所制定的综合检验标准。优良菌种应具备纯度高、抗逆性强、优质、高产、无病虫害等特点。

食用菌的种类繁多，优质菌种的标准因品种的不同而异，但从总体上来看，每一个优良菌种共有的特性是：纯、香、正、壮、润。具体要求如下：

纯：即纯度要高，不得感染任何杂菌，或混入其他类似菌种。

香：应有一定的清香味，不得有霉腐气味，香菇还要有一种香菇特有的芳香味。

正：菌丝色泽要纯正，多数种类的菌丝应洁白，有光泽。原种、栽培种菌丝应相连接成块，不松散，无老化现象。

壮：菌丝健壮，分支多而浓密，生命力强，接到新的培养基上吃料快，长势好，不萎蔫，不衰老，不死亡。

润：培养体湿润，与瓶壁紧贴而不干缩，含水量适宜。

具体检查时，常用以下几种方法：

直接观察：利用肉眼直接观察待检测的菌种，要看其标签上菌株名称是否对应；容器（试管、培养皿、玻璃瓶等）是否破损；硅胶塞或棉花塞是否松动；容器内污染与老化情况；菌丝是否粗壮、均匀整齐、长势好、连接成块、有弹性及无吐黄水现象等；培养基是否湿润、无原基或幼菇形成及与容器壁紧贴；菌种色泽、有无斑块及抑制线；菌种是否有其特有的香味；手捏原种或栽培种料块其含水量是否达标等。

显微镜检查：挑取少量菌丝，置显微镜下观察其形态，优质的菌种其菌丝一般透明、有横隔、粗壮、分支多、细胞质浓度高且颗粒多等，若有锁状联合现象的菇类，可观察到明显的锁状联合结构。再加上具有不同品种固有的特征，则可认为是合格菌种。

培养观察：以供鉴菌种为测试对象，无菌操作下取直径为 5mm 左右的菌落接入新培养基上，在最适的培养条件下培养一段时间，测定菌丝是否具备萌发和吃料快、生长迅速、长势健壮、整齐且浓密等优良菌种的特点。如果菌丝生长快、旺盛纯一、健壮浓密、菌丝长且整齐，则表示菌种的生命力强，是优良菌种。

抗逆性试验：对有些种类，还通过培养观察母种菌丝对干、湿度及高温的适应性，来判断其抗逆性的强弱。做法是分别将其置偏干、偏湿和干湿适应的条件下培养，若菌丝在前两种条件下能良好生长，而在干湿适宜的条件生长最佳，则是好菌种；高温适应性的试验是将母种置于适宜温度下培养一周，然后移高温（如 30℃）下培养半天，再放入适宜的温度下培养。若经过偏高温处理，菌丝仍能健壮而旺盛的生长也是优质性状的表现。

出菇试验：创造适宜条件，打开瓶盖出菇。或从瓶中挖出培养体，压成一尺见方、一寸半厚的方块，包上塑料薄膜，也可不压块，装进方形木箱，稍压实后覆盖薄膜，置培养室里培养，在最适的培养条件下观察是否达到菌丝生长速度快、长势好、吃料能力强、出菇周期短且出菇整齐、子实体形态正常且抗逆性强、产量和品质好、转茬快且出菇茬次多等优质菌种的标准。

菌种鉴定的多种方法中，最可靠的、最实际的方法就是出菇试验。只有通过出菇试验，才能知道它的菌种特性尤其是生产性能如何。产量高、品质好、抗逆性强的菌种就是优良菌种。

（一）母种质量的鉴定

经过母种制作方法所获得的母种，或是引进和转管扩大培养所得的母种，均应检验其质量是否符合质量标准，经选优去劣后，才能用于生产。

一般分离培养以及引进的母种，都应严格控制其传代次数（转管次数），次数过多会引起菌种的退化。另外还要考虑其菌龄，菌种随着培养时间的延长，菌龄越来越大，生活力也随之逐渐下降，菌种易老化。在冰箱中保藏的母种若用于生产一般不超过 3 个月，常温下保藏时间应更短些，超过菌龄的母种不应再用于生产。

母种的鉴别主要是根据外观形态的肉眼观察、菌丝微观结构的镜检、抗逆性培养试验以及吃料能力鉴定等方面加以鉴别。

1. 外观形态观察

引进的菌种，首先用肉眼观察包装是否合乎要求，棉塞有无松动，试管有无破损，管中有无杂菌；菌丝色泽是否正常，有无老化现象，在试管口边作深吸气，闻其是否具有该菌种特有的香味。自己培育或转管扩大所得的母种应观察菌丝是否纯正，有无老化现象。

2. 显微镜检查

对母种质量的鉴定，显微镜下菌丝细胞的观察十分必要。准备好显微镜、载玻片、盖玻片、吸管、镊子、接种针、蒸馏水等物品。在载玻片上放 1 滴蒸馏水，然后挑取少许菌丝置水滴上，盖好盖玻片，再置显微镜下观察，也可通过普通染色后进行观察。若菌丝透明，呈分枝状，有横隔，锁状联合明显，并具有不同品种固有的特征，则可认为是合格菌种。

3. 抗逆性培养试验

供测试的菌种接入不同干湿度的培养基上培养，以观察菌种对干湿度的适应性。能在偏干或偏湿培养基上生长的菌种为符合要求的母种。具体做法是将母种分别接种到干湿度不同的培养基上进行培养，观察生长情况。在 1000mL 培养基中加入 17g 琼脂为湿度适宜，加入 15g 琼脂制成的培养基为偏湿，加入 20g 琼脂为偏干。对一般中低温型的菌种，还可将母种试管数支置于最适温度下培养 1 周后取出部分试管，置 30℃下培养 24h 后，再取出放于适温下培养。经过这样偏高温度的处理，如果菌丝仍健壮、旺盛生长，则表明该菌种具有较耐高温的优良特性；反之，菌丝生长缓慢，且出现倒伏发黄、萎缩无力，则可认为是不良菌种。

4. 吃料能力鉴定

将菌种接入最佳配方的原种培养料中，置适宜的温湿度条件下培养 1 周后观察菌丝的生长情况，如果菌种块能很快萌发，并迅速向四周和培养料中生长伸展，则说明该菌种的吃料能力强；反之，菌块萌发后生长缓慢，迟迟不向四周和料层深处伸展，则表明该菌种对培养料的适应能力差。对菌种吃料的测定，不仅用于考核菌种本身，同时还可以作为培养料选择的一种手段。

经以上几方面考核后的母种，是否真正是优良菌种还需进一步作出菇试验，以鉴定菌种的实际生产能力。这是一项至关重要的工作，每个菌种生产者必须切实做到。

(二) 原种和栽培种质量鉴定

由优良母种转接培育的原种及进一步扩大培养的栽培种的优劣直接关系到食用菌栽培的成败与效益。好的原种及栽培种一般都符合下列要求。

(1) 菌丝生长健壮、浓密，爬壁力强。

(2) 菌丝洁白或符合该菌的颜色。

(3) 菌丝已长满培养料，银耳的菌种还要求在培养料上分化出子实体原基。

(4) 菌种瓶内无杂色出现和无杂菌污染。

(5) 菌种瓶内无黄色汁液渗出，无培养料干缩与瓶壁分开现象。

在鉴别原种和栽培种的质量时，还应注意区分原种和栽培种，特别是当二者都用相同的瓶子储存的时候，这在生产上具有十分重要的意义。若将栽培种当作原种使用，再进行转接生产栽培种，会造成菌种退化和老化，生产性能显著下降，给生产者造成难以估量的损失。因此，生产者应学会区别原种与栽培种。原种与栽培种的区别主要从接种面上进行观察：打开菌种瓶，中央有洞穴且在接种穴中有琼脂块的即为原种；没有见到琼脂块，也未见洞穴的是栽培种。原种瓶内培养料表面常向下凹陷，因接进去的是来自试管的母种且有接种洞穴的缘故；栽培种培养料表面常较平整或向上突起，这是因为原种接种到栽培种培养料中时，接种量较大（蚕豆大小）且要用周围培养料掩埋，故会留下向上凸起的接种痕迹。

（三）常见优质原种和栽培种的性状

1. 平菇

菌丝粗壮、洁白浓密，爬壁力强；整个菌柱不干缩，菌柱断面菌丝浓白，清香无异味；有时瓶内有少许颗粒状菇蕾出现。

2. 香菇

菌丝洁白，粗壮，生长均匀，呈棉毛状；后期见光后易分泌出酱油色液体，呈褐色；有时表面产生小菇蕾，为优质菌种的性状。菌丝长满瓶后 10~15 天内的菌种为最好。

3. 金针菇

菌丝洁白，健壮，富有弹性，长绒毛状，外观似细粉状，培养后期菌种表面易产生小菇蕾，为优质菌种的性状。

4. 双孢蘑菇

菌丝灰白微带蓝，密集，呈细绒毛状，上下均匀一致，有蘑菇特有的香味为正常菌种。

5. 木耳

菌丝洁白，密集绵绒状，短而整齐，全瓶发育均匀；培养一段时间后，瓶壁会出现淡褐色、褐色、浅黑色的梅花状胶质物，这样的菌种为优良菌种。

6. 银耳

优良的银耳菌种是银耳菌丝与香灰菌丝按比例混合培养的培养物。香灰菌丝生长健壮，成束分布，黑疤多且分布均匀，无其他杂斑；银耳菌丝能深入培养基较深部位，瓶内有发白的绒毛团或耳片，为优质菌种。

7. 草菇

菌丝呈透明状的白色或黄白色，分布均匀，常有大量的红褐色的厚垣孢子堆，为优质菌种的性状。

8. 猴头

菌丝洁白，细绒毛状，上下均匀，生长迅速，分解力强，后期在培养基上易产生珊瑚状子实体原基，培养基颜色常变为淡棕褐色，为优质菌种的性状。

9. 灵芝

菌丝白色密集，以接种点为中心，呈辐射状向四周生长，接种点菌丝常呈浅乳白色，菌丝贴生于培养基表面，易形成菌膜，为优良菌种性状。

10. 滑菇

菌丝洁白，密集，棉絮状，上下分布均匀，用手指按菌柱有弹性，菌柱断面呈白色或橙黄色，颜色均匀一致，用手捏碎成大块而不是粉末的是优质菌种。

二、菌种保藏

菌种是重要的生物资源，是以微生物为对象的研究工作和生产必不可少的材料。培育出一个优良的菌株很不容易，在长期的栽培和保存过程中，由于传代次数过多，培养时间过长，或因不利的外界环境条件的影响，常常会导致菌种衰退，丧失其优良性状。因此，要在一定的时间范围内使菌种的生活力、纯度和优良性状稳定地保存下来，就必须采用相应的措施，做好菌种保藏工作。菌种保藏的作用是创造一个特定的环境条件，降低菌种的代谢活动，使其处于休眠状态，在一定的保藏时间内保持原有的优良性状，防止菌种退化，降低菌种的衰亡速度，防止杂菌污染；而当使用时，提供合适的条件，能重新恢复正常生长繁殖。菌种保藏的原理是采用干燥、低温、冷冻或减少氧气供给等方法，降低菌种的代谢强度，终止其繁殖，并保证原菌种的纯度。传统的保藏方法有继代培养低温保藏法、液体石蜡覆盖保藏法、冷冻干燥保藏法、液态氮超低温保藏法等。随着食用菌栽培的普及推广，近年来又出现了许多技术要求低、投资少、简便易行的保藏技术，如无菌水保藏法，谷物、木屑或木块保藏法，实用价值更大，适于推广。

（一）继代培养低温保藏法

食用菌在适宜的温度范围内，温度越高菌丝的代谢能力越强，菌种越容易衰老。低温保藏就是将培养好的菌株放在冰箱中低温保藏，降低其代谢强度，延长菌种的生活力，同时也防止空气中的杂菌污染。

将要保藏的菌种接种于适当的斜面培养基上培养，待菌丝长满斜面后，选择无污染、菌丝健壮浓密的菌株，放在冰箱中低温保藏（一般要求温度在 4~6℃）。为了防止培养基的水分蒸发和杂菌的污染，应将若干支菌株用塑料纸包扎在一起再放入冰箱中。以后每 2~3 个月转管一次。菌种不能转代过多，转代过多会影响其生活力。

为了保证保藏的菌种不衰退，一般选用营养丰富的培养基，如马铃薯琼脂培养基和麦芽汁培养基培养，最好在培养基中加入 0.2% 的磷酸氢二钾或碳酸钙作为缓冲剂，以中和菌种在保藏过程中产生的有机酸。据荷兰真菌菌种收藏中心报道，在菌种保藏中交叉使用浓度不同的两种培养基，也就是将每支菌株转接两批试管，一批接在正常的培养基上，另一批接在低浓度的培养基上，下次转管时交换使用。这样可以起到互补营养的作用。

注意事项：定期检查时，如果发现保藏的菌种被污染应立即重新分离纯化；制种或转管时要贴好标签，以防搞乱；对不耐低温的菌种，如草菇在5℃时菌丝会死亡，应置于10~15℃保藏。

本保藏法的缺点是保藏时间较短，经常转管会造成误差和污染，遗传性状也容易在每次转管的过程中发生变异。

(二) 液体石蜡覆盖保藏法

液体石蜡又称矿油，故又称为矿油保藏法。这种方法设备简单，操作方便，只要在菌落上注上一层无菌的液体石蜡，即可使菌种与空气隔绝，达到防止培养基水分散失、抑制菌种新陈代谢、推迟菌种老化的目的。

选用化学纯的液体石蜡，装入三角烧瓶（1/3高度），加上棉塞，用牛皮纸包扎好，置于高压灭菌器内，121℃灭菌30min，起锅后将三角瓶放入40℃恒温箱中数天，以蒸发灭菌时渗入液体石蜡中的水分，使液体石蜡恢复透明。

要将保藏的菌株按照常规方法培养好，然后以无菌操作的方式将无菌石蜡倒入母种试管中，用量以高出斜面1cm为宜。用量过多会导致移接不方便；用量过少会导致培养基外露易失水干燥。最后加上棉塞，外包塑料纸，竖立置于冰箱或室内阴凉干燥处保藏。

注意事项：液体石蜡易燃，使用时要注意防火；保藏菌种的场所要干燥，以防棉塞受潮长霉；定期检查，如发现培养基外露，要及时补加无菌液体石蜡；移接时不必倒去石蜡，只要用接种针从斜面上挑取小块菌丝即可，余下的母种可继续保藏；由于挑出接种的菌丝沾有石蜡，菌丝倒伏，恢复生长慢，长势较弱，必须再转接一次才能恢复正常。

由于液体石蜡保藏不利于菌种的长途运输，也可改用管口加灭菌胶塞，并用固体石蜡封口的方法，在短时间内可以达到同样的目的。

(三) 载体保藏法

载体保藏是使食用菌的孢子吸附在适当的载体上（如沙、土等）进行干燥保藏的方法。其原理是利用孢子具有坚厚的细胞壁，对干燥具有很强的抵抗力，在干燥环境中保存若干年后，遇到适宜的条件仍会萌发生长的特性而进行保藏的，绝大多数食用菌孢子都可以用此法保藏。载体的种类很多，这里介绍常用的两种方法。

1. 沙土管保藏法

供保藏菌种用的沙、土要不含有机物质及其他有害物质，pH中性，沙和土的粗细适宜，比例恰当。

（1）沙土处理。将河沙用自来水洗涤数次，烘干后过60~80目筛，并用磁铁吸除铁屑。同时取地表 1m 以下的贫瘠土，用自来水浸洗数次至 pH 中性，沉淀后弃去上清液，烘干磨细过 100~200 目筛。为了彻底清除有机物质，沙粒在使用前还要用 10% 的盐酸浸渍 24h，再用自来水洗涤至 pH 中性，烘干。沙与土的比例以 2∶1~4∶1 为宜。若沙粒过多，菌种保藏质量差；若土粒过多易结块，接种后抽干困难。

（2）制沙土管。将沙、土按比例拌匀，装入 10mm×100mm 试管中，装量为 0.5g 或高 0.5~1cm，加棉塞，高压灭菌（0.15MPa、30min），并重复进行 3 次。如采用干热灭菌，则要在 165℃保持 2~3h，一次即可，但要严格控制好温度，以免温度过高而烧焦棉花塞。为了保证质量，对灭菌后的沙土要抽样进行无菌试验，即挑取少许沙土，加入营养丰富的牛肉膏蛋白胨液体培养基中，于 28~30℃温箱中培养 24h，若液体仍透明，证明沙土管灭菌彻底，可以使用，否则要继续灭菌。

（3）沙土管接种。沙土管的接种有干接和湿接两种方法。干接种法是在无菌箱内，用接种环将食用菌的孢子直接刮入沙土中，再用接种针搅拌均匀即成；湿接种法是先将食用菌的孢子刮入盛有 3~5mL 无菌水的试管中，经充分摇匀制成孢子悬浮液，然后用无菌吸管吸取 10 滴悬浮液滴入沙土管中，再用接种针拌匀。

（4）干燥和保藏。采用干法接种，由于带入沙土管中的水分较少，因此不必干燥处理，便可直接置于干燥器中保藏，干燥器也可用大试管或大广口瓶代替，器内应装有石灰、无水氯化钙或变色硅胶等干燥剂，连同菌种密封后在低温下保藏。采用湿法接种的则需先经减压真空干燥，即将接好种的沙土管移入盛有干燥剂的真空干燥器内，接上真空泵，抽气 5~6h，至沙土基本干燥为止，但要求这个真空干燥过程务必在 48h 内完成，以免食用菌孢子萌发。沙土管抽干后，也要经抽样检查，只有干燥合格者方可移入上述干燥器中，同样密封后于低温保藏。

沙土管保藏菌种时间可长达 2~10 年，使用时用接种环蘸取少许沙土，移入新鲜的培养基上培养。和液体石蜡保藏一样，它也须通过转管以后菌丝原有的生活力才能得到恢复。

2. 滤纸片保藏法

这种保藏法是以滤纸为载体，将食用菌的孢子吸附在滤纸上，干燥后再进行低温保藏的方法，操作简便，效果也很理想，其具体做法如下：

（1）滤纸片准备。将滤纸剪成 4cm×0.8cm 的小条，整齐平铺在直径为 9cm 的培养皿中，用纸包好，高压灭菌 0.15MPa，30min，于温箱中干燥备用。

（2）孢子的收集。在无菌箱中，把种菇插在无菌支架上，支架放在铺有滤纸条并经灭菌的培养皿内，罩上无菌玻璃钟罩，在 20~25℃经 1~2 天，在滤纸条上即可见到孢子印。

（3）保藏管制备。无菌操作移去种菇，取积有孢子的滤纸条，分别装入无菌试管中，置于干燥器中 1~2 天，以吸除滤纸条上的水分，最后用火焰直接熔封试管口，即制成滤纸条保藏管，于低温下保存。

（4）复苏和培养。使用时，先用砂轮在管壁外划痕，再在划痕外稍加热，然后用浸有来苏尔的纱布敷上，管壁即自动破裂，此时便可按无菌操作规程取出滤纸条，将有孢子的一面贴在培养基上，于适温下培养 1 周后，即可观察到孢子萌发和菌丝生长的情况。

用此法保藏食用菌孢子，务必保证纸条和环境高度干燥，否则孢子会不萌发而死亡。如果保存方法得当，其有效期一般为 2~4 年。有研究称，保存在滤纸上的双孢蘑菇孢子存活了 36 年。

（四）液态氮超低温保藏法

这种保藏法是将要保藏菌种的悬浮液或菌块，密封于盛有保护剂的安瓿瓶里，先在控制的条件下制冷，使之缓速预冻，再置于 $-196 \sim -150\,℃$ 液态氮超低温冰箱中保存。其原理是采用超低温手段，使菌体细胞代谢活动降低到最低水平，甚至处于休眠状态。它的优点是：保存时间长，可长达数年至数十年；适用范围广，对一些即使不耐低温的菌种如草菇，也能在保护剂的保护下进行超低温保存。此外，经保藏的菌种基本上不发生变异。

1. 培养基配制

供保藏用的培养基常采用如下配方：马铃薯汁 1000mL，葡萄糖 20g，酵母膏 1.5g，磷酸二氢钾 2g，硫酸镁 0.5g，琼脂 20g，pH 5.6。

2. 保护剂制备

冷冻保护剂可用 10% 的甘油蒸馏水，据报道，用 10% 的蜂蜜作保护剂，效果也很好。

3. 菌种制备

（1）孢子菌种。按无菌操作法收集孢子，制成孢子悬浮液。

（2）菌丝体菌种。将上述培养基，经灭菌后趁热倒入无菌培养皿中制成平板，在中心点接入欲保存的菌种，适温培养。

（3）菌丝球菌种。用液体培养基（上述配方不加琼脂即可），接入欲保存的菌种振荡培养。

4. 安瓿瓶制备

制作安瓿瓶的玻璃应能经受温度的突变而不破裂，并容易熔封管口，故一般选用硼酸玻璃制品。瓶的大小为 75mm×10mm，能容 1.2mL 保护剂。每瓶装入 0.8mL 保护剂，加上棉塞，经 0.1MPa 压力灭菌 15min，若直接用无菌保护剂制备菌悬液，则可将安瓿瓶空管灭菌，然后按无菌操作法将菌种悬浮液或菌丝片装入安瓿瓶，经火焰熔封瓶口，可用浸入法检查是否漏气。

5. 冻结保藏

将封好口的安瓿瓶放在慢速冷冻器内，以每分钟下降1℃的速度缓慢降温，使样品冻结到-35℃，达-35℃以下后，其冷冻速度则不需要控制。当瓶内的保护剂和菌丝块冻结后，即可将安瓿瓶置液氮冰箱里保藏，冰箱内温度，气相中为-150℃，液相中为-196℃。

6. 复苏培养

使用菌种时，取出安瓿瓶，立即置于38~40℃水浴中来回振荡，使瓶内的冰块迅速熔化，然后打开安瓿瓶，取出接种物，移至适宜的培养基上培养。

使用这种保藏法时，操作者应有防护措施，如戴皮套、棉手套等，要严防液态氮飞溅而冻伤人体。取菌种时，要垂直轻取盖塞，再垂直提起提筒，轻轻移到容器中间取物，取毕应立即将提筒与盖塞轻轻复位，以防空气中氮气过浓而引起窒息。

液氮超低温保藏是目前保藏菌种的最好方法，但由于其关键设备液氮低温冰箱价格昂贵，液氮的来源也比较困难，所以在国内还不普遍。

（五）悬液保藏法

悬液保藏法是将食用菌的菌丝球或孢子保藏在适当的媒液中的菌种保藏法。根据媒液的种类介绍如下两种。

1. 生理盐水保藏法

这种方法适合保藏深层培养的菌丝球。

（1）培养菌丝球。保藏的菌种接入马铃薯葡萄糖液体培养基中（250mL三角瓶装60mL），振荡培养5~7天（27~28℃，180r/min）。

（2）制备生理盐水。按常规制备0.85%的生理盐水，分装试管，每管约5mL，经高压0.15MPa灭菌30min备用。

（3）移菌入管保藏。吸取菌丝球4~5个放入上述试管中，管口加上无菌橡皮塞，并用固体石蜡封好，置室温或4℃保藏。据报道，用此法保藏香菇、紫芝菌种，可存活1.5年；保藏双孢蘑菇、木耳、银耳、金针菇、茯苓、猴头菇等菌种可存活22个月以上。

2. 蒸馏水保藏法

这是一种最简单的菌种保藏方法。

（1）制备蒸馏水。取用玻璃器皿蒸馏的蒸馏水，装入三角瓶中，装量约为瓶体积的1/3，加上棉塞，同时准备好与三角瓶口径一致并带虹吸管的橡皮塞，用纸包好，一起置于0.15MPa压力下灭菌30min备用。如果用于保藏孢子，则可将蒸馏水装入试管，每管装5mL，经灭菌后备用。

（2）保藏和使用。在接种室（或箱）内，将经灭菌盛有蒸馏水的三角瓶的棉塞换上带虹吸管的橡皮塞，即可按无菌操作法将无菌蒸馏水注入欲保存的试管菌种中，水量以高出斜面培养基面约 1cm 为宜，最后将棉塞改用经灭菌的橡皮塞。若欲保存孢子，则可按常规法采集孢子，挑入装有蒸馏水经灭菌的试管中，然后加盖经灭菌的橡皮塞，置试管架上。上述两种菌种都要直立，于常温或低温下保藏。使用时可直接从管内移出菌丝块或用接种环蘸取孢子悬液，接入新培养基上进行培养，剩下部分仍可加塞封好保藏。

（六）自然基质简易保藏法

自然基质的种类很多，这里主要介绍利用发酵粪草、木屑、枝条和麦粒的保藏法。

1. 发酵粪草保藏法

草腐型菌可用此法保藏，但草菇因不耐低温不可置冰箱内保藏。现以蘑菇发酵粪草料的保藏为例简介如下。

（1）基质制备。取蘑菇栽培用的发酵料，晒干后去除粪块，将料草切成约 2cm 长，在清水中浸 4~5h，让料草浸透水，并使之失去一部分养分，沥水控湿至含水量 68% 左右。

（2）装管灭菌。将处理好的料草装入大试管中，松紧要适当，过紧因空隙小空气少，菌丝生长慢；过松则架空菌丝多，抗逆能力差，会影响菌种生活力。装管后即清洗管壁，加上棉塞，于 0.15MPa 压力下灭菌 2h。

（3）接种保藏。培养料冷却后接种，于 25℃培养，待菌丝长满试管后，用石蜡将棉塞封闭或更换无菌橡皮塞，置冰箱内保藏。

2. 木屑保藏法

多数木腐型的食、药用菌可用此法保藏。

（1）基质制备。配方为阔叶树木屑 78%，米糠 20%，石膏 1%，糖 1%，水 120%，装入大试管中经 0.15MPa 高压灭菌 1h。

（2）接种保藏。接种培养方法同上，待菌丝长好后，用石蜡封棉塞或更换无菌橡皮塞，置低温下保藏。

3. 枝条保藏法

枝条保藏法是用树枝条作为木腐型的食、药用菌的保藏培养基。

（1）枝条准备。取直径为 1~1.5cm 的阔叶树枝条，截成 1.5~2.0cm，晒干备用。使用时将枝条在 5% 米糠水中浸泡过夜，使枝条吸足水。

（2）木屑培养基准备。按常规木屑麸皮培养基的配方制备。

（3）装管灭菌。将枝条与木片培养基以 3∶1 的体积比混匀，装入大试管或菌种瓶内，最后在表面覆盖一薄层木屑培养基压平，清洗壁管，在 0.15MPa 压力下灭菌 2h。

（4）接种保藏。按常规法进行接种、培养，待菌丝长好后置常温下或冰箱内保藏。

4. 麦粒保藏法

用麦粒作培养基来保藏菌种的方法。

（1）麦粒准备。选饱满的麦粒，洗净再置于清水中浸 4~5h，捞起晾干表面水，即装入试管。

（2）装管灭菌。用小试管装料。装量为试管高度的 1/3，装好试管后加上棉塞，于 0.1MPa 压力下灭菌 30min，以麦粒不破裂为宜。

（3）接种保藏。待培养基冷却后，接入孢子液或菌丝悬液，摇匀后置适温下培养，至菌丝长满试管后，即可放入干燥器中抽气进行干燥保藏，或直接置冰箱及其他低温条件下保藏。

（七）新低温菌种保存法

新低温菌种保存法是在低温菌种保存法基础上，经改造后的一种有效菌种保存方法。首先，制作适合于保存用的母种培养基，为防止菌种在保存过程中因新陈代谢而产酸过多，可在培养基中添加 0.02% 的碳酸钙或 0.2% 的磷酸二氢钾等盐类，对培养基 pH 起缓冲作用。其次，将菌种接种于保存培养基上，待菌丝长满斜面 2/3 后，在无菌条件下，换上无菌橡皮塞并用石蜡密封后移入 2~4℃ 的冰箱中保存，但草菇菌种因在 5℃ 以下会很快死亡，因此，一般在其菌落上灌注 3~4mL 的防冻剂（10% 的甘油），也可将其置于室温或 10~12℃ 下保存。最后，要做好菌种保存期管理工作，保藏期可达 6 个月以上，适用于短期母种保存。

三、菌种退化与复壮

优良菌种是食用菌生产获得最好效益的重要保证。在食用菌生产中，由于环境条件的改变和转管次数的增加，常常发现菌种出现优良性状消失、质量变差、产量变低、适应性变差的现象，这就是菌种退化。

为了防止菌种衰退，必须注意检查菌种的生产性状，一旦发现菌种退化，需立即采取措施，进行菌种复壮。

（一）菌种退化

1. 菌种退化的实质

菌种退化（或称菌种衰退）是指一个优良的菌种向衰退方面转化，优良性状消失、质量变差、产量变低、适应性变差的现象。退化是一种变异，是遗传物质发生了可遗传的变化。菌种退化是一个由量变到质变的过程。对于群体来说，个别细胞的退化性变异会随着细胞的分裂而逐步增加，衰退的个体逐渐增多，最终使整个群体出现严重的衰退。菌种衰退是普遍存在的，不可避免的，但采取一些措施可延缓其进程，使群体的变异控制在最低程度。在退化的菌种中，往往仍有少数尚未退化的个体，这是对菌种进行复壮的依据。

2. 菌种退化的原因与特征

菌种的衰退与其自身的遗传特性和所处的环境条件密切相关，转管次数多、创伤多、病毒感染的机会多均对菌种的生活力有影响，所以培养繁殖菌种一定要有较好的设备、较高的技术。

菌种退化的主要原因是菌种不纯、自体杂交和基因突变。此外，菌种退化也与培养条件有关。例如，基因突变随温度降低而减少，培养条件对细胞数量产生影响，杂菌污染也可导致菌种退化，不同菌株混合也会造成菌种退化。

优良菌种退化的主要特征是：生活力变弱，生长缓慢，典型性状丧失；代谢能力降低，代谢产物减少，病毒易侵入；繁殖能力不强，菌丝生长势弱等。这些现象多是由于长期人工培养，无法满足其生活需要所致。

3. 延缓菌种衰退的措施

（1）控制菌种转接次数。因为转接的次数越多，产生突变的概率越大，菌种发生衰退的机会也越多。转接可以诱导产生突变，而大部分突变对生产是不利的。因此，生产中应严格控制菌种转接的次数，在可能的条件下尽量少转管，用于生产的菌种应控制在转接 5 代范围内。三级制种的菌种制作方式在很大程度上减少了转管次数。

（2）采用有效的方法保藏菌种。保藏菌种所采用的方法应该能保持菌种的优良性状，且保藏的时间较长，这样可使菌种在保藏期内减少衰退。

（3）创造菌种生长的良好营养条件和外界环境。营养条件包括营养物质的种类、比例和含量，外界环境则包括空气、温度、湿度、酸碱度及生物因素。实践证明，条件适宜则菌种生长健壮，菌种衰退慢；反之，条件不适宜则会引起菌种衰退。

（二）菌种复壮

退化了的菌种可以通过采取一定的措施进行复壮，使菌种恢复原来的优良性状。所谓菌种复壮，就是从衰退的群体中找出尚未衰退的个体，进行分离、培养，以达到恢复菌种优良性状的一种措施。

1. 菌种复壮的原理

菌种复壮是人工选择的过程。生物以遗传变异为基础，通过自然选择和人工选择而得以进化。变异提供了选择的基础，选择保存了适应环境的个体，通过保存下来的个体将遗传特性遗传下来。在此基础上，菌种再变异、再选择、再遗传，如此循环往复，生物得以不断进化。菌种复壮就是根据这个原理而进行的。

2. 菌种复壮的方法

（1）挑选健壮菌丝进行接种。每次转接菌种时，只挑选生长健壮的菌丝进行接种，使"复壮"这一行为落实在每一次的转接工作中，这是防止菌种老化的简便有效的措施。

（2）分离复壮。淘汰已衰退的个体，选出尚未退化的个体，通过分离培养进行复壮。如菌丝分离，用无菌水将斜面上的菌丝稀释，将菌丝体放入三角瓶中，在无菌水中摇匀，然后转接到平板培养基上，使菌丝分布均匀，在适宜温度条件下培养至菌丝萌发形成菌落，挑选出生长健壮的菌丝接入斜面作为母种。经检验证明同原来菌种的性状一致，即为复壮的菌种，可用于生产。

（3）定期分离菌种。生产上使用的菌种一般1~2年要重新分离一次，以起到复壮的作用。最常用的是组织分离法：挑选形状及其他性状与原菌种相同，朵形大，生长健壮的子实体，从菌肉中直接获得双核菌丝进行培养。这样的方法简便易行，周期短，较为实用。分离菌种也可以用孢子分离法和菇木分离法，但无论用什么样的分离方法，得到的菌种都要经过出菇试验，符合要求后才能用于生产或保存。

另外，在菌种每一次转接保存时，经常改变一下培养基的配方成分，也能防止菌种老化退变。

第三章　常规食用菌高效栽培

第一节　香菇

一、概述

香菇又名香蕈、冬菇、花菇、栎菌、香菌，属于真菌界，真菌门，担子菌亚门，伞菌目，口蘑科，香菇属，是世界上最著名的食用菌之一，主要分布在中国、日本、朝鲜、越南等国。野生香菇在我国主要分布在浙江、福建、安徽、江西、湖南、湖北、广东、广西、云南、四川，在朝鲜、日本、新西兰、菲律宾、俄罗斯、尼泊尔、马来西亚等国也有分布。香菇是我国山区传统土特产品和出口商品。我国传统的人工砍花栽培技术早在800多年前就已基本定型，并一直沿用至20世纪初。日本在20世纪30年代创立了人工接种新技术。我国在20世纪60年代中期开始推广纯菌种接种生产技术，20世纪70年代中期开始用木屑代替段木生产香菇，20世纪80年代，"古田模式"香菇生产技术模仿天然条件栽培香菇，能缩短生产周期并提高香菇产量，在这之后随着"香菇半熟料开放式栽培"等技术推广运用，我国香菇产量年年提高，成为世界香菇第一出口大国。

香菇有"菇中皇后""山珍之王"的美称，其肉质肥厚细嫩、味道鲜美、香气独特、营养丰富，是不可多得的保健食品。香菇之所以被称为健康食品，主要是因为它含有除色氨酸外的7种必需氨基酸，且非必需氨基酸、维生素、矿质元素等较为丰富。除营养价值外，香菇能降血压，降低胆固醇，提高免疫力等作用。

在众多人工栽培的食用菌中，香菇具有生产周期短、投入少、售价高、经济效益好等优势，深受人们喜爱。在国际市场上，无论是鲜菇、干菇或罐头，都享有盛誉。我国是香菇生产和出口大国，发展了传统的栽培技术，积累了丰富的栽培经验，因此香菇生产具有很大的发展潜力。

我国香菇的主要产区是福建、浙江、广东、湖北等南方省市，特别是福建的古田县、浙江的庆元县，其生产规模和经济效益非常高，名列全国前列。我国北方有着丰富的菇木资源和棉籽壳、玉米芯、木屑等大量农作物的下脚料，再加上昼夜温差大的特点，容易产生花菇。目前，香菇已在河南的西峡县、沁阳县，山西的安泽县，陕西的陕南秦岭山区等地进行大规模生产，并已逐步形成当地的支柱产业。

二、生物学特性

（一）形态特征

1. 孢子

香菇有4种不同极性的担孢子，其担孢子无色、光滑、椭圆形至卵圆形。单个孢子萌发成单核菌丝，互补的两种极性单核菌丝结合之后形成双核菌丝才具有结实能力。

2. 菌丝体

菌丝体是香菇的营养器官，是由许多菌丝集合联结而成的群体，呈蛛网状。菌丝由孢子或菇体上任何一部分组织萌发而成，白色，绒毛状，纤细有横隔和分支，细胞壁薄，粗 $2\sim3\mu m$。具有结实能力的双核菌丝在显微镜下粗壮，粗细较均匀，具有隔膜、分枝及明显的锁状联合结构，呈白色绒毛状，培养基上平铺生长，略有爬壁现象且边缘呈不规则弯曲，培养基老化菌丝略有淡黄色色素分泌物，菌丝经长时间光照后易形成褐色的被膜。在高温条件下，培养基表面易出现分泌物，这些分泌物常由无色透明逐渐变为黄色至褐色，其色泽的深浅与品质有关。

3. 子实体

香菇子实体单生、丛生或群生，由菌盖、菌褶、菌柄3部分组成，菌盖直径 $4\sim14cm$，有时甚至可达20cm，幼时半球形，后呈扁平至稍扁平状，表面菱色、浅褐色、深褐色至深肉桂色，中部往往有深色鳞片，而边缘常有白色毛状或絮状鳞片，空气干燥且温差较大时菌盖龟裂露出菌肉（花菇）。菌肉呈白色，厚而韧。幼时边缘内卷，有白色或黄白色的绒毛，随着生长而消失。菌盖下面有菌幕，后破裂，形成不完整的菌环，老熟后盖缘反卷，开裂。菌褶于菌盖的下面，呈辐射状排列，白色至红褐色，弯生或直生，受伤后产生斑点。菌柄生于菌盖下面的偏心处，圆柱形，中实坚韧，中生或者偏生，白色，弯曲，长 $3\sim8cm$，粗 $0.5\sim1.5cm$，菌环以下有纤毛状鳞片且部分带褐色，纤维质，内部实心。菌环易消失，白色。孢子印为白色。

（二）生态习性

香菇生长在阔叶树如山毛榉、麻栎、栓皮栎、青冈、桦树等倒木上，群生、散生或单生。自然生态环境中，香菇多在冬春生长，有些地区在夏秋季，在人工栽培中，按发生季节有春生型、夏生型、秋生型、冬生型和春秋生等类型，在段木上单生或群生。

（三）生长发育条件

香菇在生长发育中所需要的生活条件，包括营养、温度、湿度、空气、光线和酸碱度等。人工栽培香菇必须掌握其生长规律，创造适合香菇生长的环境条件。

1. 营养

香菇是木腐菌，靠腐生生活，其主要营养物质是碳水化合物和含氮化合物，也需要少量的无机盐和维生素。

(1) 碳源。香菇能利用单糖、双糖和多糖。菌丝通过分泌纤维素酶、半纤维素酶和木质素水解酶等多种酶类降解培养料中的纤维素、半纤维素和木质素，使这些大分子有机物分解为单糖、双糖等还原糖，然后这些还原糖才能被菌体吸收利用。常见的碳源包括屑、棉籽壳、甘蔗渣、棉柴秆、玉米芯等，人工代料栽培中添加的糖类（蔗糖、葡萄糖等）、麸皮、米糠、玉米粉等，也都是很好的碳源。足够的碳素能促进香菇菌丝正常生长，提升出菇效果。香菇子实体原基的形成和子实体的发育取决于碳源是否充足和培养基的含糖量。

(2) 氮源。香菇菌丝能利用有机氮（蛋白质、氨基酸、尿素）和铵态氮，不能利用硝态氮。在香菇菌丝营养生长阶段，碳源和氮源的比例以 20∶1~40∶1 为好，子实体形成时以 30∶1~40∶1 为适宜，高浓度的氮会抑制香菇原基分化，影响香菇的产量；在生殖生长阶段，要求较高的碳，最适合的碳氮比为 70∶1 左右。在代料栽培中，通常添加麸皮或米糠以提高氮的含量。

(3) 矿质元素和维生素。香菇生长还需要少量的矿质元素，其中常量元素为磷、钾、镁，微量元素为铁、锌、锰、铜、钴、钼等，但是要注意，钙和硼会抑制香菇菌丝生长。硫胺素（维生素 B_1）对香菇菌丝碳水化合物的代谢和子实体的形成有一定的促进作用，尤其对菌丝的生长影响更大。代料的添加辅料麸皮、米糠、马铃薯等含有丰富的维生素 B_1，料内若有这些物质，不必再另外添加维生素 B_1。

2. 温度

香菇是一种低温型变温结实性食用菌，温度是影响香菇生长发育的一个最活跃、最重要的因素。在其不同的生长发育时期，对温度有不同的要求。香菇孢子萌发的温度是 15~30℃，最适为 22~26℃；菌丝生长的温度范围较广，在 5~32℃，最适温度在 23~27℃，10℃以下或 32℃以上菌丝生长不良，在 5℃以下和 35℃以上停止生长，超过 38℃菌丝就会很快死亡。菌丝对低温的忍耐力较强，一般不会冻死，在-5℃经两个月也不会冻死。

香菇子实体生长发育温度范围一般为 5~26℃，根据子实体形成时的最适温度可将香菇分为高温型、中温型、低温型三种温度类型。高温型子实体形成最适温度为 19~26℃，中温型为 15~20℃，低温型为 5~15℃。有些纯高温品种无须低温刺激，在 30℃以上也能形成子实体。由于香菇属变温结实性菌类，在子实体形成之前，变温可以促进子实体分化。高温型菌种子实体分化需 3~5℃昼夜温差，低温型子实体分化约需 10℃昼夜温差。香菇子实体的形状及品质受子实体形成时期温度的影响很大。一般在其最适温度范围内，较低的温度下（10~12℃）子实体生长和发育较慢，不易开伞，但形成的菌盖肥厚、质地较密，厚菇多，质量好，特别在4℃雪后生长的，品质最优，称为花菇。低温条件下，子实体生长慢，肉质厚，柄短，不易开伞，厚菇多，易产生优质花菇。当温度偏高时，香菇生长快，肉质疏松，柄长而细，易开伞，质量差。低温下其易形成原基，子实体长势良好，恒温下不形成子实体。

3. 水分和湿度

香菇的菌丝生长和子实体生长对水分的要求不同，香菇所需的水分包括培养基内的含水量和生长环境的空气相对湿度两大方面。在菌丝生长阶段，起直接作用的是栽培基质中的含水量，而空气中的相对湿度只能影响基质的水分蒸发，间接地影响菌丝的生长，子实体形成阶段会受到基质含水量和空气湿度的双重影响。在实际生产中，当培养料中含水量过多时，会造成菌丝缺氧而生长缓慢或停止生长，甚至菌丝萎缩腐烂死亡。当培养料中的含水量太少时，菌丝分泌的各种酶的分解等活动会受到抑制，培养料中营养物质的运输和转换也会受到影响，菌丝不能正常生长。

香菇生长发育所需的适宜水分和空气相对湿度因栽培方式的不同而有所区别。通常情况下，段木栽培菌丝生长阶段含水量为35%~40%，空气相对湿度为60%~70%；出菇阶段含水量为50%~65%，空气相对湿度80%~90%；代料栽培菌丝生长阶段培养料含水量为55%~65%，空气相对湿度为65%~70%；子实体阶段培养料含水量为55%~65%，空气相对湿度85%~90%。香菇的发生除要求一定的温差外，还需要一定的湿差，干湿交替，有利出菇。当菇木或栽培块太干时，一旦得到适宜的水分，便能大量出菇。

4. 空气

香菇属好气性菌类，在生长发育过程中，需从环境中不断吸收空气中的氧气，排出二氧化碳。通风良好的环境，有利于菌丝的健壮生长、子实体的分化和生长发育。通风好，则香菇的菇形好、盖大柄短、商品价值高。反之，若菇棚等环境中空气流通不畅，会导致环境中二氧化碳积聚过多，从而抑制菌丝生长和子实体的形成，特别是在子实体形成期间，氧气不足对子实体正常发育的影响较大。

5. 光照

香菇在菌丝生长阶段完全不需要光线，强光会抑制菌丝的生长；相反在黑暗的条件下菌丝生长最快。在生殖生长阶段，香菇菌棒需要光线的刺激，在完全黑暗条件中香菇培养基表面不转色，不转色就形不成子实体。所以，当菌丝长满菌袋或菌瓶时，须经过一定时间的光照才能良好转色。转色是香菇代料栽培的重要管理环节，只有转色转得好，子实体原基才能分化得好，产量才高。光线是子实体形成的诱导因素，光照不足，会出现菇体色浅、肉薄、柄长等情况，出菇量和品质都受到不同程度的影响，在子实体形成阶段，要求在栽培场所的光线较强，这样形成的子实体颜色深、肉质厚。

6. 酸碱度

香菇菌丝生长要求偏酸性环境，pH 在 3.0~7.0 都可生长，以 4.5 左右最为适宜。当培养料呈碱性时，其菌丝很难生长。一般木材中的 pH 最适合香菇的生长发育。在培养过程中，高压灭菌会使培养料中 pH 下降 0.4 左右，菌丝生长过程中自身也会产生有机酸的积累，会使料的 pH 降低，所以在配料时，pH 可适当的偏高，一般控制在 6.0~6.5 即可。为了使料中的 pH 变化不大，通常在实际生产配料时会加入适量的磷酸二氢钾或磷酸氢二钾作 pH 缓冲剂，也可加入石膏、碳酸钙等碱性物质调节培养料中的 pH。

综上，在香菇从菌丝生长到子实体形成的过程中，温度是先高后低，湿度是先干后湿，光线是先暗后亮。这些条件既相互联系，又相互制约，必须全面给予考虑，才能达到较好的产品品质和经济效益。

三、栽培技术

香菇的栽培方法有段木栽培和代料栽培两种。段木栽培的香菇商品质量高，经济效益可观，投入产出比可达 1∶7~1∶10，但需要消耗大量木材。代料栽培投入产出比仅为 1∶2，但代料栽培生产周期短，生物学效率高，而且可以利用各种农业废弃物作为栽培原料，对生态环境保护有利。

(一) 段木栽培

段木栽培是一种利用一定长度的阔叶树段木进行人工接种、栽培食用菌的方法。一般经过选树、砍树、截断、打孔、接种、发菌、出菇管理、收获等过程。

1. 栽培场所

段木栽培的场所要求地势平坦，交通便利，通风向阳，空气清新，进水排水方便，空气相对湿度在 70% 左右。

2. 菇木准备

我国菇树资源很广，壳斗科、桦木科等科属的树种均是香菇生长的适宜树种。不同树种出菇情况不同，其产量、品质、出菇早晚都受树种的影响。常用的生产香菇较好的树种是麻栎、栓皮栎、板栗、青冈栎、蒙古栎、刺叶栎、南岭栲、苦槠、甜槠、枫香，以及法国梧桐、刺槐等。松、柏、杉等针叶树因含有酚类等芳香性物质，对菌丝的生长有一定的抑制作用，通常不用。树种的选择应根据当地资源而定，一般选择树龄在 7~8 年阔叶树，直径 10~20cm。树龄小的树因直径小、树皮薄、材质松等栽培时出菇早，菇木易腐朽、生产年限短、菇体小而薄，树龄老的树则相反，但树干直径大、管理不便。

香菇生长发育所需的营养和水分均由菇木提供，因此砍伐菇木的时间是一个重要因素。休眠期是砍树的最佳季节。在休眠期，树叶中的营养物质转移至树干和根部贮存，形成层停止活动，砍下的树木营养物质含量高，有利于种菇。黄叶凋落时节，为休眠期中树木形成层养分最多和树皮最紧的时期，此时砍树最好。段木宜选晴天砍伐。砍倒之后带枝叶放置，使其迅速抽水干燥，减少养分流失，风干时间根据不同树种含水量而定，一般需要 20～30 天。在菇木含水量为 35%～45% 时接种，可使菌丝生长发育最佳，含水量的大小可根据菇木横断面的裂纹程度进行判断，一般细裂纹达菇木直径的 2/3 时为较适宜的含水量，此时可将菇木截成 1～1.2m 的段木，截断后段木两端及枝丫切面可用 5% 石灰水或 0.1% 高锰酸钾溶液浸涂，以防杂菌感染，这些工作完成后，将段木统一集中到栽培场所放置。

3. 段木接种

人工栽培香菇，在气温 5～20℃ 范围内均可接种，一般以春季接种为最好，南方在 2～3 月，北方要推迟 1 个月左右。当段木经干燥后，断面出现几条短裂缝，含水量为 35%～45% 时，就可进行人工接种。断面不出现裂纹，说明段木还太湿，应再干燥；如果裂纹接近树皮时，则段木过于干燥，接种前要先将段木用清水浸 1～2 天或喷水。淋水后，放置 1 天，待树皮晾干后再接种。

接种时应根据当地具体情况选择菌龄适宜、生命力强、无杂菌、具有优良的遗传性状、适合段木栽培的优质菌种。可用木屑菌种、枝条菌种或木块菌种等。

接种方法一般有木屑菌种接种法和木塞菌种 2 种接种法。木屑接种法通常按穴距 10cm，行距 6～7cm，用打孔器在段木上打穴（穴直径 1.5cm，穴深 1.5～2cm），行与行之间的穴排成"品"字形或"梅花"形，接种时边打穴边接种，用菌种装满孔穴按紧，穴口用木钉加盖，使之与树皮表面平整。木塞接种法根据接种孔的大小制备圆台形或圆柱形木塞菌种，接种前先在菇木上打孔，接种方式和木屑菌种接种法相同。

4. 发菌管理

段木接种后按"井"字形、屋脊形、鱼鳞形堆叠，以促进菌种的恢复、定植和蔓延。前 15～20 天以保温为主，可在垛顶和四周用遮阳网、枝叶或茅草覆盖保温，高温时可将堆面遮阳改为搭凉棚遮阳，保持堆内温度低于 20℃ 即可，在 7 天后第一次淋水，若在高温季节则要选择早晚凉爽时进行补水，如果段木切面出现相连的裂缝时则要及时补水并加强通风，防止湿闷出现杂菌污染、滋生虫害。在 15～20 天后进行查菌和第 1 次翻堆，在接种穴四周发出白色菌丝说明接种已成活。菌种定植成活后即可去除薄膜，仅盖茅草以保湿为主，让菌丝向四周蔓延，这期间称为"养菌"阶段。在这阶段坚持每隔 15～20 天翻堆 1 次。一般发菌期需要 7～10 个月的时间，在条件适宜时即可出菇。

5. 出菇管理

发菌期结束后，菇木开始成熟，成熟的菇木具有弹性，树皮变软，呈黄褐色，散发着很浓的香菇气味，并有大量小米粒大小的原基形成，此时就标志着进入出菇阶段，对水分和湿度的需求随之增大。菇木中水分若不足，就会影响到出菇，因此一定要先补水，并保持空气相对湿度在80%~90%，做好遮阴，再立木出菇，立木应南北向排放，选择1根长木桩作横木，两端用有分叉的木桩撑起搭架（架高30~50cm，架与架间留50cm左右的人行通道），然后将待出菇段木两面交错"人"字形斜靠在横梁上即可。补水的方法主要有浸水和喷水两种。浸水就是将菇木浸于水中12~24h，一次补足水分。喷水则首先将菇木倒地集中在一起，然后连续4~5天内，勤喷、轻喷、细喷，要喷洒均匀。补水之后，将菇木井字形堆放，一般在12~18℃温度下，2~5天后就可陆续看到"爆蕾"。

6. 采收

香菇采摘时机选择对于香菇品质影响至关重要。采早了会影响产量，采晚了会影响品质。一般当菌伞尚未完全张开，菌盖边缘稍内卷，菌褶已全部伸直时，为采收最适期。采收时用手指捏住菇柄基部，轻轻旋转拧下来即可。注意不要碰伤未成熟的菇蕾。菇柄最好要完整地摘下来，以免残留部分在菇木上腐烂，引起病菌和虫害，影响今后的出菇。上冻前收菇，后便进入越冬管理。

7. 越冬管理

在较温暖的地区，段木栽培香菇的越冬管理较简单，即采完最后一潮菇后，将菇木倒地、吸湿、保暖越冬，待来年开春后再进行出菇管理。在北方寒冷的地区，一般都要把菇木井字形堆放，再加盖塑料薄膜、草帘等保温保湿措施以安全越冬。

（二）代料栽培

代料栽培香菇主要分成压块栽培和袋栽两种方式。压块栽培利用挖瓶或脱袋压块后在室内出菇。袋栽是近年发展起来栽培香菇的新方法，即把发好菌的袋子脱掉后直接在室外阴棚下出菇。两种栽培方法所用的培养料和基本生产工艺相同，但是袋栽省去了压块工序，减少了污染的可能，更适合于产业化大规模生产。主要生产过程如下：菌种制备、确定栽培季节、菇棚建造、扎口、装锅灭菌、出锅、打穴、接种、栽培料选择与制备、栽培料处理、拌料、封口、上堆发菌、脱袋排场、调pH、转色、装袋、催蕾、出菇管理、采收、后期管理。关键过程如下介绍。

1. 菌种制备

选择适合于当地栽培的优良材料栽培的香菇菌种。菌种应适应于当地气候条件和栽培料的特性。若栽培料用木屑的话应选用木屑种，而草料种适于木屑和秸草混合料栽培。栽培生产通常从菌种生产厂家购进母种，然后自己生产原种和栽培种。播种时要选择菌龄适宜的栽培种。

2. 确定栽培季节

具备较好条件的温室大棚，若能人为地调节温度、湿度，则一年四季均可栽培。24~27℃的温度最适于香菇菌丝生长，同时香菇在低温条件下出菇，15℃左右的温度最适于出菇。而且香菇出菇需要变温刺激，一定的温差有利于子实体的分化。因此在自然栽培条件下一般选择秋季，立秋之后，8~9月即可栽培接种。

3. 栽培料选择与制备

栽培料是香菇生长发育的物质基础，栽培料的品质好坏以及与香菇生长发育的适配度直接影响香菇生产全过程以及产量和质量的高低。可用于栽培香菇的代料有很多，如棉籽壳、玉米芯、阔叶树木屑、豆秸粉、麦秸粉、花生壳、多种杂草等，根据栽培实践发现以棉籽壳、木屑培养料栽培香菇产量高。辅料主要是麦麸、米糠、石膏粉、过磷酸钙、蔗糖、尿素等。在实际生产中要因地制宜，根据当地资源分布等情况就地取材。培养料配方很多，各地常用配方有以下几种。

（1）母种常用配方。

①马铃薯 200g、葡萄糖（或蔗糖）20g、琼脂 15~20g、磷酸二氢钾 2g，蛋白胨 2g、硫酸镁 0.5g、维生素 B_1 10mg、水 1L。

②玉米粉 60g、琼脂 15~20g、蔗糖 10g、水 1L。

（2）原种常用配方。小麦粒 80%、阔叶木屑 19%、石膏粉 1%。

（3）栽培种常用配方。

①阔叶木屑 78%、麸皮（米糠）20%、石膏粉 1%、蔗糖 1%。

②玉米芯 50%、棉籽壳 30%、麸皮 15%、玉米粉 2%、石膏粉 1%、过磷酸钙 1%、蔗糖 1%。

③棉籽壳 55%、玉米芯 25%、麸皮 15%、玉米面 3%、过磷酸钙 1%、石膏粉 1%。

④甘蔗渣 76%、米糠 20%、石膏粉 2%、磷酸二氢钾 0.3%、尿素 0.3%、过磷酸钙 1.4%。

⑤大豆秆 40%、杂木屑 20%、玉米芯 20%、麦麸 17%、石膏粉 2%、蔗糖 1%。

（4）生产常用配方。

①阔叶木屑 78%、麸皮 20%、石膏粉 1%、碳酸钙 1%。

②玉米芯 78%、麸皮 20%、石膏粉 1.5%、过磷酸钙 0.5%。

③棉籽壳 50%、玉米芯 30%、麸皮 15%、玉米面 2%、过磷酸钙 1.5%、石膏粉 1.5%。

④木屑 78%、麸皮 16%、玉米粉 2%、糖 1.2%、石膏 2%、尿素 0.3%、过磷酸钙 0.5%。

⑤木屑 36%、棉籽壳 26%、玉米芯 20%、麸皮 15%、石膏 1%、过磷酸钙 0.5%、尿素 0.5%、糖 1%。

4. 栽培料处理

树枝、树干、树丫等阔叶树的木材，用切片机切成木片，然后用木片粉碎机，粉碎，过筛，要求筛去粗木屑，防止扎破塑料袋，引起杂菌污染，木屑粉碎的粗细度要适度，木屑过细会影响培养袋内通气。玉米芯要粉碎到玉米粒大小，不能太细。稻草、麦秸等作物秸秆要铡成或切成 1~2cm 的小段，并用水浸泡软化处理。以棉籽壳为主要原料时，最好添加一些木屑，从而使培养基更为结实，富有弹性，有利于香菇菌丝生长和后期补水。

5. 拌料

小规模试验性栽培可采用人工拌料，大规模生产性栽培建议采用机械拌料。无论是机械拌料还是人工拌料的目的均是将培养料各成分搅拌均匀。拌料前，首先按量称取各种代料成分，通过含水量测试试验掌握各代料自身含水量，接着将棉籽壳、豆秸、玉米芯、麦秸、稻草等吸水多的料按料水比为 1∶1.4~1∶1.5 的量加水、拌匀，使料吃透水，拌料时，先将木屑、棉籽壳、玉米芯等主要原料和不溶于水的麸皮、玉米面等辅助原料按比例称好后混匀，再将易溶于水的糖、过磷酸钙、石膏等辅料称好后溶于水中，拌入料内，充分拌匀，调节含水量为 55%~60%，即手握培养料时，指缝间有水渗出，但水不下滴为宜。一般情况下，含水量略低些有利于控制杂菌污染，但出第一潮菇后，要给菌棒及时补水，否则影响出菇。同时要注意计算好拌料时间，最好选择晴天的上午拌料，争取在气温较低的上午完成拌料并进入灭菌环节。要根据每天的生产进度将料分批次拌和，当天拌料，当天装袋灭菌，不延误、不过夜，防止培养料酸变污染，人工拌料要求在 2h 内完成。拌料时还应注意培养料的 pH，一般料的 pH 为 5.5~6.5 为宜。实际生产中，为防止因菌丝生长造成的培养料 pH 降低和杂菌污染，常常采用适量石灰水进行 pH 调节。

6. 装袋

食用菌培养袋规格多，一般用规格为 15cm×55cm，0.045~0.050cm 厚的聚乙烯塑料袋进行装袋，每袋装干料 0.9~1.0kg，湿重 2.1~2.3kg，在拌料完成后就要及时装袋。一般气温较高的地方培养袋宜细些，气温较低的地方培养袋宜粗些。装袋的方法有手工装袋和机械装袋。手工装袋的方法是用手一把一把地把料塞进袋内。当装料 1/3 时，把袋子提起来，可用粗木棒将料压实，使料和袋紧实无缝线，装至离袋口 5~6cm 时，将袋口用棉绳扎紧。装好的合格菌袋，表面光滑无突起，松紧程度一致，培养料坚实无空隙，手指按坚实有弹性，塑料袋无白色裂纹，扎口后，手掂料不散，两端不下垂。一般说来，装料越紧越好，虽然菌丝生长得慢些，但菌丝更加浓密、粗壮，生活力强，袋均产菇多，品质好。相反，如果装袋培养料松软，袋中空隙大，袋内空气含量高，会导致菌丝生长快，呼吸旺盛，代谢消耗大，出菇量少，出菇小，品质差，而且料松易受杂菌感染。大规模生产时，可用装袋机，既能大大提高工作效率，又能保证装袋质量。

7. 灭菌

装袋后，及时进行灭菌。装锅时，一般把料袋"井"字形叠放，常压灭菌过程要猛火提温，利用开头旺火猛攻升温，使培养料尽快达到无菌状态，灭菌过程温度不低于100℃，持续一段时间后用旺火烧，要求100℃保持14~16h。

8. 接种

接种要在无菌条件下进行，接种前应将接种环境、接种工具、接种人员进行常规消毒灭菌，当灭菌后的菌袋温度降至30℃以下时开始接种。香菇的接种方法较多，比如两头接种法、打穴接种法（图3-1）等，下面以常用的是长袋侧面打穴接种法进行介绍。

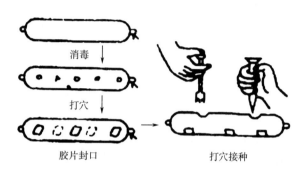

消毒

打穴

胶片封口

打穴接种

图3-1 打穴接种法

接种时，一般进行流水作业操作：第1个人用消毒酒精棉球擦净料袋，然后用木棍制成的尖形打穴钻或空心打孔器，在消过毒的袋面上等距离打接种孔（视培养袋规格每袋打4~7个孔，一面打3~4个，相对一面错开打2~3个）；第2个人用无菌接种器或用消毒酒精擦拭过的镊子取出菌种块，迅速放入接种孔内，菌种块要尽量按满接种穴，最好菌种略高出料面1~2mm；第3个人用食用菌专用胶布或胶片封口，再把胶布封口顺手向下压一下，使之粘牢穴口，从而减少杂菌污染；第4个人把接种好的料袋递走。整个接种过程要动作迅速敏捷，尽可能减少污染，接种时还要注意避免高温、高湿。

9. 发菌

接种好的料袋要及时移入发菌室内发菌。堆叠方式低温为顺码叠放，高温呈"井"字形放，每层放3~4袋，堆叠5~10层，堆高1m左右，接种穴位于两侧，切勿压接种穴。发菌时要将发菌室温度控制在20~25℃，菌棒内温度不得超过25℃；发菌室空间的相对湿度要控制在55%~65%，过干、过湿对发菌不利；发菌室要始终要保持通风良好，保持室内空气新鲜，氧气充足；发菌室光线要暗，要在无光或微光的环境中进行发菌培养。夏季播种时香菇发菌期正处在高温季节，气温往往要高于菌丝生长的适温，所以此时发菌期更要做好管理，防止高温烧菌。

培养至第10天左右时（各地实际情况有差异），开始第一次翻堆，这时每个接种穴的菌丝体呈放射状生长。当菌丝圈直径达 6~8cm 时，菌丝生长量增加，呼吸强度加大，要注意通气和降温，增加供氧量满足菌丝生长，以后每隔 7~10 天翻堆一次。翻堆的目的是使菌袋发菌均匀，同时有利于拣出杂菌污染的菌袋，翻堆时尽量做到上下、内外、左右翻匀，并且轻拿轻放，不要擦掉封口胶布或胶片。接种 30 天后，菌丝生长进入旺盛期，新陈代谢旺盛，此时菌袋温度比室温高出 3~4℃应及时把穴口上的胶布撕掉，并加强通风管理，把室温降到 22~23℃。一般经过 50~60 天的培养，菌丝即可长满菌袋，在接种穴周围出现菌丝扭结形成的瘤状物。菌袋内出现色素积水，菌丝已生理成熟，准备脱袋出菇。

10. 脱袋

脱袋就是用刀片将袋面割破，剥掉塑料袋使菌棒裸露。脱袋时要保留两端一小圈塑料袋不脱，以免着地时菌棒粘上土。脱袋应选无风天气，刮风下雨或气温高于 25℃时停止脱袋，脱袋后要注意保温保湿。

脱袋后的菌袋称为菌棒。脱袋要适时，这样菌棒转色才能好，脱袋过早菌丝没有达到生理成熟，难以转色出菇，产量低；脱袋过迟，袋内已分化形成子实体，出现大量畸形菇，或菌丝分泌色素积累，使菌膜增厚，影响原基形成和正常出菇。一般从菌龄、菌丝形态、色泽、基质、气温等方面来判断是否该脱袋。菌龄 60 多天、袋内菌丝浓白且有皱褶和隆起的瘤状物、接种穴周围稍微有些棕褐色、用手抓起菌袋富有弹性感时就表明菌丝已生理成熟，适于脱袋。早熟品种，在种穴周围开始转色，形成局部色斑，伴有菇蕾显现时，将菌袋移至菇棚脱袋；中晚熟品种，尽可能培养至全部或绝大部表面转色后再脱袋。同一品种的同批次菌袋，也会出现转色程度不一样的情况，先转色的先进棚，先脱袋。日平均气温在 10℃以上时，可适当提早脱袋；若低于 10℃时，应延长室内培养时间至菌袋基本转色后脱袋。脱袋的最适温度为 16~23℃。高于 25℃菌丝易受伤，低于 10℃脱袋后转色困难。

11. 转色

脱袋后进入菌筒转色期，也称"人造树皮"形成。转色的深浅、菌膜的薄厚直接影响香菇原基的发生和发育，对香菇的产量和质量关系很大，是香菇出菇管理最重要的环节。

脱袋排放好菌棒之后，3~5 天内尽量不掀动薄膜，做到保温保湿，温度保持 20℃左右，空气相对湿度 85%~90%，以促进菌丝恢复生长。脱袋后 5~7 天，菌棒表面长满浓白的绒毛状气生菌丝，此时要加强揭膜通风的次数，每天通风 1~3 次，每次 20~30min，增加氧气、光照，促使菌丝逐渐倒伏，形成一层薄薄的菌膜，并开始分泌色素，吐出黄水。此时应掀膜，向菌棒上喷水，每天 1~2 次，冲洗菌棒上的黄水。每次喷水晾干 1h 后再盖膜，连续 2 天。菌棒开始由白色略转为粉红色，通过人工管理，逐步变为棕褐色，形成"人造树皮"。

12. 出菇管理

（1）春季出菇管理。3~5月春季出菇期，其产量约占总产量50%。春季菇较薄且容易开伞，宜上午采收，当天采收当天加工，由于采菇后菌棒含水量要降低，所以采完菇要及时喷水，雨后或阴天湿度大时可减少喷水。同时在采菇后，要及时清理腐烂菌棒及残留的菇脚，待菌棒表面稍干后，在晴天喷水，对露地栽培的经过几茬出菇后，可进行喷水或注射补水，同时每天往棒上来回喷洒1~2次，连喷3~4天。

（2）秋季菇管理。秋菇期菌棒营养最丰富，菌丝生长势也最为强盛，棒内水分充足，自然温度较高，出菇集中，菇潮猛，生长快，产量高。根据香菇的变温结实性，在菌棒转色完成后，采取一定覆膜措施拉大温差刺激，可在白天覆盖塑料薄膜，提高棚内温度（25℃以下），到晚上揭开薄膜通风散热，降低温度，昼夜温差达10~12℃，经5天左右即可形成大量菇蕾。同时还要做到阴天少喷水，雨天不喷水，晴天多喷水的原则，适当喷水，维持90%左右的相对湿度。

（3）冬季菇管理。从头年12月初到第二年2月底出菇的为冬季菇，这段时期内气温低，一般在10℃以下，香菇原基形成受阻子实体生长缓慢，但是冬菇质量高，肉质厚、品质更好。出菇管理期间，林下光照达到"五阳五阴"，而日照短的山区可以"七阳三阴"，晚上可盖膜保温。霜冻期不宜喷水，保持菌棒或地面干燥即可。

13. 采收

不论哪茬菇，严格掌握采收标准，才能提高香菇质量，提高经济效益。采收的标准是菇体生理七八分成熟为宜，即菌盖边缘下垂并微微内卷，呈铜锣状，未开伞，无孢子弹射或刚出现孢子弹射。通常采大留小，菇采后不能有残留，以免引起腐烂。

第二节　金针菇

一、概述

金针菇，又名智力菇、朴蕈、冬菇、金菇、构菌、冻菌、朴菇、毛柄小火菇等，属于真菌界，真菌门，担子菌亚门，层菌纲，伞菌目，膨瑚菌科，冬菇属。世界上许多国家和地区都有栽培，主要分布于中国、俄罗斯、澳大利亚、北美洲、欧洲等地。

金针菇含有多种营养成分，是一种低热、高蛋白质、多糖类的营养型食品，含有 18 种氨基酸，其中 8 种必需氨基酸占总量的 45% 左右，高于一般菇类，特别是有利于儿童智力发育和健康成长的赖氨酸和精氨酸的含量最为丰富，被称为"增智菇"或"智力菇"。除具有较高营养价值外，金针菇还具有降血脂、强化消化系统、预防高血压等药用价值，在国际上被誉为"超级保健食品"，备受人们青睐。

我国是金针菇工厂化生产大国，产量稳居全球之首，金针菇的栽培起源于我国，是人工栽培较早的食用菌之一，已有 1400 多年的历史，经历了栽培品种从黄色品系发展到白色品系、生产工艺从玻璃瓶栽发展到塑料袋栽、生产模式从家庭手工操作到工厂化的发展过程。目前，栽培的金针菇有白色和黄色两大类，工厂化栽培的白色金针菇占产量的 85% 左右。金针菇在我国多地均有栽培，已成为我国食用菌工厂化生产中规模最大、产量最高、发展最快和技术最成熟的栽培种类，是食用菌工厂化产业模式的典型代表。

二、生物学特性

（一）形态特征

1. 孢子

金针菇的性遗传模式为四极异宗结合，担孢子平滑、无色或淡黄色、椭圆形或长椭圆形，担孢子双核同核体，孢子印白色。

2. 菌丝体

菌丝体由孢子萌发而成，在人工培养条件下，菌丝通常呈白色绒毛状，有横隔和分支，菌丝聚集在一起扭结形成菌丝体。在显微镜下，具有结实能力的双核菌丝粗细均匀，有横隔和分枝，锁状联合结构明显。和其他食用菌不同的是，菌丝到一定生长阶段会形成大量单核或双核的粉孢子或节孢子，在适宜的条件下可萌发成单核菌丝或双核菌丝。黄色品种常在培养后期出现黄褐色色素，使菌丝不再洁白而稍具污黄，同时培养基中也有褐色分泌物；浅黄色品种菌丝较白；白色品种的菌丝纯白色，且气生菌丝更旺盛。

3. 子实体

金针菇子实体丛生，由菌盖、菌褶、菌柄 3 部分组成，多数成束生长，肉质柔软有弹性。子实体主要功能是产孢繁殖后代。菌盖呈球形或呈扁半球形，直径为 1.5~7cm，幼时球形，逐渐平展，过分成熟时边缘皱折向上翻卷。菌盖表面有胶质薄层，湿时有黏性，干燥时有光泽，菌肉白色，中央厚，边缘薄，色浅黄或黄褐；菌褶白色或浅黄色，长短不一，与菌柄离生或弯生。菌柄中央生，中空圆柱状，稍弯曲，长为 4~15cm，直径为 0.2~1.8cm，柄上部稍细，上半部白色至淡黄色，下半部有黄褐色或深褐色短绒毛，内部由近木质髓心至中空。

（二）生态习性

金针菇是木腐菌，发生于秋末春初，易丛生在柳、榆、白杨树等阔叶树的枯树干及树桩上。在自然界广为分布，中国、日本、俄罗斯、欧洲、北美洲、澳大利亚等地均有分布。在我国，北起黑龙江，南至云南，东起江苏，西至新疆均适合金针菇的生长。

（三）生长发育条件

1. 营养

金针菇需要的营养物质有碳源、氮源、无机盐和维生素等。碳源主要从木屑、棉籽壳、玉米芯、蔗渣等中获得，也可以从阔叶树的木屑中获得。金针菇分解纤维素的能力较弱，通常未经腐熟的木屑不用于金针菇栽培，野生状态下树木腐朽程度不够也不会产生子实体。为金针菇提供氮源的物质有麸皮、米糠、玉米粉、黄豆粉等。氮源虽然对金针菇的菌丝体和子实体的生长发育影响较大，但用量过高会有碍于子实体的发生和发育。在菌丝生长阶段，培养料的碳氮比以 20：1 为好，子实体生长阶段以 30：1~40：1 为好。金针菇需要的矿质元素有磷、钾、钙、镁等，所以在培养中应加入一定量的磷酸二氢钾、硫酸钙、硫酸镁、碳酸钙、硫酸亚铁等矿质养料。金针菇是维生素 B_1 和维生素 B_2 的营养天然缺乏型菌，因此栽培时通常添加米糠、麸皮、玉米面、黄豆粉等来补充维生素 B_1 和维生素 B_2。

2. 温度

金针菇是低温型恒温结实性食用菌。菌丝体在 5~30℃ 范围内均能生长，最适生长温度范围为 22~25℃。金针菇对高温的抵抗力较弱，在 35℃ 以上菌丝就会停止生长甚至死亡。对低温的耐受能力很强，在 -21℃ 的低温下存放 3~4 个月后仍能表现旺盛的生活力。金针菇子实体分化的温度范围为 3~18℃，最适分化温度为 8~13℃。子实体生长适宜温度为 8~12℃。低温下子实体生长速度慢，但子实体生长健壮，不易开伞，能保证产量和质量。温度偏高则柄细长、菌盖小，易早衰。低于 8℃ 时子实体生长缓慢，金针菇 5~10℃ 时子实体生长要比 12~15℃ 时慢 3~4 天，但子实体生长健壮，不易开伞，颜色白，商品价值更高。温度高于 19℃ 时子实体很难形成。

3. 水分和湿度

金针菇属于喜湿性食用菌，抗旱能力较弱，含水量为 60%~70% 时菌丝均能正常生长发育，最适宜的培养料含水量以 65% 左右为宜，不同配方的培养料含水量也有所变化。培养料的含水量过多、过少均会影响菌丝生长。若培养料含水量低于 50%，会使菌丝生长稀疏，结构性不好，若培养料含水量过多（高于 75%），则通气不良，菌丝生长发育受到抑制而停止生长。子实体生长发育阶段，应保持空气相对湿度为 85%~95%。

4. 空气

金针菇是好气性食用菌，在菌丝体生长阶段和子实体发育阶段，都要注意通风换气。在菌丝体阶段，培养室要经常通风换气，保持空气清新，使菌丝健壮生长。在子实体形成阶段，需要有足够的氧。否则菇的生长缓慢，菌柄纤细，不形成菌盖，形成针尖菇。二氧化碳是出菇阶段决定菌盖大小与菌柄长短的主导外界因子，试验表明，当菇房空气中二氧化碳含量达到 0.114%～0.152% 时，金针菇的菌盖受到抑制，菌柄伸长，形成菌盖小、菌柄长的商品菇。但是当菇房空气中二氧化碳含量超过 1% 时就抑制菌盖的发育，超过 5% 时，便不能形成子实体。

5. 光照

金针菇菌丝和子实体在完全黑暗的条件下均能生长。菌丝体生长阶段需要在暗处生长发育，不需要光线。但是子实体在完全黑暗的条件下会出现生长缓慢，菌体小，畸形菇比例高等情况，光线对子实体形成有促进作用，微弱的散射光可刺激菌盖生长，有利于培养高质量的金针菇。但是过强的光线会使菌柄生长受到抑制，出现菌柄短，菌盖开伞快，色泽深等情况。因此，金针菇要在暗室中栽培。

6. 酸碱度

金针菇栽培要求偏酸性环境，需要制作弱酸性的培养基。在 pH 为 3～8.4 范围内，菌丝都可生长。在菌丝体生长阶段，培养料的最适 pH 是 4～7，在子实体生长阶段，培养料的最适 pH 是 5～6。在一定的 pH 范围内，培养料偏碱会延迟子实体的发生，在微酸性的培养料，菌丝体生长旺盛，当培养料中的 pH 低于 3 或高于 8 时，菌丝会停止生长或不发生子实体，在实际生产中多采用自然 pH 进行培养。

三、栽培技术

目前栽培金针菇多采用代料栽培，栽培原料多采用棉籽皮、锯末、稻草粉、酒糟等。主要的栽培方式为袋栽、瓶栽和床栽。袋栽和瓶栽主要用熟料栽培，床栽主要采用生料栽培。熟料栽培金针菇，成功率高，出菇整齐，产量高。下面就袋栽做主要介绍，基本栽培程序为：菌种的准备、栽培季节的选择、栽培场所的确定、培养料配制、装袋、灭菌、接种、发菌管理、出菇管理、采收。

金针菇主要有黄色、白色、浅黄色三大品系。黄色品种的温度适应范围宽且较耐高温，抗性强产量高，子实体上部和下部颜色分别为黄色、褐色，柄基部有绒毛，口感好。白色品种不耐高温，温度高于 18℃ 时，会难以形成子实体，抗性差，子实体上下乳白色，柄基部绒毛少或没有。浅黄色品种对温度的要求介于上述两种之间，子实体上下淡黄色。实际生产中应根据市场需求和当地气候条件选择适宜的优良菌种，按常规制种方法制备原种及栽培种。

(一) 菌种制备

选择适宜当地具体条件的优良菌种，通常要添加麸皮、米糠或玉米粉等配制栽培种培养料，以满足金针菇对氮源及维生素 B_1 和维生素 B_2 的需求。

（二）确定栽培季节

利用自然季节栽培金针菇应安排在 9~11 月，若栽培时间过早，则气温高、湿度大、杂菌污染率高；若栽培时间过晚，则因气温低导致发菌慢，并影响产量，一般在 4~5 月结束出菇。

（三）栽培料选择与制备

培养料的正确选择和处理是金针菇栽培成败的关键。可用于金针菇栽培的原料较多，棉籽壳、玉米芯、豆秆、稻草、麦草、甘蔗渣、木屑等均可，宜选用柞、柳、榆、杨、槐、桑、桦、枫、构、栋、悬检木等阔叶树种的木屑。含有松脂、精油、醇、醚等杀菌物质的松、柏、杉等针叶树种的木屑不宜使用。但需要特别注意的是，金针菇与其他大多数木腐菌不同，不适于使用新鲜木屑，通常使用自然堆积半年以上的木屑才能获得较好的栽培效果。原料要求无污染、无霉变，部分原料还要提前进行预处理，如玉米芯应粉碎成豆粒大小，蔗渣需要室外堆积自然发酵一个月左右，麦草、稻草要机器粉碎后再使用等。生产中常用配方如下：

1. 母种常用配方

（1）马铃薯 200g、葡萄糖（或蔗糖）20g、琼脂 15~20g、维生素 B_1 1g、维生素 B_2 1g、水 1L。

（2）马铃薯 200g、麸皮 40g、葡萄糖（或蔗糖）20g、琼脂 15~20g、水 1L。

2. 原种常用配方

（1）小麦粒 98%、石膏粉 2%。

（2）小麦粒 93%、米糠（麸皮）5%、石膏粉（或碳酸钙）2%。

3. 栽培种常用配方

（1）阔叶木屑 73%、米糠（麸皮）25%、蔗糖 1%、石膏粉 1%。

（2）玉米芯 73%、麸皮 25%、蔗糖 1%、石膏粉 1%。

（3）棉籽壳 83%、米糠（麸皮）15%、蔗糖 1%、石膏粉 1%。

（4）切碎稻草 70%、麸皮 25%、玉米粉 3%、碳酸钙 1%、蔗糖 1%。

4. 生产常用配方

（1）木屑 80%、米糠（麸皮）20%。

（2）玉米芯 45%、棉籽壳 45%、麸皮 8%、石膏粉 1%、石灰粉 1%。

（3）棉籽壳 90%、麸皮 8%、石膏粉 1%、石灰粉 1%。

（4）醋糟 75%、棉籽壳 23%、磷酸二氢钾 0.5%、石膏粉 1.5%。

（5）切碎稻草 48%、木屑 24%、麸皮 25%、尿素 1%、石膏粉 1%、石灰粉 1%。

（6）棉籽壳 80%、麸皮 15%、玉米粉 3%、糖 1%、石灰粉 1%。料与水的比例为 1∶1.4~1∶1.5。

（四）栽培料处理

培养料中白糖、蔗糖等需加水溶解以后加入，新鲜阔叶木屑要经过半年以上时间的日晒雨淋进行陈旧处理，木屑要过筛，防止装袋时木片、木块刺破塑料袋。谷壳、稻草要进行浸泡软化处理，棉籽壳需提前一天加水搅拌、堆积、覆盖薄膜，使其吸入水分均匀，第二天再加入辅料，充分拌匀，含水量要控制在65%。金针菇较其他多数品种要求的含氮量较高。如果使用木屑、蔗渣为主要原料，麸皮的含量至少要达到20%。培养料的水分含量均应在60%~65%，水分宜略偏干。

（五）拌料

按照配方的比例要求，准确称料后放在水泥地面上或塑料薄膜上拌料。拌料时，先把石膏和麸皮混匀，然后再分层加入主料中，即一层主料一层辅料，堆好后再用铁锹反复翻拌，而后与水混合。培养料的含水量以55%~65%为宜。需要注意的是，拌料时必须将培养料拌均匀，避免培养料中还有干料块，造成灭菌不彻底而感染杂菌。

（六）装袋

配制好培养料应立即装袋。栽培袋规格一般为15~17cm宽，30~35cm长，先用塑料绳把袋的一头扎好，使之不透气。接着将培养料装入筒内，边装边轻轻压实，上下用力要均匀，一般每袋装干料300g左右。使袋壁光滑而无空隙，装料15cm左右，装完料后，把袋筒口合拢扭拧用塑料绳扎好。袋筒的两端应各留长10cm的薄膜，袋筒内长满菌丝后，便于后期撑开供子实体生长。也可采用装袋机进行机械装袋。拌料和装袋都必须快速完成，当天拌料当天完成装袋，以防酸败。

（七）灭菌

料袋装完后立即进行灭菌，以杀死料内各种微生物，促进培养料内部分有机物质的降解。金针菇培养料的灭菌要求锅门盖严实、无缝、不漏气。常压灭菌过程要猛火提温，利用开头旺火猛攻升温，使培养料尽快达到无菌状态，灭菌过程温度不低于100℃，持续一段时间后用旺火烧，要求100℃保持14~18h，停火焖数小时后即可打开锅门，取出料袋移入接种室接种。

（八）接种

通常在接种室内进行接种，接种成功的关键是无菌操作。接种前应将接种环境、接种工具、接种人员进行常规消毒灭菌，当灭菌后的菌袋温度降至30℃以下时开始接种。

接种时一般3~5人1组，1人取种，1~2人接种，1~2人扎口，接种量以3%~5%为宜，接种量过多，容易在老菌块上出菇，抑制基内菌丝正常形成子实体，影响产量。接种时，要注意在把菌种放入袋中接种穴时，一定要用穴周围的培养料轻轻覆盖住，这样做的目的是一方面能够促进菌种尽快定植，均匀发菌；另一方面能够防止金针菇菌种在袋中未满菌就提前产生菇蕾，造成栽培生产的损失。同时也要注意菌种接入要迅速，要尽量缩短暴露的时间，接种时间最好选在气温较低的早晨和晚上，以提高接种的成功率。

（九）发菌

发菌期间主要是控制温、湿、光、气4个环境条件。培养室（发菌室）要求洁净、干燥、阴凉，菌袋要整齐地排放于层架上进行发菌培养。培养时要求温度控制在23~25℃，培养室内要保持黑暗，空气相对湿度控制在65%左右，正常情况下，30天左右菌丝全部吃透料长满袋。培养3~5天后开始检查栽培袋的菌丝恢复情况，发现杂菌污染或菌种块萌发差及不萌发的要及时处理。培养过程中每10天左右将床架上下层及里外放置的菌袋调换一次位置。发菌期间，要严格监控室内温度，一旦温度超过25℃，要立即加强通风降温，通常温度降到20℃以下有利于培养健壮的菌丝体。

（十）出菇管理

一般经过30天左右菌丝就可满袋，之后在适温下继续培养6天左右让菌丝充分成熟，就进入出菇管理阶段。

1. 搔菌

把菌袋两头扎的绳及棉塞去除后打开袋口，将培养料表面的一层厚菌膜和残存的一部分老菌皮去除，称为搔菌。搔菌可使菇蕾生长整齐一致。可用铁丝做成一个有3~4个齿的手耙作为工具，先在酒精灯火焰上消毒，然后将培养料表面菌膜搔破，连同老菌皮和种块一起清除，然后将料面整平。

2. 降温增湿

低温是菇蕾形成的重要条件。出菇的适宜温度为10~12℃，控制相对湿度为85%左右，在适宜的温度下出菇，子实体生长慢，颜色淡，质嫩，生长整齐，产量高，质量好，如温度高时则菇质差，容易感染杂菌。增湿时，可在墙壁、地面及空间进行喷雾。

3. 降低光照

金针菇对光线是比较敏感的菌株，在避光的条件下，培养的金针菇颜色浅，质嫩，绒毛少。某些菌株对光线不敏感，出菇期间需要进行微光诱导，微弱的光线能促进子实体的形成，并且室内的顶光，能使菌柄向着光的方向快速伸长，使其整齐生长，不散乱。

4. 通风调节

在子实体生长期间，需要大量的氧气，培养室或菇棚内必须保持适度通风。二氧化碳浓度过低，不利于菌柄伸长，菌盖易开伞。因此，实际生产中要做到根据子实体生长发育的不同阶段进行通风调节。通常在催蕾阶段及子实体生长后期，要增加每日通风次数，增大通风量，这样能使菇蕾形成量多，出菇整齐，菌盖圆整。若培养室内二氧化碳浓度过高，菇蕾形成少，不整齐，则易形成针头菇。但是在子实体生长阶段，要减少通风量，将培养室或菇棚内空气中二氧化碳的含量提高到0.1%~0.15%为宜。当料面出现菇蕾后，把袋两头剩余的薄膜撑开拉直。这样既可保湿，又可改善小气候环境中二氧化碳的浓度，有利于菌柄整齐的伸长，菌盖发育受到抑制，而获得菌盖小、菌柄细长的、质量高的商品金针菇。

（十一）采收

当菌柄长至13~18cm，菌盖直径0.8~1.1cm时，就可进行采收。采收操作时一般一手抓住菌袋，另一只手把菇丛拔起，用剪刀整齐剪掉菇尾附带的培养料，置于暗处，避免见光变色。每采收完潮菇，应及时清理菌袋表面的死菇，搔破料的表面，露出新菌丝，轻拧袋口，加大通风量，向棚内灌水保持湿度，每天向料面喷水2~3次，继续养菌管理，10~15天可第二潮出菇，一般可收3~4茬菇。

第三节　黑木耳

一、概述

黑木耳又称木耳、细木耳、光木耳、云耳等，是温带常见的木腐菌，属于真菌门，担子菌亚门，层菌纲，木耳目，木耳属，主要分布于温带和亚热带的高山地区。我国是世界上黑木耳的主要产地，在自然界中常生长在栎、榆、杨、榕、洋槐等多种阔叶树的朽木上，密集成丛生长，引起木材腐朽。黑木耳喜温暖潮湿的气候，秋、春季节的雨后常出现，主要分布于温带和亚热带地区，我国主要产区分布在湖北、四川、贵州、河南、吉林、黑龙江、山东等地区。

黑木耳质地细嫩、味道鲜美、营养丰富，其中所含的蛋白质和维生素远高于一般的蔬菜水果，蛋白质含量甚至与肉类相当，蛋白质中的氨基酸种类比较齐全，尤其是赖氨酸和胱氨酸含量非常丰富，被称为"素中之荤、菜中之肉"。黑木耳子实体富含胶质，对人体消化系统具有良好作用，还有清肺润肺的作用。经常食用黑木耳能降低人体的血液凝块，缓和冠状动脉硬化。黑木耳既是一种滋味鲜美、营养丰富的食材，又是一种具有药用价值的保健食品。

二、生物学特性

（一）形态特征

1. 孢子

木耳担孢子无色、光滑、弯曲、呈腊肠状或肾形，单个担孢子萌发成单核菌丝，不同性别的单核菌丝结合之后形成双核菌丝。

2. 菌丝体

菌丝洁白、浓密、粗壮，有气生菌丝，但短而稀疏。双核菌丝在显微镜下纤细且粗细不匀，有较多的根状分枝和锁状联合，肉眼观察，白色至米黄色，一般呈细羊毛状，不爬壁，紧贴培养基匍匐生长。母种培养期间不产生色素，放置一段时间能分泌黄色至茶褐色色素，不同品种色素的颜色和量不同。菌丝有锁状联合，但不明显。

3. 子实体

木耳子实体的形状、大小、颜色与外界环境条件联系密切，通常随外界环境条件的变换而变化，一般呈耳状、叶片状、不规则形等多种形状，子实体直径约为4~12cm，厚度为1~2mm。新鲜时，子实体呈现半透明胶质且有弹性，干燥后变成角质。子实体腹面为红褐色或棕褐色，质光滑或有脉状纹，后期变为深褐色或黑褐色，背面为青褐色，有绒状短毛。

（二）生长发育条件

1. 营养

黑木耳属于木腐菌，须从栽培基质中获取碳素、氮素、无机盐等营养。这些营养物质均可以通过分解木材中木质素、纤维素、半纤维素等获取，也可从代料栽培的适宜树种的木屑或农副产品下脚料等农林废弃物中获取。

（1）碳源。碳素是黑木耳最重要的营养来源。黑木耳所需要的碳素营养主要来源于各种有机物，如纤维素、半纤维素、木质素、淀粉等。其中，小分子化合物可以直接为黑木耳细胞所吸收；纤维素、半纤维素等大分子化合物则不能直接被吸收，必须通过纤维素酶、半纤维素酶等分解后才能被吸收利用。常用碳源有锯木屑、棉籽壳、玉米芯、稻草等。

（2）氮源。黑木耳生长发育所需的氮源有蛋白质、氨基酸、硝酸盐等。其中，氨基酸等小分子化合物能被菌丝直接吸收，蛋白质等大分子必须经蛋白酶分解成氨基酸后才能被吸收利用。菌丝和子实体生长发育的最适碳氮比不同，比例失调会影响黑木耳菌丝体生长，菌丝生长阶段适宜的碳氮比为20：1~23：1，子实体生长阶段碳氮比为30：1~40：1。在代料栽培过程中需添加一定量的含氮较高的麸皮、米糠、豆饼粉等辅助原料来增加氮素营养，促进菌丝生长，缩短生长期，提高产量。

2. 温度

黑木耳属中温型的恒温结实性菌类，子实体形成不需要温差刺激。菌丝生长的温度范围是4~35℃，以22~28℃最适宜，温度低于10℃时生长受到抑制，高于30℃时菌丝体生长加快，但是较为纤细并加快衰老。子实体分化的温度范围是15~27℃，最适温度20~25℃，若温度低于15℃，会使原基形成较缓慢，低于10℃则很难形成原基，若高于25℃，耳片生长会加快，但耳片薄而黄，色浅质差，温度若再升高，子实体就会发生自溶，易遭病虫害，易产生烂耳、流耳。

研究发现，在适宜的温度范围内，温度越低，黑木耳的生长发育就慢，菌丝体健壮，子实体色深肉厚，质量好。温度越高，其生长发育速度越快，但是菌丝徒长，纤细易衰老，子实体色淡肉薄，质量较差。

3. 水分和湿度

黑木耳菌丝体和子实体在生长发育中都需要大量的水分，但在不同生长发育阶段的水分需求程度有所不同，总的原则是"干干湿湿，干湿交替"。栽培生产中，在适宜温度下，菌丝体在低湿情况下发展定植较快，子实体在高湿情况下发展迅速。因此在点种时，要求耳棒的含水量为60%~70%，代料培养基的含水量控制为约65%，调节空气相对湿度在70%左右，这样有利于菌丝的发展定植。子实体的生长发育需要较高的水分，要注意干湿结合，还要根据温度高低情况，适当给以喷雾，温度适宜时，调节空气相对湿度为80%~95%，促进子实体迅速生长，耳丛大，耳肉厚。此时若湿度过低，子实体形成迟缓，若湿度过高，则易形成病害。在温度较低时，不能过多地给予水分，否则会造成烂耳。

在菌丝生长发育阶段（包括采耳之后），要调节耳木内及空气中的湿度，使其较干，促进菌丝生长蔓延。当菌丝分化为耳芽时，就要保证空气中的湿度，使其较湿润，有利于促进子实体生长和发育，保证黑木耳高产优质。

4. 空气

黑木耳是好气性大型真菌。在正常生长发育过程中始终需要通风良好，保持足够的氧气供应。基于此，在栽培料配制时，培养料的含水量不可太高，装瓶装袋时要留一定空隙，以供给菌丝体生长的充足的氧气。通常情况下，在菌丝生长阶段，需氧量相对少些，子实体生长阶段则需大量氧气，需氧量呈现"先弱后强"的变化趋势。

5. 光照

黑木耳在不同生长发育阶段对光照的要求不同。在光线微弱的阴暗环境中菌丝和子实体都能生长，但是在完全黑暗条件下不会形成子实体。在菌丝培养阶段要求暗光环境，光线过强容易提前现耳。光线对黑木耳子实体原基的形成有促进诱导作用，耳芽在一定的直射阳光下才能展出茁壮的耳片，光线不足，生长弱，耳片变为浅褐色。在实际栽培中，黑木耳对光的需求情况随品种及栽培地区气温而异。北方气温低，日照长，栽培棚遮阳度以"四阴六阳"为宜；在南方则相反，"六阴四阳"较适宜。

6. 酸碱度

黑木耳喜在酸性的环境中生活，菌丝体在pH 4~7的范围内均能生长，其中以

pH 5.5~6.5 为最适宜。在代料栽培时，要求"先碱后酸"，即先将栽培代料的 pH 调高一些，代料经过发酵后产生酸性物质，可将 pH 降到弱酸范围。

三、栽培技术

黑木耳目前主要有段木栽培和代料栽培。段木栽培是将树木砍伐后，经过适当干燥，把培养好的纯菌种接到段木上，使菌丝在段木中定植，并生长发育长出木耳子实体的过程。代料栽培是利用黑木耳适生树种的木屑，以及棉籽壳、甘蔗渣、玉米芯等农副产品来代替段木，以塑料培养袋、玻璃瓶等为容器来栽培黑木耳。代料栽培可以综合利用各种农副产品，变废为宝，减少林木资源的消耗，同时与段木栽培相比具有生产成本低、生产周期短、收益快等优点。代料栽培黑木耳的基本程序为：菌种制备、确定栽培季节、栽培料的选择与制备、栽培料处理拌料、装袋、灭菌、接种、发菌、出耳管理、采收及后期管理。下面就代料栽培技术做主要介绍。

（一）菌种制备

选用优良菌种是袋料栽培获得优质高产的关键。具体生产中，黑木耳栽培品种分有段木栽培品种和段木代料两用种，适于段木栽培选用段木种，代料栽培应选择两用型菌种，两用菌种可代料栽培，也可段木栽培。常见的两用种有很多，如陕耳 1 号、陕耳 3 号、黑耳 1 号菌、杂交 005、木 8808、山林 101 等。栽培种的菌龄要求 40d 左右为适宜，选择菌丝体生长快，粗壮，接种后定植快，生产周期短，产量高，片大、肉厚、颜色深的作为菌种。

（二）确定栽培季节

黑木耳属中低温型大型真菌，耐寒怕热，宜在春秋季节栽培。菌丝最佳生长温度为 22~28℃，菌丝在 0℃ 以下较长时间不会死亡，但在 37℃ 时会停止生长。子实体发育的最佳温度为 20~24℃。袋栽时要考虑出耳期尽量避开 30℃ 以上的高温及 18℃ 以下的低温。春季袋栽的在 2~3 月制袋接种，4~5 月出耳；秋季袋栽的，在 8~9 月制袋接种，10~11 月出耳。也可以在 11~12 月制袋接种，次年 3~4 月在室外挂袋出耳。由于我国南北方温度有较大差异，因此各地必须按照当地气温选择适宜黑木耳的栽培时节。

（三）栽培料选择与制备

绝大多数含有碳源、氮源、矿质元素等营养物质的各种工农业下脚料都可以作为培养原料，如棉籽壳、木屑、玉米芯、甘蔗渣、豆秸秆和稻草等。研究发现，使用不同的培养料栽培黑木耳，其长势、产量和质量有差别。黑木耳属木腐菌，用木屑培养料生产的木耳耳片舒展、胶质柔和，产量也高。用棉籽壳培养料生产的木耳长势好，产量也高，但胶质较粗硬；用稻草和麦秸培养料生产的木耳也比较柔软。生产中常用的配方如下：

1. 母种常用配方

（1）马铃薯200g、葡萄糖（或蔗糖）20g、琼脂15～20g、磷酸二氢钾3g、蛋白胨2g、硫酸镁1.5g、维生素B_1 10mg、水1L。

（2）玉米粉100g、琼脂15～20g、蔗糖2g、磷酸二氢钾2g、硫酸镁0.5g、维生素B_1 10mg、水1L。

2. 原种常用配方

（1）小麦粒94%、阔叶木屑5%、石膏粉1%。

（2）小麦粒93%、阔叶木屑5%、石膏粉2%。

3. 栽培种常用配方

（1）阔叶木屑78%、麸皮（米糠）20%、石膏粉1%、蔗糖1%。

（2）玉米芯60%、阔叶木屑25%、麸皮13%、石膏粉1%、蔗糖1%。

（3）棉籽壳90%、麸皮（米糠）8%、石膏粉1%、蔗糖1%。

（4）粉碎豆秆88%、麸皮10%、石膏粉1%、蔗糖1%。

（5）稻草48.5%、棉籽壳48.5%、石膏粉1%、蔗糖1%、过磷酸钙1%。

4. 生产常用配方

（1）棉籽壳94%、麸皮5%、石膏粉1%。

（2）玉米芯62%、棉籽壳24%、麸皮10%、黄豆粉2%、石灰粉1%、石膏粉1%。

（3）棉籽壳56%、玉米芯30%、麸皮10.5%、豆饼2%、石灰粉0.5%、石膏粉1%。

（4）木屑89%、麸皮（米糠）10%、石膏粉1%、石灰粉1%。

（5）稻草70%、木屑20%、米糠8%、石膏粉1%、石灰粉1%。

（6）豆秆76%、木屑12%、麸皮10%、石膏1%、生石灰1%。

（7）甘蔗渣84%、麸皮14%、石膏1%、碳酸钙1%。

（四）栽培料处理

选择新鲜、干燥、无霉变的培养原料，经太阳曝晒1～2天杀灭原材料中的杂菌，降低污染率。原材料中的木屑使用前先过筛，除去较大木块，防止装袋时刺破料袋。由于木屑吸水较慢，拌料前一般提前2天将木屑拌水吸湿，使木屑吸透水无白心。对于麸皮和米糠要求新鲜、无结块、无霉变。棉籽壳要求新鲜、无霉烂，使用前（特别是陈年棉籽壳）一定要暴晒。玉米芯使用前要晒1～2天，再机械粉碎。配料前，干燥的玉米芯也要加水预湿。稻草应截成2～3cm长的小段，浸水5～6h。麦秸、豆秆要新鲜，未经雨淋和无霉烂变质，粉碎成木屑状的碎片。

（五）拌料

拌料可人工拌料或进行机械拌料。人工拌料时，首先按照配方要求，称量好各种已进行了预处理的培养料，将不溶于水的辅助原料如麸皮、玉米面等，与主料木屑或棉籽壳等混合干拌均匀，石灰和蔗糖、石膏、碳酸钙、过磷酸钙等辅料溶于水中再和主料拌匀。培养料含水量控制在 60% 左右为宜，检测方法是以手抓握配好的培养料，指缝中有水渗出但不下滴即为适宜的含水量。酸碱度控制在 pH 7.0~7.5。

（六）装袋

培养料配好后就应立即装袋。一般选用聚丙烯塑料栽培袋，栽培袋规格一般有长袋（12cm×48cm）和短粗袋（17cm×33cm）两种规格。装料前，先将袋底两个角向内塞，装料后袋可立置。装袋方法有手工装袋和机械装袋两种。装料后擦净袋口薄膜，将料袋另一端扎紧即完成装袋。

（七）灭菌

装袋完成后应立即进行灭菌，基本原则是当天拌料，当天装袋，当天灭菌。常压灭菌时要注意"攻头、保尾、控中间"，即开始灭菌水要用旺火猛烧，在 4h 内将菌袋内部温度上升到 100℃，同时将 100℃ 高温保持 12~16h，中途不能停火，并经常补充热水，以防干蒸，保尾即灭菌结束停火后，应待温度降至常温后再打开灶门，取出菌袋。取菌袋时应仔细检查，如发现有小孔或残破袋，立即用无菌胶布封贴，以防杂菌侵入造成污染。菌袋要及时搬入已消毒好的接菌室，让其自然冷却。高压蒸汽灭菌时，控制蒸汽压力为 0.11~0.14MPa，维持 1.5~2.0h 即可完成灭菌。

（八）接种

接种需在无菌室或接种箱内进行，当袋内温度降至 28℃ 以下时即可进行接种。接种时通常三人一组，配合操作，首先将栽培种菌种袋、接种工具及手用 75% 酒精棉球擦拭消毒，接种前先扒去栽培种袋内表层老化菌种，然后采取一人消毒、打穴，一人接种，一人用胶布封口的配合方法进行接种。要求接种速度快，接种量大，以缩短菌丝长满袋时间，减少杂菌感染机会。

（九）发菌

接种后的菌袋应尽快搬进发菌室，整齐堆放或摆上栽培架。发菌室要求黑暗、保温、清洁、干燥。在发菌阶段温度是影响菌丝生长发育最重要的因素。培养室的适宜温度为 22~25℃。春季栽培时根据各地气候差异可进行人工增温，秋季栽培时，应通风降温，防止"烧菌"。发菌期间，要加强培养室的通风换气，换气频率根据气温和堆码密度进行调节，当气温高时，应多通风，宜选择早、晚通风，气温低时宜中午通风；袋堆大而密时多通风，袋温高时多通风。培养室的相对湿度应控制在 65% 左右，如果湿度太低，培养料水分损失多，导致培养料偏干，不利于菌丝生长；若相对湿度超过 70%，易导致杂菌污染。发菌期间应避光培养，培养室要提供黑暗条件。如果光线过强，菌丝生长速度会受到抑制，发菌后期菌袋会提前出现耳基，使菌丝老化，影响最终产量。在发菌培养过程中应尽量少动培养袋，在检查杂菌时，要注意轻拿轻放，发现杂菌应及时取出，远离堆码区域。发菌期间可每隔 7~10 天进行一次空间消毒，常用 0.2%多菌灵或 0.1%甲醛溶液喷洒发菌室，以降低杂菌密度。正常情况下经过 45 天左右菌丝即可满袋。

（十）出耳管理

预先准备好出菇室，在出菇室内设置对流窗，安装纱窗、纱门、照明灯、栽培架等。栽培架宜选用塑料管或不锈钢搭制，其规格根据菇房大小而定，层间距为30~50cm，每层架上相隔30cm横架短竹竿，以便吊袋使用，底层距地面60cm，架与架相隔要留50cm宽的过道。

当黑木耳菌丝长满整个菌袋，肉眼可见少量耳芽出现时表明已生理成熟，此时即可拔掉透气塞及颈圈，扎紧袋口，菌袋表面用 0.2%的高锰酸钾溶液或 5%的石灰水溶液消毒 1min，晾干后，即可在菌袋表面开扣。木耳栽培袋开口有多种形状：圆形、长方形、长条形、"十"字形和 "V"字形等。生产实践证明，以 "V"字形开孔出耳最好。前几种开孔方法，因开孔较大，难于保持水分，养分流失多，喷水时水分易渗入料内，并容易造成污染，或使原基分化过密，影响耳片分化。采用"V"形开口时用经消毒的刀片在袋面斜轻划两刀，使之呈 "V"形，孔口长 1.5cm左右，共分 3 行，孔口相互交错，每袋开孔 12 个左右，孔距 5~6cm。采用这种"V"形开孔口，不仅保湿性能好，水分不易散失，而且喷水时可避免过多水分渗入料内，出耳时，由于耳片将切口薄膜向上撑起，可防止耳基积水过多造成烂耳。当开孔处露出粒状耳基便可上架出耳，上架时菌袋之间要相互错开悬挂，保持室温在 22~28℃，空气相对湿度为 85%~90%。当幼耳形成 7 天左右（呈绣球状），将温度降低为 18~20℃，同时逐渐增加通风量，防止形成 "团耳"，当耳片逐渐展开时，要加强室内光照强度。据观察，在 1000lx 的光照强度下，耳片色泽深黑；在500lx 光照强度下分化的耳片为黄白色。如果把暗光条件下形成的黄白色子实体，移到光强为 3000lx 以上的地方照射 6h 后，子实体逐渐由耳片边缘向内转为黄褐色；经过 2 天的处理，耳片就会全部变为黑色或棕色。通常从幼耳产生到成熟一般需7~20 天。

（十一）采收及后期管理

当耳片颜色由深转浅、充分展开，耳基收缩或腹面现白色孢子时，说明已经成熟，应及时采收。采收前要停止喷水，当耳片上无露水时，用手捏住耳基，旋转摘下或用小刀靠袋壁削下，在多雨的季节，大部分耳片均已成熟，可将大小耳片一起采收，采下的木耳要剪去带培养基的耳根，大朵撕开分类，成为单片耳，质优价高。采收的木耳当天晾晒，晾晒过程中不宜翻动，晒至六七成干时复堆，第二天再摊开复晒。

第四节　平菇

一、概述

　　平菇是侧耳属可食品种的商品名称。平菇在真菌分类上属于担子菌亚门，担子菌纲，伞菌目，侧耳属，学名为糙皮侧耳，又名平茸、侧耳等。侧耳属的种类很多，约40多种，被广泛栽培的有10余种。最常见的有糙皮侧耳、美味侧耳、金顶侧耳、凤尾菇、佛罗里达侧耳等。平菇适应性强，产量高，经济效益显著，其品种较多，高温型、中温型、低温型及广温型都有，一年四季皆可生产栽培，可用于栽培的原料来源非常广泛，几乎所有的农林副产物、废弃物都可作为栽培原料。所以，平菇是世界主要食用菌之一，也是世界上生产量最大的食用菌，广泛分布于世界各地，也是我国品种最多、温度适应范围最广、栽培面积最大的食用菌种类。

　　平菇菌肉肥厚，柔嫩平滑，味道鲜美，营养丰富。含有丰富的蛋白质，含有人体必需的8种氨基酸，含有谷物和豆类中通常缺乏的赖氨酸、甲硫氨酸，还含有丰富的维生素 B_1、维生素 B_2 和维生素 PP 等多种维生素，其营养价值远远超过一般蔬菜。经常食用平菇，对降低血压、减少胆固醇有明显作用，平菇蛋白多糖还对肿瘤有抑制作用，可以增强机体免疫功能。

二、生物学特性

(一) 形态特征

　　1. 孢子

　　平菇的担孢子无色、光滑、圆柱形或长椭圆形，性遗传模式为四极异宗结合。

　　2. 菌丝体

　　肉眼观察，菌丝白色，呈绒毛状，有分支、有隔膜，气生菌丝发达，密集且爬壁性强。成千上万条菌丝扭结在一起，形成肉眼可见的白色菌丝体。

　　3. 子实体

　　子实体叠生或丛生，由菌盖和菌柄两大部分组成。菌盖颜色因品种和发育阶段等不同会有差异，一般菌盖青灰色（或黑灰色）至白灰色，通常幼龄时白色、青灰色，老熟时白灰色或黑灰色。菌盖呈扇形、漏斗状或贝壳状，中部坡式下陷，下陷处无毛或有棉絮状短绒；菌盖表面一般光滑湿润。菌盖边缘薄，平坦内曲，有时开裂，老熟时边缘呈波状上翘；菌肉白色、质厚；菌褶白色形如伞骨，长短不等，白色质脆易断，在菌柄上部呈脉状直纹延生。菌柄侧生，色白、中坚实、上粗下细，基部常有白色绒毛覆盖。

（二）生态习性

自然环境中常生长在阔叶树如杨、榆、槐、枫、栎、枸等树木的枯木或朽桩上，或簇生于活树的枯死部分。平菇的适应性很强，在我国分布极为广泛，各地区均有分布。

（三）生长发育条件

1. 营养

平菇属木腐菌，具有极强分解木质素、纤维素的能力。大多数富含纤维素、半纤维素、木质素的农副产品下脚料、农林废弃物都可作为栽培原料。人工栽培时，多采用棉籽壳、锯木屑、农作物秸秆、玉米芯、甘蔗渣等为营养基质，适当添加米糠、麸皮、玉米粉、黄豆粉等原料补充氮素营养以及加入少量磷、钾、镁、钙等物质，对其生长发育和提高产量有明显促进作用。栽培时，营养生长阶段碳氮比以 20∶1 为宜，生殖生长阶段碳氮比以 30∶1~40∶1 为宜。

2. 温度

孢子在 13~28℃ 都可萌发，最适萌发温度是 24~28℃，高于 30℃ 或低于 20℃ 对孢子萌发影响明显。不同品种其菌丝生长温度范围和适宜温度存在一些差异，多数品种在 5~35℃ 下都能生长，24~28℃ 是最适宜温度范围，通常 15℃ 以下菌丝生长缓慢，26℃ 以上菌丝生长快但质量差。低温和中低温类品种的最适生长温度为 24~26℃，中高温类和广温类品种的最适生长温度为 28℃ 左右。子实体形成及生长温度范围为 4~28℃，最适温度为 10~24℃，8℃ 以下子实体生长变缓，25℃ 以上子实体生长速度较快，但是形成的菌盖薄、易破碎、品质差。平菇属于变温结实性菌类，温度变化如昼夜温差大的条件非常有利于子实体分化，产出的平菇质量更高、口感更好，因而在营养生长阶段转变到生殖生长阶段的栽培过程中，应注意在适宜温度范围内创造条件形成昼夜温差变化。

3. 水分和湿度

水分对于平菇生长发育至关重要。新鲜平菇的菌丝体和子实体都含有大量的水分，平菇生长所需要的水分主要来自培养料及环境空气。在菌丝体生长阶段，培养料含水量应控制在 55%~65%，空气相对湿度应控制在 60%~70%，水分过高或过低都会抑制菌丝生长。子实体生长阶段，空气相对湿度应达到 80%~95%，低于85% 子实体发育缓慢，幼菇干缩，影响产量，若高于 95% 则菌肉薄、无韧性，容易变色、腐烂、滋生杂菌，或者形成菌柄长、菌盖小的畸形菇。

4. 空气

平菇属于好气性大型真菌，在呼吸过程中吸收氧气，放出二氧化碳。空气对平菇正常生长发育影响较大。平菇不同生长发育阶段对氧气和二氧化碳要求不同。菌丝体阶段可在半厌氧条件下生长，此时，一定浓度的二氧化碳可刺激平菇菌丝体的生长。而在子实体分化、形成和发育阶段需要充足的氧气，二氧化碳对其生长发育是有害的。出菇期应加强栽培场所通风换气，满足菇体对新鲜空气的需求，使平菇生长正常，菌盖形成数量多，产量高，品质好，同时做好通风换气也能减少霉菌和病虫害的发生。在通风不良、二氧化碳过多的情况下，会形成柄长、盖小的畸形菇，严重的会窒息死亡。因此，在气温较低的冬季栽培平菇时，应注意在做好保温的前提下加强通风换气。

5. 光照

平菇不同生长阶段对光照需求不同。在菌丝体生长阶段要遮光避光，可完全不需要光照，明亮的光线会抑制菌丝的生长。在子实体分化及发育阶段需要一定散射光，特别是子实体原基的形成过程，光线过弱，子实体难以形成，但是也要注意不能用阳光等光线直射。适宜的光照有利于营养物质的吸收转化，颜色加深，菇体健壮。此外，光照强弱还影响着子实体的色泽和菌柄的长度。通常在较强的光照条件下，子实体色泽较深，柄短、肉厚、品质好，在光照不足时，子实体色泽较浅，柄长、肉薄、品质较差。

6. 酸碱度

平菇菌丝喜偏酸环境，pH 为 4~8 范围内均能生长，其中以 pH 为 5.5~6.5 最为适宜。栽培生产中，培养料和水混合后，将基质的酸碱度控制在 6.0~7.5 时，刚好适宜平菇菌丝生长，因为平菇菌丝代谢作用会产生有机酸使培养料 pH 下降，因此在实际栽培中，常加入少量生石灰，使培养料 pH 在接种时为 7.5~8.5 的弱碱性，待到子实体形成阶段时，培养料的 pH 正好就降到适合生长发育的范围。此方法有利于获得高产，也能抑制霉菌等杂菌的滋生，减少污染损失。

三、栽培技术

我国栽培平菇主要采用代料栽培，利用多种农副产品下脚料、农林废弃物等，如木屑、棉籽壳、稻草、甘蔗渣、果树枝条、废棉、酒糟等为主要物质，再加入一定的麸皮、玉米芯等辅料配制而成培养料。该方法能有效节约林业资源，保护生态环境，而且能将农、林业的副产品和下脚料利用起来，使之变废为宝，促进生态农业的发展。按其对培养料的处理情况，可分为熟料栽培、发酵料栽培和生料栽培。按其栽培的方式可分为瓶栽、袋栽、块栽、床栽、箱栽等。按栽培场地可分为室外栽培和室内栽培。室外栽培又可分为大棚栽培、阳畦栽培等。

（一）菌种选择与制备

开始生产前，应提前准备好适于本季节栽培的优质菌种，菌种是平菇栽培成功与否、产量高低、质量好坏的关键因素。母种和原种可以从菌种厂直接购买，栽培种一般需要自己制作。栽培种制备应先于播种栽培 25~30 天。

（二）确定栽培季节

平菇菌丝体的生长，子实体的分化和生长发育都与温度关系密切，因此在平菇栽培中，要根据不同的季节选择不同的适宜品种进行适时栽培。目前将菌种按温度要求划分为低温、中温、中低温和高温四个类型。进行室内栽培时可通过人工调节温度进行四季栽培；利用自然气温种植的，多在春、秋两季栽培。春、秋季节栽培应选择中温型菌株；冬季栽培应选择低温型或中低温型。在一些条件适宜的区域，可在夏季栽培高温型品种。所以，在选择栽培品种时，要清楚掌握不同品种菌丝生长的最适温度范围、子实体分化及发育的最适温度范围，做到合理选择，适时栽培。只有菌种的生活特性与栽培季节相适应相匹配，才能获得较好品质和较高产量的平菇，从而获得较好的经济效益。例如，采用生料栽培以 11 月下旬至第 2 年的 2 月为适宜，因为这时自然气温通常在 20℃ 以下，虽然菌丝生长慢，但能有效减少各类杂菌的生长，降低污染和坏包率。

（三）栽培料选择与制备

1. 母种常用配方

（1）马铃薯 200g、葡萄糖（或蔗糖）20g、琼脂 15~20g、水 1L。

（2）蛋白胨 2g、酵母粉 2g、葡萄糖 20g、琼脂粉 15~20g、水 1L。

（3）马铃薯 200g、葡萄糖（或蔗糖）20g、琼脂 15~20g、蛋白胨 2g、磷酸二氢钾 2g、硫酸镁 0.5g、水 1L。

2. 原种常用配方

（1）小麦粒 98%、石膏粉 2%。

（2）小麦粒 94%、阔叶木屑 5%、石膏粉 1%。

3. 栽培种常用配方

（1）阔叶木屑 78%、麸皮（米糠）20%、白砂糖 1%、石膏粉 0.5%、石灰粉 0.5%。

（2）玉米芯 86%、麸皮 10%、石灰粉 2%、过磷酸钙 1%、石膏粉 1%。

（3）棉籽壳 80%、稻草段 10%、麸皮 8%、石灰粉 2%。

（4）甘蔗渣 70%、麸皮 28%、石膏粉 2%。

4. 生产常用配方

（1）阔叶木屑 55%、玉米芯 35%、麸皮 7%、石灰粉 2%、石膏粉 1%。

（2）玉米芯 62%、棉籽壳 30%、麸皮 5%、石灰粉 2%、石膏粉 1%。

（3）棉籽壳 75%、玉米芯 15%、麸皮 8%、石灰粉 2%。

（4）甘蔗渣 90%、麸皮 6%、钙镁磷肥 2%、石膏粉 2%。

（5）稻草或玉米秆 74%、麸皮或米糠 24%、过磷酸钙 1%、石膏粉 0.5%、石灰粉 0.5%。

（6）棉籽壳 85%、麸皮 12%、蔗糖 1%、过磷酸钙 1%、石膏粉 1%。

（四）栽培料处理

不论选用何种培养料，均应新鲜、无霉变。根据所选培养料的不同进行不同的处理。稻草、麦草因茎外表有蜡质层不利于菌丝分解，一般将其粉碎成 0.3～1cm 长的小段，放入清水中浸泡 3h 捞出沥干备用；玉米芯应采用机械或人工粉碎成花生米大小；棉籽壳、锯木屑可以直接利用。

（五）拌料

确定配方后，将准备好的原料按配方确定的比例进行称取，选择非雨天时进行拌料。拌料之前将溶于水的物质如石膏、磷肥等先溶于水，将棉籽壳、玉米芯等先加水调含水量至 60% 左右，将不溶于水的物质如麸皮、米糠等与干料先混合均匀，然后按料水比 1∶1.3～1∶1.4 的比例加入上述水溶液拌料。要求拌料要均匀，含水量调至 65%，即用手抓起一把培养料握紧，水能从指缝中渗出，但不滴下为适宜。

（六）装袋

通常用聚乙烯塑料袋和聚丙烯塑料袋进行装料，根据后续灭菌方式不同，选用不同材质塑料袋。聚乙烯塑料袋不耐高温，在 110℃ 以上就会熔化，只能在常压灭菌时使用。聚丙烯塑料袋能耐高温，因此高压灭菌宜选用聚丙烯塑料袋；常压灭菌宜选用聚乙烯塑料袋。规格一般为宽 20～22cm，长 40～50cm，厚 0.03cm。装料时要边装边压紧，培养料之间不能出现空隙，但也不能压得过紧造成袋内通气不良，菌丝生长困难，同时灭菌时料袋也易受热胀破。大规模生产时，为了提高效率也可用装料机装料，装料时要用手适当用力挤压料袋，以使料装得松紧适宜。料装至离袋口 5～8cm 处时压平表面，再用绳子系活扣扎紧袋口，最后用干净的棉布擦去沾在袋上的培养料。在装袋过程中，不要将尖硬物装入袋中，以免刺破塑料袋，造成杂菌污染。一旦有部位被刺破，应及时用清洁干胶布封好刺破口。

（七）灭菌

灭菌可采用常压灭菌或高压灭菌。灭菌时要注意在装锅时要留出一定的空隙，或者将菌袋呈"井"字形摆放在灭菌锅里，这样便于高温空气流通，防止出现灭菌死角。采用高压蒸汽灭菌时，在 0.15MPa 压力下计时 2h 后再停止加热，自然降温，让压力表指针慢慢回落到"0"位，先打开放气阀，再开盖出锅。采用常压蒸汽灭菌开始加热升温时，需火旺、势猛，温度到 100℃ 后，要用中火维持 8～12h，中间要持续加热，不能降温；最后用旺火猛攻，再停火焖一夜后方可出锅。灭菌结束后搬运菌袋时要注意轻拿轻放，防止菌袋刺破污损。

（八）接种

当灭菌后的菌袋温度降到30℃后即可接种。接种前应对接种室进行严格彻底的消毒，接种操作人员，应换好衣帽，将手、接种工具、菌种瓶外壁、瓶口等处用75%酒精进行消毒。接种时，三人一组，解袋、接种、封口连续进行。一般采用两头接种法，即先解开一头的袋口，用锥形木棒捣一个洞，洞尽量深一点，放一勺菌种在洞内，再在料表放一薄层菌种，播后袋口套上颈圈，袋口向下翻，使形状像玻璃瓶口一样，再用2~3层报纸盖住颈圈封口。再解开另一头的袋口，重复以上操作过程。接种时应注意严格按照无菌操作程序进行；料袋温度在28℃左右较好；灭菌出锅的菌袋要在1~2天内及时接种，菌袋久置不播种会增加杂菌感染率，制袋成品率显著下降；外界气温较高时，接种要尽量安排在早晚或夜间进行，有条件可以安装空调降低接种室温度，能有效地减少杂菌感染；适当加大接种量，使平菇菌丝在1周内迅速封住袋口的料面，阻止杂菌进入，提高播种成功率。

（九）发菌

接种之后菌丝生长阶段称为发菌。接种后的栽培袋要及时搬入培养室发菌。发菌期应使培养室遮光黑暗，主要任务是保温保湿和防止杂菌污染。

1. 定植期

接种2~3天后，菌种开始萌发，接种块周围生长出白色菌丝，并逐渐扩展连接。这一时期要特别注意保温。25℃是菌丝生长的最适温度，因此应控制培养室的温度，使料温保持在25℃左右，促使菌丝生长，此时若温度过低，会降低菌丝生长速度，温度过高，会造成烧包情况。另外还应注意培养袋污染情况检查，栽培袋污染特别严重的应及时深埋废弃，防止其在培养室内传播。

2. 伸展期

接种5~10天后，菌袋两端开始满布菌丝，并向代料深层蔓延生长，即表明菌丝正常吃料。此阶段菌丝生长速度较快，代谢较旺盛，呼吸作用加强，需氧量增大。到10~20天，尤其要注意通风换气，每天1~2次，每次30min左右。但应注意此时期仍然以保温为主。若发现菌种萌发但不吃料，并且封口层报纸潮湿，可判定是培养料水分过重的原因，应加大通风换气量，促进水分散发。

3. 巩固期

接种25~30天后，菌丝生长速度迅速加快，呼吸、代谢更加旺盛，应再增加通风换气次数和时间，保证发菌场所的空气新鲜。菌袋内的培养料温度即料温保持在20~25℃，防止阳光直射。这时如果发现污染菌袋，应及时采取相关措施，污染不严重的，将污染袋转移到备用发菌场所，可继续发菌或用石灰水浸泡24h晒干后掺在新料中重新使用，如污染严重，应远离发菌场所深埋处理。

（十）出菇管理

经过 30~35 天的发菌管理，白色菌丝长满料袋，袋两端开始有白色或淡黄色瘤状突起时，菌丝即进入生殖生长阶段，也进入子实体生长发育阶段。

在此阶段应及时通过增加散射光、加湿、降温、通风等措施促进原基形成。在原基形成期，一般 3~7 天菌丝开始形成米粒状的原基，此时应向空间喷水雾，保持空气相对湿度为 80%~85%。当原基发育成黄豆粒大小的菇蕾时，应卷起袋筒两端多余的袋边，露出菇蕾和两端的栽培料，继续保持散射光，使菇房温度稳定在 15~16℃，向地面或空气喷水，保持空气相对湿度为 80%~85%，喷水后适当通风。菇蕾快速长大时，采取"多次少量"的喷水加湿原则，每天 2~3 次，每次 30min 左右，继续控制空气相对湿度为 85%~95%，同时结合喷水情况，增加通风换气次数，延长通风时间，增加光照强度。

（十一）采收

当菇盖充分展开，颜色由深逐渐变浅，下凹部分白色，毛状物开始出现，孢子尚未弹射时，即可采收。这时子实体最重，且菌盖边缘韧性好，破损率低，菌肉肥嫩，菌柄柔软，纤维质低，菌体外观好，经济价值高。采收前一天可喷一次水，以提高菇房内的空气湿度，使菌盖保持新鲜、干净，不易开裂。但喷水量不宜过大，尤其是不能向已采下的子实体部位喷水或泡水，以防发生菇体腐烂现象。采收时，左手按住培养料，右手捏住菌柄轻轻扭下，不可硬扳，以免将培养料带起。每采完一茬菇后，要清理菇脚，料面压实，喷些水，盖上薄膜，使菌丝恢复生长，准备下一茬菇的生长。

平菇菌盖质脆易裂，采收后要轻拿轻放，并尽量减少停放次数，采收下来的菇体要放入干净、光滑的容器内，以免造成菇体损伤。菇体表面最好盖一层湿布，以保持菇体的水分。

（十二）转潮期管理

第一潮与第二潮菇之间相差 10 天左右。经过 10 天左右的养菌，料面又现菇蕾，可按前面所述方法管理。一般可有 4~6 个菇潮。每批菇采收后，要将袋口残菇碎片清扫干净，除去老根，停止喷水 3~4 天，待菌丝恢复生长后，再进行水分、通气管理，经过 7~10 天，菌袋表面再次长出菌丝，即为发生第二批菇蕾。在出菇期，水分管理是平菇优质高产的第一要素，平菇在出过一至两潮菇后，培养料的水分和营养含量会严重下降，此时必须做好湿度管理，使空气相对湿度在 85%~95%，培养料含水量在 65%~70%。

四、平菇覆土栽培

室外大田覆土栽培技术能较好地满足空气相对湿度和培养料含水要求，可显著提高平菇的产量和质量，有试验证明，产量可提高30%左右。下面简介平菇覆土栽培的几个关键点：

选择好覆土土壤。应选用壤土，土质新鲜、保水、通气性能较好、毛细孔较多、团粒结构好的菜园土或树林表层腐殖土或稻田土为宜。覆土应呈颗粒状，土粒直径约0.5cm，土壤的pH以6.5~7.0为宜。

平菇覆土的方法很多，主要有畦床平面覆土出菇法、单墙式泥墙覆土出菇法和双面菌墙式填充覆土出菇法等。常用的是畦床平面覆土法，具体操作如下：选择近水源的场地，按宽1.2m开厢整畦，长度不限，畦床深挖20cm，畦底挖松整碎，撒少许石灰粉等以消毒杀虫；然后将已完成发菌长满菌丝的菌袋或出过一至两潮菇的菌袋脱去塑料外袋，袋与袋间按间距15cm左右摆放，再把经处理的覆土填满菌袋空隙，高出菌袋面2cm左右即可；随即用水或营养液将畦床浇透，使覆土层自上而下全部吸足水分，干后将床面沉落部位再用覆土补平；最后插上竹弓搭小棚，盖上薄膜、草帘养菌。覆土之后，菌丝会很快长入覆土内，1周左右便可现蕾出菇。整个出菇期的水分管理只要保持土层湿润，表土不发白即可，可大量节省管理用工。

第五节　草菇

一、概述

草菇又名兰花菇、中国蘑菇、美味苞脚菇、稻草菇等，草菇属于真菌界，担子菌门，蘑菇纲，蘑菇目，光柄菇科，小苞脚菇属。草菇栽培起源于中国，是第五大可以人工栽培的食用菌，总产量仅低于香菇、双孢蘑菇、金针菇和平菇，其产区主要分布于中国、马来西亚、菲律宾、巴拿马、印度尼西亚等国家。我国草菇总产量约占世界总量的60%，最早栽培于我国南方，如福建、广东和湖南等，后期在我国上海、江苏、安徽等地区也有栽培，随着栽培地域的扩大，在我国北方地区也开始栽培，如北京、河北、山东、河南等地。

草菇是名贵食用菌，是高温型草腐菌，鲜草菇肉质肥嫩，干草菇芳香浓郁。草菇味道鲜美、质地脆嫩，有丰富的营养价值，被誉为"素中之荤"。草菇含有18种氨基酸；维生素C含量丰富，均比蔬菜和水果高出好几倍，能促进人体新陈代谢，提高机体免疫力。它还具有解毒作用，如铅、砷、苯进入人体时，可与其结合，并随小便排出。它能够减慢人体对碳水化合物的吸收，是糖尿病患者的良好食品。

二、生物学特性

(一) 形态特征

1. 孢子

草菇担孢子光滑、椭圆形，只含有一个减数分裂产生的核，在适宜的条件下萌发成同核的单核菌丝，该菌丝继续伸长与分枝，同核菌丝经互相融合进行双核化后形成双核菌丝。

2. 菌丝体

草菇菌丝无色透明，培养前期为灰白色，有光泽，菌丝老化时为浅黄褐色。菌丝纤细而长，气生菌丝旺盛，爬壁力强。其在琼脂斜面及稻草、棉籽壳等培养基上，大多数次生菌丝体能形成厚垣孢子。厚垣孢子细胞壁较厚，对干旱、寒冷有较强的抵抗力。厚垣孢子通常呈红褐色或紫红色，细胞多核，大多呈链状连接，成熟后与菌丝体分离。当所处环境温、湿度条件适宜时，厚垣孢子又能萌发成菌丝。

3. 子实体

草菇子实体群生，成熟子实体是由菌盖、菌褶、菌柄和菌托构成。菌盖直径5~18cm，似钟形，干燥，灰色至灰褐色，中央色深，有褐色的辐射状条纹。菌褶位于菌盖的底面，初为白色，后呈粉红色，菌肉白色、松软，成熟时其上产生无数担孢子，孢子印粉红。菌柄着生于菌盖底面的中央，白色、中生，近圆柱形且易与菌盖分离。菌托位于菌柄下端，白色至灰黑色，环状，粗厚，与菌柄基部相连。

(二) 生长发育条件

1. 营养

碳源、氮源、维生素和无机盐类是草菇所需要的营养物质。其中碳氮比尤为重要，通常营养生长期碳氮比为20:1~30:1，生殖期为40:1~50:1。栽培实践中，稻草、麦秸、废棉、棉籽壳、甘蔗渣、其他作物秸秆，以及粪肥、米糠、麸皮等富含纤维素的材料都是栽培草菇的好原料。草菇菌丝通过产生各种酶把木质素、纤维素等分解成单糖利用。

2. 温度

草菇属于在高温条件下才能结实的食用菌。菌丝可生长的温度范围为20~40℃，菌丝最适生长温度为30~35℃，以34~35℃时生长最快，在低于15℃或高于42℃的情况下，菌丝生长几乎停滞，因此草菇的菌种不能放在冰箱中低温冷藏，而应保存在15~20℃的环境中。草菇子实体生长发育温度范围为25~35℃，最适温度在28~32℃，23℃以下子实体很难形成。

3. 水分和湿度

水分是草菇生长发育的重要条件。草菇属于喜温、喜湿类食用菌，栽培过程中

对湿度的要求较其他人工栽培的食用菌更高。草菇培养料的含水量一般要求为
70%~75%，菌丝体生长阶段要求控制空气相对湿度为80%~85%，子实体生长阶段
要求控制空气相对湿度85%~90%为宜，湿度大于95%会造成菇体易腐烂、易感染
杂菌等情况。湿度小于80%会造成草菇生长迟缓、表面粗糙、缺乏光泽等情况。若
水分不足造成干旱，菌丝生长缓慢，子实体难以形成，甚至死亡。水分过多，则会
通气不良，影响呼吸作用，代谢过程就不可能进行，导致菌丝及菌蕾大量死亡，造
成烂菇和死菇。

4. 空气

草菇为好气性大型真菌，若空气中二氧化碳浓度过高，会抑制菌丝生长，严重
时会致菌丝死亡。充足的氧气是草菇正常生长发育的关键因素。研究表明，当培养
料内和表面附近空气中的二氧化碳浓度达到或超过1%时，会抑制菌丝生长和子实
体形成，但是进行通风换气时也要注意避免通风换气过快、过勤。

5. 光照

草菇孢子的萌发、菌丝体的生长发育阶段均不需要光照，直射的阳光反而会抑
制菌丝体生长。草菇子实体形成阶段需要光照，在完全黑暗的条件下难以形成子实
体。散射光能促进子实体的形成，促进色素的转化和沉积，增强草菇抗病性，但是
强烈的直射光对子实体有严重的抑制作用。因此，露天栽培必须覆以草被。

6. 酸碱度

草菇喜欢碱性、微碱性环境，孢子萌发以 pH 6~7.5 为宜。在 pH 为 7.5 条件
下，孢子萌发率最高，pH 超过 7.5，孢子萌发率即会直线下降，在 pH 为 8 时，孢
子萌发率几近于零。草菇菌丝体对酸碱度的适应性较广，在 pH 5~8 均可生长，最
适 pH 为 7.5~8，子实体发生的最适 pH 为 8~8.5。由于草菇菌丝在发育过程中能使
培养基逐渐变酸，因此培养料配制以 pH 9~10 为宜。一般通过添加石灰来调节培养
料 pH。

三、栽培前准备

草菇栽培方法较多，可分为室内栽培和室外栽培。草菇室内栽培可在专门搭建
的草菇房进行，也可利用闲置的农舍、猪舍、烤烟房等改建而成的菇房进行。改建
的菇房可搭床架，也可直接在地面栽培。砖块式栽培主要在塑料大棚内、果树林
下、屋前屋后空地及稻田等处栽培。

（一）菌种选择与制备

因栽培地区环境条件不同，草菇栽培方法有所区别。实际栽培中要根据具体情
况选用适当品种。草菇菌种容易退化，造成减产或无收成，所以要及时进行播种。
菌种引进时要选择信誉好、技术力量雄厚、设施设备完善、有食用菌菌种生产许可

证的正规科研单位或菌种厂。选用无杂菌、菌龄约为 15 天、菌丝白色或浅黄色、有菌香味的菌种。以菌丝半透明，生长均匀，没有气生菌丝团的菌种最佳。草菇菌种一般能产生厚垣孢子，有厚垣孢子的菌种能实现稳产。母种和原种可以从菌种厂直接购买，栽培种一般需要自己制作。

（二）确定栽培季节

草菇是高温型食用菌，在生长发育中对温度的要求较为敏感。为了使草菇在播种后能正常发菌出菇，栽培季节应选择在日平均温度稳定在 25℃ 以上时进行。一般在 6~9 月栽培，有利于菌丝的生长和子实体的发育。有塑料大棚者可提前到 5 月中旬播种。但是，我国南北气候差异较大，因此各地一年中栽培草菇的季节也不完全一样。

（三）栽培料选择与制备

1. 母种常用配方

（1）马铃薯 200g、葡萄糖（或蔗糖）20g、琼脂 15~20g、水 1L。

（2）干稻草 200g、蔗糖 20g、琼脂 15~20g、硫酸铵 3g、水 1L。

2. 原种常用配方

（1）小麦粒 98%、石膏粉 1%、石灰粉 1%。

（2）小麦粒 92%、米糠（麸皮）7%、石膏粉 1%。

3. 栽培种常用配方

（1）干稻草 89%、麸皮（米糠）8.8%、石膏粉 1.3%、钙镁磷肥 0.9%。

（2）干稻草 79%、麸皮（米糠）20%、碳酸钙 1%。

（3）甘蔗渣 87%、麸皮（米糠）10%、石灰粉 3%。

（4）棉籽壳 71%、干稻草 11%、干牛粪 9%、麦麸 7%、磷肥 1%、石灰粉 1%。

（5）玉米芯（玉米秆或高粱秆）98%、尿素 1%、过磷酸钙 1%。

4. 生产常用配方

（1）干稻草（麦草）83%、麸皮（米糠）5%、干牛粪 5%、石灰粉 5%、石膏粉 2%。

（2）棉籽壳 60%、干稻草 35%、麸皮 5%。

（3）平菇菌糠 80%、干稻草 20%。

（4）麦草 36%、棉籽壳 30%、玉米芯 30%、石灰粉 3%、过磷酸钙 1%。

（5）玉米秆 50%、玉米芯 39%、麸皮 10%、过磷酸钙 1%。

（四）栽培料处理

栽培原料的选择应以干燥无霉变为前提，一般在栽培生产待使用前在太阳下暴晒 48h 以上。新收获的稻草、秸秆等原料必须彻底干燥，否则易烂料而导致栽培失败。播种前可用 3% 左右浓度的石灰水预湿拌料，使 pH 达到 12 左右，再建堆发酵

4~5 天, 使培养料基质含水量达到 65%~70%。

四、室外栽培技术

(一) 室外栽培

1. 场地的选择

应选择背风向阳, 供水方便, 排水容易, 肥沃的沙质土壤作为建菇床的场所。气温较低时, 选择南向、阳光充足, 西、北两面有遮阴物的场所; 盛夏时应选择阴凉、通风处作菇床场所。作菇床时畦宽 0.8~1m, 长度不限。使用之前应翻地一遍, 太阳曝晒 1~2 天, 同时可拌入石灰或浇入浓石灰水杀灭土层病虫菌。

2. 料的处理及播种

选择新鲜、无霉变的干燥稻草或麦草或其他原料。将稻草放入 2%~3%石灰水浸饱 12~24h 后捞起, 扭成草把, 铺成畦面, 压紧压实; 在草层边缘 5cm 处撒一圈混合好的菌种 (麦麸与菌种 1:1 混合); 在第一层草层的外缘向内缩进 5cm 铺第二层草把, 压实; 在四周边缘 5cm 处撒一圈混合好的菌种。以后每层如此操作。一般铺 4~6 层草把, 做到上层比下层窄 2~3cm, 整堆成梯形。最后一层草把铺完压实后均匀撒上一层 1cm 厚经消毒的火烧土, 并盖上薄膜保湿。菌种用量通常为 100kg 干草 20 袋菌种。

3. 管理与采收

播种后注意遮阴喷水, 保温保湿。当料面温度高于 45℃时, 要及时揭膜通风, 喷水降温, 一般高温季节一天揭膜喷水 2~3 次。3~7 天菌丝生满畦面, 第 7~10 天可以见小白点状的幼蕾, 第 10~15 天可采收第一茬菇。第一茬采摘结束后通风 1 天, 停水 2~4 天再管理和喷水并再喷一次 pH 8~9 的石灰水, 5 天左右又可收第二茬菇, 一般可收 3~4 茬菇。采菇时, 一只手按住周围培养料, 另一只手握住菇蕾左右旋转轻轻拧下即可。

4. 注意事项

(1) 稻草浸石灰水后最好建堆发酵 5 天 (其间翻堆 1 次), 当料温降到 40℃时趁热铺料播种, 可减少杂菌污染。

(2) 在栽培过程中如发现杂菌污染应及时用石灰浆涂布消毒。

(3) 揭膜通风降温时, 要防止温度下降过快过多。

(4) 草菇喜碱性或微碱性环境, 通常可用石灰水调节 pH 保持在 8.0 左右。

(二) 室内栽培

草菇室内栽培可以人为地提供草菇生长发育所需要的温度、湿度、营养和通气等条件, 使之避免受暴雨、低温、干旱等不良环境调节影响, 从而有利于延长栽培季节, 提高草菇的产量和质量。

1. 菇房设置

选择地势较高、交通方便、近水源且水质好、排水方便的场地，以坐北朝南的方式建造菇房。建造时安装通风设备，前后墙留上、中、下对流窗，屋顶中间设置直径 20~30cm，高 60~100cm 数个排气管，门口挂帘或设缓冲室。菇房内菇床的设置要保证通风良好、整洁、保温保湿，无阳光直射，照明设置均匀。床架与菇房方位成垂直并因地制宜排列，根据菇房的高度设 3~6 层不等，每层之间距离 60~70cm，床架顶层与屋顶距离不小于 1m，底层距地面 30cm 以上。

2. 培养料配制和发酵

以稻草为主原料时将稻草切成 5~10cm 长条，用石灰水浸泡，每 100kg 稻草用 5kg 石灰，浸泡 6~12h 后捞起沥干，拌入石膏、畜禽粪、复合肥、磷肥、草木灰等建堆发酵。一般堆宽 1.2m，堆高 1m，长度 1m 以上，堆中间要留通气孔。堆制好后，盖上薄膜保湿。堆制时间共 5~8 天，其间翻堆 1 次，翻堆时可加入 5% 左右米糠或麦麸。堆制发酵好的培养料要求质地柔软，含水量控制为 65%~70%，pH 为 9 左右。翻堆时添加了米糠或麦麸等原料后，还要进行二次发酵。以甘蔗渣为主要原料时将甘蔗渣浸入石灰水中 24h，捞起后建堆发酵 5 天，然后搬进菇房二次发酵或直接播种。

3. 播种

当料温降至 38℃左右时趁热及时播种（低温反季节时 40℃左右），播种方法有穴播、条播、撒播。在生产上，大多采用穴播和垄式条播。采用穴播时，菌种掰成胡桃大小为宜，一般穴深 3~5cm，穴距 8~10cm。垄式条播方法是采用三层垄式栽培，先在地面或床架铺料，宽 30~40cm，厚约 10cm，长度不限，沿四周播一层菌种。麦麸提前用 3% 的石灰水拌湿后放在菇房内进行二次发酵。麦麸发酵好后在播种中心向内撒一层 10cm 宽的麦麸带，按上述方法铺第二层料、播种、撒麦麸，最上面铺一层料，料面播一层菌种，并撒少许培养料将菌种覆盖。或于床面覆盖约 1cm 厚的火烧土或肥沃砂壤土，在土层上适量喷洒 1% 浓度的石灰水，保持土层湿润，再盖上塑料薄膜以保温保湿。

4. 发菌和出菇管理

播种后，遮光培养，保持室温在 28~30℃内，监控料温，维持料温为 36℃左右，当料温超过 40℃时，可采取向地面洒水和揭开薄膜早晚短时间通风等措施降温；气温较低时，料温升得慢，可采取覆盖草帘、加热、中午通风等措施保温。空气相对湿度应控制在 65%~70%，给予适当的通风换气。3 天左右时间后，每天揭开料堆薄膜通风换气 1~2 次，每次 10min 左右。4~5 天后，喷出菇水，通过向地面和菇房空气中喷水保持空气相对湿度在 80% 左右。7~10 天后，待料面出现原基，将薄膜支高，此时应保持菇房温度 27~30℃，空气相对湿度 90%~95%，逐渐延长通风时间，给予散射光刺激子实体生长。一般播种后 10~15 天可采收草菇子实体。

5. 采收

当草菇外菌幕尚未破裂、菌柄尚未伸长、菌蕾颜色由深变浅时即可采收。采收时，动作要轻，一手按住料面，另一手抓住菇体基部左右旋转，轻轻采下，成簇生长的要一起采收，采后将菇穴按实。切忌用力过猛牵动菌丝，影响下茬出菇。

（三）熟料栽培法

草菇熟料栽培模式即为草菇袋栽，包括浸草、拌料、装袋、灭菌、接种、发菌管理、出菇管理等环节。

将稻草放入预先备好的石灰水池中，用重物加压浸没，石灰水浓度约为 4%，一般浸泡 6~12h。浸好的稻草捞起沥干，含水量控制在 70% 左右，用手紧握稻草，手缝间有一两滴水，即为适宜含水量。然后将稻草切成长度 5~10cm 的短稻草。将各种辅料搅拌均匀后撒入切好的稻草中，放入搅拌机中进行充分搅拌。采用对折径为 22~24cm、长 55cm、质量较好的低压聚乙烯塑料袋装料，边装料边压紧，在离袋口 3cm 处将活扣扎紧。一般每袋装干料 0.6kg。装好的料袋进行常压灭菌，灭菌 2~3h 内使温度升到 100℃，并在 100℃ 继续保持 5~8h。灭菌时间不宜太长，以免培养料酸化。

待料温降到 38℃ 以下时进行接种，采用两头接种法。将已接种的菌包搬入培养室遮光培养，保持室温 28~32℃、料温 35℃ 左右，空气相对湿度 70% 左右。待袋内两端菌丝长至 3~5cm 时，开口松袋，一般 10 天左右菌丝可走满袋。菌丝满袋后，待袋两端开始出现原基时，进行出菇管理：先脱袋，摆放在菇房地上，波浪形垄式堆叠 3~4 层，行间距约 40cm，随后盖上薄膜，5~6 天后打开薄膜，保持室内湿度为 90% 左右，加强室内通风透光，每天通风 2~3 次，每次 10~20min。一般播种后 10~15 天可采收草菇子实体。

第六节　双孢蘑菇

一、概述

双孢蘑菇又称蘑菇、白蘑菇、洋蘑菇、二孢蘑菇，属担子菌亚门，伞菌目，伞菌科，蘑菇属，是一种好气性的草腐性真菌，因其担子上大多着生 2 个担孢子而得名。

双孢蘑菇肉质肥嫩，鲜美爽口，是一种高蛋白、低脂肪、低热量的健康食品。其蛋白质含量几乎是菠菜、白菜、马铃薯等蔬菜的 2 倍，与牛奶相等。双孢蘑菇的氨基酸组成全面，共含有 18 种氨基酸，其中包括 8 种人体必需氨基酸，尤其富含大多数谷物所缺乏的赖氨酸和亮氨酸。脂肪含量仅为牛奶的 1/10，低于一般蔬菜。

双孢蘑菇人工栽培起源于法国，距今约有 300 年的历史。它是当下全球商品化栽培历史最悠久、栽培区域最广泛、总产量最高、消费量最大、效益最好的食用菌种类。目前，全世界有 100 多个国家和地区栽培双孢蘑菇，总产量超过百万吨，居各种食用菌之首。我国双孢蘑菇栽培面积大、出口量多，我国北方地区有丰富的稻草、麦草等农作物秸秆和畜禽粪便等资源，夏短冬长，比较适合双孢蘑菇的生长，目前在山东、河南、福建、河北、浙江、上海等省市栽培较多，山东、福建、河南等省份已实现双孢蘑菇的工厂化生产。

二、生物学特性

（一）形态特征

1. 孢子

双孢蘑菇担孢子褐色、光滑、椭圆形，担子上大多着生 2 个担孢子，另也有着生 1 个、3 个、4 个、5 个、7 个担孢子的情况。

2. 菌丝体

菌丝体由担孢子萌发形成，是双孢蘑菇生长的营养体，担孢子萌发出菌丝，在正常情况下需 7~12 天时间。菌丝靠顶端细胞不断分裂生长而延长，并不断分枝而形成白色棉绒状的菌丝体。在显微镜下观察，双孢蘑菇菌丝由呈长管状的多核细胞组成。

3. 子实体

双孢蘑菇子实体由菌盖、菌褶、菌柄、菌环、孢子等几个部分组成。菌盖圆厚，又称菌帽，老熟时展开呈伞状。菌柄中生，白色圆柱状，中实。通常优质菇的菌柄粗短，表面光滑，不空心。菌膜是菌盖边缘与菌柄相连的一层薄膜，有保护菌褶的作用。子实体成熟前期，菌膜窄、紧；成熟后期，由于菌盖展至扁平，菌膜被拉大变薄，并逐渐裂开。菌膜破裂后便露出片层状的菌褶。孢子褐色，椭圆形光滑，一般在担子上生两个孢子。

（二）生长发育条件

1. 营养

双孢蘑菇属粪草腐生型菌类，需从粪草中吸取所需的碳源、氮源、无机盐和生长因素等营养物质。栽培蘑菇的原料主要是农作物下脚料、粪肥和添加料。稻草、麦秸、玉米秸、豆秸、甘蔗渣、玉米芯、棉籽壳等是常用的碳源，各种禽畜粪是常用的主要氮源，饼肥、尿素、硫酸铵、石膏粉、石灰等是常用的添加料。研究表明，双孢蘑菇子实体分化和发育的最适碳氮比是 17：1。

2. 温度

双孢蘑菇属变温结实性食用菌。菌丝生长的温度范围为 6~32℃，最适温度为 22~25℃，温度高于 25℃时，菌丝生长较快，但纤细稀疏、无力，易早衰；温度高于 33℃时，菌丝发黄，易停止生长或死亡；温度低于 10℃时，菌丝受抑制，生长缓慢。子实体形成的温度是 6~22℃，最适温度为 14~18℃，温度低于 12℃时，子实体生长缓慢、产量低，但菇体肥厚、组织致密，温度高于 18℃时，子实体生长快，但菌柄细长、菌盖薄、易开伞，质量差，产量低。

3. 水分和湿度

双孢蘑菇所需的水分主要来自培养料、覆土层和空气湿度。其在不同生长阶段对水分和空气湿度的需求不同。在菌丝体生长阶段，培养料的含水量一般保持在 65%~70% 为宜。低于 50%，菌丝生长慢、弱，不易形成子实体；高于 70% 时，培养料中的含氧量减少，菌丝不但生活力降低，而且长得稀疏无力，培养料易变黑、发黏、发臭，易染杂菌。

覆土层的含水量以 16%~25% 为宜。土层湿度在菌丝体生长阶段应偏干些，此时的土层湿度一般以手握成团、落地即散的方式测试。实际的栽培生产中覆土层具体的含水量还应视不同的覆土材料而确定。

在菌丝生长阶段应控制空气相对湿度在 70% 左右。太低的空气湿度易导致培养料和覆土层失水，妨碍菌丝生长；而过高又易导致病虫害。在出菇阶段，空气相对湿度需提高至 85% 左右。此时若空气湿度小，菇体易生鳞片，柄空心，开伞过早；若空气湿度大则易长锈斑菇、红根菇等。一般在发菌阶段不宜向培养料直接喷水。喷水应根据菇房的保湿情况、天气变化、不同菌株和不同发育阶段等情况调控。

4. 空气

双孢蘑菇是好氧性大型真菌。菌丝体生长最适的二氧化碳含量为 0.1%~0.5%，子实体生长最适的二氧化碳含量为 0.03%~0.2%，超过 0.2%，会使菇体菌盖变小，菇柄细长，畸形菇和死菇增多，产量明显降低。因此菇房要定期采取适当措施通风换气，特别是出菇期，应加大通风量。

5. 光照

双孢蘑菇属厌光喜暗性食用菌，菌丝体和子实体都可在完全黑暗的环境中生长。子实体在阴暗处生长的颜色洁白，菇肉肥厚，菇形圆整，品质优良。强光对菌丝和子实体均有抑制作用，实际栽培生产中，若光线过于明亮，菌盖表面会变黄且发干，甚至出现菌柄徒长，菌盖歪斜变色等异常情况，影响菇的整体质量。

6. 酸碱度

双孢蘑菇属喜偏碱性的菌类。菌丝生长的 pH 范围是 5.0~8.5，最适 pH 为 7.0~7.5。子实体生长的最适 pH 为 6.5~6.8。由于菌丝在生长过程中会不断产生草酸、碳酸等酸性物质，易使培养料和覆土层的 pH 逐渐下降，所以在播种前培养料的 pH 应调至 7.5~8，覆土材料的 pH 调节为 8~8.5。栽培管理中或每采完一茬菇后，可向菌床喷洒 1%石灰水的上清液，防止 pH 下降而影响双孢菇生长及诱发杂菌滋生。

三、栽培技术

（一）菌种选择与制备

按子实体色泽划分，目前栽培的双孢蘑菇可分为白色、棕色和奶油色三种。白色双孢菇因颇受市场欢迎，在世界各地广泛栽培。

要选用抗病强、抗逆性强、适应性强、丰产、商品性好的品种。栽培双孢蘑菇需要大量的菌种。双孢蘑菇母种一般 15 天左右长满试管斜面，原种和栽培种分别需要 40 天左右长满菌种瓶。长满瓶后一般要延长一周使菌丝充分生长，生产前要依据播种时间推算出适宜的制种时间，以保证栽培使用的菌种菌龄适宜栽培。目前国内推广使用的多为杂交型菌株。常用品种有蘑菇 176、浙农 1 号、闽 1 号、As1671、As2796、Ag150、Ag17、Ag118、萦米塞尔 110、普士 8403、新登 96、双5105、蘑加 1 号等。

（二）确定栽培季节

自然条件下的栽培，要结合双孢蘑菇生物学特性与各地气候条件差异来决定最适的栽培期。我国双孢菇播种时间的一般规律是自北向南逐渐推迟，通常安排在秋季和早春两季栽培出菇，大部分产区一般在 8 月中旬至 9 月上旬播种，除具备相应控温设备外，播种期应选择当地昼夜平均气温在 20~24℃，30 天后气温降低 20℃以下，并稳定在 15℃左右为依据。具体的播种时间还需结合当地、当时的天气预报，培养料质量，菌株特性，铺料厚度及用种量等因素综合考虑。

（三）栽培料配方选择

1. 母种常用配方

（1）马铃薯 200g、葡萄糖（或蔗糖）20g、琼脂 15~20g、水 1L。

（2）马铃薯 200g、葡萄糖 20g、琼脂 15~20g、麦芽汁 100mL、水 1L。

（3）马铃薯 200g、麸皮 100g、葡萄糖 20g、琼脂 15~20g、水 1L。

（4）马铃薯 200g、葡萄糖 20g、琼脂 15~20g、磷酸二氢钾 3g、硫酸镁 1.5g、蛋白胨 5g、维生素 B$_1$ 10mg、水 1L。

2. 原种常用配方

（1）小麦粒 97%、石膏粉 1%、碳酸钙 2%。

（2）小麦粒 88%、发酵牛粪粉 10%、碳酸钙 2%。

（3）干粪草（6 份干牛粪与 4 份稻草发酵料）91%、麦麸（米糠）8%、碳酸钙1%。

3.栽培种常用配方

（1）干牛粪44%、干稻草50%、菜籽饼2%、石膏粉2%、石灰粉2%。

（2）干稻草93%、硫酸铵2%、过磷酸钙2%、石灰粉2%、尿素1%。

（3）干麦秆52%、干鸡粪30%、棉籽壳15%、石膏粉2%、石灰粉1%。

（4）干牛粪56%、干麦草17%、干稻草11.2%、干鸡粪9.3%、菜饼4%、石膏粉1.5%、石灰粉0.6%、尿素0.4%。

（5）干稻草55.4%、干牛粪36.1%、饼粉2.2%、石膏粉1.4%、石灰粉1.4%、碳酸钙1.1%、过磷酸钙0.8%、尿素0.8%、碳酸氢铵0.8%。

注意：上述培养基灭菌后pH以6.8~7为宜，含水量控制在65%左右，可根据实际情况适当增减。

4.生产常用配方

（1）干稻草54.88%、干牛粪41.16%、饼肥1.23%、石膏粉1.1%、硫酸铵0.81%、过磷酸钙0.69%、尿素0.13%。

（2）棉籽壳99%、尿素1%。

（3）干麦秆58%、干牛粪或猪粪38.6%、尿素0.5%、石灰粉1.9%、过磷酸钙1%。

（4）干猪粪55%、干麦秆40%、菜籽饼3.5%、石膏粉1%、过磷酸钙0.5%。

（5）干麦秆60%、干鸡粪38%、石膏粉2%。

（四）高效栽培模式选择

进行栽培生产时，通常根据双孢蘑菇的品种特性、生长发育条件以及栽培地区气候特点，灵活选择和调节栽培模式。南方气候气温高、湿度大，双孢蘑菇生产周期较短，栽培场所一般可选择大拱棚、层架式菇房栽培；北方气候具有气温低、干燥等特点，栽培场所一般可选择塑料大棚、层架式菇房、地畦式栽培等。其他处于闲置期的房屋、养鸡棚、林地、地沟棚、养蚕棚等场所在做好场地消毒灭菌的前提下也可用于双孢蘑菇的栽培。

（五）菇房与菇床准备

菇房以选择地势较高、交通方便、近水源且水质好、排水方便、无污染源、坐北朝南的场地为宜。需安装足够的通风设备，前后墙留上、中、下对流窗，屋顶中间设置多个排气管，门口挂防虫防鼠帘或设缓冲室。

菇房内菇床的设置要保证通风良好、整洁、保温保湿，无直射阳光，照明设置均匀。床架与菇房方位成垂直并因地制宜排列，根据菇房的高度设3~5层不等，每层之间距离约60cm，床架顶层与屋顶距离不小于1m，底层距地面30cm以上。

菇房在使用前必须进行消毒，以避免整个栽培过程受到杂菌污染。菇房消毒常用的方法是熏蒸法，消毒前先将菇房密闭，保证药气不外逸，一般按每平方米 1mL 甲醛加 5g 高锰酸钾的配比进行熏蒸。双孢蘑菇在其生长过程中要放出大量的废气和分泌物，这些东西都会沾染在菇床和墙壁上，所以老菇房在出料后也必须进行彻底的消毒和清洗。方法是将拆下来的床架材料放入石灰水中浸泡，然后洗净、晒干，以彻底清除所吸废气、分泌物、杂菌及虫卵。对于不能拆下的部分，用水冲洗刷净。泥土地面要铲去 3.33cm 左右的老土，重新填上新土。床架重新搭建好后，要充分通风、干燥，再用石灰水喷洒消毒。

（六）栽培料配制

双孢蘑菇菌丝不能利用未经发酵分解的培养料，因此培养料必须经过发酵腐熟，发酵的质量直接关系到栽培的成败和产量。培养料一般采用二次发酵法，也称前发酵和后发酵技术。

1. 培养料前发酵

前发酵在棚外进行，根据在当地气候资料确定播种期后，向前推移约 20 天即为建堆期。选择本地资源丰富的农作物秸秆，一般堆宽 2.0m，堆高 1.8m，长度不限。以生产常用配方中稻草牛粪培养基为例，先用清水或 0.5%石灰水浇透稻草并堆放预湿 2~3 天，充分吸水并软化，干牛粪打碎并用尿素水喷湿，使含水量达到 70%左右。建堆时，在水泥地面上均匀撒上一层石灰粉进行消毒，然后一层草（厚约 25cm 预湿过的稻草），一层粪（厚约 5cm 的喷湿牛粪）如此重复，在稻草或牛粪上逐渐均匀加入所有的饼肥、硫酸铵及一半的尿素，最后用粪肥封顶。建堆完成后，在堆上每间隔 30~50cm 打一直径为 10cm 且深达堆底的通气孔，在晴天可以用草帘覆盖遮阳，雨天用塑料薄膜覆盖防雨（在雨后要及时掀膜透气）。针对预湿不足的堆料，建堆时酌情泼水，至堆底四周溢水为止。

正常情况下，建堆后 3 天左右，当料温达到 65℃左右时进行第 1 次翻堆。先将最外层干燥冷却料翻下，抖松后作为新的堆底，然后将温度较高的料翻到一边，再抖松最底层温度较低的料并将其翻叠到新堆底上面，最后将翻到一边的那部分温度较高的堆料翻到堆外，将前两部分料完全包围起来即可。同时，伴随翻堆添加全部过磷酸钙、石膏粉及另一半的尿素，并将培养料的水分调节至 65%左右。重新建好堆后，待料温升到 65℃左右时，保持 3 天，进行第 2 次翻堆，每次翻堆方法相同。一般翻堆 3 次即可。通常第 3 次翻堆时要用石灰粉将 pH 调节为 7.5~8，使培养料水分达到 70%左右。

2. 培养料二次发酵（后发酵）

后发酵在消毒后的棚内进行，目的是进一步改善培养料的理化性质，适当保持高温，使放线菌和腐殖霉菌等嗜热性微生物利用前发酵留下的氮、酰胺及三废为氮源进行大量繁殖，最终转化成可被蘑菇利用的菌体蛋白，完成无机氮向有机氮的转化、增加可溶性养分；同时彻底杀灭病虫杂菌，特别是在搬运过程中进入培养料的杂菌及害虫。

对菇房进行清扫和消毒后选择晴天，先关闭菇房所有的门窗和通风窗口，再将培养料翻开后趁热迅速搬入菇床（以防堆温急剧下降），将其呈培垄式集中于菇房床架中层，切忌在顶层与底层堆放（顶层培养料发酵后易过湿，而底层因温度较低无法进行二次发酵），清扫散落于地面的培养料后立即密闭门窗，利用炉子或通过向菇房输入热蒸汽进行升温消毒，使料温快速达到 60~63℃，保持恒温 6~8h，结束后方可降温。可打开对角窗门数对让菇房短时间换气，当料温逐渐降至 52℃ 左右，再次关闭窗门使温度维持在 50~52℃，4~6 天。保温结束后，当料温降至 40℃ 左右时，将全部窗户及通风管打开，培养料降温后，结合水分和酸碱度的调整使培养料均匀分床，通过翻动排除料堆内的有害气体。整个过程中应注意观察培养料含水量和室内空气情况，若培养料偏干，可喷洒适量 2%（质量分数）的石灰水，若空气中烟雾存积，可在保温阶段每天进行少量通风，补充新鲜空气。

二次发酵结束后，有条件的地方还可以进行三次发酵新技术，能增加产量，减少病虫、杂菌的危害，出菇早，菇形好，次菇少，品质高，潮次明显，转潮快。

3. 优质发酵料的标准

培养料呈暗褐色或咖啡色，料内有大量白化菌；有料香味，无其他异味；手抓柔软，有弹性但易拉断，捏得拢，抖得散，无黏滑感；含水量应在 65% 左右，用手抓料，指缝有水泌出，但不下滴；培养料 pH 为 7.5 左右。

(七) 播种

选择适龄优质菌种进行播种，优质菌种标准是菌丝灰白且微带蓝色，生长健壮，多呈扇状或绒毛状，形成少量菌索，有蘑菇特有香味。

有黄水、菌皮、菌丝萎缩或严重徒长的菌种不要使用。播种前用 75% 乙醇对接种工具、菌种袋（瓶）外表及工作人员的双手进行擦拭，或用 0.1% 的高锰酸钾溶液、2% 的来苏儿溶液浸泡 1~2min 消毒，当料温降至 28℃ 左右时进行播种。以麦粒种为例，播种量为 450g/m²，播种方法有层播、混播或穴播，以混播最好。播种前，用铁丝钩挖出菌种袋（瓶）内菌种，倒入盆后用手将团块瓣成蚕豆大小的粒状。混播播种时，先将 3/4 的菌种均匀撒在培养料上，用手将菌种和培养料拌匀后（使麦粒均匀分散在培养料中），再将剩余 1/4 菌种均匀撒在培养料表面，继续覆盖一薄层培养料，稍压实、整平。播种结束后，要在料床上面覆一层经过消毒处理的薄膜，以保温保湿，使料面与外界隔绝，阻止杂菌和虫害的入侵。

(八) 发菌管理

调节菇房温度 24℃ 左右，空气相对湿度 75% 左右。1~2 天后菌种块周围出现白色短绒样的菌丝，表明菌丝恢复生长并开始吃料。若 4 天后仍不见长出菌丝，应及时检查发酵料（水分、发酵程度、气味等）与菌种是否达到要求。蘑菇菌丝彻底恢复生长后，开始微通风，使培养料表层处于干燥状态（使菌丝向培养料中下层充分蔓延），促进菌丝尽早封盖料面。7~10 天后菌丝已经基本封盖料面，应适当降低料面湿度，并在早晚逐渐加大通风量，气温较高时要减少通风。10~15 天后用直径为 2cm 的木棍在料面上每隔 15~20cm 处打孔至料底以利于通氧，同时排除料层中积存的有害气体。13~18 天后，大约 70% 的培养料被菌丝吃透，将干燥的菇床培养料面调成湿润，20 天左右菌丝即可长透培养料。

（九）覆土

把覆土材料均匀覆盖于菌床表面的过程称作覆土。双孢菇菌床不覆土、不出菇，覆土虽不能补充营养，但却能改变菌床的生态环境。覆土是双孢菇栽培环节中的一项重要工作。

应选择有团粒结构，孔隙多且保水性强，含适量腐殖质，无病虫害的中性土壤。生产中一般多用稻田土、池塘土、麦田土、河泥土等，一般不用菜园土，因其含氮量高，易造成菌丝徒长，结菇少，而且易藏有大量病菌和虫卵。一般在中性成团块的壤土农田中，先刨掉 20~30cm 的耕作层熟土，再挖取生土，经过烈日曝晒，敲碎后过筛，分别制成粒径为 2cm 和 0.5cm 左右的土后再粗细混合，使覆土既能保湿又能通气。土粒制好后拌入 1% 石灰粉，土的湿度用手捏不碎、不黏，并将 pH 调至 7.2~7.8。

当菌丝长至料层的 2/3 左右时，便是覆土的最佳时期，一般在播种后的 18 天左右。覆土过早，菌丝尚未长足，覆土后通气条件变差，影响菌丝生长，导致产量下降。覆土过晚，菌床易冒菌并结菌块，菌丝易老化，推迟出菇时间，同样降低产量。

覆土的具体方法是：采取先粗后细的原则，先把粗土粒覆盖于培养料表面，约 3cm 厚，使其与培养料直接接触，铺撒均匀，把土粒重新摆齐，以看不到料面或让料面若隐若现为标准。覆土后，保持室温 22℃ 左右，采用轻喷少喷、轻洒勤洒的方式每天喷水 3 次左右，结合通风换气，在 2~3 天内及时调节粗土内水分，切忌因喷水过多使水分直接流入培养料内。4~6 天后菌丝逐渐长上覆土层，待菌丝爬至粗土粒 2/3 处，即床面有 70% 粗土粒间出现白绒菌丝时，可再覆盖细土，约 1cm 厚，细土以半干半湿为宜，过湿菌丝向细土生长过快而基础不牢固，过干容易导致在粗土层内过早出菇。细土调湿后相对减少喷水量，加强通风，保持细土偏干来促进菌丝在粗土层间横向蔓延，使原基在粗细土层之间略偏下的位置形成。

（十）覆土后管理

1. 喷水管理

喷水管理是获得优质高产的关键，通常有间歇重喷和轻喷勤喷两种管理方法。

轻喷勤喷法喷水量不多，但天天喷水。该喷水法不伤菌丝，技术性不强，但菇潮不明显，产量略低。间歇重喷法菇潮明显，出菇整齐，有高产优质效果，但技术性强，喷水时期和喷水量掌握不当，易致菇蕾死亡或因土层漏水而伤害料中菌丝。

当覆土10天左右，拨开土层看到菌丝由原来的绒毛状扭结变成线状时，就开始喷结菇水，在2天内分3次喷水，土层厚的菇床可以多喷，土层薄的要少喷，但应以手搓成泥条为准。喷水时间要适宜，过早会导致结菇部位低，出菇少，转潮慢；喷水过迟，造成表层菇，表现为菇小、菇密、开伞等。

结菇水喷后，菌丝营养生长转变为生殖生产，即出菇阶段土层中的菌丝开始变粗形成菇蕾，当这些小菇蕾长到黄豆粒或玉米粒大小时，此时应重喷出菇水。

随着头潮、二潮菇的采收，天气逐渐变凉，这时再喷大水，很容易把蘑菇喷死，所以要菇多，天气热时多喷，天气冷时少喷或不喷，做到轻重缓急有机结合。

2. 通风管理

通风管理的基本原则是：夜间多通风，水大多通风，阴天多通风。秋菇后期的通风管理要三看：一看气温，适温多通风，低温少通风；二看温度，低于12℃基本不通风；三看温暖天气中午午后可通风，其他时间不通风。

(十一) 采收

正常情况下，从现蕾到采收所需时间为4~6天，当菌盖未开、菌膜未破裂、直径达到3cm左右时即可采收。采菇前6h停止喷水，以免手捏部位变色，采菇时用手轻捏菇盖，旋转90°再取出，要轻采、轻放、不碰伤。采菇要同时清除带覆土的菇脚，避免菇盖或菇柄染上覆土影响品质。出菇旺盛时期，一般一天采两次，清晨及下午各采收一次。若菇房气温在16℃以上，蘑菇生长快，易开伞，要求快速早摘，若菇房气温在14℃以下，蘑菇子实体生长慢，菌柄更结实，可比高温时留菇时间长一些，菇养大一些，在未开伞前采收。

第七节　银耳

一、概述

银耳，又名雪耳、白木耳等，属真菌界，真菌门，担子菌亚门，层菌纲，异隔担子菌亚纲，银耳目，银耳科，银耳属。银耳约有60种，除少数种类银耳生长于土壤或寄生于其他真菌上之外，绝大多数腐生于各种阔叶树或针叶树的原木上，目前国内人工栽培使用的树木为椴木、栓皮栎、麻栎、青冈栎、米槠等多种。

银耳具有很高的食用和药用价值。据分析，银耳含有丰富的蛋白质、氨基酸、矿物质元素、维生素和许多银耳多糖等特殊的糖类，对人体健康十分有益。

银耳自然分布于世界各地，在我国广泛分布于浙江、福建、江苏、江西、安徽、台湾、湖北、海南、湖南、广东、香港、广西、四川、贵州、云南、陕西、甘肃、内蒙古、西藏等地区。

二、生物学特性

（一）形态特征

1. 孢子

银耳的性遗传模式为四极异宗结合，担孢子无色、透明、卵球形或卵形。

2. 菌丝体

菌丝体由担孢子萌发生成，是多细胞、具分枝的丝状体。具有结实能力的双核菌丝在显微镜下分隔和分枝明显，具有明显的锁状联合结构。实际栽培中，银耳菌丝体属于混合型菌丝类型，包括银耳菌丝和香灰菌丝。银耳菌丝为灰白色或淡黄色、短而密、绣球状、生长极缓慢；香灰菌丝为白色至灰白色、细长、羽毛状、爬壁力极强、分泌黑褐色色素、生长速度极快。二者间存在一种特殊关系，要栽培产耳，二者缺一不可，香灰菌丝帮助银耳菌丝将难以利用的木质素、纤维素、淀粉等复杂有机物降解为可被吸收的简单有机物，以供银耳菌丝吸收与利用，在适宜的条件下，生理成熟的菌丝体逐渐形成原基，最终发育成银耳子实体。

3. 子实体

子实体中型、脑状，无菌盖、菌褶、菌柄之分由多个耳片组成，子实体胶质、柔软、半透明，形状因品种不同而异，有菊花状、牡丹花状、鸡冠状等。

（二）生长发育条件

1. 营养

银耳为木腐菌类，生长发育需要充足的碳源和适当的氮源，银耳纯菌丝对纤维质、木质素等高分子有机物几乎没有分解能力，需要在香灰菌丝帮助下分解纤维素、木质素和淀粉为可溶性的小分子化合物才能被银耳菌丝吸收和利用。生产栽培中常以米糠、麸皮、尿素等辅料作为氮源，这些辅料同样需经香灰菌丝降解后才能被银耳菌丝利用。另外，银耳的生长发育还需要添加一定的无机盐类，如硫酸镁、硫酸钙、磷酸二氢钾等。

2. 温度

银耳属中温型恒温结实性食用菌，子实体的形成不需要变温刺激。孢子萌发温度范围为 $15\sim32℃$，$20\sim25℃$ 温度范围最适宜；菌丝在 $5\sim32℃$ 范围内均能生长，最适温度范围为 $20\sim25℃$，低于 $20℃$ 或高于 $28℃$ 会导致菌丝纤弱，高于 $35℃$ 则停止生长。子实体分化生长的温度范围是 $15\sim30℃$，最适温度范围在 $20\sim25℃$，低于

16℃或高于28℃对子实体形成不利。

3. 水分和湿度

银耳属于喜湿性真菌，其各生长阶段对湿度的要求不同。菌丝较耐干旱，但不耐潮湿，菌丝体生长阶段，要求段木的含水量在40%~47%，代料栽培时要求培养料适当偏干，含水量则以55%左右为宜，如湿度偏高会使香灰菌丝生长过旺，对银耳菌丝生长则不利。子实体在发育阶段喜湿度大的环境，要求空气相对湿度达到80%~95%。

4. 空气

银耳是好气性大型真菌，在栽培生产的各阶段均需要一个新鲜空气环境。菌丝萌发对氧气的需要，随着菌丝量的增加而增加，在菌丝生长阶段，若二氧化碳浓度过高，则菌丝生长缓慢。在子实体发育阶段，在适温多湿的环境中，保证氧气充足，则子实体会迅速分化，要注意耳大氧多、耳小氧少的原则。如遇高温情况，若此时通风不良，会使子实体不易开片、蒂头过大，甚至造成烂耳及污染。

5. 光照

银耳在菌丝生长后期和子实体发育阶段需要一定的散射光，但与其他前述食用菌相比，对光线的要求相对不严格。光能促进孢子萌发、菌丝生长和子实体分化，并使耳片伸展有力、洁白。不同的光照对银耳子实体的色泽有明显关系，强烈的直射光和几乎黑暗的条件对菌丝体和子实体均不利。

6. 酸碱度

银耳适宜弱酸性环境生长，其适宜pH范围为5.2~7，以pH 5.2~6为最适宜，pH小于4或大于7的环境均不利银耳孢子的萌发和菌丝的生长。

三、栽培技术

银耳栽培方式有段木栽培和代料栽培，代料栽培是我国目前银耳人工栽培的主要方式。根据银耳的生物学特性和当地的气候决定最适的栽培时间，一般分春、秋两季栽培出耳。

（一）菌种制备

银耳栽培要想获得优质、高产的收获，优质菌种是关键。由于银耳菌丝体的混合属性，银耳生产所用菌种要由银耳菌丝和香灰菌丝混合培养而成，其菌种制备与前述其他食用菌有较大不同。一般需经过银耳菌和香灰菌纯菌种分离、两菌种的混合制备母种、原种制备和栽培种的培育等阶段。

1. 母种制备

（1）银耳菌种的分离。银耳菌丝耐旱但是不耐潮湿，生长速度较缓慢，仅在耳基或接种部位周围较小范围内生长。银耳菌种分离通常采用基质分离法，取耳基或附近基质，经干燥后使不耐干旱的香灰菌丝死亡，留下耐干旱的银耳菌丝。取一小块用 75% 酒精或 0.1% 的氯化汞进行表面消毒后接入 PDA 斜面上，经 22~25℃ 下培养 12~15 天可获得浓密、白色团状的银耳菌丝。

（2）香灰菌菌种的分离。与银耳菌丝相比，香灰菌菌丝不耐旱，生长速度迅速，取远离耳基的一小块材料放入 PDA 培养基，置于 25℃ 下培养 5~7 天，培养基上产生色素且使培养基变黑的菌丝即为香灰菌菌丝。将此菌丝再进行纯化培养，便得到香灰菌丝。香灰菌丝的另一种获取方法是取一瓶已长到底的银耳木屑菌种，把瓶打破，取出菌柱，用接种针刮去其上灰绿色或黑色处，取得少量孢子，接种于斜面培养基上，培养纯化。

（3）银耳菌丝与香灰菌丝混合。银耳栽培种同时含有银耳和香灰菌，银耳菌丝体占优势、香灰菌菌丝体占劣势的双重菌丝体才能制成优良母种、原种和栽培种，实现其栽培出耳。两种菌丝的混合可在试管斜面内混合，也可在木屑培养基内混合。

以在试管斜面内混合为例，取纯银耳菌丝试管母种和新配制的 PDA 斜面试管各一支，连同接种工具在接种室内，按无菌操作方法进行转接，在 23~25℃ 的环境中培养 5~7 天，当银耳菌落直径达到约 1cm 时，接入极少量的香灰菌丝，接种位置相距银耳菌丝前后 1cm 左右，在相同温度下，培养 7~10 天，待香灰菌丝蔓延至全试管且培养基呈黑色，银耳接种块上有吐黄水的大白毛团发生后，即混接成功。

2. 原种及栽培种常用配方

（1）木屑 74%、麸皮 22%、黄豆粉 1.5%、石膏粉 1.5%、白糖 0.6%、硫酸镁 0.4%。

（2）木屑 75.5%、麸皮 20%、黄豆粉 1.5%、白糖 1.5%、石膏粉 1%、硫酸镁 0.5%。

（3）棉籽壳 60%、麸皮 20%、木屑 16%、石膏粉 1.5%、黄豆粉 1.5%、白糖 0.6%、硫酸镁 0.4%。

培养好的银耳菌种一般是菌种上部有耳基出现，耳基下方有均匀分布的束状菌丝，外观通常有花岗石图案纹路。若瓶内黑色过多，说明香灰菌丝过浓。用于袋栽的菌种在菌龄 20~25 天形成原基时就可以使用。

3. 生产常用配方

（1）棉籽壳 86%、麸皮 12%、石膏粉 2%。

（2）木屑 76.7%、麸皮 19.2%、石膏粉 3.1%、硫酸镁 0.4%、尿素 0.3%、石灰粉 0.3%。

（3）甘蔗渣 70.33%、麸皮 25.12%、黄豆粉 2.01%、石膏粉 2.01%、硫酸镁

0.5%、磷酸二氢钾 0.03%。

（二）栽培料处理

栽培料原料要求新鲜、无霉变。棉籽壳培养料透气性好，营养丰富而全面，是银耳栽培的最好原料。木屑应选择阔叶树种木屑，多类树种混合的木屑比单一树种木屑好。玉米芯等农作物秸秆可用来栽培银耳，但效果不如棉籽壳好。秸秆料使用前要粉碎成锯末大小。栽培者可根据当地资源，任选一种配方，把主要原料同麸皮、石膏粉等干料倒在水泥地上或薄膜上，把糖和硫酸镁等可溶解成分放入水中溶解后，倒进干料中，反复搅拌均匀。拌料时除各种物料要混合均匀以外，必须注意控制培养料的含水量。银耳菌丝耐旱，香灰菌丝怕湿。因此，培养料的含水量绝不能太大，一般控制在 55% 为宜。培养料 pH 一般为自然或偏微酸。拌料完成后应立即装袋，防止培养料堆积发酵，变酸。

（三）装袋与灭菌

栽培银耳的塑料袋一般以聚乙烯袋为适宜，装料前，先将袋的一端用细绳扎紧，料装至离袋口 5cm 左右时，再用细绳将另一头扎紧封口。要注意袋底要充分填实，边装边压，保证菌袋上下松紧一致。料装好后，适当将料袋压扁，然后在料袋的同一边按等距离打 4~5 个接种孔，孔径 2cm，深 1.5cm，擦去袋面残存的料屑杂物，再用医用胶布贴封接种口。装袋时间要迅速，防止袋料久置发酸，待各项工序完成后，立即装入常压灭菌灶内灭菌。料袋在灭菌灶内要"井"字形摆放。灭菌时，灶内温度要尽快升至 100℃，然后保持 10~12h，再焖数小时后，打开灶门，冷却至 30~40℃时，取出晾放。

（四）接种

待料温降至 30℃以下即可进行接种。接种之前先铲掉菌种瓶（袋）内胶质化耳基，将银耳栽培种表层 3~4cm 菌丝碾碎，在无菌操作条件下充分搅拌均匀。接种应以无菌操作为前提，先将菌袋穴口上的胶布揭开一部分，使其露出接种穴，然后取蚕豆大小的菌种接入穴内，然后盖好胶布。注意穴内菌种要比胶布下凹 1~2cm，以利于银耳白毛团的形成和胶质化形成原基。

（五）发菌

接种后的菌袋要迅速放到培养室发菌，培养室需提前进行消毒处理。菌袋堆放的方法可采用"井"字形堆叠。通常料温低于室温 2℃左右，在前 4~5 天发菌初期，将温度控制在 27~28℃，促进香灰菌菌丝快速萌发、定植及封口，防止其他杂菌侵入污染提高菌袋成功率。若此时室内温度超过 32℃则易发生"烧菌"现象。接种 5 天后，可视菌丝生长情况进行翻堆。将堆内、堆外及堆顶、堆底的菌袋对调，以利于菌丝生长一致，并及时检查菌丝成活及菌袋污染情况。菌丝萌发后，袋内新陈代谢逐渐旺盛，料温逐渐上升，此时室内可进行轻微的通风降温，控制堆温不超过 24℃，更新空气，有利菌丝生长。除温度控制外，整个菌丝生长期要控制空气相对湿度在 70% 以下，培养室以弱光为宜。当接种穴口呈现清晰的辐射状菌丝圈、左右相连并有灰黑色色斑出现时，开始进行出耳管理。

(六) 出耳管理

一般接种后的 12 天左右进入子实体发生期，15 天以后进入耳芽发生期，19 天以后进入子实体发育期，35 天左右即进入子实体成熟阶段。

1. 耳芽发生期

(1) 扩口增氧。接种后约 12 天，各接种穴的菌丝圈直径达 10cm 左右，各穴之间的菌丝圈相互连接，此时可进行开口增氧。具体方法是先把接种穴上的胶布掀开一角，顺手拱起成半圆筒形，再把胶布边缘贴在袋面上，使其形成一个黄豆大小的通气孔，以利氧气进入穴内，促使菌丝更快生长。开口时注意每一菌袋胶布开口的方向要尽量朝向于菌袋的同一侧面，以便于后续喷水管理和代谢黄水引流。开口增氧的目的是促使香灰菌丝向纵深发展，以便更好地分解养分，加速菌丝的发育，诱导原基的形成。

(2) 料温控制。增氧后，袋内菌丝新陈代谢会骤然加快，料温也随之突然升高。因此，在揭胶布通风后的一定时间内要密切注意料温的变化，防止烧菌。具体方法是菌袋通过结胶布开口后，应一律单层排放，保持室温在 20~23℃，如室温较高，可打开门窗通风换气，并在地面、墙壁等处喷水降温。

(3) 喷水加湿。在开口 12h 以后，可向菌袋表面进行喷雾加湿提高相对湿度，促进原基顺利形成。喷水前先将菌袋单层倾斜排放，注意胶布开口朝下，以防喷水时水珠滴入穴内导致原基或白毛团菌丝浸水腐烂。可用喷雾器向菌袋直接喷雾，每天可喷 3 次，早、中、晚各 1 次，以穴口胶布背面有水珠为宜，保持室内空气相对湿度在 85% 左右。

(4) 黄水处理。胶布揭开 2 天后，接种穴内白毛团开始分泌出黄水。若黄水积累过多，会对银耳"白毛团"造成严重损害。可将菌袋侧放，让黄水从穴口流出。每 2~3 天清理一次，注意小心操作，避免擦伤"白毛团"。

(5) 通风换气。黄水珠出现以后，应增大耳芽需氧量，为防止二氧化碳浓度过高，可在栽培室内结合喷水进行通风换气，根据气温情况每天通风 3 次左右，每次 30min。

2. 子实体发育期

当接种穴内菌丝白毛团逐渐胶质化，形成碎米状耳芽，表明已进入幼耳期，此时开始进入银耳子实体发育期。

(1) 接胶布扩口增氧。当接种穴内菌丝交织的白毛团胶质化并形成碎粒状耳芽时，要增强菌丝体发育对氧气的需求，及时将贴在接种穴的胶布揭掉，促使耳芽顺利膨胀。

（2）盖纸喷水。揭去胶布后，用提前消毒处理整张干净的报纸覆盖于整个菌袋的上面，并喷水保湿，但要注意报纸不积水，喷水量的多少要视具体情况灵活，掌握如遇阴雨天，喷水可适当减少。同时，每天必须掀动报纸一次，以保持空气新鲜，防止白毛团粘在纸上导致烂耳。

（3）割膜扩穴。揭去胶布后，由于氧气的供应增加，菌丝的新陈代谢越发旺盛，幼耳开始伸展，当子实体长满接种口时，要适当开大接种口。具体做法是用刀片沿着出耳穴口边缘割去薄膜1~2cm。扩口时要求扩口要圆，避免进刀太深伤害菌丝。通过割膜扩穴，能进一步增加穴口的通气量，促使子实体迅速长大。

（4）注意通风。银耳是好气性大型真菌，要求要做好室内通风，避免银耳不良生长和杂菌污染。通风应与保湿相结合，否则四周环境干燥，不利于子实体生长。银耳子实体生长阶段喜湿性强。子实体形成并转入伸展期时应采取措施提高房间的湿度，使空气的相对湿度保持在90%左右。若室温达到27℃以上，应整天打开门窗进行长时间通风，并配合喷水管理，防止通风后耳片干燥。

（5）停喷待收。当接种后30天左右，子实体长到12cm左右时，应停止向报纸喷水，防止耳片过湿霉烂。停湿5~7天后，耳片增厚，转入采收期。

（七）采收

银耳袋料栽培从接种到采收，一般为35~40天，收成时若遇阴雨天，可延长5天收割。采收时应选择晴天的上午进行。具体操作是：用刀片或用长柄剪刀伸入耳片底部，沿培养料表面耳基处将银耳割下，然后将耳蒂黑色部分刮除干净。采收和刮蒂时应小心，注意保持朵形完整，以免降低商品价值。采下的银耳应保持清洁，防止杂物黏附耳片。并置于干净的竹筐等容器内。要轻采轻放，防止重压，以免变形。银耳采收后应及时晒干或烘干，并妥善贮藏。成熟的银耳，白而晶莹，形似牡丹，大如玉碗，耳片伸展，具有弹性，通常每朵直径达到15~20cm，鲜重可达150~200g。

第四章　珍稀食用菌高效栽培

第一节　灰树花

一、概述

灰树花通用名称有栗蘑、舞茸、云蕈，是食、药兼用菌，属大型真菌，隶属担子菌亚门，层菌纲，无隔担子菌亚纲，非褶菌目，多孔菌科，多孔菌属，贝叶多孔菌种，是以意大利人发现的一种蕈类命名的。灰树花的异名很多，在河北因其常野生于老年板栗树下被叫作栗子蘑、栗蘑；在四川叫千佛菌；《福建通志》中称为重菇，而当地群众把它叫作莲花菇。灰树花在日本民间称为叶奇果菌，视其为抗癌良药，300年前日本古代名著《大和本草》对此进行记载。由于我国较早的权威专著《中国的真菌》的采用，灰树花便成为比较通用的汉语名称。

（一）分布区域

灰树花是一种中温型、好氧、喜光的木腐菌，夏秋季发生于栎树、板栗、青冈栎等壳斗科树种及阔叶树的树桩或树根上，造成心材白色腐朽，木质部成了灰树花的主要营养源。在海拔800m以上的地区、降水量达200mm的年份，灰树花发生较好。野生灰树花分布于日本、欧洲、北美和我国许多地区。我国黑龙江、吉林、河北、四川、云南、广西、福建等省区都有过野生灰树花的报道。

（二）营养价值

灰树花是一种珍稀的食用菌，味道佳口感好，自古以来备受推崇。灰树花具有独特芳香，肉质柔嫩，味如鸡丝，脆似玉兰。灰树花食用方法简便多样，可炒、炖、煮、炸、汤、凉拌、做馅等。干品具有"一泡可用，永煮仍脆"特点；鲜品具有"脆嫩爽口，百食不厌"特点，能烹调成多种美味佳肴，是极其珍贵的高档食用蕈菌。

灰树花营养丰富，多种营养素居各种食用菌之首。中国预防医学科学院营养与食品卫生研究所测定100g灰树花干品中含蛋白质25.2g，脂肪3.2g，碳水化合物21.4g，膳食纤维33.7g，灰分5.1g，钾1637.4mg，钙176.2mg，铁52.6mg，锌17.5mg，硒0.04mg，铬1.16mg，维生素E_1 0.97mg，维生素B_1 1.47mg，维生素B_2 0.72mg，维生素D 0.0196mg，维生素C 17mg，胡萝卜素0.04mg，热量215kcal

（1kcal＝4.186KJ）。

（三）药用价值

灰树花具有极高的医疗保健功能，被誉为："真菌之王，抗癌奇葩"。据文献报道，灰树花干粉片剂口服有抑制高血压和肥胖症的功效；由于富含铁和维生素C，它能预防贫血、坏血病、白癜风，防止动脉硬化和脑血栓的发生；它的硒和铬含量较高，有保护肝脏、胰脏，预防肝硬化和糖尿病的作用；硒含量高使其还具有防治克山病、大骨节病和某些心脏病的功能；它兼含钙和维生素 D，两者配合，能有效地防治佝偻病；较高的锌含量有利大脑发育，保持视觉敏锐，促进伤口愈合；高含量的维生素 E 和硒配合，使之能延缓衰老、增强记忆力和灵敏度。

（四）经济与生态价值

灰树花属于木腐菌，主要培养料是栗树枝和作物的秸秆，因此灰树花的栽培是利废增值。农户种植 1 万袋灰树花，只需占用 1 亩瘠薄土地或树下地，总投资 20000 元，可获产值 45000 元，纯效益 25000 元以上。并且产品可以加工保鲜蔬菜、休闲食品或提取药品，能够出口创汇，具有市场优势。灰树花生产过程集约化程度高，可以利用大量农村剩余劳动力，实现农民增收，促进山区的产业提质增效。

灰树花栽培充分利用农村的富有资源——果树剪弃枝，生产的产品是有益健康的食品和药品，生产中的废弃物菌糠是农林作物易于吸收的有机肥料。整个生产过程设备简易，树菌互利丰产性能高，水资源的利用率较高，利于区域经济的可持续发展。

二、生物学特性

（一）形态特征

灰树花子实体（图 4-1）肉质，有柄或近无柄，菌柄可多次分枝，呈珊瑚状分枝，末端生扇形至匙形菌盖，重叠成丛，大的丛宽 40~60cm，重 3~4kg；菌盖直径 2~7cm，灰色至浅褐色。表面有细毛，老后光滑，有放射性条纹，边缘薄，内卷。菌肉白，厚 2~7mm。菌管长 1~4mm，管孔延生，孔面白色至淡黄色，管口多角形，有的为椭圆形，平均每毫米 1~3 个。孢子银白色，光滑，卵圆形至椭圆形。菌丝壁薄，分枝，有横隔，无锁状联合。

灰树花在不良环境中形成菌核，菌核外形不规则，长块状，表面凹凸不平，棕褐色，坚硬，断面外表 3~5mm 呈棕褐色，半木质化，内为白色。子实体由当年菌核的顶端长出。

图 4-1　灰树花子实体

（二）生理特性

灰树花菌丝在 20~30℃ 范围内均能生长，最适温度是 24~27℃。子实体可在 18~26℃ 下发生，最适温度为 20~23℃。灰树花属于恒温出菇习性，出菇期间昼夜温差不能高于 8℃，否则出菇就会受抑制，这在北方反季节生产时尤为注意。

灰树花菌丝生长的环境相对湿度以 60%~65% 为宜，子实体发生的最适湿度是 85%~90%。栽培发菌期可以每隔 3~5 天喷水一次即可，出菇期一般需要微喷保湿，每日就需喷水 2~3 次，且炎热季节蒸发量大，喷水量加大，喷水次数增多。雨天室外栽培一般不需喷水。

灰树花属好氧型真菌，野生驯化品种对二氧化碳浓度更为敏感。无论菌丝生长还是子实体发育都需要新鲜空气，特别是子实体发育阶段要求保持经常对流通风，室内难以满足通风要求造成产量较低，因而出菇多在通风较好的室外进行。室内和温室栽培时要注意选择抗郁闭品种。

菌丝生长对光照要求不严格，子实体生长要求较强的散射光和稀疏的直射光，光照不足色泽浅，风味淡，品质差，并影响产量。灰树花生长的 pH 为 4.5~7，最适 pH 为 5.5~6.5。

灰树花营养碳源以葡萄糖最好，人工栽培时可广泛利用杂木屑、棉籽壳、蔗渣、稻草、豆秆、玉米芯等作为碳源。氮源以有机氮最适宜菌丝生长，硝态氮几乎不能利用。生产中常添加玉米粉、麸皮、大豆粉等增加氮源。B 族维生素是子实体正常生长发育必不可少的营养物质。

灰树花菌丝生长同时容易伴随子实体幼蕾生长，这是其习性，但过度生长容易消耗营养。生产上采取抑制方法，要注意发菌环境保持干燥条件，同时在配料上调控配方抑制早期出菇。

三、生长发育条件

（一）营养

碳源是灰树花最主要的营养来源，灰树花对碳源的利用以葡萄糖最好，果糖次之。灰树花在野生状态下能分解木材的木质部，而在人工栽培条件下只能分解利用韧皮部。在生产栽培中，可以以木屑、农作物秸秆等作为灰树花的碳素营养物质，这些物质通过菌丝分泌的酶类分解为单糖，而被菌丝细胞吸收利用。氮源是灰树花蛋白质和核酸合成的重要物质，灰树花对有机氮的利用最好，而对无机氮则利用率低，几乎不能利用硝态氮。在实际生产中，一般利用各种天然的含氮化合物如麸皮、玉米粉、花生饼粉等作为氮素营养。

（二）温度

灰树花菌丝生长温度范围为 5～35℃，最适的温度范围为 21～27℃。菌丝比较耐高温，在 32℃时菌丝还可以继续生长，温度达到 42℃以上时菌丝才开始死亡。子实体生长的温度范围为 15～27℃，最适温度范围为 18～22℃，在最适温度范围内子实体发育良好、产量高。

（三）湿度

灰树花袋料栽培中培养料的含水量以 60% 为宜，湿度太低时出菇不整齐；过高菌丝易吐黄水，影响子实体的发生。子实体生长阶段对空气湿度要求比较高，以 85%～95% 的相对湿度为宜，空气相对湿度低于 80% 时子实体容易干死，特别是幼小子实体最为敏感。

（四）空气

灰树花对氧气的需求量比其他食用菌高，在菌丝体生长阶段也需要一定的氧，因此在液体中培养灰树花菌丝体时也要求有中等的通氧量，菌丝体才能生长旺盛。子实体生长阶段的需氧量更大，是所有食用菌当中需氧量最多的菇类之一，而且子实体阶段对二氧化碳极为敏感，若通气不足，CO_2 浓度过高，则子实体生长迟缓、不分化并造成杂菌污染。

（五）光照

光照对灰树花菌丝生长没有明显的影响，一般不需要光照，但微弱光照有利于灰树花原基的发生和形成，此时栽培室内的散射光强度约 50lx。子实体阶段的光照强弱对子实体的产量和品质影响较大，当菌丝体扭结形成原基并发育成子实体时，必须有一定强度的光照，子实体才能正常生长；若光照不足，则子实体分化困难，而且菌盖畸形，朵形不正。子实体发育的光照一般应保持在 200～500lx 较为合适。

（六）酸碱度（pH）

灰树花的菌丝在 pH 3.5～8.0 范围内均可生长，而以 pH 4.5～5.0 最为适宜；

子实体生长阶段以 pH 4.0 为适宜。在灰树花菌丝体培养过程中，随着菌丝生长量的增加，环境中 pH 会逐渐下降，因此栽培管理中一般不用对酸碱度进行随时调整即可满足生长发育的要求。

四、栽培技术

灰树花的栽培季节应根据栽培地区的自然气候条件确定，总的原则是使灰树花的发生与生长处于 15~22℃ 的适温期内。在选择栽培季节时应主要考虑自然温度与出菇温度的适宜性，这样，可以保证灰树花栽培有较高的成功率。在海拔 500m 以下的地区，春季安排在 1 月下旬至 2 月中旬接种，秋季在 8 月下旬~9 月中旬接种；而在海拔较高的北方省份，春栽应在 1~3 月制袋，4~6 月出菇；秋栽安排在 7~8 月制袋，9~12 月出菇。

由于灰树花是一种好氧、喜光的食用菌，因此栽培场所以选择通风良好、光照适宜，并能保证一定的温、湿度的地点为宜。一般可采用专用菇房、普通民房或室外拱棚栽培灰树花。在培养场地内，可放置一些架子，进行床架式栽培，以节约空间，增加栽培数量，提高培养场地的利用率。但要注意层数不要过多，层间距离要大，以免影响光照。如果在室外栽培，要选择通风良好，潮湿、排水方便的地方建棚，在拱棚内设栽培畦（深 25cm 左右），拱棚四周开排水沟，拱棚用塑料薄膜扣顶，并用秸草等遮阳材料覆盖至具有一定的遮阳度，但也要有一定的光线，一般三分阳七分阴为好。

(一) 菌种制作

不同菌种和菌种质量对灰树花的产量和质量有决定性的作用。有的菌种质量低劣，甚至干脆就不出子实体。因此一定要选用经生产验证，抗逆性强，生长快，产量高的优良菌种。无论是引进的还是自己分离的菌种，在大规模扩接前都应进行出菇试验。

灰树花母种适宜的培养基为 PDA 综合培养基和麸皮培养基，也可用谷粒培养基，按常规方法制作。这三种培养基可用于灰树花母种的分离和转扩，分离部位以灰树花菌盖与菌柄连接处的内部菌肉为佳。选择待分离株应是品系中分化好的健壮株，分离和转扩均在无菌操作下进行。制作灰树花原种的常用培养基配方有：

(1) 栗木屑 80%，麦麸皮 8%，石膏和糖各 1%，砂壤土或壤土 10%。

(2) 棉籽皮 80%，麦麸皮 8%，石膏和糖各 1%，砂壤土或壤土 10%。

(3) 棉籽皮 40%、栗木屑 40%、麸皮 8%、石膏和糖各 1%、沙壤土或壤土 10%。

培养基配水拌匀，含水量 60%，拌好后装瓶、灭菌、接种，在 25~26℃ 培养，30d 左右即可满瓶。经质量检查，菌丝粗壮，无杂菌污染方可使用。

(二) 菌袋的制作

制作流程如下：

配料→装袋→灭菌→接种→培菌

1. 培养料配方

（1）栗木屑 70%、麸皮 20%、生土 8%、石膏 1%、糖 1%。

（2）栗木屑 40%、棉籽皮 40%、麸皮 10%，生土 8%、石膏和糖各 1%。

加 110%~120% 水拌料，使含水量达 60%~65%。湿度过大，子实体形成时渗出棕色液体太多，易导致子实体腐烂。由于棉籽皮中含棉酚成分并且农药残留较大，可减少添加量，增加木屑量或者玉米芯代替 20%。

2. 装袋

用长宽 17~20cm×35cm，厚度为 0.5~0.6mm 的聚丙烯袋或高密度聚乙烯袋，装料 14cm 左右，装料按压紧实，中间用木棍扎 1~3 个透气孔，然后袋口套直径 3cm 高、3cm 的套环，加棉塞盖防水纸，用皮筋或小线扎紧，然后灭菌。

3. 灭菌

常压灭菌，保持 100℃灭菌 8~9h，或高压灭菌 1.5h。灭菌停火后，要焖 4~5h，或自然降温到 50℃以下出袋。

4. 接种

按前述要求，采用优良品种，无菌操作。一般每瓶原种转扩 40~50 袋栽培袋。

5. 培养菌丝

保温 25~26℃，室内湿度 70% 以下，避光培养，日通风 1~2 次。15 天后加散射光，加强通风，温度 22~25℃，25~30 天后菌丝长满袋底，表面形成菌皮，然后逐渐隆起，逐渐变成灰白色至深灰色，即为原基，可以进入出菇管理。

（三）栽培管理

由于灰树花分解原料及抗杂菌能力弱，故多采用熟料栽培，即培养料配制好后，装袋、灭菌、接种、发菌，待菌丝长满料袋，进入出菇期管理。灰树花出菇有袋式出菇和仿野生出菇两种方式。

1. 袋式出菇

将长原基的菌袋移入出菇室，保持温度 20~22℃，空气湿度 85%~90%，光照 200~500lx，3~5 天后除去环、棉塞，直立床架上，袋口上覆纸，纸上喷水，每天通风 2~3 次，每次 1h。20~25 天后，菌盖充分展开，菌孔伸长时采摘。采摘时，可用小刀将整丛菇体割下，连采 2~3 潮，生物效率 30%~40%。南方气候湿润，多用此法。

2. 仿野生出菇

菌袋菌丝满袋后，脱去塑料袋，将菌棒整齐地排列在事先挖好的畦内，菌棒间按照 1m² 面积一组，不留间隙紧密排放，或者按照 3×3 袋一组紧密排放，间隔 5cm 再下一组。在菌棒缝隙及周围填土，表面覆上 1~2cm 的土层，浇水沉实后出菇。这是覆土栽培的一种形式，生物效率可达 100%~120%。这种方式远远优于前者袋式出菇，故在此着重介绍（图4-2）。

图4-2　灰树花室内栽培

（1）排菌时间。灰树花最佳排菌下地期在3月底~4月底。因为此时空气和土壤中的杂菌、病虫不活跃，不侵害菌丝，而灰树花菌丝耐低温，菌丝连接紧密，长势健壮，对菌丝吸收营养有利。尽管低温期排菌下地发育期较长，但出菇早、产量高，可在雨季前完成产量的80%，然而过于低温经常出现菌块外围变红褐色保护层影响出菇，因此提倡白天气温17℃以上排菌。4月底以后栽种的灰树花因为气温高、杂菌活跃，灰树花菌袋易感染，并会出现子实体生长快，单株小，总产量低，易受高温和暴雨危害的情况。目前，灰树花开始周年出菇，排菌期也相应变化，以8~10月反季节排菌栽培，也把排菌期从上年度8月~下年度4月延长。图4-3为排菌现场。

图4-3　排菌现场

（2）排菌方法。

①场地。选择背风向阳、地势高、干燥、不积水、近水源、排灌方便、远离厕

所或畜禽圈的地方。无公害栽培选址要注意远离灰场和水泥厂或公路，减少灰尘影响。

②挖地坑。要求东西走向，挖宽45~55cm、长2.5~3.0m、深25cm的地坑，地坑之间的距离为60~80cm，在其中间修排水沟，以便于行走、管理和排水。地坑的作用是保湿。

③栽前预备工作。地沟挖好后，要先灌一次大水，目的是保墒。水渗干后，在沟底和沟帮撒一层石灰，目的是增加钙质和消毒，再在沟底和沟帮喷一薄层杀虫剂防治害虫，最后在沟底铺少量表土。

④排放菌棒。将发好菌丝的菌袋全部剥去塑料袋，将菌棒横成排竖成行地排放在沟内，相邻菌棒要挨紧，每9个菌棒之间要有一个空隙。同时，要通过扒或垫沟底的回土，使排放在沟内的菌棒上表面齐平。这样在沟内可排放6~7行菌棒。如果采用起垄栽培，则可以隔5cm再排一床，两床为一组，节省土地，适宜在设施栽培中运用。

⑤填缝隙。将菌棒与菌棒之间、菌棒与沟帮之间的空隙填上土，至菌棒以上1.5~2cm。

⑥灌水。排菌当天必须及时浇水，使土落实，有空隙或凹坑用湿润土填平，保持表层土厚1.5~2cm。灌水偏晚，土内空隙太多，杂菌会侵害灰树花菌袋，需要用净水占领缝隙，减少杂菌与菌袋的接触。

⑦包帮。用塑料薄膜或尼龙袋将坑四周包严，以防坑边土脱落。

⑧搭荫棚。在坑北侧和坑中部立两道横杆，中部横杆距地面15cm，北侧横杆距地面25cm；也可用钢筋制成拱形，距离菌床面30~35cm即可。然后在横杆上搭塑料布和草帘，呈南低北高倾斜状。北部塑料布直铺到地面上，每隔2~3m用砖支起一个通风口，其余用土压紧，东西两侧留排气孔。

⑨铺砾。畦内平铺一薄层1.5~2.5cm直径的光滑石砾，用于隔离沙土与产品，保持产品不含杂质。

（3）出菇管理。

①水分管理。4月下旬自然气温达到15℃以上，在畦内灌一次水，水量以没畦面2cm左右为宜，自动渗下后每天早、中、晚各喷水一次，水量以湿润地面为宜，并尽量往空间喷。根据降雨情况，干旱时每隔5~7天要浇水一次，水能立即渗下为宜，有降雨时少灌。灰树花原基发后，喷水时应注意远离原基，避免将原基上的黄水珠冲掉。灰树花长大后可以在菇上喷水，促进菇体生长。灰树花采收后3天，其根部不要喷水，以利菌丝复壮，再长下潮菇。高温季节还需要往草帘和坑外空地洒水，降温增湿。低温季节喷水和灌水时最好用日光晒过的温水，以利保温。雨季降雨充足，可以少喷水或不喷水，干燥热需在白天中午增喷一次大水。

②温度管理。4月下旬或5月上旬以保温为主，晚上要盖严草帘和塑料布，草帘在下塑料布在上，并在日光充足时适当延长阳光直射畦面的时间。6月下旬至8月高温高热期应以降温为主，可以用喷水降温和增加草帘上的覆盖物增加遮阴程度。晚上揭开塑料布或草帘露天生长，白天气温高时再盖上草帘或塑料布等覆盖物。在11月~次年2月，寒冷的冬季要在温室内才能出菇，夜间温度低于16℃则需要加温，加温方式以暖气最好。

③通气管理。4月中旬后要将北侧塑料布卷起叠放在草帘上，使北侧长期保持通风，每天早晚要揭开草帘通风1~2h。注意低温和大风天气要少通风，高温和阴雨时要多通风，早晚喷大水前后，适当加大通风。通风要和保温、保湿、遮光协调进行，不可不通风，也不可通风过多。菇蕾分化期少通风多保湿，菇蕾生长期多通风促蒸发。

④光照管理。用支斜架的方法保持灰树花生长的稳定散射光，每天早晚晾晒1~2h增加弱直射光。生产上不采用过厚草帘，以保留稀疏的直射光，出菇期避免强直射光，不可为保温和操作方便而撤掉遮阴物，造成强光照菇。

⑤光温水气协调管理。光、温、水、气这些因素必须协调执行，在不同的季节、不同的时期、不同的天气情况以及栽培管理条件下，找到主要因子，但不能忽视以致偏离次要因子的极限。如雨天增加通风达到出菇的湿润条件，干热时通过增加遮阴减少高温伤害；每天早晚揭帘晾晒，可与通风、喷水同时进行，或者在此时采菇。

灰树花畸形菇多是由于环境不协调造成的，如原基黄化萎干不分化，是通风大湿度小造成的；小散菇是通风小缺少光照造成的；菇盖形如小叶，分化迟缓的鹿角菇和高脚菇是由通风不畅、湿度过大造成的；黄肿菇是水汽大、通风弱或高温造成的；白化菇多是光照弱造成的；焦化菇是光强水分小造成的；原基不生长，多是覆土厚、浇水过勤、浇冷水造成温度低，生长缓慢所致；薄肉菇是由于高温、高湿，通风不畅；培养基塌陷是高温、不通风以致菌丝体死亡造成的。

总之，灰树花高产的前提是协调光、温、水、气因素，创造适宜生长发育的条件。

(四) 病虫害防治

灰树花出菇期5~7个月，特别是有时需贯穿整个高温夏季，时常发生病虫侵害，在坚持以防为主综合防治的同时，通常还采用如下应急防治措施：

（1）发现局部杂菌感染时，通常用铁锹将感染部位挖掉，并洒少量石灰水盖面，添湿润新土，平整畦面，感染部位较多时，可用5%草木灰水浇畦面一次。

（2）发现虫害，用敌百虫粉撒到畦面或用速灭杀丁5000倍液喷洒，药到之处应是无菇处。用低毒高效农药杀虫，尽量避免残毒危害。但目前提倡无公害栽培，床面上禁用农药，可使用其他生物方法。

（3）在 7~8 月高温季节，当畦面有黏液状菌棒出现时，用 1%漂白粉液喷床面以抑制细菌。

五、采收和贮运

（一）灰树花采收的时间

灰树花由现蕾到采收的时间与子实体生长期的温度有关。一般地说，如果温度为 23~28℃，由现蕾到采摘需 13~16 天，如果出菇时的温度在 14~22℃，由现蕾至采摘要经过 16~25 天。

（二）灰树花适时采摘的标志

（1）如果阳光充足，灰树花幼小时颜色深，为灰黑色，长出菌盖以后在菌盖的外沿有一轮白色的小白边，这轮小白边是菌盖的生长点。随着菌盖的长大，菌盖由深灰色变为黄褐色，作为生长点的白边颜色变暗，边缘稍向内卷曲，此时可采摘。

（2）如果光照不足，灰树花幼小时，颜色较白，生长点不明显，到菌盖较大时，要看菌盖背面是否出现多孔现象，如果恰好出现菌孔，此时可采摘；如果菌管已经很长，说明灰树花已经老化。老化的灰树花不但质量差，也影响下茬的出菇，所以应及时采收。

（三）灰树花的采收方法

采收灰树花时，将两手伸平，插入子实体底下，在根的两边稍用力，同时倾向一个方向，菌根即断。注意不要弄伤菌根。有的菌根可以长出几次灰树花。捡净碎片及杂草等，过 1~2 天上一次大水，照常保持出菇条件，过 20~40 天就可出下潮菇。将采下的灰树花除掉根部的泥土和沙石及子实体上面的杂草等即可销售。

（四）灰树花的贮运

鲜灰树花应贮放在密闭的箱内或筐内，每朵灰树花单层排放，尽量不要堆得过高，造成挤压。需要密集排放时，应使菇盖面朝下，菇根面朝上。灰树花贮藏温度以 6~10℃为宜，温度过高，鲜菇继续生长因而老化。灰树花鲜品运输要力争平稳，将每箱（筐）单层或双层排放，避免挤压、碰撞和颠簸。

灰树花鲜菇产品采摘后及时进行吸尘器除尘和除虫，然后放进薄膜袋中，每袋 3kg，然后用吸尘器抽气使薄膜紧贴菇体，扎紧袋口放入 5℃预冷 3h，再放入泡沫箱中，箱内放 0.5kg 的冰块，最好用矿泉水瓶制冰，冰块存在瓶内。将箱封严放入 5~8℃的保鲜库中，可以存放 20 天，大大延长了货架期。

第二节 竹荪

一、概述

竹荪又名竹参、竹笙、竹菇娘、面纱菌、仙人笠、网纱菇等，属于真菌界，担子菌亚门，腹菌纲，鬼笔目，鬼笔科，竹荪属。

竹荪最早是寄生在枯竹根部的一种隐花菌类，基部菌索与竹鞭和枯死竹根相连，其形状略似网状干白蛇皮，雪白色的圆柱状的菌柄，粉红色的蛋形菌托，在菌柄顶端有一围细致洁白的网状裙从菌盖向下铺开，整个菌体显得十分俊美、色彩鲜艳、稀有珍贵。竹荪子实体香甜味浓、酥脆适口，富含蛋白质、碳水化合物、氨基酸等营养物质，尤其是谷氨酸含量较高，具有补益、抗过敏、治疗痢疾、降低高血压、降低胆固醇含量和腹壁脂肪积累等功效，具有"林中君主""真菌皇后""真菌之花"等称号。

竹荪的人工驯化栽培始于 20 世纪 70 年代。1973 年，我国开始了人工栽培竹荪的研究，20 世纪 80 年代人工栽培竹荪获得突破性进展，20 世纪 80 年代末，四川、贵州等省竹荪人工栽培进入了大面积推广阶段，竹荪也由此逐渐走进人们的餐桌。其栽培方法多样化，按培养料的处理方式有发酵料栽培、熟料栽培、生料栽培；按场所又分为室内栽培和室外栽培；按栽培容器有箱栽、盆栽、畦栽、床栽等。

(一) 分布区域

野生竹荪原产于云贵山地、江浙丘陵、粤桂山区、巴蜀丘陵等地，一般要求海拔在 200~2000m 湿热的亚热带高山地带。腐殖质丰富的湿润竹林是其发生的主要场所，以楠竹、苦竹、慈竹、平竹林为常见，阔叶林、针叶林、香蕉林、橡胶林中也有分布，甚至可在热带地区的茅屋顶上生长。优质的竹荪品种主要分布于竹林中。竹荪菌丝多生长在竹林地面以下的 20~60cm 处，布满腐烂或半腐烂的竹根和竹鞭、松软的腐殖质层中，可形成菌膜和菌索。

(二) 栽培竹荪的种类

竹荪属资源丰富，全世界已被描述的有 22 种之多，我国至少有 12 个种或变种，如长裙竹荪、红托竹荪、棘托竹荪、短裙竹荪、朱红竹荪、纯黄竹荪、橙黄竹荪、西伯利亚竹荪、黄裙竹荪、皱盖竹荪、南昌竹荪等，其中前 4 种在我国已进行商品化栽培。

(三) 营养价值

竹荪是优质的植物蛋白和营养源，菌体含有丰富的营养成分，据分析长裙竹荪干品中含粗蛋白质 15% ～ 20.2%、粗脂肪 2.6%、糖类（碳水化合物）38.1%、粗纤维 9.4%。其蛋白质含有 21 种氨基酸，8 种必需氨基酸，其中谷氨酸达 1.76%。此外还含维生素 B_1、维生素 B_2、维生素 B_6 以及维生素 A、维生素 C、维生素 D、维生素 E、维生素 K 等。其中维生素 B_2 含量较高，长裙竹荪干品可达 53.6μg/kg，红托竹荪干品可达 21.4μg/kg。竹荪还含有多种矿物质如磷、钾、铁、锌、镁，部分含量为锌 60.2mg/kg，铁 68.7mg/kg，铜 7.9mg/kg，硒 6.38mg/kg。

（四）药用价值

竹荪具有较高的药用价值，内含高活性大分子物质——竹荪多糖，能解除和控制癌细胞扩散，在抗肿瘤、抗凝血、抗炎症、刺激免疫以及降血糖方面都有一定的疗效。动物实验证明，对小白鼠肉瘤 180 的抑制率为 60%，对艾氏癌的抑制率为70%。子实体的发酵液有降低中老年人血脂，调节脂肪酸，预防高血压病，对高胆固醇及腹壁脂肪过厚等有较好的疗效。竹荪长期服用能调整中老年人体内血酸和脂肪酸的含量，有调节脂肪酸、预防高血压病的作用。

二、生物学特性

（一）形态特征

竹荪的形态特征可分为菌丝体和子实体两个生长发育阶段，菌丝体为营养生长阶段，子实体为生殖生长阶段。

1. 菌丝体

竹荪菌丝体分菌丝和菌索，菌丝初期绒毛状，白色，生长培养后或见光时变成粉红色或淡紫色，其颜色变化是鉴别竹荪菌种的重要依据，如长裙竹荪菌丝多为粉红色，短裙竹荪以紫色为主。竹荪菌丝有极强的分解能力和抗杂菌能力，菌丝分泌出胞外酶，能在短期内分解原料中的木质素和纤维素，充分吸收培养料中的养分，促进菌丝旺盛生长，所以竹荪可以进行大田生料栽培。许多菌丝密集、膨大交错在一起，形成线绳状的菌索，菌索是形成子实体的外在表现。

2. 子实体

竹荪子实体可分为两个明显的阶段，即菌蕾期和开伞放裙期（竹荪子实体）（图 4-4，图 4-5）。

菌蕾是子实体的前身，是子实体幼小时期的原基，由近地面或地面的一支或数支菌索顶端扭曲膨大而形成小菌蕾，又称菌球、菌蛋，初期圆球形或卵圆形，具 3 层包被，外包被薄、光滑、灰白色或淡褐红色，中层胶质，内包被坚韧肉质。后期为长卵形，见光后变成咖啡色或墨绿色，成熟膨大变成鸡蛋状，受生长环境条件的影响，菌蛋大小不一。在开伞放裙期，菌蕾成熟后顶部渐突而裂开，在温、湿度适宜时立即长出伞形子实体。

图 4-4　竹荪菌蕾　　　　　　　　　　　　　图 4-5　竹荪子实体

竹荪子实体整个分化形成过程，可分为 6 个阶段。第 1 阶段是原基分化期，位于菌索先端的瘤状小白球，内部结构很简单，仅有圆顶形中心柱。第 2 阶段是球形期，幼原基逐渐膨大成球状体，开始露出地面，内部器官已分化完善，顶端表面出现细小裂纹，外菌膜见光后开始产生色素，在外菌膜与内菌膜之间充满透明的胶质体。第 3 阶段是卵形期，位于菌蕾中部的菌柄，逐渐向上生长，使顶端隆起形成卵形，裂纹增多，其余部分变得松软，菌蕾表面出现皱褶。第 4 阶段是破口期，菌蕾达到生理成熟后，如果湿度合适，菌蕾吸足水分，从傍晚开始，经过一个夜晚的吸水膨胀，外菌膜首先出现裂口，露出黏稠状胶体，透过胶质物可见白色内菌膜，然后由菌膜撑破，露出孔口。第 5 阶段是菌柄伸长期，菌蕾破裂后，菌柄迅速伸长，从裂缝中首先露出的是菌盖顶部的孔口，接着出现菌盖，附着在菌盖外层表面的是黄绿色或暗绿色的子实层，当菌柄伸长到 6～7cm 时，在菌盖内面的网状菌裙开始向下露出，菌柄继续伸长，菌裙向下撒开，遗留下来的膜质菌托，包括外菌膜、胶质体、内菌膜和托盘。第 6 阶段是成熟自溶期，菌柄停止生长，菌裙已达最大限度，子实体完全成熟，随即萎缩，孢子液自溶。其通常是在清晨 5～6 时破口，10时后停止生长，子实体完全成熟，午后子实体即开始萎缩。

竹荪子实体菌柄中空，白色，外表由海绵状小孔组成，由菌盖、菌柄、菌托和菌裙四部分组成，全株高 12～30cm。

（1）菌盖。菌盖为白色多边形网格状，孢子着生在菌盖网格内，成熟时顶部带黑色，整个菌盖呈圆锥形或弹头形。短裙竹荪的菌盖为白色；长裙竹荪的菌盖略带土黄色。

（2）菌柄。从菌托基部到菌盖顶端叫菌柄，呈白色、中空、壁海绵状，质脆，基部粗 2～3cm，向上渐细，通常长 10～30cm、宽 2～5cm，起支撑作用，是竹荪主要的食用部分。

（3）菌托。菌托膜质如同一只碗包着菌柄基部，直径 2~4cm，高 1.5~2cm。当菌盖和菌裙从竹荪球中起立后，留下外菌膜、内菌膜和托盘，也都称菌托，对菌柄起着撑托作用。菌的品种不同，颜色有别，如棘托长裙竹荪呈棕褐色、红托短裙竹荪呈粉红色。

（4）菌裙。子实体成熟后，从菌盖周边往下撒开，形如渔网或纱罩，犹如一条裙子故叫菌裙。其状如裙，呈网状，白色网眼呈圆形、椭圆形、多角形。菌裙的长度超过菌柄的 1/2 为长裙竹荪，不足 1/3 的为短裙竹荪。

长裙竹荪子实体幼时卵状球形，后伸长，高 12~20cm。菌托白色或淡紫，直径 3~3.5cm。菌盖钟形，高、宽各 3~5cm，有显著网格，具微臭而暗绿色的孢子液，顶端平，有穿孔。菌幕白色，从菌盖下垂达 10cm 以上，网眼多角形，宽 5~10mm。柄白色，中空，基部粗 2~3cm，向上渐细，壁海绵状。

短裙竹荪子实体高 12~18cm。菌托粉红色，直径 4~5cm，菌盖呈钟形，高、宽各 3.5~5cm，具显著网格，内含绿褐色臭而黏的孢子液，顶端平，有穿孔，菌幕白色，从菌盖下垂达 3~6cm，网眼圆形，直径 1~4mm，有时部分呈膜状，柄白色或乌白色，中空，纺锤形至圆筒形，中部粗约 3cm，向上渐细，壁海绵状。

红托竹荪子实体高 20~33cm，菌托红色，菌盖钟形或钝圆锥形，高 5~6cm，宽 4~5cm，具显著网格，产孢组织暗褐色，顶端平，有孔门，具微臭。菌裙白色，从菌盖下垂 7cm，网眼多角形或棱角圆形，网孔 1~1.5cm。柄白色，圆柱形，中空，长 11~12cm，宽 3.5~5cm。

棘托竹荪子实体高 8~15cm，菌形瘦小，肉薄。菌托粗糙有突起物，菌盖薄而脆，长裙、白色、有奇香。

3. 孢子

孢子椭圆形，无色透明，大小因种而异。

（二）生活史

担孢子在适宜的条件下萌发形成的初生菌丝为单核菌丝，较纤细；初生菌丝继续生长，带有不同性因子的初生菌丝进行质配，融合形成双核菌丝，为次生菌丝。双核菌丝粗壮、生命力强。基质中的双核菌丝经过一定的生长发育，菌丝体内积累了充足的养料，相互扭结成菌丝束，形成菌索。达到生理成熟后，在适宜的条件下，菌索伸出基质表面，菌丝束的先端形成瘤状突起，形成子实体原基，再经过继续不断地发育，原基形成菌蕾（菌蛋），初时菌蕾呈卵形，至快成熟时，逐渐变为椭圆形，顶端凸起，即长出子实体。子实体成熟时，子实层中担子的两个细胞核发生质配，形成二倍体核，后发生减数分裂，形成 8 个单倍体核，分别进入担子小梗中，形成担孢子。子实体的孢子成熟后，产孢组织即产生臭味，吸引双翅目昆虫而进行孢子的远距离传播。孢子成熟后，产孢组织自溶，担孢子被释放出来，洒落在四周，随水流或由昆虫传播。在条件适宜时，孢子又可萌发，重新形成新的个体。

三、生长发育条件

竹荪具喜温、喜湿、喜阴的特点，又有怕高温、怕水渍、怕强光的生活特征。

1. 营养

竹荪属于腐生真菌，菌丝能分泌出多种酶类，分解同化如竹屑、木屑、蔗渣、玉米秆等培养料的纤维素及其他物质，从而获得其生长发育所需的营养物质。

（1）碳源。竹荪腐生性极强，它可利用相当广泛的农林副产品、下脚料，如竹叶、竹壳、竹枝、竹鞭、竹根，以及木屑、玉米粉、麸皮、玉米芯、米糠等，其中的纤维素、半纤维素、木质素、淀粉、糖等都可以作为碳源利用。在实际生产栽培中，段木、木屑、甘蔗渣、玉米秆、玉米芯、棉籽皮等都是常用的碳源材料。竹荪将其碳源分解为单糖、双糖等简单糖类后才能吸收利用。

（2）氮源。竹荪的氮源主要为有机氮，如蛋白质、蛋白胨、氨基酸和尿素。竹荪对氮源的要求比平菇等其他食用菌高。若氮源缺乏，菌丝生长缓慢，不粗壮。实际生产中，如果所用原料氮源缺乏，可人为添加含氮高的原料，通常使用大豆粉、麸皮、米糠和马铃薯等。

（3）矿物质。竹荪的生长发育需要磷、硫、钾、镁、钙等大量元素，铜、锌、硼、钴等微量元素。微量元素在自然栽培中的含量可以基本满足竹荪生长发育的需要，不必另行补充。

磷：不仅是核酸代谢中的重要组织元素，也是碳、氮代谢中不可缺少的元素。缺乏磷，碳、氮不能被很好地利用，因此在竹荪栽培中加入 2% 的过磷酸钙为好。

钾：在细胞的组成、营养物质的吸收及呼吸代谢中都是十分重要的元素，但一般在作物秸秆中已有丰富的钾，配有秸秆的培养料就不必另外加钾。

钙：对促进菌丝生长和子实体形成都十分有益，又能平衡钾、镁、钠等元素，钙还能使覆土团粒结构得以改善，通常在栽培料中加 1% 的石膏或石灰。

（4）维生素。竹荪在生长发育过程中还需要有维生素等物质，如维生素 B_1，这些物质称为生理活性物质，需要量甚微。竹荪不能合成某些生理活性物质，必须从培养料中吸收。一般培养料中不必直接添加这些物质，但有时在培养料中加麸皮等辅料以提供足够的维生素。

2. 温度

竹荪属于中温性菌类，菌丝在 $10 \sim 29℃$ 均能生长。温度适宜，菌丝生长健壮；温度过高，菌丝生长停止，常会很快衰老；温度低时，菌丝虽生长健壮，但生长缓慢。在子实体发育至生理成熟时期，温度过高不易形成子实体，菌裙不能正常撒开，甚至已形成的部分也易死亡。温度低，虽能正常形成子实体，但生长缓慢。野生竹荪分布很广，其适宜的温度条件也不相同，栽培时应根据不同品种确定栽培季节和控制温度。现在已驯化栽培的品种分为三个温度类型，即低温型、中温型、高温型。品种举例如下：

（1）长裙竹荪属低温型。菌丝生长的温度范围为8~22℃，适温为22~24℃；子实体分化的温度为18~24℃，适温为20~22℃，24℃时菌蕾破壳快，子实体成熟早，瘦弱，菌裙不易张开。

（2）短裙竹荪属中温型。菌丝生长的温度范围为12~33℃，适温为24℃左右；原基分化和子实体发育的温度范围是15~29℃，分化适温为17~25℃，子实体生长适温为20~24℃，低于8℃高于30℃时子实体发育不良。

（3）棘托竹荪属高温型。菌丝体生长温度范围为9~35℃，最适为29℃；子实体发育的适温为24~30℃。

竹荪生长发育的不同阶段对温度的要求各不相同，在生长中创造其生长发育的适宜条件才能获得较高的生产效果。

3. 水分和湿度

竹荪菌丝生长要求低湿，培养基含水量和土壤湿度要以60%~65%为宜，低于30%菌丝容易死亡，高于75%培养基通透性差，菌丝会因缺氧窒息死亡。子实体生长期，要求高湿，子实体发育在空气湿度90%~95%时最迅速，特别是破蕾开伞放裙时，要求空气相对湿度在90%以上，低于80%菌裙很难开伞下垂，易呈畸形，甚至难以破蕾，造成次劣产品。

4. 光照

竹荪喜阴，菌丝在黑暗的环境下白色健壮，光照对菌丝有抑制作用，并易引起水分蒸发降低空气湿度，影响菌丝生长。在强光下培养，菌丝体产生色素，易衰老，生活力降低。菌蕾出土后要求一定的散射光，微弱的散射光不会影响菌蕾破壳和子实体的伸长、散裙。但强烈的光照，不仅难以保持较高的环境湿度，还有碍于子实体的正常发育。强光和空气干燥时，容易使菌球萎蔫，表皮出现裂斑，不开裙或变成畸形菇。竹荪栽培场所的光照强度，应控制在15~200lx。

5. 空气

竹荪是好气性真菌。在各个生长时期都需要足够的氧气，特别是菌蕾原基形成与子实体生长发育阶段更需要足够的氧气，常见在室内栽培竹荪时，通气不良的角落长的子实体少，因此要注意栽培室的通风换气。菌丝在二氧化碳浓度为0.03%~0.33%的范围内都能生长，较适宜的二氧化碳浓度为0.08%~0.18%，最适浓度为0.13%。含量过低或过高，都会抑制菌丝的生长。

6. 酸碱度

竹荪喜长在偏酸性的环境中，菌丝体生长时 pH 以 5~6 为宜，子实体生长时以 4.5~5.5 为宜，pH 超过 7.5 以上会影响生长。其中红托竹荪的 pH 为 5.0~5.2，短裙竹荪 pH 为 5.2~5.4，长裙竹荪 pH 为 5.2。竹林中生长竹荪处的土壤，pH 多为 6.5 以下。据测定，新鲜竹类的 pH 约为 6.5，腐竹的 pH 约为 5.6，而生长过竹荪的竹材基质，多下降到 pH 5.0 以下。这证实竹荪菌丝在生长发育过程中，自始至终都需要微酸性的环境，才能形成大量子实体。所以，栽培场地最好是选择土质较疏松、富含腐殖质、偏酸性的沙质壤土。一般水稻生长良好的水稻田块均可。

四、栽培技术

（一）室内栽培

1. 菇房选择

菇房是竹荪生长发育的场所，要创造适宜竹荪生长发育的条件。菇房要求具有一定的保温、保湿性能，便于通风换气，操作管理方便。周围环境清洁卫生。

菇房的大小要适当，过小利用率不高，过大则不易控制温度、湿度和病虫害。在实际生产中，菇房多以 50~60m² 为宜。

菇房的结构应有利于保温保湿，有利于病虫害的防治。地面和墙四周要光洁便于冲洗消毒。菇房应远离厕所、垃圾堆等易感染杂菌的场所。

2. 菇床

菇床可用木料制作，也可用竹子、钢材或其他材料制作，但均应坚固，便于管理。一般床面宽为以 4~5 层为宜，层间距 60cm，最低一层离地面 30cm；床架与墙壁之间均应相隔 60~80cm。菇床应与菇房垂直排列，即东西走向的菇房，菇床以南北方向排列为好，每层床上均应有若干加固用的横方，横方之间相距 40~80cm，横方上直铺竹条、竹片、木条或木板，以填入的培养料既能透气又不下露为原则。在竹荪栽培中，也可不用床架，而用塑料周转箱、啤酒箱或木箱，也可塑料料袋先发菌，发好菌后放入菇箱、菇床或林地中覆土出菇。

3. 竹荪培养料的配制

培养料是竹荪栽培的基础，质量好坏直接关系到竹荪的产量和质量。

（1）培养料的种类。可用来配制竹荪培养料的材料种类很多，主要有以下类型：

木块或木屑：可以种植竹荪的树种极多，比较好的是壳斗科、桦木科的阔叶树，如光皮桦、棘皮桦、麻栎、栓皮栎、朴树等。将这些树及枝条适时砍伐后截成不同长度的木块，长度一般与所用容器内径相等，宽一般为 3~5cm，厚 2~4cm。

竹质材料及农作物秸秆：竹子、竹枝、竹根经破碎后可以使用；玉米秆、玉米芯、黄豆秸、甘蔗渣等也是制备竹荪栽培料的较好原料，但这些材料均需经过粉碎或其他方法破碎。

（2）竹荪培养料的配方。

①木块培养料：木块 50%，大豆粉 1%，麸皮或米糠 10%，过磷酸钙 2%，玉米芯 20%，玉米粉 1%，黄豆秆或油菜秆 15%，石膏或石灰 1%，多菌灵 0.2%，pH 自然。木块培养料是栽培竹荪的最好培养料之一。其中麸皮、米糠、玉米芯、黄豆秆等填充料可用稻草、蔗渣等秸秆类来代替，但这些秸秆均需经过粉碎机粉碎，其中的木块可用木屑来代替，若用木屑代替，培养料中需加入一定的竹块等块状物质，以调节培养料中氧的供给。若无竹块，也可将黄豆秸或油菜秆切成 3cm 长，掺入其中。

②竹、木培养料：竹叶 15%，过磷酸钙 2%，竹枝或黄篾 20%，石膏或石灰 1%，木屑 40%，菜籽饼 1%，玉米芯 20%，玉米粉 2%。

③玉米芯培养料：玉米芯 75%，过磷酸钙 2%，麸皮或米糠 20%，石膏或石灰 1%，黄豆粉 1%，玉米粉 1%，pH 自然。

（3）竹荪培养料的处理。

①蒸料法：将上述配备的料混匀后加水，含水量为 65%左右。具体做法是用水将原料混湿，以手抓一把攥紧，指缝中含水，用力挤压，能滴出水为度。料拌好后装入塑料袋，在常压灭菌灶内蒸 8～12h。

②煮料法：竹枝等培养料适宜用煮料法处理。竹枝、木块先用清水浸泡 24h，然后水煮 2h，摊晾，滤水后与原料混合。

③生料培养的处理：培养料拌好以后，装入容器中直接播种，称为生料栽培。生料栽培时需每 1kg 干料加 25%多菌灵 1g，并按料重加入 0.1%的辛硫磷或马拉硫磷，以抑制料中的杂菌和害虫。

（4）培养料进房和播种。

①菇房消毒。进料前菇房要用新鲜石灰水粉刷一次，床架、地面用清水冲洗干净后，用硫黄普遍熏蒸一次。硫黄用量为 1m³ 空间用硫黄 3～4g。熏蒸前地面、墙壁洒少许水，可增加灭菌效果。熏蒸时，房间须密闭，过夜后才能使用。多年使用的老菇房要用甲醛熏蒸。甲醛熏蒸灭菌需用高锰酸钾作氧化剂，通常每 1m³ 空间用 10mL 甲醛加 5g 高锰酸钾，房间密闭 12h。此法与硫黄熏蒸法交替使用，可收到更好的效果。

栽培结束后的清理也是菇房消毒的一个重要组成部分。因为在竹荪的栽培中，往往会局部地感染病虫害，竹荪收获完毕后，所剩下的培养料往往成了这些杂菌、害虫繁殖的最好场所，若不进行及时清理，必将严重污染菇房及床架，给下季生产带来损失。因此，一季栽培结束后，要及时把剩下的栽培料清理出菇房，清理完毕，菇房应冲洗干净，以便下次再次使用。

②播种。竹荪播种后要有一个适宜菌丝生长发育的温度条件（20~24℃）。发好菌后又要有一个适宜子实体形成和发育的气温条件（18~25℃），才能保证竹荪的产量和品质。因此，利用自然气温栽培竹荪要掌握好下种季节。

用于从瓶中挖出菌种的铁钩，盛菌种用的盆子等工具，在播种前均应用0.1%的高锰酸钾溶液清洗。操作人员的手和用具应用75%酒精棉球揩擦消毒。菌种瓶外壁先用来苏尔或高锰酸钾液擦洗，拔去棉塞，取出菌种装在容器中，然后播种，一般播种量为栽培料的10%。

a. 塑料袋栽接种：将按各种配方配比适合的培养料加水混匀后装入塑料袋中，袋的大小一般为16~30cm。装袋的方法是先将一端封住再装料，装好后再封另一端。封袋口的方法有以下几种：

两端各用一个塑料圈，将袋口反卷套在圈上，塞上棉塞即可。此法最佳，菌丝生长健壮，接种不易感染，但成本较高。

用回形针别住两端或用橡皮筋捆死两端。此法的优点是成本低，缺点是透气性差，用此法接种时料不能太湿。

用塑料编织袋做成直径4cm的圆圈，再用2层报纸封口。

将装好料的塑料袋进行高压或常压灭菌，高压灭菌一般为在0.15MPa的压力下处理1h，常压消毒需连续8h以上。

将消毒的料袋冷却至常温便可接种。接种必须在无菌室或经过消毒的房间内进行。接种的方法是拔出两端棉塞接入菌种，然后塞上棉塞进行发菌。

b. 箱栽接种：将木屑、竹枝、玉米芯等切碎后浸泡24h，然后用大锅沸水煮1h，再与其他原料按配方配好后装箱接种。

播种方法有混播、层播和点播。

a. 混播。将消过毒的培养料在无菌室或较干净的室内与菌种混合均匀后填入塑料周转箱或木箱中。播种量一般为5%~10%。

b. 层播。按一层培养料一层菌种的方法填入菇箱内，一般播种2~3层。

c. 点播。将培养料装入菇箱内，进行穴播。穴与穴之间距离为5~10cm，种穴深度为3~5cm。播种的方法是先用竹片插入菇箱，将料撬开一个洞，然后塞入菌种，菌种面上稍盖一点培养料。

播种完毕后，盖上塑料薄膜进行发酵。

（5）菇房栽培竹荪的管理。

①发菌期的管理。播种后至出菇以前是竹荪的发菌阶段，这段时间的管理主要是满足竹荪菌丝生长发育的条件，要100~120天。菌丝生长50~80天后，应在表面覆土。塑料袋发菌时，则待菌丝长满后再脱去塑料袋，然后覆土。

②播种至覆土前的管理。这个阶段的任务就是要创造一个竹荪菌丝健壮且快速生长的环境生长，温度应控制在 20~25℃（最适温度 22℃）。菇房温度最高不得超过 28℃，菇房内的空气相对湿度应保持在 75%左右。随着菌丝的生长，应注意空气的交换，刚播种的 1 周内，菇房可不必开窗换气，因为这时竹荪菌丝才开始生长，不会产生过多的二氧化碳，以后随着菌丝生长的加快，呼吸作用增大，需更多的新鲜空气，要注意开窗换气。

③覆土的管理。播种 10 天以后，种穴之间或菌层之间的菌丝已互相长满，部分菌丝已扩展到培养料底部时，在培养料表面盖一层 3~4cm 厚的土，称为覆土；也可在播种后直接覆土。覆土是为了提高和保持培养料表层的湿度，改变竹荪菌丝的生长环境条件，促使菌丝从营养生长向生殖生长转化，促进子实体原基的形成。覆土材料的选择对竹荪从营养生长向生殖生长转化有很大的影响，应特别注意。覆土应不过沙，也不过黏，喷水后不板结，能保湿，毛细孔多，最好采用从树林或竹木中挖来的新鲜腐殖土。覆土的 pH 以 6.0~7.0 为好，pH 偏小可用熟石灰调节，偏大可用柠檬酸调节。

如果覆土中含有部分虫卵或杂菌，应先进行处理方能使用。杀虫可用辛硫磷稀释 1000 倍液喷洒。杀杂菌可用多菌灵或甲基托布津稀释 300 倍液喷洒。

覆土前应少量喷一次水，将土调节至湿润后再覆土，覆土的厚度为 3~4cm，用木板轻轻地将土粒拍平整，用少量多次的方法在 3~5 天内调节土粒水分至湿润。调水时雾要细，每次喷水的量要少，不可一次喷水过多，如果大量水流入培养料内，就会引起菌丝萎缩。覆土的适宜含水量为 60%左右，可用拇指和食指捏土粒测试，若土粒由圆变扁，既不碎成粉末又不黏手，即为适宜的湿度。

覆土完成以后，还应在覆土上盖一层覆盖物。主要目的是调节水分，同时也有遮阴的作用。覆盖物一般采用松针为好，切勿用稻草或竹叶、竹枝覆盖，不然，菌丝易长出覆土，而难以形成菌索而形成菌蕾。

覆土后至出菇前的管理。覆土后的管理以水分控制为最重要，此时的水分管理是关系到竹荪栽培成败的关键因素之一。竹荪菌丝既不耐旱也不耐湿，它经常要在一个不干不湿的环境里才能良好地生长，即它所处的基质和土粒的水分要经常保持在 60%~70%，空气相对湿度保持在 85%左右。基质和覆土的湿度过高或过低，菌丝的生长都将会受到抑制，甚至死亡。

出菇前，覆土的水分管理原则上要经常保持土粒湿度，每天喷洒一次雾状清水，使水分刚好浸透土层。如果气温低，水分蒸发量小，就要 2~3 天才浇一次水。

④出菇期间的管理。出菇期间，温度应为 17~18℃，菇房空气相对湿度为 90%左右，室内应不断排除废气，换进新鲜空气，人进入菇房后，感觉清爽舒适，才符合菇房内空气的要求。竹荪出菇期间的水分管理是一项比较复杂的工作。在发菌前

期，菇床（箱）上一般不另外喷水，后期适当喷水。子实体形成初期，菇床上少量浇水，但要注意提高室内的空气相对湿度，可在墙的四周地面喷水，使空气相对湿度达到90%~95%。竹荪生长旺盛时期要增加喷水量。喷水管理还应根据具体情况而灵活掌握，晴天出菇少时少喷；菇小时少喷，菇大时多喷；培养料含水少时多喷，含水量高时少喷或不喷；菇房保湿性能差要稍多喷，否则少喷。喷水要少量多次，喷后要进行通风。

出菇期温度应控制在17~28℃，超过30℃难以形成子实体，长出的小菌蕾也易萎缩。室内栽培一般在9~10月播种，次年春季出菇。此时温度能满足出菇的需要。若出现温度偏高的情况，可加强通风、喷水等措施，使出菇期温度保持在30℃以下，方能正常出菇。

（二）林地栽培

林地栽培法是模拟竹荪在自然条件下生长的一种栽培方式。即把人工培育的纯菌种接种于培养料上，再放到能够生长竹荪的自然环境中去，加以精心管理，以获得良好的收成的栽培方式。此法适宜农村专业户因地制宜，充分利用林地进行竹荪生产。目前，大部分地区采用这种栽培方法。

1. 场地的选择

选场的目的，就是要使菇场适宜竹荪生长发育的需要，选场正确与否是能否取得竹荪栽培成功的基础。场地的选择必须按照竹荪营养生理和生殖生理、生长发育对外界环境条件的不同要求进行。

原则上讲，凡有野生竹荪生长的林地，郁闭度在80%以上的各种竹林和常绿阔叶林均可用作竹荪的栽培场地；没有林地的地方，可搭棚遮阳，人为创造高郁闭度的环境。楠竹林、乔木阔叶林树冠高、个体之间相距较远，遮阴效果虽好，但挡风能力差，一般湿度较低，不宜作菇场。

2. 菇木的选择

（1）树种。除松、杉、樟、楠木等含挥发性芳香物和含毒树种外，大部分阔叶树都能生长竹荪，但由于树木所含营养成分及木材坚硬程度不同，在同样的条件下栽培竹荪，出菇的时间与产菇的年限、产量高低和质量好坏都有很大的差别。

根据竹荪生长特性，选择菇木应掌握的原则是，应选择树皮与木质部紧紧相连而不易脱皮的，保水性能好、水分散失慢的，边材多、心材少、木质既不太坚硬、又不太松的，枝叶茂盛、生于向阳处的，经济价值不大、容易栽培而速生的，当地资源多的树种。

在生产实际中，树种一般选用棘皮桦、光皮桦、野樱桃、水冬瓜、朴树等。

（2）菇木的粗细和树龄。竹荪属于腐生菌，以分解菇木中的纤维素、半纤维素和木质素为营养。但有不少的树种含有醚、醇、类黄酮、芳香油等阻碍竹荪菌丝生长繁殖的有害成分，而这些有害成分大都在心材中。因此，在一定范围内，小径菇木种植竹荪比大径菇木种植竹荪产量高，种植竹荪的菇木以直径 10~15cm、胸高直径 7~15cm 较为理想。

（3）菇木的砍伐。菇木的砍伐季节以从树叶变黄到树木发芽前为最好。这时树木处于休眠状态，木材中贮藏的营养最丰富，含水分少，树皮也不易脱落，此时气温较低，杂菌和其他害虫危害少。砍树的时间也要与接种的时间相配合起来，一般都在接种前 30~50 天砍树。因为竹荪属腐生菌，只能利用植物的尸体，凡是没有死亡、埋木后还能发芽的树，竹荪难以利用其营养，故而种不出竹荪。树木不是砍倒就死亡，树木死亡的标志是细胞内的原生质死亡，只有原生质死亡了，才不会再生新芽。原生质死亡需要一定时间，这个时间的长短由下列条件决定：

木质的疏松与紧密：一般来说，木质紧密的再生能力强，木质疏松的再生能力弱。光皮桦是木质比较疏松的树种，如果在晴朗、干燥的时候砍伐，20 天后就可接种，如果在阴雨天砍伐就要 1 个月后才能接种。

树木的含水量多少：一般来说，含水量少的树木原生质容易死亡，含水量多的原生质不易死亡。含水量的多少又与材质的抗旱性有关。枫香材质紧密，含水量又多，原生质要 1 个月以上才能死亡。应在接种前 1 个月砍伐。

伐树应注意按照菇场规划做好的标志，留好遮阳树。砍伐部分要尽量低矮，以提高木材的利用率，也有利于木材的更新。砍树时不要碰伤和碰落树皮，因为树皮起着保湿保温和保护形成层的作用。

段木砍伐后，截成 1m 长的小段，断面和破皮处涂上 5% 的石灰水溶液和波尔多液，以"井"字或"三角形"堆放于通风处干燥脱水。

（4）其他原料的处理。竹荪段木栽培与香菇完全不同，竹荪栽培后必须覆土才能出菇。因此，在用段木栽培时，需用一些碎料在段木之间起填充作用。这样也有利于竹荪菌丝的迅速生长发育。一般的填充料都是竹枝、竹叶、树叶、树枝、玉米芯、麸皮、米糠等。竹枝、树枝要先砍成 2~4cm 长的小段，加温浸泡处理后使用。玉米芯也要先粉碎，再经处理后才能使用，处理方法与室内栽培方法相同。

3. 栽培的过程

（1）场地的整理和消毒。竹荪培养料准备好以后，即可进行栽培。在播种前 3 天左右进行场地的整理和消毒。在已选择好的菇场上按照自然长度，建 1m 宽的畦，畦的四周挖一条排水沟，清除畦内杂草、枯叶，在畦面上洒石灰进行消毒，以防杂菌侵害菇木。

（2）接种。

①段木栽培接种：接种前，先检查菌种的质量，因为菌种质量的好坏影响成活，而且影响竹荪的产量和质量。选择优良的菌种是保证竹荪栽培成功的关键。优

良品种应该是菌龄适中，即菌丝刚刚长到瓶底。老化菌种水分散失，活力降低。选种时还必须注意除去染有杂菌的菌种。

接种前还要检查菇木含水量，通常以冬天砍树，春天接种为好。若段木砍伐的时间过长，已经风干，水分含量低于20%，在接种前须往段木上喷水，以增加段木的含水量。如遇干旱气候，段木长期得不到水分补充，已接菌种也会干枯死亡。

接种方法因菌种培养材料不同，也有所不同。木屑种的接种方法是用打孔器在菇木接种部位打一个孔，也可用台钻和手电钻打孔，然后将菌种塞入孔内。木塞种，所打孔的内径应与木塞外径一致，不宜过大或过小，大了易松动、脱落，干燥脱水；小了塞入时挤压用力大，使菌丝受伤严重，不易萌发。孔横距一般为4～5cm，纵向5～7cm，深1.5～2cm。由于竹荪菌丝生长缓慢，一般来讲，孔密比孔稀好。孔打好以后，由接种人员取蚕豆大小的菌种放入孔内，装满为止，切忌压紧和把菌种捏得粉碎。然后用木槌轻轻敲入，使之与段木表面平行。

接种时间应选择在晴天，雨水接种易染杂菌；接种人员的手、接种工具在接种以前必须进行消毒；打孔与接种应进行流水作业，边打边接，菌种随用随从菌种瓶内取出；已开用过的菌种瓶内的菌种应在当天用完；接种时最好在树荫下进行，防止太阳光线直接照射菌种；暂时用不完的菌种，要保藏在干燥、阴凉、通风处，光线要暗，上面要覆盖遮阳物。段木接种完后，立即摆到菇场中挖好的畦上，也可以在发好菌以后再放入畦内。

②木屑栽培接种：在已准备好的畦中，先在底部摊一层经过蒸煮消毒的竹叶，将处理好的木屑平放在畦中，按照一层料一层菌种的方式进行层播。播好后，在料面盖好塑料薄膜发菌，或者是将发好菌的木屑菌种脱袋后直接摆放在畦中。

在野生竹荪资源较多，而又无制菌种能力的情况下，可以到有竹荪生长的竹林内，挖取带竹荪菌丝的竹鞭等基质，或带有孢子的菌盖到场地接种。可用坑栽（坑内放一层基质）与沟栽（沿竹鞭走向）等方法播种。播种后覆松土，使之稍高于地面。

（3）覆土。竹荪的林地栽培可以接种后立即覆土，也可以接种1个月后再覆土，但要注意保湿。保水性能差的段木应立即覆土，覆土的处理方法与室内栽培相同。覆土完成后，应在覆土上覆盖一层松针遮阳。

竹荪林地栽培管理与室内栽培各个时期管理大致相同，只是林地栽培由于有树木、竹林根系对湿度的调节，浇水的次数和量都要少一些。

有时可采用变温刺激，干湿刺激，喷洒0.5%葡萄糖液等方法促进子实体的产生。

（三）病虫害防治

竹荪栽培过程中，堆料消毒不彻底、堆料透气性差、水分管理不科学等会导致病虫害的发生。竹荪属好气性真菌，在大田栽培中由于氧气充足，菌丝抗杂能力较强，发菌前期气温较低，杂菌污染机会少。4月底以后，气温升高，春雨时间较长，田间湿度加大，容易发生霉菌危害。发菌期可将生石灰直接撒施在霉菌污染的覆土层上，加强通风，防治效果明显。在生产中，虫害危害较少。为害竹荪的害虫主要是白蚁、蛞蝓等，白蚁可用700倍辛硫磷液喷杀或明矾粉调糖水洒于白蚁喜食的植物上诱杀，蛞蝓用石灰粉撒在其活动处。

五、采收

当竹荪菌裙达到最大张度且孢子液尚未流下时采收。采收时首先用刀从菌托底部切断菌索，切勿用手拧拉，因为已形成子实体的菌索连着许多菌索，用力拉扯会使更多的菌索受伤，影响以后的子实体形成。

切下的竹荪子实体，要及时剥离菌盖和菌托。菌盖上有一层具恶臭味的产孢体，孢子成熟后极易液化，若不及时剥离，产孢体液化，易下滴污染菌裙和菌柄，影响竹荪的质量，使售价下降。

剥离出来的菌裙和菌柄应迅速干制。如果被泥土污染，要及时洗干净。水洗时可用柔软的牙刷刷去被污染处，但要注意尽量保护好菌裙和菌柄，保证其完整性，因为菌裙和菌柄如有破损就要降低等级。

第三节 大球盖菇

一、概述

大球盖菇属担子菌门，伞菌纲，伞菌目，球盖菇科，又名皱环球盖菇、皱球盖菇、酒红球盖菇，是国际菇类交易市场上的十大菇类之一，也是联合国粮农组织向发展中国家推荐栽培的蕈菌之一。鲜菇肉质细嫩，营养丰富，有野生菇的清香味，口感极好；干菇味香浓，可与香菇媲美，有"山林珍品"之美誉。国内市场除鲜销外，也可以进行真空清水软包装加工和速冻加工，另外其盐渍品、切片干品在国内外市场潜力也极大。

大球盖菇抗逆性强，适应性广，其菌丝具有极强的抗杂菌能力，生产中一般都直接采用生料栽培。同时，大球盖菇栽培技术简单粗放，能利用各种农作物秸秆、谷壳、木屑等原料栽培，能在大田、果园、林地和菜地等各种土壤环境中种植，整个栽培过程可以不需要任何遮阴设施即露天免棚栽培，这大大降低投资成本。因此，种植大球盖菇具有栽培场地灵活、原材料来源广泛、能综合利用各种农作物下脚料、种植时间基本是冬闲季节，具有不与农争时、不与人争粮、不与粮争地、不与地争肥等优势，很容易被广大农户接受。因此种植大球盖菇具有非常广阔的发展前景。

（一）分布区域

大球盖菇在野外分布较少，主要分布在欧洲、北美及亚洲的温带地区，我国云南、西藏、四川、吉林等省份均有野生大球盖菇分布。据张树庭报道，该种 1922 年在美国被发现，并被记载和描述，20 世纪 30 年代在德国、日本等野外被发现。1969 年在德国进行了人工驯化栽培并取得成功，并逐渐成为许多欧美国家人工栽培的食用菌。1980 年，上海市农业科学院食用菌研究所曾派员赴波兰考察，引进菌种，并试栽成功。目前全国许多省份都有栽培，其中栽培量较大的有福建、浙江、四川、江西、河北、山东和北京等省份。

（二）营养价值

大球盖菇色泽艳丽，呈葡萄酒红色，菇体清香，盖滑柄脆，口感极佳。该品种营养丰富，据轻工部食品检测中心福州站测定，每 100g 干品中，含蛋白 29.0g，脂肪 0.66g，糖类 44～54g，膳食纤维 9.9g，灰分 4.36g，钙 24mg，磷 448mg，铁 11mg，维生素 B_2 214mg，维生素 C 6.8mg。且它含有 17 种氨基酸，人体必需氨基酸齐全。氨基酸总量达 8.514%，必需氨基酸占 3.733%，为氨基酸总量的 43.8%。大球盖菇能治疗或改善人体多种疾病，堪称是色鲜味美，被称为"素中之荤"，是一种营养保健食品。

二、生物学特性

（1）菌丝体在 PDA 培养基上，菌落形态有绒状、毡状和絮状，有的有同心轮纹，有的有放射纹，有的菌丝生长旺盛、浓密、菌落平坦、圆形，有的则相反。

（2）子实体单生、丛生或群生，中等至较大，单个菇团可达数千克重。菌盖近半球形，后扁平，直径 5～25cm，有的可达 30cm 以上。菌盖肉质，湿润时表面稍有黏性。幼嫩子实体初为白色，常有乳头状的小凸起，随着子实体逐渐长大，菌盖渐变成红褐色至葡萄酒红褐色或暗褐色，老熟后褪为褐色至灰褐色。有的菌盖上有纤维状鳞片，随着子实体的生长成熟而逐渐消失。菌盖边缘内卷，常附有菌幕残片。菌肉肥厚，色白。菌褶直生，排列密集，初为污白色，后变成灰白色，随菌盖平展，逐渐变成褐色或紫黑色。菌柄近圆柱形，靠近基部稍膨大，柄长 5～20cm，柄粗 0.5～4cm，菌环以上污白，近光滑，菌环以下带黄色细条纹。菌柄早期中实有髓，成熟后逐渐中空。菌环膜质，较厚或双层，位于柄的中上部，白色或近白色，上面有粗糙条纹，深裂成若干片段，裂片先端略向上卷，易脱落，在老熟的子实体上常消失。

（3）孢子印紫褐色，孢子光滑，棕褐色，椭圆形，有麻点，顶端有明显的芽孔，厚壁，褶缘囊状体棍棒状，顶端有一个小突起。

三、生长发育条件

(一) 营养

营养是大球盖菇菌丝及子实体生长发育的物质基础，大球盖菇不能通过光合作用将二氧化碳和水合成有机物，必须依靠分解吸收基质中营养来满足自身生长发育的需求。大球盖菇与其他食用菌一样，其生长所需的营养物质以碳源和氮源为主，其中碳源是构成大球盖菇菌丝细胞和子实体细胞中碳素骨架的基础，为其生长发育提供能量，主要包括纤维素、半纤维素、葡萄糖、淀粉、蔗糖、木质素、有机酸和醇类等。氮源有氨基酸、蛋白胨等，此外还需要微量的无机盐类。在生产中，稻草、谷壳、木屑等都能提供大球盖菇生长所需的碳源。大球盖菇属草腐菌，分解木质素能力较弱，木屑和棉籽壳不是很适合作为大球盖菇的培养基。玉米粉、米糠、黄豆粉、豆饼等可作为大球盖菇氮素营养来源，不仅补充了氮素营养和维生素，也是早期辅助的碳素营养源。子实体生长需要土壤微生物及微量元素的刺激。

(二) 温度

大球盖菇属中温偏高型食用菌。其菌丝在 5～36℃ 都能生长，最适生长温度是 24～28℃，低于 10℃ 和超过 32℃ 菌丝生长速度迅速下降，当温度升高至 32℃ 以上时，菌丝活力下降，等恢复适宜温度范围后，菌丝的生长速度会明显减弱。超过 36℃，菌丝停止生长，如果延续时间长则会造成菌丝死亡。低温条件下，菌丝虽然生长缓慢甚至停止生长，但不会死亡和影响其生活力，所以大球盖菇都是以菌丝体形式越冬。大球盖菇子实体生长的温度范围是 4～30℃，原基形成最适温度 12～25℃。在此温度范围内，温度升高，子实体的生长速度加快，但菇的朵形较小，易开伞；在较低的温度下，子实体发育缓慢，但朵形较大，柄粗菇肥，不易开伞，菇质优良。气温低于 4℃ 或超过 30℃ 以上时，原基很难形成。

(三) 水分和湿度

水分是大球盖菇菌丝及子实体生长不可缺少的因子，培养料及覆土层的含水量高低与菌丝的生长及产量有非常重要的关系。菌丝生长阶段，培养料含水量以 60%～75% 为宜，最适含水量为 65% 左右，如果水分过高或过低，则菌丝生长不良，主要表现为稀疏、细弱，生长缓慢，甚至还会使原来生长的菌丝萎缩。实际生产中，常常会发现由于菌床被雨淋后，基质中含水量过高而严重影响发菌，虽然出菇，但产量不高。子实体发生阶段要求覆土层含水量 20%～25%，环境相对湿度提高到 85% 以上，以 95% 左右为宜。所以，大球盖菇现蕾期必须提高空气的相对湿度，方可刺激出菇，增加出菇数量，提高产量。如果空气相对湿度低，即使菌丝生长健壮，出菇也不理想。

(四) 空气

大球盖菇属于好气性真菌，非常适合室外栽培，新鲜而充足的空气能促进子实体的生长发育。在菌丝生长阶段，对通气要求不高，空气中的二氧化碳含量可达0.5%~1%；但子实体生长发育需要充足的氧气，要求空间的二氧化碳含量要低于0.15%。如果空气不流通、氧气不足时，菌丝的生长和子实体的发育均受到抑制，容易形成畸形菇。所以在子实体大量发生时，要保证场地空气新鲜，可提高产量和品质。

（五）光线

大球盖菇与大多数食用菌相同，菌丝生长阶段对光线不敏感，以避光培养为好，子实体的形成和发育需要一定的散射光，200~500lx 的光照度，有利于原基的形成和子实体生长。在生产中，主要通过畦面上覆盖稻草等方式，为子实体生长提供一个半遮荫的环境。生长的菇外观艳丽，品质好，产量高。这可能是因为太阳光提高了地温，并通过水蒸气的蒸发促进基质中的空气交换以满足菌丝和子实体对营养、温度、空气、水分等的要求。但是，如果较长时间的太阳光直射，造成空气相对湿度降低，会使正在迅速生长而接近采收期的菇柄龟裂，影响商品的外观。

（六）酸碱度

大球盖菇适宜在微酸性环境中生长，培养基和土壤 pH 在 4.5~9 的范围时，菌丝均能生长，但以 pH 为 5~7 最适宜，子实体发生阶段培养料 pH 为 5~6 较适宜。如果培养料 pH 偏高，前期菌丝生长缓慢，但通过菌丝新陈代谢产生有机酸，培养基中的 pH 下降，菌丝生长加速。一般情况下菌丝在鲜稻草培养基自然 pH 条件下可正常生长。

（七）土壤

大球盖菇菌丝生长阶段，在没有土壤的环境中能正常生长，但覆土可以促进子实体的形成。如不覆土，虽也能出菇，但出菇时间明显延长，这和覆盖层中的微生物有关。覆盖的土壤要求含有腐殖质，质地松软，具有较高的持水率，覆土切忌用沙质土或黏土，一般稻田的表层土就可，土壤的 pH 以 5.5~6.0 为好。

四、栽培技术

我国从 20 世纪 90 年代开始推广人工栽培大球盖菇，栽培方式各地不尽相同。大球盖菇属好气性草腐菌，栽培方式以室外为主，主要是因为室内栽培不仅需建造生产房屋，还需把大量栽培原料如稻草和覆土材料等运送到室内，增加劳动力支出和生产成本，同时，室内栽培会因建造房屋问题制约种植规模的扩大。

（一）栽培季节

大球盖菇适温广，在 4~30℃ 均可出菇，除 6~9 月气温超过 30℃ 不利于出菇外，其余季节都可出菇。各地可根据当地气候、栽培设施及市场供需情况合理安排种植期。在华北地区，如在塑料大棚中栽培，除短暂严冬和酷暑外，几乎全年都可安排生产。温暖地区，一般播种期以 9 月下旬至次年 3 月为最适，出菇期在 11 月至次年 5 月。在温室大棚内反季节栽培要在 10 月中旬起开始投料播种，12 月或元旦起开始大量出菇，春节前出完二潮菇，正月期间出三潮菇，二月期间出四潮菇。这几个出菇的高峰期正值节日，市场价格高、效益好，是投料栽培的黄金时节。如果投料播种过早，大棚内温度高，容易热害伤菌，造成栽培失败。在林地、果园、向日葵、玉米地套种栽培，应在 9 月末起开始投料播种，10 月下旬开始出菇，在上冻前出 1~2 潮菇，越冬后第二年春天再出三潮菇。

(二) 培养料的配方

多种农作物的秸秆都可用作大球盖菇的栽培材料。常用的栽培料配方有：

（1）纯稻草 100%。

（2）纯麦秆 100%。

（3）稻草 50%，麦秆 50%。

（4）稻草 50%，大豆秆 50%。

（5）大豆秆 50%，玉米秆（带叶）50%。

（6）稻草 80%，木屑 20%。

（7）稻草 40%，甘蔗渣 60%。

（8）甘蔗渣 80%，杂木屑 20%。

（9）甘蔗渣 60%，20% 谷壳，20% 木屑。

原料使用前要经暴晒。玉米秆、高粱秆及大豆秆在使用前要用石滚碾碎或用木棒打碎，以利于菌丝吃料生长。

(三) 栽培方法

大球盖菇的栽培方法大体可分为室内栽培和室外栽培两类。我国现多以室外阳畦生料栽培为主，因室外栽培不需特殊设备，操作简便，容易管理，栽培成本低，经济效益好，同时也便于大面积生产。

1. 大球盖菇的室外栽培

大球盖菇室外栽培宜选择土质肥沃、向阳又有遮阳的场所。一般宜选择果园（如柑橘园、板栗园及一些常绿果园如杨梅园、枇杷园等）及园林乔木下的林地等，以三阳七阴的光照条件为最适。也可在冬闲田进行大棚种植，做到果菌结合、粮菌结合。

（1）栽培季节与场所安排。根据大球盖菇的生物特性与当地气候和栽培设施等条件而定，在中欧各国，大球盖菇是从 5 月中旬至 6 月中旬开始栽培，而我国东北地区，除短暂的严冻期需要大棚栽培外，几乎常年可安排生产。如春、秋、夏季可安排在苹果树下、葡萄架下或成行的杨树地进行套种，也可以在秋后的玉米地内栽培，对于成片栽培的应搭建拱棚或凉棚，以利遮阳保湿，获得更高的经济效益，环境选择也是大球盖菇产量的关键：宜选择近水源，而排水又方便，场地在下雨的时候不可积水，以保证大球盖菇的正常生长；选择土质肥沃，富有腐殖质而又疏松的土壤菌床上种植，有利于早出菇和提高产量；宜选择避风、向阳，而又有部分遮阳的场所。

（2）原料准备与播种。

①做畦：整地做畦同常规。

②栽培料预浸预堆：将粗硬的秸秆如玉米秆、高粱秆及大豆秆捶碎后，在1%的石灰水中浸泡，稻草可直接在清水中浸泡，边踩边浸。浸泡时间根据材料质地和温度而定，通常36~48h即可。若采用水池浸泡，每天需换水1~2次。也可采用淋水的方式，具体做法是将材料堆放于地上，每天淋水2~3次，多次翻动，连续喷水6~7天，使其吸足水分。将浸透或淋透了水的作物秸秆摊开，自然晾干多余的水分，使其含水量在70%~75%。检查方法是抽取有代表性的稻草一把，将其紧拧，草中有水滴渗出，并且水滴断线，表明含水量适当。在温度高于23℃以上的夏末秋初阶段播种，为了防止建堆后栽培料发酵、温度升高而影响菌丝生长，建堆播种前要进行预发酵。做法是将浸好后含水量适度的栽培材料如稻草堆成宽1~2m、高1~1.5m、长度不限的长草堆，堆放7~8天，其间翻堆2~3次，然后移入栽培场地建堆播种。

③建堆播种：将已预浸或预发酵过的栽培料平铺在已整好的畦床上，第一层铺10cm厚，撒一层菌种；再铺一层15cm厚的料，撒下一层菌种，最后盖上一层3cm左右的料，草料总厚度不宜超过30cm。菌种既可撒播于草层上，也可掰成蚕豆或鸡蛋大小穴播，穴距10cm左右。用种量为干草质量的3%左右。

（3）发菌期管理。大球盖菇播种后即进入发菌管理。通常在播种后20天内不需直接喷水在菇床上，只根据天气情况，适时喷水在覆盖物上，不让多余水分渗入床内。若碰上连续雨天，特别是播种后20天内有大雨，要在堆上覆盖物上面加盖塑料薄膜防水，雨过后立即掀去塑膜并同时排去地上积水。当菇床上的菌丝生长旺盛占据培养料的一半左右并且稻草出现变干发白时，应适当往菇床上喷水。培养料较适的温度应在20~30℃，最好为25℃左右；同时堆温主要受气温影响，夏末秋初温度较高时，培养料可经预发酵处理；秋末冬初气温较低时就不需经预发酵，浸草后宜接上堆播种。此外，不同的栽培季节可通过场地的遮阳和通风等方法来调节堆温。

（4）覆土。播种30天左右，菌丝长满料堆就可在堆表覆土，其覆土方法同双孢菇。有时表面培养料偏干，看不见菌丝爬上草堆表面，可以轻轻挖开面上，检查中、下层料中菌丝，若相邻的两个接种穴菌丝已快接近，这时就可以覆土了。具体的覆土时间还应结合不同季节及不同气候条件区别对待。如早春季节建堆播种，如遇多雨，可待菌丝接近长透料后再覆土；若是秋季建堆播种，气候较干燥，可适当提前覆土，或者分两次来覆土，即第一次可在建堆时少量覆土，仅覆盖在堆上面，且尚可见到部分的稻草，第二次覆土待菌丝接近透料时再进行。菇床覆土一方面可促进菌丝的扭结，另一方面对保温保湿也起到积极作用。一般情况下，大球盖菇菌丝在纯培养的条件下，尽管培养料中菌丝繁殖很旺盛，也难以形成子实体，或者需经过相当长时间后，才会出现少量子实体。但覆盖合适的泥土并满足其适宜的温湿度，子实体可较快形成。

覆盖土壤的选择：覆盖土壤的质量对大球盖菇的产量有很大影响。覆土材料要求肥沃、疏松，能够持（吸）水，排除培养料中产生的二氧化碳和其他气体。腐殖土具有保护性质，有团粒结构，适合作覆土材料。国外认为，50%的腐殖土加50%泥炭土、pH 5.7 可作为标准的覆土材料。实际栽培中多就地取材，选用质地疏松的田园土壤。这种土壤土质松软，具有较高持水率，含有丰富的腐殖质，pH 5.5～6.5。森林土壤也适合作覆土材料。碱性、黏重、缺乏腐殖质、团粒结构差或持水率差的沙壤土、黏土或单纯的泥炭不适于作覆土材料。

覆土方法：把预先准备好的壤土铺洒在菌床上，厚度 2～4cm，最多不要超过5cm，每 1m² 菌床约需 0.05m³ 土。覆土后必须调整覆土层湿度，要求土壤的持水率达 36%～37%。土壤持水率的简便测试方法是用手捏土粒，土粒变扁但不破碎，且不黏手，就表示含水量适宜。覆土后较干的菌床可喷水，要求雾滴细些，使水湿润覆土层而不进入料内。正常情况下，覆土后 2～3 天就能见到菌丝爬上覆土层，覆土后主要的工作是调节好覆土层的湿度。为了防止内湿外干，最好采用喷湿上层的覆盖物。喷水量要根据场地的干湿程度、天气的情况灵活掌握。只要菌床内含水量适宜，也可间隔 1～2 天或更长时间不喷水。菌床内部的含水量也不宜过高，否则会导致菌丝衰退。

（5）出菇期管理。料堆覆土后 2～3 天，菌丝即可长至土面，随后即转入生殖生长阶段。通常覆土后的 2～3 周就可生菇。此阶段的重点工作是保湿及加强通风透气，促进空气流通。大球盖菇出菇阶段要求空气相对湿度在 90%～95%，要特别注意保持覆土湿润。若天气干燥，可将旧麻袋、报纸浸透盖在土面上。为了加强空气流通，促使子实体形成，大棚栽培时现蕾后可在料堆中或料堆侧面打数个洞。当子实体大量发生时，大棚更要增加通风次数和延长通风时间。根据天气情况，每天喷水 1～2 次，直接喷于床面和子实体上，同时还应向空中喷水，以增加空气湿度。不同季节、不同地域，出菇速度不一样，长江流域一带 9 月下旬至 11 月，白天温度高、晚上温度低，最适出菇。此阶段出菇快而整齐，从现蕾至成熟时间也短，3～4月出菇也是如此。出菇期间如遇霜冻，一是要注意加厚覆盖草被，盖好小菇蕾；二是要少喷水或不喷水，防止直接遭受冻害。

（6）采收。大球盖菇子实体形体大，个体差异也大，最大单菇近千克，小的只有几十克，过早采收产量低，推迟采收产量虽高，但品质下降。大球盖菇不同成熟度的口感差异很大，以尚未开伞的口感最佳，成熟时的大球盖菇会有稻草的腐烂味。因此掌握最佳采收时机是获取高产和最大效益的关键环节之一。

大球盖菇从出现小菇蕾到子实体成熟所需的时间随气温高低而不同，通常为5~10天。应根据成熟度和市场要求及时采收。一般是菌盖边缘内卷，菌膜刚破裂，尚未开伞和弹射出孢子，菌盖呈钟形时采收最为适宜。最迟应在菌盖内卷，菌褶呈灰白色时采收。过早会影响产量；采收过迟，菌盖展开，菌柄出现中空，菌褶变为暗灰色，会降低商品价值。采收时一手握牢菌柄基部，另一手压着培养料，轻轻扭转向上拔起即可。采摘时要注意不要松动边缘幼菇，防止死亡。采收后在畦上留下的基部洞穴要用土填平。采下的鲜菇削去菇柄带泥部分。除净菇床上残留菇脚，补土保湿，再培养出下潮菇。一般出菇2~4潮，以第二潮菇产量最高。

总之，大球盖菇室外栽培应根据季节、气候和各地的实际情况灵活运用，但需掌握以下几点原则：一是稻草等覆盖物必须经常保持湿润。二是覆土层不能干燥发白。三是畦沟内可经常保持水分，但水位千万不能高于畦床培养料。四是喷水单次不能过量，应少量多次。五是小菇少喷，大菇多喷。

2. 大球盖菇的室内栽培

大球盖菇室内与室外栽培产量并无大的差异。室外栽培场地不受限制，成本低，便于大面积生产；室内栽培则有利于调控温湿度，有利于创造菌丝与子实体生长的环境条件。室内大球盖菇的栽培方法常见有：草把堆垄栽培、箱栽、稻草畦状栽培和大捆草栽培等。

（1）草把堆垄栽培。类似于草菇栽培。按室外栽培的方法把稻草、豆秆等栽料浸透吃足水并摊晾至含水量70%左右，从稻草中段对折拧成"8"字形草把，交叉处用几根草捆好以免散把，0.7~0.8kg一把。成排码好，两端朝内，铺宽1.2~1.5m，长度依场地而定，中间填以豆秆、蔗渣、木屑或棉籽壳（均需吃透水），铺一层草把撒一层菌种，共3~4层。两侧草把内或草把间可适量塞入核桃大小的菌种。草把堆放高35cm左右。顶层撒好菌种后，盖一层含水量稍高的稻草，然后盖上塑料薄膜保湿保温。一般白天视温湿情况打开膜，晚上盖好。其他管理与室外相同。当菌丝长至2/3时就需覆土，覆土方法均与室外相同。

（2）稻草堆垄栽培。此法与室外阳畦栽培大致相同。为了充分利用空间，可作床架栽植数层。稻草吃水及预发酵与前面栽培相同，只是堆料栽培时要在床架上先铺上一层塑料薄膜，然后铺草播种，铺料、播种及出菇管理与室外栽培相同。

（四）采后管理

大球盖菇一般可采收3潮，气候适宜的部分地区可采收4潮。正常温度条件下，采后 20~25 天就可采摘下一潮菇。一潮菇采后，可在稻草等覆盖物表面施用 10kg 左右钾肥，停止喷水 2~3 天，促进菌丝快速恢复，以后管理按第 1 潮相同的方法操作。

第四节 姬松茸

一、概述

姬松茸又名松茸菇、小松菇、巴西蘑菇、柏氏蘑菇、巴氏蘑菇、阳光蘑菇、抗癌松茸、佛罗里达蘑菇等，属于真菌界，担子菌门，层菌纲，伞菌目，蘑菇科，蘑菇属。野生子实体多发生于含有畜粪的草地上，原产于巴西、秘鲁。姬松茸具杏仁香味，口感脆嫩，姬松茸菌盖嫩，菌柄脆，口感极好，味纯鲜香，食用价值颇高。

（一）分布区域

1945 年，美国真菌学家首次发现姬松茸。1965 年，日裔巴西人将姬松茸孢子菌种送给日本，经蕈菌工作者数年的试验性栽培，获得成功，10 多年后开始进行商业性栽培，并按照日本人喜爱的松茸而命之以"姬松茸"的美名。实际上，姬松茸是白蘑菇的近亲，与松茸无论从分类地位和性状风味上都有很大差别。1991~1992年，四川农业科学院、福建省农业科学院科研人员对姬松茸进行了引种与栽培试验。1994 年，福建宁德、建阳、福州等地开始该菇的小规模栽培，并由福建省逐渐向浙江、山东、湖北、台湾、河南、江苏、上海等地推广并大规模生产。目前，除我国以外，姬松茸已在巴西、美国、日本等国大面积栽培，栽培方式主要有畦式栽培、床式栽培、袋式栽培与箱式栽培。

（二）营养价值与药用价值

姬松茸营养极其丰富，而且组成合乎人体健康要求，尤其引人注目的是医药保健价值。新鲜子实体含水分 85%~87%；可食部分每 100g 干品中含粗蛋白质 40~45g、可溶性糖类 38~45g、膳食纤维 6~8g、脂肪 3~4g、灰分 5~7g；蛋白质组成中包括 18种氨基酸，其中人体必需的 8 种氨基酸齐全，且占氨基酸总量的 50.2%左右；还含有多种维生素和麦角甾醇。据报道，其多糖含量为食用蕈菌之首，特别是所含甘露聚糖对抑制肿瘤（尤其是腹水癌）、医疗痔瘘、增强精力、防治心血管病等都有效果。

二、生物学特性

（一）形态及生活史

1. 孢子

姬松茸的性遗传模式未见报道，担孢子光滑、暗褐色、宽椭圆形或卵形至球形，没有芽孔。在适宜的条件下，单个担孢子先萌发成单核菌丝，后经原生质体融合形成双核菌丝。

2. 菌丝体

具有结实能力的双核菌丝在显微镜下管状、粗壮、线状、有横隔及分枝，但不具锁状联合结构。肉眼观察，菌落白色或灰白色，绒毛状或匍匐状（因培养基不同存在差异），气生菌丝旺盛、爬壁力强。此菌丝扭结成三生菌丝后，在适宜的条件下逐渐形成原基，最终发育成姬松茸子实体。

3. 子实体

子实体（图4-6）粗壮，多群生，少数单生或丛生，菌盖浅褐色至棕褐色，扁圆形或半球形至平展，中央平坦，表皮有淡褐色至栗褐色纤维状鳞片，边缘有菌幕碎片，直径3~5cm，厚0.65~1.3cm；菌盖中心的菌肉厚达11mm，边缘的菌肉薄，菌肉白色，受伤后变为橙黄色；菌褶离生，密集，宽8~10mm，从白色转肉色，后变为黑褐色。菌柄近白色、中生、近圆柱形、中实至空心、上下等粗或基部稍膨大，长度4~14cm，直径1~3cm，其上位着生白色的膜质菌环，易脱落。菌环以上最初有粉状至绵屑状小鳞片，后脱落成平滑，中空。菌环大、上位，膜质，初白色，后微褐色，膜下有带褐色绵屑状的附属物。菌褶白色至暗褐色、离生、极密集，宽8~10mm，其上形成担孢子，孢子印黑褐色。

图4-6　姬松茸子实体

（二）生态习性

姬松茸是夏秋间发生在有畜粪的草地上的腐生菌，要求高温、潮湿和通风的环境条件。

三、生长发育条件

(一) 营养条件

姬松茸属于草腐型菌类，生长发育的营养需求与其他食用菌相同。生产实践中，其菌丝体对可溶性淀粉与蛋白胨的利用较差或不能利用，培养料要求氮素营养丰富，在营养生长与子实体发育阶段氮量分别以 1.27%~2.42%、1.48%~1.64% 为宜，以稻草、麦草、棉籽壳等有机物质为主要培养料且经过堆制发酵后才能被该菌很好地利用。姬松茸营养生长阶段的碳氮比（C/N）为 31:1~33:1，生殖生长阶段为 29:1。姬松茸可利用稻草、麦秸、茅草、玉米秸、棉籽壳、木屑为主料，以牛粪、马粪、鸡粪为有机氮源，还能利用尿素、硫酸铵、过磷酸钙等无机肥料。

(二) 温度

菌丝发育温度范围 10~37℃，最适温度 23~27℃。子实体发生温度范围 17~33℃，适温 24~26℃。

(三) 水分和湿度

培养料最适含水量 55%~60%（料水比为 1:1.3~1:1.4），覆土层最适含水量 60%~65%，菇房空气湿度 75%~85%。

(四) 空气

姬松茸是一种好氧性真菌，菌丝生长和子实体生长发育都需要大量新鲜空气。

(五) 光线

菌丝生长不需要光线，少量的微光有助于子实体的形成。

(六) 酸碱度

培养料的最适 pH 为 6.5~7.5。

四、栽培技术

(一) 栽培季节

根据姬松茸的生物学特性，栽培季节一般安排在春末夏初和秋季。春季在清明前后（3~5月），秋季在立秋之后（9~11月）。低海拔地区可延长至 4~5 月播种，6~7 月采收。总之，要掌握播种后经 40~50 天开始出菇时，气温能达到 20~28℃ 为好。各地气候条件不同，栽培季节应灵活掌握。

(二) 菇场选择与准备

选择交通方便、阴凉通气、进排水方便、冬暖夏凉、坐北朝南、附近有堆料发酵场所的地方搭建菇房或者利用山洞、防空洞、闲置民用房等改造后作为姬松茸的栽培场所。

以"人"字形塑料薄膜菇房的建造为例，按长×宽×高为 15m×7m×3.5m 的规格，采用不锈钢材料制作框架与立柱，房顶覆盖塑料薄膜后加盖一层草帘，每隔2m设排气孔1个，在较长两侧的上、中、下位置开设长×宽为0.5m×0.45m，能形成空气对流的相对窗口。同时，选择较短的一侧留宽×高为0.9m×2m的门并设挂帘或缓冲室。菇房建成后，清除内部及周围的杂草、垃圾，平整土地，建造长10m床架，其中两侧床架宽0.6m，中间床架宽1.2m，共设5层，每层之间距离约0.6m，床架顶层与屋顶保持0.8m的距离，最底层距地面0.3m以上，床架之间相距0.7m。

（三）制种及生产常用配方

1. 母种常用配方

（1）马铃薯200g，葡萄糖（或蔗糖）20g，琼脂15～20g，水1L。

（2）马铃薯200g，葡萄糖（或蔗糖）20g，琼脂15～20g，磷酸二氢钾1g，硫酸镁0.5g，氯化钙0.1g，硫酸亚铁0.1g，水1L。

（3）马铃薯200g，堆肥100～150g，葡萄糖（或蔗糖）20g，琼脂15～20g，硫酸钙1g，水1L。

注意：堆肥的处理方式与马铃薯相同。

2. 原种常用配方

（1）小麦粒98%、石膏粉2%。

（2）小麦粒78%、阔叶木屑20%、石膏粉2%。

3. 栽培种常用配方

（1）稻草（或麦秸）55%、牛粪41%、石灰粉1%、石膏粉1%、碳酸钙1%、尿素0.5%、过磷酸钙0.5%。

（2）稻草38.4%、牛粪21.9%、人粪尿16.4%、麦秸7.7%、玉米秸5.5%、家禽粪5.5%、石灰粉1%、石膏粉0.9%、过磷酸钙0.7%、碳酸钙0.7%、菜籽饼0.5%、尿素0.4%、草木灰0.4%。

（3）牛粪43%、甘蔗渣25%、稻草24%、麸皮（或花生饼）3.4%、过磷酸钙1.5%、石膏粉1.5%、石灰粉1%、尿素0.6%。

（4）棉籽壳42%、稻草42%、牛粪7%、麸皮6%、磷肥1%、磷酸二氢钾1%、碳酸钙1%。

4. 生产常用配方

（1）稻草58%、牛粪19.4%、阔叶木屑19.4%、过磷酸钙1%、石膏粉1%、石灰粉1%、尿素0.2%。

（2）稻草88.6%、鸡粪3.5%、米糠2.4%、硫酸铵2.4%、消石灰1.9%、过磷酸钙1.2%。

（3）玉米秸50%、牛粪28%、玉米芯15%、麦荻4%、石灰粉1%、石膏粉1%、尿素1%。

（4）甘蔗渣 54%、牛粪 36.7%、鸡粪 3.6%、石膏粉 2.9%、杂草 1.8%、尿素 1%。

注意：母种、原种、栽培种及生产培养基制作时将 pH 稍调高，灭菌或发酵后 pH 6.5~7.5 为宜，理论上含水量为 60%~70%，但根据情况可适当增减。

（四）培养料发酵、播种

根据当地气温确定建堆期。建堆前，先将稻草、麦秸、棉籽壳等干粗料用自来水浸泡 12~24h（稻草、麦秸、玉米秸等长料预湿前先剪成长 6~10cm 小段），捞出沥水后，培养料含水量保持在 70% 左右。粪类应晒干、打碎、过筛后加入适量的水拌匀预湿 1~2 天，建堆时拌入料中。以生产常用 1 号配方建堆，举例说明如下。

选择向阳、地势高的土地或水泥地建堆。在地面用砖块将数根长 20cm，直径 5~10cm 的木棒垫起，制作成距地面 18~20cm 的堆基，其上先铺一层预湿的稻草秸秆，再铺一层 6~8cm 厚的牛粪，如此一层秸秆一层粪循环上述操作数层，最后将堆面压实，建成长度不限，上宽 1~1.2m，下宽 1.5~1.8m，高 1.2~1.8m 的料堆，最后在料面上用直径 5~10cm 的木棒每隔 60cm 竖直插入打孔，然后在最外层撒一层石灰，用草帘或塑料薄膜罩严，四周用重物压实。待料堆中央温度升至 65~70℃ 开始翻堆，通常翻堆 6 次，分别在建堆后第 6 天、5 天、4 天、3 天、3 天、2 天进行，每次翻堆时注意不同层面培养料要互换位置，并参考第一次建堆的方法一层秸秆一层粪堆制，最后将培养料的 pH 调至 7.5~7.8，含水量 70% 左右。第一次翻堆时拌入阔叶木屑与尿素水溶液，第二次翻堆加入石膏粉和过磷酸钙，第三次翻堆拌入石灰粉，最后一次翻堆前在堆外层喷 1000 倍液 90% 的敌百虫防治害虫。培养料由棕色变成棕褐色、无氨味、有特殊的香味，含大量的白色放线菌，熟而不烂且手拉纤维易断，含水量 60%~65%，pH 7.5~7.8 时前发酵结束。

培养料的二次发酵及播种与双孢蘑菇栽培相同。

（五）发菌及覆土

播种结束，加盖草帘或塑料薄膜发菌，保持室温 22~26℃，切忌高于 30℃ 或低于 18℃，空气相对湿度 70%~75%。播种 5~6 天后，每 2 天揭草帘或塑料膜通风 1~2 次，每次 30min。7 天后将塑料薄膜撑起增加通风量，料面太干时，喷雾状水保湿，以水不漏料为宜。11~13 天后，菌丝长满培养料 2/3 时，去草帘或塑料膜，覆土。

以肥田土、稻田土、田底土等富含腐殖质、通气性好的壤土或泥炭土最佳。将泥土挖出暴晒，制作成直径 2~3mm 的粗土粒和 0.5~1mm 的细土粒。覆土前 3 天，先将土粒用 2% 的石灰水预湿至半干半湿，调节 pH 至 7.5~8.0，要求土粒中间无白心，以用手将其捏扁后能搓成圆形且不沾手为宜，然后拌入甲醛，覆盖塑料薄膜闷堆 24h。覆土时，料面覆一层厚 3.3~3.5cm、含水量为 60%~70% 的粗土粒，然后用塑料薄膜覆盖2~3天。2天后待菌丝长到土层厚度的一半，开始通风换气，保持土壤表面湿润。5~7天后，菌丝可爬满土层，若菌丝爬土不整齐要及时补土至将菌丝覆盖为宜。当菌丝全部爬满土层表面时，轻喷 $0.5 \sim 0.7 kg/m^2$ 的催菇水，在2~3天内连续轻喷水2~3次，然后停水，增强光照，控制室温18~25℃，早晚各通风30min，连续2天后，轻喷水1次，继续停水3~5天，将在料面上出现米粒大小的原基。

（六）出菇管理

原基发育至直径为1cm左右时，早晚各通风30min，坚持少量多次的喷水原则，以水不漏料为前提，2天内早上和傍晚喷完 $2 \sim 3 kg/m^2$ 的重出菇水，每天喷水3~4次，每次喷重水后通风1~2h后再盖膜保湿。当菇蕾长至高2~3cm时，停止喷重水，每天轻喷水1~2次，以保持土壤湿润、空气相对湿度80%~95%为宜，加大通风换气。整个出菇期间，调节室温至18~25℃，保持"七阴三阳"的散射光，二氧化碳浓度应低于0.1%。

（七）采收及管理

从姬松茸出现原基至子实体采收一般7~10天。当菌盖尚未开伞、淡褐色、表皮有纤维状鳞片、直径3~6cm，菌褶内层菌膜尚未破裂时为最佳采收期。采收时，用手捏住菌柄转动菇体后往上轻提，预防拔菇造成周围菌丝及小菇死亡，一般每天采收1~3次。采收后，留下幼菇继续生长，及时用土填平料面并清除残菇、病菇，停水3~5天至菌丝恢复后再进行下一茬的出菇管理。从第二茬采收后开始要适当喷施0.5%尿素、0.2%磷酸二氢钾溶液或丰产素等以利于提高下茬产量，整个生长期可采收3~5茬。

第五节 羊肚菌

一、概述

羊肚菌又称羊肚菜、美味羊肚菌、羊蘑，是一种珍贵的食用菌和药用菌。真菌学分类属盘菌目，羊肚菌科，羊肚菌属。

羊肚菌于1818年被发现，由羊肚状的可孕头状体菌盖和一个不孕的菌柄组成，体轻，质酥脆。其结构与盘菌相似，上部呈褶皱网状，既像个蜂巢，也像个羊肚，因而得名。羊肚菌一般从低海拔的平原地区到海拔3200m都有生长。多生长在阔叶林或针阔混交林的腐殖质层上。主要生长于富含腐殖质的砂壤土中或褐土、棕壤等。羊肚菌在火烧后的林地上比较容易生长。

羊肚菌是食药兼用菌，其香味独特，营养丰富，富含多种人体需要的氨基酸和有机锗，一直被欧美等国家作为人体营养的高级补品。

（一）分布区域

羊肚菌在全世界都有分布，其中在法国、德国、美国、印度、中国分布较广，其次在俄罗斯、瑞典、墨西哥、西班牙和巴基斯坦局部地区等均有零星分布。羊肚菌在中国的分布极为广泛，共28个省、市、自治区。

（二）营养价值与药用价值

羊肚菌是子囊菌中最著名的美味食菌，营养相当丰富，据测定，羊肚菌含粗蛋白20%、粗脂肪26%、碳水化合物38.1%，还含有多种氨基酸，特别是谷氨酸含量高达1.76%。羊肚菌含有大量人体必需的矿质元素，每百克干样钾、磷含量是冬虫夏草的7倍和4倍，锌的含量是香菇的4.3倍、猴头的4倍；铁的含量是香菇的31倍、猴头的12倍。人体中的蛋白质是由20种氨基酸搭配而组成的，而羊肚菌就含有18种，其中8种氨基酸是人体不能制造的，但在人体营养上显得格外重要，所以被称为"必需氨基酸"。另外，据测定羊肚菌至少含有8种维生素：维生素B_1、维生素B_2、维生素B_{12}、烟酸、泛酸、吡哆醇、生物素、叶酸等。羊肚菌的营养成分，可与牛乳、肉和鱼粉相当。因此，国际上常称它为"健康食品"之一。

羊肚菌性平、味甘，具有益肠胃、消化助食、化痰理气、补肾、壮阳、补脑、提神之功能，对脾胃虚弱、消化不良、痰多气短、头晕失眠有良好的治疗作用。羊肚菌有机锗含量较高，具有强健身体、预防感冒、增强人体免疫力的功效。

羊肚菌含有的丰富的硒是人体红细胞谷胱甘肽过氧化酶的组成成分，可运输大量氧分子来抑制恶性肿瘤，使癌细胞失活。

二、生物学特性

菌盖近球形、卵形至椭圆形，高4~10cm，宽3~6cm，顶端钝圆，表面有似羊肚状的凹坑。凹坑不定形至近圆形，宽4~12mm，蛋壳色至淡黄褐色，棱纹色较浅，不规则地交叉，边缘与菌柄相连。柄近圆柱形，近白色，中空，上部平滑，基部膨大并有不规则的浅凹槽，长5~7cm，粗约为菌盖的2/3。子囊圆筒形，孢子长椭圆形，无色，每个子囊内含8个，呈单行排列。侧丝顶端膨大，粗达12μm。孢子长椭圆形，无色，侧丝顶端膨大。

羊肚菌一般在低温、高湿条件下易萌发子实体（图4-7），因此野生羊肚菌子实体的生长季节一般在每年3~5月或8~9月。有研究表明，羊肚菌的野外发生条件主要取决于上年度11月的降水量，而当年羊肚菌发生的迟早取决于当年春季5cm表层土壤温度是否稳定超过11.5℃。因此，羊肚菌的发生期受年度的气候条件影响，与发生地区的气温、降雨量和降雨时间的早晚密切相关。一般来说，羊肚菌多发生在土壤湿润或降雨量多而且容易保湿或地下水位较高的环境中。光线对子实体的形成有一定的促进作用，子实体的生长发育具有趋光性。足够的氧气和通风良好的场所是保证羊肚菌正常生长发育的必要条件。

图4-7　羊肚菌子实体

三、生长发育条件

（一）土壤

土壤富含有机质，七黏三砂的沙壤或者中壤，pH宜为6.5~7.5，中性或微碱性有利于羊肚菌生长。羊肚菌常生长在石灰岩或白垩土壤中。在腐殖土、黑或黄色壤土、沙质混合土中均能生长。京津冀鲁辽区域杨树林树下常年落叶杂草积累，腐殖质较为丰富，滨河湿润，成为羊肚菌适生地。河滩经常积水的潮湿地、菜园、春季退水稻田或者香菇、栗蘑、黑木耳、平菇菇棚产量较高。20cm以下生土和有机质较少沙土不利于高产，需要播种时增加腐熟底料或者腐熟有机肥（猪、鸡粪慎用）。

（二）温度、湿度

羊肚菌属低温高湿型真菌，喜欢冷凉湿润条件。京津冀区域4~5月雨后多发生野生菌，8~9月也偶有发生。生长期需较低气温外，还需要8~10℃温差，以刺激菌丝体分化。菌丝生长适宜温度为3~22℃；冬季-20℃菌丝不会冻死。子实体形成与发育温度为5~18℃，空气相对湿度为65%~85%。人工栽培首先考虑邻近水源。京津冀区域杨树林4~5月多发生野生羊肚菌，是其适宜环境。但干燥和大风条件下容易幼菇死亡。北方人工栽培遇到的难题之一就是昼夜温差过大，有时超过 20℃。因此，需要采取建双荫棚或有棉被温室大棚适度提高早晚温度，利用棉被辅助遮阳或者棚外微喷水降低白天中午温度等措施。人工树下栽培播种时间应选择在 10 月中旬~11 月，才能确保冬前菌丝饱满和 4 月及早出菇。河北省曾经在 35℃ 的杨树林下出菇以及 5 月中旬出菇，主要是地温水温偏低且适宜。但长时间气温偏高（20℃ 三天以上，23℃ 三个小时以上）容易造成出土后小菇干尖或染病黄腿，菇片偏薄影响品质。从播种开始，整个生育期棚温不高于 18℃，地温不高于 15℃ 是高产必要条件。幼菇培育期需要再低 2~3℃。地表温度超过 23℃ 不容易成菇，是很多羊肚菌品种的临界高限温度。地表温度高于 6℃ 也是高产需要坚持的出菇期临界底线温度。通常提倡地温 7~13℃，棚温 6~17℃。

(三) 空气

在暗处及过厚的落叶层中，羊肚菌很少发生。足够的氧气对羊肚菌的生长发育是必不可少的。柔和的通风是羊肚菌高产的关键，喷水后和高温条件都要增加通风，低温时节利用中午通风增加温度，高温季节需要晚上通风。风大的时候就要关闭通风口，压紧薄膜和遮阴网减少进风。一天之内根据晴天程度按照八点、十点、十二点、三点、五点五个时间点，实施五步通风法，逐步加大通风量和逐步减少通风量。狂风大作和干热风是羊肚菌栽培的死敌，容易毁坏幼菇造成干尖或死菇。高温需要加大通风和持久通风，但又需要减少干热风危害，最好的办法就是棚外微喷补水创造田间湿润气候。

(四) 日照

微弱的散射光有利于子实体的生长发育。六针加密遮阳网辅助棚膜保湿、保温是北方通常选用的标配。适度提高光照有利于提高品质。高温期每天保证早晚 3h 以上光照就可以满足多数羊肚菌品种要求。高温期利用北侧散射光或者棉被扒一尺缝隙也可以刺激羊肚菌出菇。冬季寒冷气温低可利用加强光照和延长光照时间来提高白天温度，采用花帘遮蔽强光。羊肚菌忌强烈的直射光，树龄较小、缺乏树木或者树荫不足需要增补遮阴网。温室栽培要通过控制光照时间和光照面积来控制温度适宜，一般中午直射光强度高时适当扒开遮蔽被降温，晚上气温低再需要加盖遮蔽被保温。露地栽培最好在四月中下旬就采用双层六针遮阴网，且要求每层间隔 50cm 以上。

光温水气四因子互相影响，又互相促进，需要根据天气、地理、棚舍条件等综合运用，达到理论要求。

四、栽培技术

(一) 季节安排

羊肚菌大田栽培季节性很强，极端天气连续超过三天就造成羊肚菌减产甚至绝收，每年全国都有几万亩绝收，所以季节安排至关重要。各地需要根据气候和海拔特点分别确定播种期。各地地温普遍低于17℃作为安全播种期标准。其中河北张家口和承德坝上区9月播种，坝下区适合10月播种，而且由于风沙大，昼夜温差大，该区域不提倡冷棚栽培，都是温室栽培，以半地下温室更佳。北京、天津以及唐山、保定、廊坊适宜11月开始播种，石家庄以南，邢台、衡水、邯郸适宜12月播种。

羊肚菌出菇和季节有关，高产一定在相对应的季节，虽然有棚、棉被等调控条件，但适宜季节更有利于新鲜空气交换。高产一定是柔和持久的通风条件。石家庄以南温室出菇期适宜在春节后的正月，也就是2月，冷棚出菇期则推延一个半月，即3月中下旬。唐山和京津附近温室适宜出菇期在3月，冷棚在4月下旬~5月上旬。承德和张家口坝上区则温室出菇期在5~6月，冷棚也在6月出菇，但同样也会遇到高温，需要防高温。

(二) 生产技术要点

1. 选地、整地、做畦、治菌虫、施肥

室外选择三分阳七分阴或半阴半阳、土质疏松潮湿、排水良好、有机质丰富，周围环境清洁的林荫地作为栽培场地。最好是树龄5年以上的杨树林，树木整齐，株行距一致。邻近水源、土质较好的果树林也可以作为羊肚菌产地。温室是羊肚菌高产首选模式，因此各地建设的有棉被温室被广泛利用。山东是全国温室最多的省份，目前冬季闲置温室或者果菜闲置期和空隙，都可用于栽培羊肚菌。冬季在樱桃和桃树、葡萄树下栽培羊肚菌都有成功。

提前一个月除净杂草，然后每亩地表面均匀撒100kg熟石灰粉杀菌，3kg辛硫磷颗粒治虫，然后耙入土内搅拌均匀，耙土厚度以15~20cm为宜。深翻有利于菌丝发育，使用微耕机最好耕地2~3次，注意要把树间部分横向竖向都深翻到位，不留空地直到树根附近10cm。如果土层硬或黏性强就需要深翻一次。沙壤土层可以不深翻，保持表层较多有机质。深翻伴随施入有机肥，一亩地施入有机肥300~500kg；也可以施腐熟牛粪，同时混合150~250kg腐熟干制的羊粪；也可以施腐熟枝叶或者食用菌菌糠，但猪粪、鸡粪和沼渣沼液不能多，有机肥需要腐熟。有机肥一般施用两次，耕两次，做到充分与土壤混合。有条件的地方利用夏季晒地高温闷棚1~2个月，能有效减少杂菌。如果滋生杂草直接粉碎入田，能提高产量。但过多草籽萌发容易抢夺土壤营养，可以想办法促进其在羊肚菌播种前萌发后翻晒死掉。

土质过于沙化的土地或林下用于种植羊肚菌可以考虑改土，用河道泥炭土最好，也可以用黏土改良。一般三砂七黏较好，但三黏七砂也可以长期使用，逐步改好。有些地方改造沙滩，道路绿化新植树木，可以根据羊肚菌特性专门建设羊肚菌专用林提高效益。羊肚菌专用林建设和野生羊肚菌放种培育生态林建设可以作为各

地农业新的增长点和土地整理发展战略。

根据具体情况用起垄作过道，道宽 30～40cm（具体宽度根据林间实际情况决定），长度根据具体情况定。5m 杨树林可用中间道，两侧各 1.8～2m 做畦，树空 60～70cm 做排水道。树龄较小或树干偏低考虑隔行利用，轮换种植羊肚菌。无树冬闲田种植羊肚菌可采用做畦 1.6m 宽，留 0.4m 过道。每隔 2 个畦留一排水道 1.5m 宽。

地面干燥时需要提前 1～3 天在播种畦内浇水一次保墒。然后施化肥，畦面按照每亩地均匀撒施颗粒三元素长效硫酸钾（N∶P∶K＝15∶15∶15）的化肥 30～40kg，最后轻轻用微耕机耙平或者用土覆盖肥料。

北方可以考虑选用温室栽培模式，温室内沿用南方出菇床模式，做 10～15cm 高的菇床，菇床上播种，这是有利于取暖提温透气的模式。需要注意菇床不要太高，阻挡光温稳定。但北方采用畦播有利于保湿和浇水，确保畦面出菇多，容易成功。

2. 播种覆土

选种：优良菌种事半功倍，菌种好坏导致风险不一。羊肚菌菌种长势快，但退化也非常快，隔年的菌丝不能再利用，需要每年选育新品种。选种一定选择经过出菇试验较好的品种。供种单位信誉可靠，不唯利是图，以菇农利益为先，具有羊肚菌菌种选育和扩繁的人员条件和设施条件，菌种发菌室能够调控在 18℃以下，菌种环境清新无污染物和害虫虫源，菌种繁育代数适宜，有明确繁育过程记录，如品种名称、接种时间、管理人员等记录。母种转扩一般不超过三级，原种发菌期 25～35 天适龄，选择栽培种一定是适龄 30 天左右，不超过发满菌 10 天的。栽培种一般菌丝浓密，菌丝黄褐健壮，已经发满。上部 2～5cm 少量米型菌核产生，整个袋子菌种无绿色、黑色、鲜黄色粉状杂菌，菌种有淡淡菌香味，不能有异味和酸臭味。有条件的，直接在菌种室取种，远距离还需要有保温 15℃以下的保温车运送菌种。播种量大可以播种一批取一批，不能让菌种暴露野外时间太长。田间摆放菌种不要堆放，需要单独摆开排放，切不可日晒。菌种脱袋后先去掉原种块，但大面积机械脱袋菌种难以做到这点，可以适度增加播种量。如果菌种不能及时利用，也可以低温 5℃以下贮藏，但贮藏时间一般不超过 3 个月。

（1）播种用的所有器具用 3‰的高锰酸钾或食用菌消毒剂溶液清洗，再用干净纱布擦干。播种前菌种外塑料袋皮洗净也有利于减少杂菌危害。

（2）播种量为每亩 200～250kg，平均每平方米菌床 0.35～0.45kg 即可。挖出菌种掰碎成花生粒大小或者用搓衣板搓散菌种，加纯净水拌湿后均匀散播在菌种沟内。播种面积较大时可以考虑用脱袋绞龙机器打碎菌种节省劳力。注意掰碎菌种要戴手套。操作过程需要快，不能反复搓，迅速搓散碎使用。

（3）可以先将菌种均匀撒入畦内，再用三角锄拉钩成为波浪形，并用掀起的泥土覆盖菌种，厚度均匀为 2~5cm，保持菌种盖严即可。也可以先开沟深 5~8cm，撒种入沟，然后距离 10~12cm 开下条沟覆盖菌种，逐步实施。条播技术促进边缘效应发生，有利于实现高产。条播间距以 12~15cm 为宜，沟深 5~8cm。生产量较大的地方也可以考虑用改进小麦或大豆播种机（播种间距不超过 15cm）来提高播种效率。有条件的可以覆盖一薄层草木灰增加肥力和防治虫害。种植面积大，可用平播菌种，把菌种均匀撒到地表，然后用微耕机浅耕 3~5cm 来盖土，再做菌床和走道，铲起的土覆盖在菇床表面盖严菌种。为了增加虫害防治，播种后地表喷一次阿维菌素和高氯菊酯、杀螨净混合液。

（4）适度镇压，用脚踩实菇床或者用石磙碾压，促进菌种与土壤紧密接触。需要注意的是不再需要耙平床面，波浪形增加出菇面积，也不需要镇压过度或多次碾压。黏土地一般不需要镇压。

（5）然后用黑色的地膜覆盖在厢面，在地膜上每隔 20~25cm 扎一透气孔，透气孔 2~3cm 直径，6~8cm 深即可。透气孔很关键，一般透气孔位置都是出菇集中的位置。播种后 3~7 天内喷一次水保持表土湿润（墒情好可以不喷），此后 20 天内畦面不能喷水，但需保持畦面湿润。如果遇连续晴天干燥缺水可以加盖遮阳网保湿或者畦表喷少量水。注意林下黑色地膜外要加盖遮阴网，保持土表疏松透气和延长冬季温暖期，减小白天和晚上冻的损害。树下栽培可以用与树行距等宽的六针遮阴网。如果选用土工布或者毛毡做覆盖物，可以不用遮阴网。

冬前可以考虑在地膜上顺畦布设微喷带，1.5m 左右 1 道，用于天气干燥补水 2~3 次。主管道需要 0.1m 以上的，微喷带 3.33cm 的五孔带。但要注意冬季防冻裂。因此也可以考虑用人工水管补水，防止冻裂微喷设施。

林下栽培也需要建设双层拱棚，内层抗风保温小拱棚用于支撑拱膜。缓解白天高温和晚上低温的温差，将温差缩小到 10℃ 以内非常重要。小拱棚外同时需架设微喷带或吊喷头用于晴天中午高温时段降温。外棚一般就是六针遮阴网，一般高于内棚 60cm。京津冀区域 4 月中旬加挂外网。在北京周边地区春季 4 月中下旬才架设降温微喷设施，冬前不用。

露地栽培需要双层遮阴，一般用 6m 宽遮阴网遮盖 4m 棚面，8m 宽遮阴网遮盖 5m 外棚。外棚高于内棚 50cm 以上。但冬前覆盖不需要双层遮阴，只需要内棚遮阴加地表覆盖薄膜和遮阴网就可以。露地栽培所需双拱棚可以先播种后建棚，不过需要棚间隔 1.5m 以上确保建棚需要和修建棚间排水沟。建设双荫棚注意棚长度不要超过 70m。便于排设水带和走路摘菇。露地菇床排布如下：1.5m 棚间距和排水道—0.4m 垄—1.8m 畦—0.4m 垄—1.8m 畦—0.4m 垄—1.5m 棚距和排水道。垄高 30~50cm 较好。棚上设施采用配件组装，可以拆卸，便于搬迁。

3. 合理摆放营养袋

播种 10~15 天以后，菌丝基本成熟，像蛛网一样长满厢面，此时地面遍布白色淡霜，揭开地膜需要摆放已经制作好的营养袋。如果地表干燥需要补喷一次水，为了防止害虫危害，放袋前再喷一次阿维菌素混合高氯菊酯和杀螨净。

营养袋的制作：

培养基配方一：小麦 50%，玉米芯 46%，过磷酸钙 1%，石膏 1%，石灰 2%。

培养基配方二：小麦 50%，玉米芯 38%，杨木屑或者稻壳 8%，石膏 1%，磷肥1%，石灰 2%。

首先用干净水加 1%石膏浸泡小麦一夜，再加入 2~3 天前加石灰和磷肥预湿好的玉米芯等原料搅拌，再检验水分，一般用手攥大把原料用力 20~30s，滴 2~3 滴水为宜。此时加入干料重量 120%~125%的水，继续搅拌均匀。注意手抓滴水不要太多，还要注意低温天气容易冻冰造成干燥假象，一定在温暖条件下（10~15℃）检验水分。还要注意虫害严重或鼠害鸟害严重林下地区需要在营养袋配料内加入辛硫磷 0.5%防治。然后装入耐高温聚乙烯袋内，每袋 1kg，最后扎口机卡扣闸口。将装好的营养袋送入消毒锅灭菌，保持 100℃，12h，或者 124℃，3h，然后自然降温到 60℃出锅装入蛇皮袋，运送到羊肚菌种植基地摆放。一般每亩地摆放 2500~3000袋。不摆放营养袋或者少放营养袋都可能造成减产甚至绝收，营养袋的配方和制作方法不容忽视。

摆放方法：先把营养袋用 20~30 钉的粗钉（3~5mm）板拍打 40~60 个钉孔，每畦（厢）三至四排菌袋错位，相隔 25~30cm 倒扣于畦面，隔行错位摆放，轻按菌袋使其钉眼充分接触畦面，一般每亩地摆放 2500~3000 袋。再将地膜或遮阳网覆盖表面保湿培养，并保持均匀适量通风透气。需注意气温和地温保持 10~16℃30 天以上。高温时摆放营养袋容易感染霉菌，发现后需要及时捡走补上新的无菌营养袋。营养袋摆放 3~5 天后，菌床二次出现较浓菌霜并保持 20~30 天。其中所扎透气孔部位聚集菌霜较多。天气较冷或盖地膜，菌霜不容易在表面体现，但土壤内部生长没有停止。一般保持温度 30 天以后，菌霜开始减轻变薄，发菌接近完成，可以越冬休眠或者转入出菇管理。

4. 越冬

冬季地温低于 2℃就需要越冬管理，保持地膜或遮阴网覆盖，预防日光晒干和极低气温危害。如果长时间没有雨雪，需要每隔 20 天喷水一次保持田间湿度。天气干旱或者播种后遇到寒冷天气较长，可以覆盖草帘或土工布保温增加生长期。一般地温低于 2℃就冬眠了，此时夜间气温可能低于-10℃。但即使-20℃也冻不死菌丝。越冬不是必然要素，如果在温室栽培可以直接利用增温设施进入出菇，目前出菇期最好在营养袋后 25~30 天进行。需要注意越冬期同样需要通风保持，锻炼羊肚菌菌丝抗寒抗旱能力。

播种羊肚菌的十五步：选地和确定栽培模式，打井备浇地和备料，上遮阴网降温18℃以下，撒石灰，铺有机肥和深耕地，起埂作畦，浇水，撒化肥和杀虫药，浅耕地，趁墒拉沟播种，覆土（做厢和喷杀虫剂），覆膜，扎孔，盖遮阴网，10～15天再放营养袋。

5. 出菇管理

林下气温稳定通过15℃，地温稳定5℃以上开始出菇管理，林下栽培一般在3月底～5月初开始。出菇温度适宜时，首先高高挂起遮阴网，距离地面2.5m以上。然后支起小拱棚，覆盖薄膜、土工布或者毛毡，注意林下防风很关键，通风口放在拱棚腰部两侧，距离地面1.2～1.5m，一般是30cm窗口，每4～5m一个。也有在拱膜上均匀打孔直径5～8cm，一米一个，打孔两到三排。抓紧时机浇一次满畦大水，4～5天后再撒掉地膜，铺设微喷袋1.5m宽以保湿补水，相邻两条带水落点要互相补充，确保没有盲点。根据田间湿度掌握压实土工布或毛毡减少通风吹干，保持地表湿润，空气相对湿度80%以上。小拱外再设一道微喷预备降温用。无论林下还是室内催菇水时一定是温度处于十天以上柔和上升期，催菇水要透到15cm土壤内部，并尽量保证十天之内不需要二次水。

浇水灌溉方法：从畦边排水沟漫灌或者微喷水管喷水浇灌，当水漫灌至淹没畦面3cm；使用"雾化"工具进行补充水分，补水过程中采取重喷30～40min的方法使表土达到标准。高压雾喷水喷头不损害地表，但出水量太小，浇灌时间长，不经济，还可能水量不足。目前高产浇水方法都是8.33～10cm主管道，通过四通接转3.33cm五孔地喷带，距离棚边缘70～75cm，两道间隔1.2～1.5m，做到水落点互相补充。而且，每个管道长度不超过35m，以30m为宜。杂草过多会影响产量，在除草的过程中严禁将表皮土拨松，造成菌丝断裂影响出菇率。大水渗入土层后也是防虫有利时机，此时如果发现营养袋钉孔部位有1～2个线虫或者跳虫，就需要防虫，一般是喷虫立杀一次，也可以用阿维菌素、高氯菊酯混合杀螨净，按照一般农田剂量三倍喷洒菇床、墙壁、棚膜和遮阴网及任何看到的虫可能落脚或栖息的地方，防止虫害蔓延。

催菇水后1～8天是羊肚菌要求温度较高期，高温催菇有利于幼菇整齐爆出，此期棚温可以超过20℃，甚至每天1h左右达到22℃。地温7～13℃，棚温8～18℃，夜间棚温度维持10～18℃时间越长，越有利于出菇整齐。夜间盖好棉被，防冷空气至关重要。催菇水后20～25天可采摘羊肚菌，如果半个月不出菇，说明棚温偏低，产量也会减少。

阳光有助于棚内提温，建议措施：每天保持4～6h全光照，分别是早晨8～10点，下午2～5点，具体以8～18℃为宜。催菇十天之内少通风有利于幼菇分化，但不经过炼苗，幼菇容易死亡，所以保持持久柔和通风很关键。幼菇比玉米粒大时，温度要求18℃以下，通风要求加大，这时防风很关键，大风天气关闭风口，风过后及时恢复通风。花帘有利于优质和高产，在温湿度保障前提下，每个棉被间隔30～50cm透光较好，也可以通过扒缝补光，就是每5～6m棉被缝隙固定20～30cm空隙，让阳光直射遮阴网下的菇床。幼菇期人不离棚，对气候及时掌握，尤其根据白天光线强弱和棚内温度调控棉被和通风口大小。确保棚内环境变化是缓慢的。剧烈升降温度和大风都可能大幅度减产。催菇水后10天，幼菇现蕾，地表干燥可以在土壤和空间补充湿度。一般地喷7～8min就可以，而且在上午喷水。要间隔5～7天一次，一般采摘前补水不超过2～3次。

温室栽培内部也可以考虑加二层薄膜提温实现春节前出菇，二膜一般是0.3～0.5mm厚度透光白膜，用钢丝将距离床面1m处扣起来。膜上打孔两排，孔径5～8cm，孔距80～90cm。还可以考虑热风炉或地热线加温提高晚上温度。有电力基础设施的地方采用远红外加温器更有效，每30m² 加设2000W加温器一台，安装自动温控，节省人力。夜间温度过高却没有光线，容易菇柄长而死菇，因此温度控制5～9℃为宜。

根据情况，半个月以后，羊肚菌幼菇有栗子大小，这个时候地面过于干燥可以喷水，采用喷雾方式，同时适当加大通风，采用五步通风法逐步扩大通风量。同时根据气温调节菇棚温度，实施昼揭夜盖提温（夜揭昼盖五步降温）。注意北方很多地方已步入夏，羊肚菌出菇期遇到极端天气也可能高温，如果晴天中午棚内高温超过23℃，而且遮阴棉被和通风都不起作用，就需棚外微喷降温。棚外夜间气温高于4℃就可以晚上不放下棉被保温，而改为多利用早晚光线的柔和温度促进羊肚菌育成。即高温催菇（17～20℃前十天），低温育菇（13～16℃十天以后）。

双荫棚栽培一般内部两条微喷带补水保湿，棚外架设降温吊头微喷，晴天气温高超过25℃时开启晴天中午喷水降温，持续1～2h，注意棚外喷水需要流入排水道，不能再流入菇畦造成水大死菇。

注意春季风沙大时关闭通风口，特别是来向风口。温度低的时候中午通风，高温的时候早晚通风。通风的时候要渐进通风。一般10～15天后可以现蕾，再8～15天长成采摘。管理较好，每平方米菇畦成菇数量80～200个都属于正常。但林下栽培环境变化大，初蕾期较长，可能会陆续出菇。

京津冀区域春天短暂，早春升温快，管理注意早晚温度低，中午温度高，温差甚至超过25℃。需要采用土工布或者棉毡减小菇棚内温差，减小到10℃之内。

喷水用微喷塑料水袋宜选用五孔3.33cm的，间隔宽度1.5m。每条袋长度不能超过35m，确保微喷压力充足，水落点还要互相补充确保均匀，即35m以内一道主管道，主管道粗度应该超过8.33cm，并与每条微喷带之间加设四通阀门贯联。浇水时还要通过压力变化调整水滴落点，远近补充。注意与水泵的距离应该在200m以内，否则水泵就需要选大一些的逐步分枝送达管带附近。林地降温水带采用吊带喷头，利用杨树树桩做支撑架起水带。

（三）日常管理注意事项

羊肚菌喜湿喜凉爽，生长环境必须保持荫蔽和湿度。冬季尤其是早春，温度合适，则菌丝体、子实体生长良好。如早春遇干旱，必须适时浇水。早春在几周之内有8~16℃的地表温度，能刺激羊肚菌子实体的形成；如果这时温度变化剧烈（地表低于5℃或高出20℃），会影响子实体的发育。温度过低会冻死幼菇，温度过高还容易发生病虫害或者畸形菇。温度湿度和通风需要综合考虑，并根据现实气候和田间情况灵活运用。

羊肚菌经常跳下菌床出菇，因此如果没有准备，会出现脚踩羊肚菌现象。建议在菇床间隙摆放垫脚砖，每次固定脚印位置，减少踩踏。

（四）病虫害防治

菌丝与子实体生长都会发生病虫害，应以预防为主，选地时远离畜禽养殖场或有机肥场，在播种时就考虑使用低毒农药杀灭地下害虫，营养袋容易招致害虫及鸟害鼠害，需要在营养袋培养基配制时加入低毒农药加以防止，并保持场地环境的清洁卫生。出菇期如发生虫害，可在子实体长出前喷3%石灰水予以杀灭。也可以用黄色粘虫板捕杀蚊蚁类成虫。高温通常导致病害，致使菌盖长白色菌落，需要防止23℃以上高温。菌床撒树叶和秸秆可以提高出菇数量，但容易导致杂菌危害，需要用石灰水净化杀菌后再用。

五、采摘、加工及保藏

子实体出土后10~15天成熟，针对黑色品种，颜色由深灰色变成浅灰色或褐黄色，进而变成深红色，最后变为黑色菌盖，菌盖表面蜂窝状凹陷充分伸展时即可采收。采菇用小刀或剪刀在距地面1cm左右割取。采收宜早不宜晚，最好的羊肚菌柄白色有光泽，盖黑色，棱角分明。采摘晚了菇腿容易由白变成水泡的暗黄色，菌盖顶部开伞漏空减少重量甚至烂掉没产量，质量迅速降低。温度20℃以下时可以见黑色2天后采摘，20~23℃时见转黑色就采，23℃以上时转为黄褐色就采摘。采收后应及时清理泥土，放入干净桶。注意避免用塑料袋采摘蘑菇，容易揉搓菇面，造成质量缺陷，最好采用塑料筐、篮子或者塑料桶采摘。

采摘后首先需要及时剪柄2~5cm，确保菇柄圆桶状，没有泥根。按质量分等级及时出售或者晒干加工。用于鲜品销售的鲜品需要用带孔塑料食品箱盛放，并进入2~4℃冷库打冷3~4h，然后装泡沫箱，一般用泡沫箱作包装，每箱1~5kg不等，用吸水纸隔层摆放，也有用泡沫网袋给每个菇裹绕，泡沫箱加固定冰袋运输，需要保证包装内羊肚菌饱满，减少缝隙，避免运输途中翻滚导致降低品质。北方低温期出菇气候干燥，容易调控水分，菇片肉厚营养积累足，质量好，单粒重高，香味浓，会成为适生区，因此适宜发展羊肚菌。一般是早晨 5~9 点采摘，9~14 点冷库打冷，14~17 点装箱，17 点以后发货到市场。

六、羊肚菌畸形菇调控分析

羊肚菌管理不当会出现畸形菇，及时发现做出调整有利于增产。

不出菇或者死菇：播种 60 天就可以出菇，但迟迟不出菇或者幼菇出菇后死亡。原因：低温，通风大，吊喷喷水，还有就是严重杂菌和虫害，氮肥过多，有机肥不腐熟。

平头菇：原因是出菇期或者原基期遇到短暂高温或者干热风。如果平头顶部有干尖，可能是日灼和光线强造成高温。如果中间凹坑，就是短期 2~5h 遇到 21~23℃ 高温。

躲猫猫菇：只在坑孔部位出菇，或者在营养袋背光侧出菇，通常伴随杂草萌发大而且变绿，一般是通风大、湿度小或者光线强所致。

黄腿菇、暗柄菇或者黑根菇：浇水过多，虫害，闷棚造成，也有可能采摘偏晚，需要及时采摘。

长腿菇和跪地菇：棚子光线不足，通风过少所致，菇大了需要适当增加通风。

白发菇或者白斑菇：高温和高湿所致，需适当通风和降温，经常性喷水也容易白发菇，重茬也容易白发菇。及时采摘避免传染。

披纱菇：菇体表面有一层淡白浮层。严重时菇体表面灰色，菇盖直径小于菇柄，菇盖长度小，空气环境恶劣（高温、风大）不适合发育，菇表细胞死亡，内部受伤较轻。

红根菇：菇根红，幼菇黄，长势慢。有时大菇周围幼菇死掉。一般是饥饿死菇，有时浇水不当造成菌丝结构破坏导致红根。长期低温不蒸发也造成黑根菇，需要加强通风和适当提温。

幼菇黑柄黑盖：一般是发菌期多次高温造成杂菌太多，出菇期高温和不通风发病，并传播很快，严重绝收。需要发菌期多通风，培育壮菌，幼菇期适当通风炼苗，提高抗性。

第六节　真姬菇

一、概述

真姬菇又名玉荤、玉蕈、假松茸、胶玉蘑、偏耳等，属担子菌亚门，层菌纲，伞菌目，白蘑科，玉蕈属。真姬菇外形美观，质地脆嫩，味道鲜美，具有海蟹味，在日本被称为"蟹味菇""海鲜菇"，享有"闻则松茸，食则玉蕈"之誉。真姬菇菇体中的呈味物质十分丰富，决定了真姬菇味道鲜美、诱人食欲的特点，尤其菇体特殊的蟹鲜味道，更是其他品种食用菌所不具备的，加之特有的脆嫩口感，是集鲜美风味和美妙口感于一体的上乘食物。

一般开伞前采食，味鲜嫩，脆而柔滑，因其久煮不易变形变味，故不仅适于炒食、烧汤，还特别适合作火锅菜和加工成小包装食品。另外，鲜菇不易碎，不易变色变质，耐贮存，这为市场销售带来极大方便。近年来真姬菇风靡美国、日本、韩国、我国台湾等地的市场；尽管各国生产数量不断提高、售价不断攀升，但供需缺口至今仍然较大，因此，真姬菇有广阔的市场发展前景。

（一）分布区域

自然分布于欧洲、北美、西伯利亚地区及日本等地，是一种世界著名的食用菌。1972~1973 年，该菌在日本驯化栽培成功并实现了规模化生产。1986~2001年，我国科研人员从日本引进该品种，其栽培发展迅速，从季节性、小面积种植发展到周年全自动机械化商业生产。目前，真姬菇栽培品种有浅灰色和纯白色两个品系，栽培方式以袋栽和瓶栽为主，国内主产区主要集中于福建、上海、北京、广东、浙江等地。

（二）营养价值与药用价值

真姬菇营养丰富，每 100g 鲜菇中含粗蛋白质 3.22g、粗脂肪 0.22g、粗纤维 1.68g、碳水化合物 4.56g、灰分 1.32g，磷、铁、锌、钙、钾、钠的含量非常丰富，维生素 B_1、维生素 B_2、维生素 B_6 的含量也较一般菇类高。

真姬菇的蛋白质中氨基酸种类齐全，共含 17 种氨基酸，占干重 13.27%，其中 8 种人体必需氨基酸占氨基酸总量的 36.82%。其中赖氨酸、精氨酸含量高于一般菇类，对青少年生长发育起着重要作用。从真姬菇中分离得到的聚合糖酶的活性也比其他菇类要高许多，其子实体热水提取物和有机溶剂提取物有清除体内自由基作用，因此，有防止便秘、抗癌、防癌、提高免疫力、预防衰老的独特功效。

二、生物学特性

（一）形态特征

1. 菌丝体

真姬菇菌丝色白、浓密、气生菌丝长势旺盛，具较强的爬壁能力，老化后气生菌丝贴壁、倒伏，呈浅土灰色。适宜的条件下，接种后 10 天左右即可长满斜面。但若培养温度过高则在菌丝尖端易有分生孢子产生，出现若干白色放射状圆形菌落，尽管培养后期菌落连接成片，但其菌丝纤细、气生菌丝稀疏、爬壁能力较弱。

2. 子实体

真姬菇子实体丛生，每丛菇体 15~30 株不等，二潮菇出现零星单生菇，但数量较少，这一点与金针菇很相近（图 4-8）。其菌盖幼时大半球至半球形，后逐渐发展为小半球形，成熟时平展。菌盖色泽也由深褐、褐、浅褐变为黄褐，其明显特征是边缘色浅，中部色泽深至茶色，并带有较清晰的大理石花纹，边缘光滑，自然向下弯曲，成熟后平展并稍有波状；菌盖直径一般 1~3cm，大小随其每丛菇的数量多少而明显不同。另外，子实体的熟化程度也对菌盖的大小发生影响。菌褶离生，不等长，色白或略带米黄。担子棒状，其上着生 2~4 个担孢子。担孢子卵圆形，无色，光滑，内含颗粒。孢子印白色；菌柄中生，呈圆柱形，长 2~12cm 甚至更长；菌柄白色或灰白色，直径 0.5~3cm，幼菇阶段柄基明显膨大，呈下粗上细状，充分生长至成菇阶段时不等粗现象自然消失，上下部粗细近乎相同，但多数菌柄稍具弯曲；与金针菇不同，真姬菇菌柄实生型并具黄褐色条纹，充分成熟时柄内松软呈绵状，具一定吸水持水能力。

图 4-8　真姬菇子实体

（二）生态习性

春秋冬季生于壳斗科树种，如山毛棒及其他阔叶树的枯木、风倒木、树桩上。

三、真姬菇生长发育对外界条件的要求

（一）真姬菇的生长发育

真姬菇菌丝生长旺盛，发菌较快，抗杂菌能力强。斜面培养基上菌丝浓白色，气生菌丝旺盛，爬壁能力强，老熟后呈浅土灰色。培养条件适宜，菌丝 7~10 天长满试管斜面；条件不适宜时，易产生分生孢子，在远离菌落的地方出现许多星芒状小菌落，培养时不易形成子实体。用木屑或棉籽壳等培养料培养时，菌丝浓白健壮，抗逆性强，不易衰老，在自然气温条件下避光保存 1 年后，扩大培养仍可萌

动。真姬菇的菌丝接种块有直接结实能力。

真姬菇是典型的异宗结合食用菌，担孢子在适宜条件下萌发为单核菌丝，可亲和的单核菌丝相互融合，它们的原生质体融合形成双核菌丝，适宜条件下双核菌丝扭结形成原基，进而发育成子实体。根据子实体不同发育阶段的形态特征，可人为地将其分为转色期、菇蕾期、显白期、成盖期、伸展期和成熟期。

（1）转色期：真姬菇菌丝体长满培养容器达生理成熟后才具有结实能力；此时蕾器中的菌块由纯白色转为灰色。子实体分化前，先在培养料表面出现一薄层瓦灰色或土灰色短绒，因此称转色期。适宜条件下此期历时3~4天。

（2）菇蕾期：培养料面转色后3~4天，短绒层菌丝开始扭结形成疣状凸起，进而发育成瓦灰色针头状菇蕾。在适宜条件下培养2~3天，长至0.5~1cm时便进入显白期。若温度偏高或通气不良，光线不足，菇蕾可长至10cm以上，且可维持1月至数月不死，遇适宜条件仍可恢复其正常发育能力。

（3）显白期：随着菇蕾的生长，在其尖端出现一个小白点，逐渐长大成直径1~3mm的圆形白色平面，此为初生菌盖。这个阶段称为显白期。

（4）成盖期：初生菌盖经2~3天的生长发育，白色平面开始凸起，颜色开始转深。3~4天后形成完整的菌盖，此时菌盖直径3~5mm，深赭红色，边缘常密布小水珠，盖顶端开始出现网状斑纹，菌柄开始伸长、增粗。

（5）伸展期：子实体菌盖形成后，生长速度加快，菌盖迅速平展、加厚，盖色变浅，菌柄迅速伸长、加粗。此阶段代谢活力旺盛，对培养条件反应敏感，应精心管理。

（二）真姬菇生长发育对外界条件的要求

真姬菇抗逆性较强，其生活条件与香菇、平菇等其他木腐菌有许多共同之处，但也有不同之处。

1. 营养

真姬菇为木腐菌，分解木质纤维素的能力很强。人工栽培时，阔叶树木屑、棉籽壳、玉米芯、各种作物秸秆、酒糟等均可用作主要培养料。在实际栽培中，为了提高真姬菇的产量和品质，添加黄豆粉、麸皮或米糠、玉米面、过磷酸钙、石灰或石膏等辅料，有较明显的增产作用。

2. 温度

真姬菇属低温变温结实性食用菌，在自然条件下多于秋末、春初发生。菌丝生长温度5~30℃，最适20~25℃，超过35℃或低于4℃时菌丝不再生长。在栽培实践中，为了防止杂菌感染，一般将培养温度控制在18~25℃。真姬菇与金针菇、香菇和平菇等一样具有变温结实特性。子实体分化发育的温度是8~22℃，最适温度为13~18℃；8℃以下、22℃以上子实体很难分化。8~10℃的温差刺激有利于子实体的快速分化，并可增加菇蕾密度。成盖期以后，在5~8℃的低温、22~25℃的高温下，子实体仍可缓慢生长，但长期的低温会造成菌盖畸形，出现大脚菇；长期高温会使菌柄徒长，菌盖下垂，对真姬菇的产量和品质不利。

3. 水分和湿度

人工栽培时，菌丝体生长基质含水量以60%~70%最佳。因其发菌时间较长，培养料会逐渐失水变干，若出菇前基质含水量低于50%，子实体分化会出现早而密集，长成的子实体质量差，产量低，因此出菇前应补充水分，使含水量达70%~75%。子实体分化发育期间要求空气相对湿度85%~95%，尤其是菌蕾期对空气相对湿度要求更高。菇蕾期空气湿度过低，子实体难以分化，菇蕾容易死亡；长期的过湿环境会影响子实体的正常发育，使其生长缓慢，菌柄发暗，有苦味，还易受病虫害侵袭。

4. 空气

真姬菇是好气性食用菌，菌丝体生长和子实体发育都需要充足的氧气。在培养菌丝体时，容器（栽培袋、瓶等）不能完全封闭。留一定的空隙，较好的通风换气空间才能保证菌丝体在整个生长期的氧气供应。若较好地满足菌丝体生长期间对氧气的需求，会缩短发菌时间，菌丝体浓密，生长旺盛，为以后的优质高产创造了条件。同时也要注意通气和培养料水分散失的矛盾，培养料内水分的过分蒸发不利于子实体的正常分化和发育。在子实体分化发育期间，需要潮湿而空气清新的环境。出菇环境二氧化碳浓度过高，会造成子实体生长缓慢，出现畸形菇。二氧化碳浓度应控制在0.4%~0.5%，在原基大量发生时每小时应通风4~8次。

5. 光线

真姬菇菌丝体生长不需要光照，黑暗条件下菌丝生长洁白粗壮，不易老化。在散射光和黑暗条件下，真姬菇都能进行原基分化，但菌盖形成、菌柄伸长期需要散射光，否则子实体发育不良。微弱的散射光对转色期是有益的；显白期需要稍强的散射光；成盖期和伸展期需要200lx以上的光照，每天光照时间不少于10h。光照影响子实体的品质，光照不足，菇蕾发生少且不整齐，菌柄徒长，菌盖小而薄，子实体色淡，品质较差。

6. 酸碱度

真姬菇菌丝体生长适宜的酸碱度为pH 5~7.5，最适为5.5~6.5。pH超过8.5，接种块很难萌动。考虑到培养料灭菌后pH会降低，以及菌丝体在生长过程中也会降低培养料的pH，也为了防止杂菌污染和促进菌丝体生理成熟，在拌料时，应把培养料的pH调整到8左右为宜。

四、栽培技术

真姬菇的人工栽培过程，自菌种准备到采收完毕，整个栽培周期需200天左右的时间，比平菇、猴头菇、金针菇类的栽培周期要长得多。特别是在菌丝体长满容器后，还要在特定的条件下培养40天以上，才能达到生理成熟而正常出菇；这给我们带来许多不便。在我国北方地区，利用自然条件，在一个适温季节完成整个栽培过程，似乎很难获得满意的效果，有利的方面是其菌丝体生长速度慢，衰老得也慢，同时对温度有很强的适应和抗逆能力。木屑中的菌丝在10~25℃的自然室温下保存半年左右也不会明显影响其生活力和菇的产量及品质。这样我们就可根据自然气候变化特点，选择合适的季节，在简单的菇房和培养条件下，一年春、秋两季栽培，隔季出菇，达到高产优质的目的。在栽培过程中，整个制种、栽培的不同培养阶段所需时间是：真姬菇母种培养需18~20天，原种和栽培种培养各需要35~40天，瓶栽发菌40天，后熟培养20~100天（最佳期40~90天），出菇30天。根据真姬菇的生态习性和气候条件，适宜播种期为9月上旬和第2年3月中旬，可根据栽培条件尽量提早，以保证在高温到来之前给菌丝体培养留有充足的时间。

真姬菇的栽培方式与平菇相似，可采取瓶栽或袋栽。用塑料袋栽培真姬菇比瓶栽真姬菇普遍。袋栽真姬菇的生产流程为：菌种制备→配制培养料→装袋、灭菌→接种→发菌→搔菌、注水→催蕾→出菇采收。

（一）季节的安排

根据当地气候条件和真姬菇生长发育期较长的特点来安排生产季节。我国南方省份一般在9月气温稳定在最高气温28℃以下时制菌袋，9~11月发菌及后熟培养，11~12月最高气温18℃以下时出菇。而北方则随着纬度的提高相应提前。山东、河南、河北大部分地区一般在8月下旬开始制菌袋，8~10月发菌及后熟培养，11月中下旬~12月中下旬出菇。如甘肃、宁夏等省一般在5月以前接种，6月中旬制菌袋，7~9月发菌及后熟培养，9月下旬~10月下旬出菇；东北地区则相应更早。

（二）培养料的配制

1. 培养料的选择

真姬菇的栽培要求基质材料偏硬质化。因此，在配制培养基时，不仅要从营养方面，也必须充分考虑培养基的持水和空隙率来确定培养基中营养添加剂的种类和用量。

栽培真姬菇可供选择的培养料种类很多，应当根据当地资源情况就地取材。棉籽壳、玉米芯、木屑、棉秆等农副产品下脚料均可采用。原料要求新鲜无霉变，玉米芯粉碎成玉米粒大小的颗粒状。木屑使用前要过筛，或拣去大木柴棒，以免装袋时刺破料袋。麸皮、米糠要求新鲜、无结块、无霉变。下面介绍几种常用的配方：

木屑79%，米糠或麸皮18%，白糖1%，石膏粉1%，石灰1%。

棉籽壳98%，石膏粉1%，石灰1%。

棉籽壳 48%，木屑 35%，麸皮 10%，玉米粉 5%，石灰 1%，石膏粉 1%。

玉米芯 40%，木屑 40%，麸皮 12%，玉米粉 5%，石膏粉 1.5%，石灰 1.5%。

棉籽壳 46%，玉米芯 30%，麸皮 16%，玉米粉 5%，石膏粉 1.5%，石灰 1.5%。

玉米芯 80%，麸皮 12%，玉米粉 5%，石膏粉 1.5%，石灰 1.5%。

2. 培养料的处理

将准备好的原料按配方确定的比例进行称取。配制时，将棉籽壳、玉米芯、木屑等主料与不溶于水的辅料如麸皮、米糠等搅拌均匀，再将糖等溶于水的辅料配制成水溶液的形式加入，搅拌均匀。调节料的含水量为 65% 左右。

(三) 装袋与灭菌

1. 料袋的选择与装料

料袋可根据栽培方式予以选择，一般可有两种供选择。

(1) 方底定型塑料袋一般为定型方底袋，即只留一头活口用于装料和出菇，一般选用直径 17cm，长 30~33cm 的聚丙烯塑料袋，每袋装干料约 500g。该种塑料袋单只即可自立排放，棚内架层式单头直立出菇，长出的子实体形态周正，个头均匀，粗细适中，亭亭玉立，商品价值较高。装料时，尽量采取机械作业，也可人工操作，当料装至袋长的 70% 左右时，袋口套颈圈、加棉塞后即可进行灭菌。

(2) 两头扎口塑料袋采用聚丙烯塑料筒，根据需要随意截断即可。一般选用直径 15~17cm、长 35~40cm 的料袋。可预先将一头扎口后采用机械装料，也可人工装料，装料至袋长的 50% 左右即可，然后两头袋口既可套颈圈塞棉塞封口，也可直接扎口处理，该种料袋应予两头接种，可横卧两头出菇，但由于子实体的向上性，产出的子实体较弯曲，影响商品质量，但由于可立体码放出菇，故在不添置固定设施的条件下，能够充分利用菇棚空间，实用性较强；但产出的鲜菇不易鲜销，大多进行加工后再予以销售。也可将菌袋横向从中切断，断面向下单层式栽培出菇，由于该方式较好地解决了直立出菇问题，并且借助于菌袋的断面吸收部分水分，所以，出菇效果好。断面处需靠近水分充足的土层，使培养料既可保持原含水分不散失，又可吸收利用土壤中的水分，因此，不适宜架层栽培。生产上一般采用地面单层出菇方式，不足之处是占地面积大，难以利用有效的空间。

2. 灭菌

装袋后要及时进行灭菌，可采用常压灭菌也可用高压灭菌。常压灭菌一般为 100℃，保持 10h 左右。高压灭菌一般压力为 0.12~0.15MPa，保持 1.5~2h。

(四) 冷却与接种

经过灭菌的菌袋待温度降至 30℃ 以下时及时移至接种室接种。接种时要严格按无菌操作进行，首先用甲醛等药剂对接种室熏蒸消毒，然后将接种用的一切用品用具放入接种箱内，用紫外线灯照射 20~30min，保证接种空间是无菌的；菌种所暴露或通过的空间，也必须是无菌区；各种接种用具和菌种接触前都应该再经火焰烧灼灭菌，冷却后再接菌种，以免烫死或烫伤菌种；操作人员最好换消毒工作服，双手要用 70% ~ 75% 的酒精消毒。在接种过程中应避免人员在室内的大幅度的动作，尽量避免室内空气流动，操作期间严禁开门进出。由于是袋式接种，最好两人配合进行，一人解系袋口，另一人接入菌种。接种量为 750mL 菌种瓶菌种接种 30 袋左右。

（五）菌丝培养

　　接种后将菌袋搬入预先消毒的培养室的培养架上培养，控制温度为 20 ~ 25℃，当气温超过 30℃ 时，注意采取措施进行降温。相对湿度保持在 65% ~ 70%，过低的湿度往往易使菌袋失水严重，影响出菇，湿度过高易染杂菌。注意每天通风 2 ~ 3 次，暗光培养 50 天左右，菌丝即可长满袋。

（六）菌丝后熟的培养

　　真姬菇菌丝发满后，需再进行一段时间的后熟培养才能出菇。后熟培养的操作很简单，菌袋可在原地不动，利用通气等方式使室温升高到 30 ~ 35℃，但不可高于 37℃，其他条件可同前期发菌阶段。其间如空气过于干燥，菌袋失水严重，可适当提高相对湿度至 75% 左右；通风量较前稍加大；管理方便时，可适当增加光线及温差刺激，以提高后熟效果，缩短培养期。一般 50 天左右菌丝体即可达生理成熟，其标志是：菌袋菌丝由洁白转为土黄色；由于培养时间长，菌袋失水，重量变轻，菌袋失水率一般在 30% 左右；基质由于失水而呈严重收缩状，已具备离壁条件，但由于失水速度极慢，基质周边与塑料薄膜贴合较紧，随着基质收缩而塑料薄膜成凹凸不平的皱缩状，但二者结合紧密；手敲发出干段木的轻音，不闷不沉；无病虫害。

　　结束后熟培养后，如仍处于高温季节而不适宜出菇时，将菌袋进行简单的存放或转越夏处理；存放条件以阴、凉、通风、闭光、无虫害为最佳，如在人防工事、地下室存放；在林荫下搭荫棚闭光存放；部分地区有连片种植佛手瓜、丝瓜、南瓜、葫芦等的习惯，瓜架下用于菌袋存放效果也很好，但需注意避光、防虫。越夏完毕，适宜时即可进行出菇管理。

（七）出菇期的管理

　　1. 搔菌

　　各地真姬菇的搔菌可根据安排出菇时间的长短、温度的高低等条件，确定搔菌的方式及其力度。如时间充裕可提前进行搔菌，该时间内温度偏高，此时搔菌可采用重搔的方式。方法是将袋口打开，用工具将原接种块去掉，并将表面基料刮除 0.2 ~ 0.3cm，然后培养使其重新长出一层气生菌丝。搔菌后出菇整齐一致，个头均匀，既提高了商品质量，同时又便于管理。

　　如时间偏晚，可用硬毛刷将袋口表面菌丝破坏掉，不去掉接种块。

　　若搔菌时气温已稳定在 10 ~ 20℃ 范围则很适合出菇，可不搔菌，打开袋口使其直接出菇。

2. 注水

前两种搔菌方式处理后，至温度适合出菇时，可与第三种搔菌方式一同进入注水程序。操作是：往袋口内灌注清水200~300g，两头出菇的菌袋可直接浸入水池中，令其自行吸水约2h后，将多余清水倒出，或将菌袋从水池中捞出重新码放。该工序可对菌袋进行有效刺激，并能补充适量水分，以增加出菇的整齐度和数量。

3. 催蕾

在气温较适宜条件下，应严格控制菇棚温度12~16℃，最佳15℃左右，空气相对湿度90%~95%，二氧化碳浓度0.2%~0.3%，有适量的通风，并有弱光条件，光强一般可控制在50~100lx，约1周后袋口料表面便可生长出一层浅白色气生菌丝，并形成一层菌膜。这时，调控8℃左右的昼夜温差，数日内菌膜渐由白色变为灰色，标志着原基即将形成，此时，应逐渐加大湿度及提高光照度，经3~5天，灰色菌膜表面将会出现细密的原基，并逐渐分化为菇蕾。

4. 菇期管理

菇蕾形成后，控制菇房温度为13~18℃，空气相对湿度为85%~90%，每日通风3~4次，控制二氧化碳的浓度在0.1%以下，光照强度为200~500lx；子实体生长中、后期，拉起袋口，适当提高菇房二氧化碳的浓度以刺激菌柄的伸长，保持菇盖1.5~2.5cm，但不超过0.4%；在子实体生长中，若菇房相对湿度低于80%，可在空中喷雾或地面洒水，不能直接向子实体喷水。经10~15天菇蕾就可发育成商品菇。

5. 采收及采后管理

当子实体长至约八分熟时应及时采收。采收的标准是：菌盖上大理石斑纹清晰，色泽正常，形态周正，菌盖直径1~3cm，柄长4~8cm不等（最长9~12cm），粗细均匀，色泽正常。采收时可根据商家的要求，把握收获时机，一般每丛菇中约80%符合标准时即应整丛全采，不可等小菇长大而使应采的子实体老化，影响商品价值。采收前3天空气相对湿度应在85%左右，以延长采收后的保鲜期。采收时要双手横抓菌袋并晃动菇筒，待菇丛松动脱离料面后再将整丛菇采下。注意不要碰坏菌盖。采下的鲜菇用泡沫箱或塑料周转箱小心盛放，及时包装，鲜售或加工。真姬菇的生物转化率可达75%~85%，产量主要集中在第一潮。

一般真姬菇可分为3个等级。一级菇，菌盖直径1.5~2.5cm，菌柄长度4cm以下；二级菇，菌盖直径2.6~3.5cm，菌柄长4cm以下；三级菇，菌盖直径3.6~4.5cm，菌柄长4cm以下。采收后的真姬菇分级包装后，可在冷库存放、当地市场鲜销或空运出口，也可以盐渍加工，还可以烘干成干制品销售，也可开发可口的即食休闲食品。

第五章　食用菌病虫害防控

第一节　食用菌常见病害

根据危害方式分为竞争性病害、寄生性病害和生理性病害。

竞争性病害是指有害杂菌侵染培养料，或者分泌有毒物质，给食用菌生产造成威胁的病害。竞争性杂菌虽不直接侵染食用菌菌丝体和子实体，但发生在制种阶段，会造成菌种不纯长杂菌；发生在栽培阶段，会造成减产，甚至绝产。

寄生性病害是指由真菌、细菌、病毒、黏菌等病原生物直接侵染食用菌的菌丝体和子实体引起的病害。

生理性病害是在食用菌的栽培过程中，除了受病原物的侵染，不能正常生长发育外，同时还会遇到某些不良环境因子的影响，造成生长发育的生理性障碍，产生各种异常现象，导致减产（或）品质下降，即所谓生理性病害，如菌丝徒长、畸形菇、硬开伞、死菇等。

一、竞争性病害

（一）细菌性病害

细菌性病害（图 5-1）一般由子实体携带细菌病害导致，发病后会使培养料变黏、变臭，甚至腐烂。细菌性病害来源分为子实体污染和培养料污染两种。子实体污染现象：菌盖上的病斑呈圆形、椭圆形或不规则形。病斑外圈颜色较深，呈深褐色。潮湿时，中央灰白色，有乳白色黏液。菌杆、菌盖全部变黑褐色，质软，有黏液，最后整朵菇腐烂。培养料污染现象：菌种制作时，常发现以麦粒及粪草为基质的菌种瓶（袋）外壁局部出现"湿斑"和淡黄色的黏液（菌落），打开棉塞有一股难闻的气味，类似有机物腐烂的腥臭味。这种现

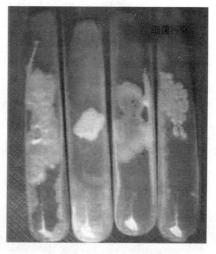

图 5-1　细菌性病害

象大多是细菌污染。这些细菌多属于芽孢杆菌类。

(二) 真菌性病害

真菌危害的主要特点：

(1) 主要侵染培养料，不直接侵染食用菌。

(2) 与食用菌争夺水分、养料、氧气。

(3) 改变培养料 pH，分泌毒素，使菌丝萎缩、子实体变色、畸形或腐烂。

(三) 常见的真菌性病害

1. 酵母菌

酵母菌感染一般是由于灭菌不彻底造成的，使料发酵，变酸变质。一级种斜面试管出现黏稠状圆形菌落 (图 5-2)。在麦粒二级种或三级种培养基中也常会出现。菌落表面光滑湿润，有黏稠性，不透明，大多呈乳白色，少数呈粉红色，被酵母菌感染的培养料会产生浓重的酒味。

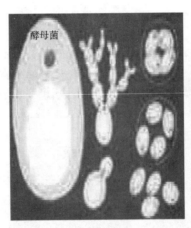

图 5-2　酵母菌菌落形态

2. 木霉

绿色木霉分生孢子多为球形，孢壁具明显的小疣状突起，菌落外观呈深绿色或蓝绿色。菌落生长迅速，菌丝体初白色，棉絮状或致密丛束状。从菌丝层中心开始向外扩展，后期菌落转为不同程度的绿色，有浅绿、黄绿、绿色、蓝绿或深蓝绿色，并出现粉状物的分生孢子 (图 5-3)。

发生规律：多年栽培的老菇房、带菌的工具和场所是主要的初侵染源，已发病所产生的分生孢子，可以多次重复侵染，在高温高湿条件下，再次重复侵染更为频繁。发病率的高低与下列环境条件关系较大。温度：木霉孢子在 15～30℃ 下萌发率最高；湿度：空气相对湿度95%的条件下，萌发最快。

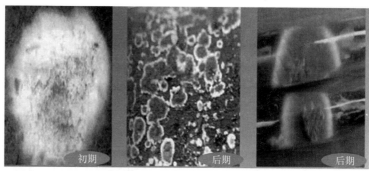

孢子

小梗
菌丝

初期　　　　后期　　　　后期

图 5-3　木霉分生孢子及菌落形态

3. 链孢霉

链孢霉菌丝体疏松，分生孢子卵圆形，红色或橙红色（图 5-4）。菌落初为白色粉粒状，菌落很快变为橘黄色绒毛状，蔓延迅速，在培养料表面形成馒头形的孢子团，呈橘红色、粉红色或橘黄色。在培养料表面形成橙红色或粉红色的霉层，特别是棉塞受潮或塑料袋有破洞时，橙红色的霉，呈团状或球状长在棉塞外面或塑料袋外，稍受震动，便散发到空气中到处传播。

发生规律：靠气流传播，传播力极强，是食用菌生产中易污染的杂菌之一。

图 5-4　链孢霉分生孢子及形态

4. 曲霉

曲霉又名黄霉菌、黑霉菌、绿霉菌（图 5-5）。黑曲霉菌落呈黑色；黄曲霉呈黄至黄绿色；烟曲霉呈蓝绿色至烟绿色；曲霉不仅污染菌种和培养料，而且影响人的健康。白色绒毛状菌丝体，扩展较慢，菌落较厚，常在棉花塞和瓶颈交接处和培养基面上出现曲霉的污染斑，用放大镜可看到一丛丛黄色、土黄色、褐色、烟色、黑色等成丛簇的色斑，多为黄曲霉、黑曲霉、白曲霉、烟曲霉等。

发生规律：曲霉分布广泛，存在于土壤、空气及各种腐败的有机物上，分生孢子靠气流传播。曲霉菌主要利用淀粉，培养料含淀粉较多或碳水化合物过多的，容易发生；湿度大、通风不良的情况也容易发生。

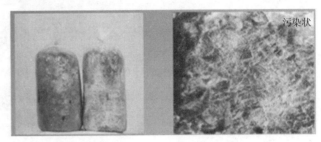

图 5-5　曲霉分生孢子及形态

5. 青霉

危害食用菌的青霉菌有数种，与食用菌菌丝相似，不易区分。孢子成熟后呈青绿色。在被污染的培养料上，菌丝初期白色，颜色逐渐由白转变为绿或蓝（图 5-6）。菌落灰绿色、黄绿色或青绿色，有些分泌有水滴。

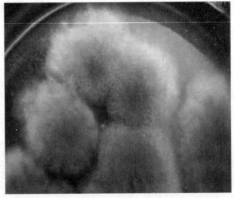

图 5-6　青霉分生孢子及形态

发生规律：通过气流、昆虫及人工喷水等传播。在 28~32℃ 高温高湿条件下，青霉分生孢子在 1~2 天就萌发成菌丝。菌丝体初期白色，繁殖迅速，很快出现蓝绿色粉状分生孢子，星点状散布在培养基的表面，或形成菌斑。

6. 根霉

初形成时为灰白色或黄白色，成熟后变成黑色（图 5-7）。菌落初为白色棉絮状，菌丝白色透明，与毛霉相比，气生菌丝少，后变为淡灰黑色或灰褐色，在培养料表面形成一层黑色颗粒状霉层（孢子囊），孢子囊初白色，色泽逐渐加深，最后变成黑褐色。根霉菌丝间有匍匐丝，并在匍匐丝上生出假根，假根接触基物，在相反的方向上生出孢囊梗。

发生规律：根霉经常生活在陈面包或霉烂的谷物、块根和水果上，也存在于粪便、土壤；孢子靠气流传播；喜中温（30℃生长最好）、高湿偏酸的条件。培养物中碳水化合物过多易生长此类杂菌。

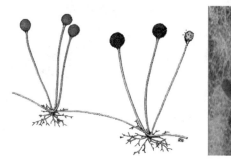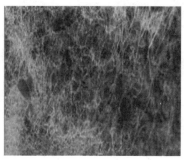

图 5-7　根霉分生孢子及形态

7. 毛霉

毛霉又名长毛菌、黑霉菌、黑面包霉。毛霉菌丝白色透明，孢子囊初期无色，后为灰褐色（图 5-8），后期呈黑色（无假根及匍匐菌丝，日长速有时达 3cm）。先从棉塞上形成银白色菌丝（像胡须状）潜入培养基，气生菌丝十分旺盛，生长十分迅速，数日会出现大量黑色孢子囊。毛霉广泛存在于土壤、空气、粪便及堆肥上。孢子靠气流或水滴等媒体传播。

发生规律：毛霉在潮湿的条件下生长迅速，在菌种生产中如果棉花塞受潮，接种后培养室的湿度过高，很容易发生毛霉。

图 5-8　毛霉分生孢子及形态

8. 鬼伞

小伞状，腐解后流墨汁（图 5-9）。鬼伞又称野蘑菇、狗召菌等，常见的有晶粒鬼伞、长根鬼伞、毛头鬼伞等，鬼伞发生后会与双孢蘑菇争夺营养，同时还会抑制菌丝的生长。

图5-9　鬼伞形态

主要的防治措施有：提前预防，备料时必须将麦秸、稻草晒干后再使用，特别是发生了霉变的麦秸，因为鬼伞也是一种培养料过湿的指示菌，所以在堆制发酵中也要防止培养料过湿，防止氨的含量过高。在栽培的过程中要注意观察，一旦发现就要立即清除，同时加强菇房内的通风降温，防止鬼伞孢子发成菌丝。光线和温度的作用。鬼伞菌丝不能经受光线的照射刺激，虽然可进行短期的晾晒以杀死鬼伞菌丝，但时间不能过长，以低于20℃的培养料温度可以控制鬼伞的繁殖。

9. 小菌核

米黄色，似油菜籽（图5-10）。该菌极易扩散，多发生于发菌的中期，培养料较熟的菇房中较容易发生，发生后培养料因为受到污染会呈疏松状，并伴随霉臭，绒状的菌丝也会发生萎缩。这种菌在发生的初期是淡黄色的，呈鱼卵状的圆形，后期会转成黄褐色、褐色，外表直径0.6~1.0mm，会变得非常平滑。

图5-10　小菌核形态

主要的防治措施有：有效控制培养料的堆制热度。在受污染的地方喷洒波尔多液（300～500倍）。在受感染的培养料区喷洒百菌清（500～600倍），然后进行通风换气。

二、寄生性病害

（一）真菌病

1. 褐腐病（图5-11）

褐腐病又称湿孢病，是由有害疣孢霉侵染而引起。有害疣孢霉，属真菌门，半知菌亚门，丝孢纲，丝孢目，丛梗孢科，是一种常见的土壤真菌，主要为害双孢蘑菇、香菇和草菇，严重时可致绝产。子实体受到轻度感染时，菌柄肿大成泡状畸形。子实体未分化时被感染，产生一种不规则组织块，上面覆盖一层白色菌丝，并逐渐变成暗褐色，常从患病组织中渗出暗黑色汁滴。菌盖和菌柄分化后感染，菌柄变成褐色，感染菌褶则产生白色的菌丝。疣孢霉只侵染子实体，患处褐色，流褐液，有恶臭味。

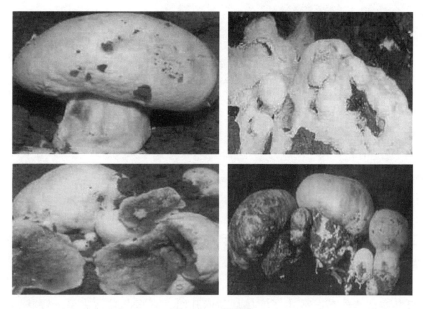

图5-11　褐腐病

防治方法：初发病时，立即停止喷水，加大菇房通风量，将室温降至15℃以下；病区喷洒50%多菌灵可湿性粉剂500倍液，也可喷1%～2%甲醛溶液灭菌。如果覆土被污染，可在覆土上喷50%多菌灵可湿性粉剂500倍液，或70%甲基硫菌灵可湿性粉剂500倍液，杀灭病菌孢子。发病严重时，去掉原有覆土，更换新土。将病菇烧毁，所用工具用4%甲醛溶液消毒。

2. 褐斑病（图5-12）

褐斑病又称干泡病、轮枝霉病，是由轮枝霉引起的真菌病害。该菌不侵染菌丝体，只侵染子实体，但可沿菌丝索生长，形成质地较干的灰白色组织块。病菇干硬，生褐斑，不流褐液，不腐烂，无臭味。染病的菇蕾停止分化；幼菇受侵染后菌盖变小，柄变粗变褐，形成畸形菇；子实体中后期受侵染后，菌盖上产生许多针头状大小、不规则的褐色斑点，并逐渐扩大成灰白色凹陷。病菇常表层剥落或剥裂，不腐烂，无臭味。

防治方法：注意菇房卫生，防止菇蝇、菇蚊进入菇房。菇房使用前后均严格消毒，采菇用具用前用4%的甲醛溶液消毒，覆土用前要消毒或巴氏灭菌，严禁使用生土。覆土切勿过湿。发病初期立即停水并降温至15℃以下，加强通风排湿。及时清除病菇，在病区覆土层喷洒2%的甲醛或0.2%多菌灵。发病菇床喷洒0.2%多菌灵溶液，可抑制病菌蔓延。

图5-12　褐斑病

3. 软腐病（图5-13）

软腐病又称蛛网病、树枝状轮枝孢霉病、树枝状指孢霉病，是由树枝状轮枝孢霉引起的真菌病害。该菌先在床面覆土表面出现白色蛛网状菌丝，如不及时处理，很快蔓延并变成水红色。侵染子实体从菌柄开始，直至菌盖，先呈水浸状，渐变褐变软，直至腐烂。从菌柄开始侵染至菌盖，先呈水浸状→变褐变软→腐烂由枝孢霉引起。

防治方法：严格覆土消毒，切断病源。局部发生时喷洒2%~5%的甲醛溶液或800倍液的40%多菌灵或800倍液甲基托布津，也可在病床表面撒0.2~0.4cm厚石灰粉。同时减少床面喷水，加强通风降温排湿。

图 5-13 软腐病

4. 猝倒病

猝倒病又称立枯病、枯萎病、萎缩病，是由尖镰孢菌和菜豆镰孢菌引起的真菌病害。该菌主要侵染菇柄，病菇菇柄髓部萎缩变褐。患病的子实体生长变缓，初期软绵呈失水状，菇柄由外向内变褐，最后整菇变褐成为僵菇。镰孢菌广泛存在于自然界，土壤、谷物秸秆等都有镰孢菌的自然存在。其孢子萌发最适温度为 25~30℃，腐生性很强，并具寄生性。菇房通风不良，覆土过厚过湿，易引发该病的发生。

防治方法：主要是控制住培养料发酵和覆土消毒这两个环节，料发酵要彻底均匀，覆土要严格消毒。一旦发病可喷洒硫酸铵和硫酸铜混合液，具体做法是：将硫酸铵与硫酸铜按 11：1 的比例混合，然后取其混合物，配成 0.3% 的水溶液喷洒。也可喷洒 500 倍液的苯来特或托布津。水分管理中注意喷水少量多次，加强通风，防止菇房湿度过高。并注意覆土层不可过厚过湿。

（二）细菌病

特征：被污染的试管母种上，细菌菌种多为白色、无色或黄色，黏液状，常包围食用菌接种点，使食用菌菌丝不能扩展。菌落形态特征与酵母菌相似，但细菌污染基质后，常常散发出一种污秽的恶臭气味。培养料受细菌污染后，呈现黏湿，色深。

发生规律：灭菌不彻底是造成细菌污染的主要原因。此外，无菌操作不严格，环境不清洁，也是细菌发生的条件。

1. 斑点病（图 5-14）

病症局限于菌盖上，开始菌盖上出现 1~2 处小的黄色或茶褐色的变色区，然后变成暗褐色凹陷的斑点。当凹陷的斑点干后，菌盖裂开形成不对称的子实体，菌柄上偶尔发生纵向的凹斑，菌褶很少受到感染，菌肉变色部分一般很浅，很少超过皮下 3mm。有时蘑菇采收后才出现病斑，特别是把蘑菇置于变温条件下，水分在菇盖表面凝集，更容易发生斑点病。患处有凹陷的黏液状斑点；斑点干燥时菌盖易开裂。

防治方法：播种前菇房喷洒甲醛、来苏尔或新洁尔灭等消毒剂，覆土土粒用甲醛熏蒸消毒，管理用水采用漂白粉处理或用干净的河水、井水，清除病菇后，及时喷洒含100~200单位的链霉素溶液，或50%多菌灵或代森锰锌可湿性粉剂500倍液，或0.2%~0.3%的漂白粉液。

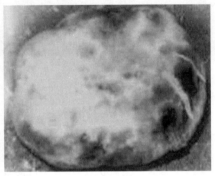

图5-14　斑点病

2. 黄斑病（图5-15）

菇体现黄斑或整体黄化，不黏，不腐烂。染病初期菌盖上有小斑点状浅黄色病区，随着子实体的生长而扩大范围及传染其他子实体，继之色泽变深，并扩大范围到整个菌盖，染病后期菇体分泌出黄褐色水珠，病株停止生长，继而萎缩、死亡。黄斑病是由假单胞杆菌引起的病害，为细菌性病原菌。该病菌喜高温高湿环境，尤其当温度稳定在20℃以上、湿度95%以上，而且二氧化碳浓度较高的条件下，极易诱发该病。即使温度在15℃左右、但菇棚湿度趋于饱和（100%）且密不透风时，该病也有较高的发病率，在基料及菇棚内用水不洁时，该病发病率也很高。

图5-15　黄斑病

防治措施：一是搞好环境卫生，严格覆土消毒，消灭害虫。二是喷水必须用清洁水，切忌喷关门水、过量水，防止菇体表面长期处于积水状态和土面过湿。三是子实体生长期严防菇房内湿度过大。加强通风，使棚内的二氧化碳浓度降至 0.5% 以下，降低棚湿，尤其在需保温的季节时间段里，空气湿度控制在 85% 左右。四是子实体一旦发病，通风降低菇房内湿度，喷洒 600 倍漂白粉液，但应注意，喷药后封棚 1~2h。然后即应加强通风，降低棚温。

3. 干腐病（图 5-16）

菌盖歪斜，菌柄基部膨大；菇体萎缩，干硬、不腐烂。

当生态环境条件不能满足食用菌发育所需的最低要求时，就会发生生理代谢性障碍而使菇类畸变，这属于非侵染性病害。在菌丝体阶段表现为菌丝萎缩或徒长，在子实体阶段则表现为畸形。大多数食用菌生理性病害产生的原因基本相近。

图 5-16　干腐病

（三）放线菌

1. 形态特征及发生规律

特征：该菌侵染基质后，不造成大批污染，只在个别基质上出现白色或近白色的粉状斑点，发生的白色菌丝，也很容易与食用菌菌丝相混淆。其区别是污染部位有时会出现溶菌现象，具有独特的农药臭或土腥味。放线菌菌落表面多为紧密的绒状，坚实多皱，生长孢子后呈白色粉末状。

发生规律：菌种及菌筒培养基堆温高时易发生危害。

2. 防治方法

（1）菌种培养室使用之前，要进行严格的消毒处理。消毒药品可用"菌室专用消毒王"熏蒸处理或用"金星消毒液"进行全方位的喷洒消毒。

（2）菌种袋上锅灭菌时，一定要以最快的速度将稳定上升到 100℃，并维持 2h

左右。夏季要防止菌种棉塞受潮，菌种灭菌时，可用"菌种防湿盖"盖上棉塞后再灭菌，而且棉塞不要太松。

（3）接种时要认真做好灭菌工作，严格执行无菌操作，防止接种时菌袋污染。

（4）出现放线菌污染的菌袋，要挑开处理。

三、生理性病害

在栽培食用菌的过程中，除了受病原物的侵染，不能正常生长发育外，同时还会遇到某些不良环境因子的影响，造成生长发育的生理性障碍，产生各种异常现象，导致减产或品质下降，即所谓生理性病害，如菌丝徒长、畸形菇、硬开伞、死菇等。

（一）菌丝徒长

1. 病害产生原因

蘑菇、平菇栽培中均有菌丝徒长的发生。在菇房（床）湿度过大和通风不良的条件下，菌丝在覆土表面或培养料面生长过旺，形成一层致密的不透水的菌被，推迟出菇或出菇稀少，造成减产。这种病害除了与上述环境条件有关外，还与菌种有关。在原种的扩繁过程中，气生菌丝挑取过多，常使母种和栽培种产生结块现象，出现菌丝徒长。

2. 防治措施

在栽培蘑菇的过程中，一旦出现菌丝徒长的现象，就应立即加强菇房通风，降低二氧化碳浓度，减少细土表面湿度，并适当降低菇房温度，抵制菌丝徒长，促进出菇。若土面已出现菌被，可将菌膜划破，然后喷水，加大通风，仍可出菇。

（二）畸形菇

1. 病害产生的原因

平菇袋料栽培过程中，常出现形状不规则的子实体，或者形成未分化的组织块；常出现由无数原基堆集成的花菜状子实体，菌柄不分化或极少分化，无菌盖。原基发生后的畸形菇，则是由异常分化的菌柄组成珊瑚状子实体，菌盖无或者极小。食用菌常出现菌柄肥大，盖小肉薄，或者无菌褶的高脚菇等畸形菇。

2. 防治措施

造成食用菌形成畸形成的原因很多，主要是二氧化碳浓度过高，供氧不足。因此，应及时降低二氧化碳浓度；覆细土颗粒，使其出菇部位适中；加强光照；降低湿度；注意用药，以免引起药害。

（三）薄皮早开伞

1. 病害产生的原因

在蘑菇出菇旺季，由于出菇过密，温度偏高（18℃以上），很容易产生薄皮早开伞现象，影响蘑菇质量。

2. 防治措施

在栽培中，菌丝不要调得过高，宜将出菇部位控制在细土缝和粗细土粒之间；防止出菇过密，适当降低菇房温度，可减少薄皮早开伞现象。

（四）空根白心

1. 病害产生的原因

蘑菇旺产期如果温度偏高（18℃以上），菇房相对湿度太低，加上土面喷水偏少，土层较干，蘑菇菌柄容易产生白心。在切削过程中，或加工泡水阶段，有时白心部分收缩或脱落，形成菌柄中空的蘑菇，严重影响质量。

2. 防治措施

为了防止空根白心蘑菇的产生，可在夜间或早晚通风，适当降低温度，同时向菇房空间喷水，提高空气相对湿度。喷水力求轻重结合，尽量使粗土、细土都保持湿润。

（五）硬开伞

1. 病害产生的原因

温度低于18℃，且温差变化10℃左右时，蘑菇的幼嫩子实体往往出现提早开伞（硬开伞）现象。在突然降温，菇房空气湿度偏低的情况下，蘑菇硬开伞现象尤甚，严重影响蘑菇的产量和质量。

2. 防治措施

在低温来临之前，做好菇房保温工作，减少室内温差，同时增加菇房内空气相对湿度，可防止或减少蘑菇硬开伞。

（六）死菇

在多种食用菌的栽培中，均有死菇现象发生。尤其是头两潮菇出菇期间，小菇往往大量死亡，严重影响前期产量。

1. 病害产生的原因

出菇过密过挤，营养供应不足；高温高湿，菇房或菇场通风不良，二氧化碳累积过量，致使小菇闷死；出菇时喷水过多，且对菇体直接喷水，导致菇体水肿黄化，溃烂死亡；用药过量，产生药害，伤害了小菇。

（1）料害：多出现在播种之后3~5天。培养料配制或堆积发酵不当，造成营养缺乏或不合理。

（2）水害：培养料湿度过大，造成缺氧；或培养料湿度过小、水分、养分不足。

（3）气害：高温湿条件下，菌丝新陈代谢加快，造成二氧化碳浓度过高，菌丝易发黄死亡。

（4）虫害：覆土和培养料都能带入害虫，当虫口密度大时，会造成严重危害，使菌丝萎缩死亡。菌丝萎缩后，已形成的子实体随之萎缩死亡。

2. 防治措施

首先在培养料配制或堆积发酵过程中，培养料配制要合理，使菇体有全面的营养；要充分地堆积发酵，使培养料完全腐熟。其次要控制温湿度，充分供氧，减少二氧化碳的大量累积。最后对使用的土或者培养料进行充分晾晒，杀死携带的病菌或者虫害。

（七）子实体阶段的生理病害

子实体阶段的生理性病害主要表现为畸形，原因主要有以下几种：

（1）栽培小区 O_2 不足，CO_2 累积量过高，因栽培品种不同，产生的症状表现差异较大。灵芝栽培中，生长成鹿角状；毛木耳常产生似鸡爪的"鸡爪耳"；银耳栽培中出现的"团耳"；猴头则出现珊瑚状分枝。

（2）栽培小区温度低于栽培菌类分化所需的最低温度。香菇品种属高温型菌株，出现"荔枝菇"；平菇生产中出现瘤盖菇。

（3）栽培小区的湿度过大。在人防工事内栽培食用菌菇时，由于静止湿度达到饱和状态，在菌盖上又长出小菇蕾，出现了二次分化现象。

（4）防治措施。控制温湿度，充分供氧，减少二氧化碳的大量累积。对使用的土或者培养料进行充分晾晒，杀死携带的病菌或者虫害。

第二节　食用菌常见虫害

一、虫害的种类

（一）螨类

食菌螨又称红蜘蛛、菌虱（图5-17）。其体形微小，常为圆形或卵圆形，一般为四个部分构成，即颚体段、前肢体段、后肢体段、末体段。前肢体段着生前面2对足，后肢体段着生后面2对足，全称肢体段，共四对足，足由6节组成。几乎所有食用菌的菌种都受螨类为害；螨类主要是培养料或昆虫带入菇房；螨咬食菌丝体和子实体。

防治措施：

①生产场地保持清洁卫生，要与粮库、饮料间及鸡舍保持一定距离。

②培养室、菇房在每次使用前都要进行消毒杀虫处理。

③培养料要进行杀虫处理。

④药物防治。

⑤严防菌种带螨。

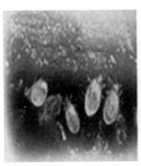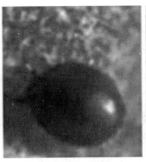

图 5-17 螨虫

（二）蚊类

食菌蚊又称尖眼菇蚊，别名菇蚊、菌蚊、菇蛆（图 5-18）。卵为圆形或椭圆形，光滑，白色，半透明，大小为 0.25mm×0.15mm。幼虫为白色或半透明，有极明显的黑色头壳，长 6~7mm。蛹长为 2.0~2.5mm。初为白色，后渐呈黑褐色。雌虫体长约 2.0mm，雄虫长约 0.3mm。具有趋光性。其危害双孢菇、平菇、金针菇、香菇、银耳、黑木耳等食用菌的菌丝和子实体。成虫产卵在料面上，孵化出幼虫取食培养料，使培养料呈黏湿状，不适合食用菌的生长。幼虫咬食菌丝，造成菌丝萎缩，菇蕾枯萎。幼虫蛀食子实体。

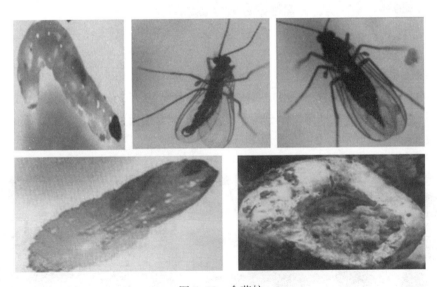

图 5-18 食菌蚊

防治措施：
①生产场地保持清洁卫生。

②菇房门窗用纱网封牢。

③培养料要进行杀虫处理。

④黑光灯诱杀。

⑤药物防治。

（三）食菌蝇

食菌蝇又称蚤蝇，别名粪蝇、菇蝇（图5-19）。幼虫蛆形，白色无足，头尖尾钝，成虫比菇蚊健壮，似苍蝇。蝇取食双孢蘑菇、平菇、银耳、黑木耳等食用菌。幼虫常在菇蕾附近取食菌丝，引起菌丝衰退而菇蕾萎缩；幼虫钻蛀子实体，导致枯萎、腐烂。防治的方法同食菌蚊。

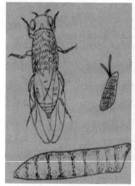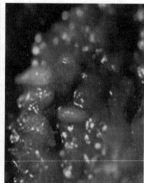

图 5-19　食菌蝇

（四）跳虫类

跳虫又称烟灰虫（图5-20）。能爬善跳，似跳蚤，聚集时似烟灰，趋阴暗潮湿，不怕水。其取食双孢菇、平菇、草菇、香菇等食用菌的子实体。防治的方法同食菌蚊。

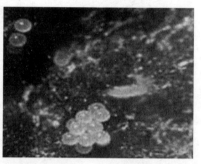

图 5-20　跳虫

（五）线虫

体形极小，只能在显微镜下才能观察到。形如线状，无色透明，长约1mm，两端尖，幼虫透明乳白色，似菌丝，老熟后褪色或呈棕色（图5-21）。所有食用菌均能被危害，如果大量发生，菌丝可能生长成线状或非常稀疏，直至栽培床的表面下陷，有一股药味发出，同时残害幼蕾，使其大量死亡，受害后的菌盖为褐色，有腥臭味，在显微镜下可看到虫卵，严重时甚至肉眼都可看到。目前还没有专门的特效药，主要靠预防为主。

主要措施：将覆土材料消毒进行处理，可用巴氏消毒液，取材时也不可太靠近表层土壤，又因为线虫是不耐热的，40℃以上就会死亡，所以二次发酵也非常重要。其常随蚊、蝇、螨等害虫同时存在。

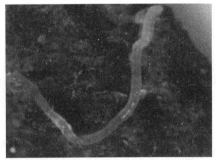

图5-21　线虫

（六）蛞蝓

蛞蝓又称鼻涕虫（图5-22）。体柔软，裸露，无保护外壳生活，在阴暗潮湿处，所爬之处留下一条白色黏滞带痕迹。昼伏夜出，取食子实体；对木耳、香菇、平菇、草菇、蘑菇、银耳等均有为害；直接咬食子实体，造成不规则的缺刻，严重影响食用菌的品质。

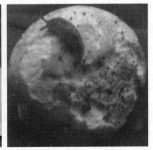

图5-22　蛞蝓

防治措施：

①保持场地清洁卫生，并撒一层生石灰。

②毒饵诱杀。

③药物防治。

二、虫害的综合防治

食用菌一旦发生病虫害，往往比较难处理，而且损失已经造成。因此，食用菌病虫害的综合防治更强调预防为主，防重于治的原则，并尽量采用农业防治措施，减少化学药剂的使用，以避免对食用菌产生药害和造成污染。

(一) 预防措施

(1) 菌种厂应远离仓库、饲养场、装料间、灭菌锅和接种间，建筑设计要合理，灭好菌的菌种袋或菌种瓶要能直接进入接种间，以减少污染的机会。接种室、培养室要经常打扫，进行消毒，要定期检查，发现有污染的菌种立即处理，不可乱丢。出厂的菌种要保证没有污染，不带病虫。栽培场引进菌种要注意防止带入病虫害。

(2) 搞好栽培室和栽培场地的卫生。栽培场地要远离仓库、饲养场、垃圾场。搞好环境卫生，减少杂菌和害虫的隐藏、滋生场所，减少人为传播的机会，并尽量减少闲杂人员进入栽培室。栽培室的门窗和通风洞口要装纱网，在防空洞、地道、山洞栽培食用菌，出入口要有一段距离保持黑暗，随手关灯，以防止害虫飞入，传播菌源。露地栽培时要清除栽培场的残株及附近的枯枝落叶、烂草及砖石瓦块。清理环境后，必要时场地还要进行杀虫，为防白蚁要挖诱蚁坑或环形沟。栽培室在栽培食用菌前要清扫干净，架子、墙壁、地面要彻底消毒、杀虫。要特别注意砖缝、架子缝等处容易藏匿害虫的地方，对发病严重的老栽培室要进行熏蒸消毒，方法是 $1m^3$ 容积用 80mL 甲醛和 40g 高锰酸钾混合液进行熏蒸。熏蒸时要密闭栽培室，2 天后打开门窗通风换气 24h 再将菌袋送入。也可用硫磺熏，用量为 $5g/m^3$，密闭 48h，再过 2 天后进料。

(3) 注意原料、菌袋、工具的卫生。麸皮、糠秕、稻草、棉籽壳等易发霉变质的原料，要妥善保管好，并严防有毒物质、原料混入培养料。废料、料块、老菌袋不要堆在栽培室附近，并须经过高温堆肥处理后再用。栽培室的新旧菌袋必须分房隔开存放，绝不可混放，以免老菌袋的病虫转移到新的菌袋上。栽培工具也要分开使用，并做到严格灭菌和消毒，以预防接种感染和各种继发感染。

(4) 把好菌种质量关。对刚分离的菌种，要从多方面进行观察，并要试种，看其经济性状表现。对于引种，应按照质量标准挑选。在制种过程中，要经常检查和挑选，一旦发现污染，立即淘汰，确保生产菌种纯度，对于生产的菌种，要及时使用，以防老化，并控制传代次数。在栽培过程中，一旦发现有杂菌发生，应及时用甲醛等药物进行注射处理。

（5）及时清除残菇，并进行消毒。采菇后要彻底清理料面，将菇根、烂菇及被害菇蕾摘除拣出，集中深埋或烧掉，不可随意扔放。双孢菇培养和覆土需经消毒处理，在送上床架前用漂白粉或甲醛消毒或喷杀虫剂后盖膜密封24h。

（6）促菇抑虫抑病。不同的食用菌对其生长发育的条件有不同的要求，要依照各种食用菌的要求对湿度、水分、光线、酸碱度、营养、氧气与二氧化碳等进行科学的管理，使整个环境适合食用菌的生长而不利于病原菌和害虫的繁殖生长，即所谓促菇抑虫抑病。

（7）灭菌要彻底。栽培时灭菌一般采用高压或常压蒸汽灭菌方法。高压灭菌应在2个大气压下保持2h且进气和排气要十分缓慢。常压灭菌要求4h内使锅内温度达到97~100℃。此后，灭菌仓应将上述温度保持10h左右，且灭菌后，待锅内温度冷却至60℃以下时方能出锅。在接种前要进行消毒处理，严格按照无菌操作规程进行，具体做法是：将作菌种用的栽培种拔去棉塞，用酒精灯燃烧瓶口，然后迅速放进接种箱。接种室必须提前用甲醛、高锰酸钾等高效低毒剂进行消毒。

（二）农业防治措施

（1）水浸法防治害虫：有些害虫由于浸入水中造成缺氧和促使原生质与细胞膜分离致死。但必须注意栽培袋无污染、无杂菌菌块，经2~3h浸泡不会散，菌丝生长很好，否则水浸后菌块就散掉，虽然达到消灭害虫的目的，但生产效益将受到损失。其操作方法是：瓶栽培的和袋栽培的可将水注入瓶、袋内；块栽培可将栽培块浸入水中压以重物，避免浮起，浸泡2~3h，幼虫便会死亡漂浮，浸泡后的瓶、袋沥干水即放回原处。

（2）利用害虫的习性进行防治：有些害虫有着特殊的习性，如菌蚊有吐丝的习性，幼虫吐丝，用丝将菇蕾罩住，在网中群居为害，对这些害虫可人工捕捉。瘿蚊有幼体繁殖的习性，一只幼虫从体内繁殖20头幼虫。瘿蚊虫体小，怕干燥，将发生虫害的菌袋在阳光下暴晒1~2h或撒石灰粉，使虫干燥而死，可降低虫口密度。另外，还有些鳞翅目的幼虫老熟后个体很大，颜色也艳，在采菇和管理中很易发现，可以随时捕捉消灭。对落在亮处的害虫要随时拍打捕杀。有的幼虫留下爬行痕迹要沿痕迹寻找捕捉。

（3）诱杀害虫：诱杀害虫，可就地取材，用菜籽饼效果较好。在菇床上铺上若干块纱布，将刚炒好的菜籽饼撒一层在纱布上，螨就聚集于纱布上，然后将纱布在浓石灰水中一浸，螨便被杀死，连续几次杀螨效果可达90%以上。无菜、棉籽饼的地方用浸敌敌畏药液的棉球熏蒸杀螨效果也不错，将蘸50%敌敌畏的棉球，在菇床下每隔70cm左右呈品字排列放置，并在菇床培养料面盖上湿纱布，在石灰水中浸泡螨即死杀，反复几次，效果更好。对蚊蛾用黑光灯或节能灯诱杀，效果也好。方法是在灯下的水盆中放入 0.1% 敌敌畏，害虫落入盆中即被杀死。利用害虫的趋光性，在强光处挂粘虫板，粘虫板上涂 40% 聚丙烯黏液，有效期可达 2 个月。此外，要特别注意消灭越冬成虫。

（三）药剂防治措施

在食用菌生产中，不提倡用化学药剂防治病虫害。食用菌是真菌，食用菌的病害也多由致病真菌引起，使用农药容易使食用菌产生药害，食用菌栽培周期短，尤其是出菇期使用农药，农药极易残留在子实体内，直接食用对人体健康不利。因此，要尽量减少化学药剂的使用。用药剂治虫是一种应急措施，有时必须喷药，但用药前一定要将蘑菇全部采完。菇房内发生眼蕈蚊、粪蚊可喷 500 倍敌百虫。如果瘿蚊大发生，喷 500 倍的辛硫磷或乐果能收到一定的效果。跳虫为害严重时，喷 500 倍敌敌畏效果很好，但要注意平菇对敌敌畏很敏感，浓度稍大时就可能出现药害。用磷化铝熏蒸蘑菇害虫，根据多次试验，$1m^3$ 用 3 片（9.9g）对眼蕈蚊、菌蚊、粪蚊、跳虫及蛞蝓的防治效果都很好，但对瘿蚊则需要 $1m^3$ 用 10 片（33g），防治效果才理想。磷化铝吸收空气中的水分后分解，释放出磷化氢，该气体穿透力很强，能杀死菌块表层及内部的害虫，而对菌丝体及子实体的生长无影响，菇体内无残毒，熏蒸时菇房要密闭。操作人员应戴防毒面具，一定要按规程进行，熏完后菇房要密闭 48h，再通气 2~3h，才可以入内，以免中毒。

第三节　食用菌病虫害综合性防治

一、食用菌病虫害综合防治的意义与原则

防治食用菌病虫害应遵循"预防为主，综合防治"的植保工作方针，利用农业、化学、物理、生物等进行综合技术防治。在防治上以选用抗病虫品种，合理的栽培管理措施为基础，从整个菇类的栽培布局出发，选择一些经济有效、切实可行的防治方法，取长补短，相互配合，综合利用，组成一个较完整的有机的防治系统，以达到降低或控制病虫害的目的，将其危害损失降低在经济允许的指标内，以促进食用菌健壮生长，高产优质。

二、食用菌病虫害的综合防治的方法
（一）治理环境

食用菌生产场所的选择和设计要科学合理，菇棚应远离仓库、饲养场等污染源和虫源；栽培场所内外环境要保持卫生，无杂草和各种废物。培养室和出菇场要在

门窗处安装窗纱，防止菇蝇飞入。操作人员进入菇房尤其从染病区进入非病区时，要更换工作服和用来苏尔洗手。菇房进口处最好设一有漂白粉的消毒池，进入时要先消毒。菇场在日常管理中如有污染物出现，要及时科学处理。

（二）生态防治

环境条件适宜程度是食用菌病虫害发生的重要诱导因素。当栽培环境不适宜某种食用菌生长时，便导致其生命力减弱，给病虫害的入侵创造了机会，这也就是生存竞争、优胜劣汰的原则。如香菇烂筒、平菇死菇等均是菌丝体或子实体生命力衰弱而致。因此，栽培者要根据具体品种的生物学特性，选好栽培季节，做好菇事安排，在菌丝体及子实体生长的各个阶段，努力创造其最佳的生长条件与环境，在栽培管理中采用符合其生理特性的方法，促进健壮生长，提高抵抗病虫害的能力。此外，选用抗逆性强、生命力旺盛、栽培性状及温型符合意愿的品种；使用优质、适龄菌种；选用合理栽培配方；改善栽培场所环境，创造有利于食用菌生长而不利于病虫害发生的环境，都是有效的生态防治措施。

（三）物理防治

利用不同病虫害各自的生理特性和生活习性，采用物理的、非化学（农药）的防治措施，也可取得理想效果。如利用某些害虫的趋光性，在夜间用灯光诱杀；利用某些害虫对某些食物、气味的特殊嗜好，可进行诱杀；链孢霉在高温高湿的环境下易发生，把栽培环境湿度控制在70%、温度在20℃以下，链孢霉就迅速受到抑制，而食用菌的生长几乎不受影响。此外，防虫网、黄色粘虫板、臭氧发生器等都是常用的物理方法。

（四）化学防治

在其他防治病虫害措施失败后，最后可用化学农药，但尽量少用，大多数食用菌病原菌也是真菌，使用农药也容易造成食用菌药害。其次是食用菌子实体形成阶段时间短，在这个时期使用农药，未分解的农药易残留在菇体内，食用时会损害人体健康。在出菇期发生虫害时，应首先将菇床上的食用菌全部采收，然后选用一些残效期短，对人畜安全的植物性杀虫剂，如可用500倍、800倍的菊酯类农药防治眼蕈蚊、瘿蚊；用烟草浸出液稀释500倍喷洒防治跳虫。食用菌栽培中发生病害时，要选用高效、低毒、残效期短的杀菌剂，常用甲醛，对培养料和覆土可用5%的药液，1m³用500mL喷洒，并用塑料薄膜覆盖闷2天。甲醛还可作为熏蒸剂，1m³用10mL加热蒸发，杀死房间砖缝、墙面上的各类真菌孢子。其他常用的消毒剂还有石炭酸、漂白粉、生石灰粉等。

（五）生物防治

利用某些有益生物，杀死或抑制害虫或害菌，从而保护食用菌正常生长的一种防治方法，即所谓以虫治虫、以菌治虫、以菌治菌等。生物防治的主要作用类型有：

（1）捕食作用。如蜘蛛捕食菇蚊、蝇，捕食螨是一种线虫的天敌等。

（2）寄生作用。如苏云金芽孢杆菌和环形芽孢杆菌对蚊类有较高的致病能力，其作用相当于胃毒化学杀虫剂。目前，常见的细菌农药有苏云金杆菌（防治螨类、蝇蚊、线虫）、青虫菌等；真菌农药有白僵菌、绿僵菌等。

（3）占领作用。绝大多数杂菌很容易侵染未接种的培养基，相反，当食用菌菌丝体遍布料面，甚至完全吃料后，杂菌就很难发生。因此，在生产中常采用加大接种量、选用合理的播种方法，让菌种尽快占领培养料，以达到减少污染的目的。

（4）拮抗作用。在食用菌生产中，选用抗霉力、抗逆性强的优良菌株，就是利用拮抗作用的例子。

（六）综合措施

（1）技术措施方面，在栽培过程中的培养料为"二次发酵"的最好，进料前在旧的菇房中也必须进行消毒和杀虫，栽培时间的调节也非常重要，避免高温对病虫害的预防也是关键因素，在发菌期的通风、控湿、控温，以及及时地清理死菇、病菇等，也是防止病虫害蔓延的有效措施。

（2）药物预防方面，控螨可在播种前喷 800 倍的三氯杀螨醇 $10kg/100m^2$，覆土后的 5~7 天，可喷洒杀菌剂进行预防，出菇前再与杀虫剂配合使用一次。

（3）局部已发生病虫害的处理方面，若已经发生，首先要做的就是及时清除病菇死菇，在发病区及时喷洒药物，若是虫害，还不应忘记配合杀虫剂使用，在采收后，还应喷洒一遍防止病菌等的扩散。

（4）必须注意清洁卫生，在水源和菇房的内外都应保持清洁，菇根等废料要放得远一些，并且最好不要将一个栽培的地方长时间地使用，时限为 2~3 年，最好换个地方，若实在不好换，也一定要做好全面的清洁、消毒、杀虫等措施。

对于食用菌在栽培过程中的预防，应该坚持多种方式同时有效配合使用的方法，形成一个严密的保护网，让其可以保质保量的生长。

第六章 食用菌贮藏保鲜与加工

新鲜食用菌组织含水量较高，在采收后仍然进行着旺盛的呼吸作用和新陈代谢，由于其子实体组织脆嫩、缺乏有效的保护组织，因此采后极易受到机械损伤和微生物侵染，从而会引起子实体变色、质地变软甚至腐烂变质，造成大量的经济损失。针对以上问题，近年来我国已对食用菌保鲜与加工技术进行了多方面的研究探索，并取得了较大的进展。

当前，随着食用菌产量的大幅提升，我国食用菌产业面临着很大的机遇和挑战，提高产业市场竞争力和外贸水平成为不可忽视的问题。因此，必须对食用菌保鲜与加工技术给予高度的重视，以保鲜与加工技术为依托，打造食用菌产业的高质量化和品牌化，实现保鲜与加工技术的产值最大化，通过食用菌与保鲜加工技术的有机结合，不断进行技术的创新研发，扩大国内和国际市场，将我国食用菌保鲜与加工企业发展壮大，推进食用菌产业呈现多元化、高质量、可持续性健康发展趋势。

第一节 食用菌的采收与分级

一、食用菌的采收

采收是食用菌生产的最后一个环节，既标志着食用菌种植、生产过程的结束，同时也标志着贮藏保鲜与加工过程的开始。食用菌的采收主要需要考虑采收时期、采收天气、采收容器、采前停水控温、采收方法等方面。

（一）采收时期

食用菌采收需根据用途确定适宜的采收时期，依照先熟先采的原则，一般在七八成熟时进行采收，此时其外形优美、面色鲜润、口感良好。若采收过早，食用菌子实体未充分发育，整体品质较差，严重影响其产量；若采收较晚，子实体老化变色，不利于贮藏保鲜，甚至还会对幼菇的生长产生一定的抑制作用。例如，香菇七八成熟时，其菌膜已经破裂，菌盖尚未完全展开，有少许内卷，形成"铜锣边"，菌褶已全部伸展，由白色转为黄褐色或深褐色，此时即可采收。适时采收的香菇，色泽鲜艳，香味浓郁，菌盖较厚，肉质软韧；而采收过晚时，菌伞已充分展开，肉薄、脚长、菌褶变色，重量减轻，商品价值也随之降低。

(二) 采收天气

晴天采收有利于食用菌的贮藏保鲜与加工，而阴雨天采收，其含水量增高，较难干燥。但其已经成熟时，即使雨天也要适时采收，并及时进行加工。

(三) 采收容器

采收后的食用菌用箩筐或篮子盛装，轻拿轻放，尽量保持其子实体完整性，避免相互挤压造成机械损伤。此外，采收后的食用菌需要按菇体大小、朵形好坏进行挑选与分级存放，以便后续贮藏保鲜与加工。

(四) 采前停水控湿

作为鲜活产品，食用菌采收 2~3 天前，需要停止或减少喷水，使菇体保持适宜的水分含量，对其外观品质、贮藏性、加工性均具有较大的影响。如果采前喷水，菇体含水量较高，鲜销过程中易发生霉烂，加工时菌褶也易褐变，如脱水烘干时菌褶会变黑。

(五) 采收方法

带柄菇类如香菇、草菇、姬菇、竹荪等，均按采大留小的原则。采菇时大拇指和食指捏紧菇柄基部，先左右旋转，然后轻轻向上拔起，注意不要伤及周围菇蕾，避免菇脚残留在菌筒上从而发生霉烂，影响后续出菇。如果成菇生长较密，基部较深，可用小的尖刀从菇脚基部挖起，防止损伤菌床或菌筒表面的菌膜。对胶质体的菌类如银耳、黑木耳，以及丛生状的平菇、凤尾菇、金针菇等，采收时利用刀从基部整朵割下，注意保持朵形完好。

二、食用菌的分级

分级是提高产品质量和实现商品化的重要手段，并便于产品的包装和运输。食用菌采后收后，其大小不一、色泽不均、感病或机械损伤程度不同，可依据销售市场及用途进行大小或品质的分级，而残次品则可以及时加工处理，减少浪费，在实际工作中，食用菌分级应首先查询最新的国家标准、行业标准或地方标准，如若出口、出境产品还要了解进口国（境）的标准。不同食用菌的分级标准不同，分级原则一般主要包括：

(1) 肉质伞菌：菌蕾大小、色泽，开伞程度，菌盖边缘是否齐整，菌盖卷边、菌盖厚度、花纹、直径，菌柄长度、颜色、香味、含水量、杂质、虫霉程度等。

(2) 耳类食用菌：菇耳颜色、结块结团状，蒂头大小，耳膜厚度、褶皱度，含水量、杂质、虫霉程度等。

(3) 块菌类：菌块大小、形状、颜色、切面颜色、泥沙杂物、香味等。

(4) 木栓质食用菌：菌盖形状，菌盖上花纹，菌盖大小、厚度、颜色，菌柄着生位置、颜色等。

（5）特殊食用菌：虫草、天麻、竹黄等，根据形态特征，先鉴别是否为真正品种，再进行评级。

（一）平菇

1. 平菇鲜品

平菇应符合下列基本条件：无异种菇；外观新鲜，发育良好，具有该品种应有特征；无异味、腐烂；无严重机械伤；无病虫害造成的损伤；无异常外来水分；清洁，无肉眼可见的其他杂质、异物。在符合基本要求的前提下，平菇分为特级、一级和二级，各等级应符合表6-1的规定。

表6-1 鲜平菇等级要求

项目	级别		
	特级	一级	二级
色泽	具有该品种自然颜色，且色泽均匀一致，菌盖光泽，无异色斑点	具有该品种自然颜色，且色泽较均匀一致，菌盖光泽，允许有轻微异色斑点	具有该品种自然颜色，且色泽基本均匀一致，菌盖较光泽，带有轻微异色斑点
形态	扇形或掌状形，菌盖边缘内卷，菌肉肥厚，菌柄基部切削平整，无渍水状、无黏滑感	扇形或掌状形，菌盖边缘稍平展，菌肉较肥厚，菌柄基部切削较平整，无渍水状、无黏滑感	扇形或掌状形，菌盖边缘平展，菌柄基部切削允许有不规整存在
残缺菇/%	≤8.0	≤10.0	≤12.0
畸形菇/%	无	≤2.0	≤5.0

等级允许度按质量计：特级允许有8%不符合该等级的要求，但应符合一级的要求；一级允许有10%不符合该等级的要求，但应符合二级的要求；二级允许有12%不符合该等级的要求，但应符合基本的要求。

规格划分以菌盖直径为指标，平菇划分为小（S）、中（M）、大（L）三种规格，规格划分应符合表6-2的规定。

表6-2 鲜平菇规格　　　　　　　　　　　　单位：cm

类别	大（L）	中（M）	小（S）
糙皮侧耳	>8.0	6.0~8.0	<6.0
白黄侧耳	>4.0	2.8~4.0	<2.8
肺形侧耳	>50	4.0~5.0	<4.0

规格容许度按质量计：特级允许有5%的产品不符合该规格要求；一级和二级分别允许有10%的产品不符合该规格要求。

2. 平菇干品

根据《平菇》（GB/T 23189—2008）规定，平菇分为一级、二级和三级，各等级应符合表6-3的规定。

表6-3　平菇干品等级要求

项目	级别		
	一级	二级	三级
形态	菇体完整，无碎片	菇体较完整，允许碎片率5%~10%	菇体较完整，允许碎片率大于10%
色泽	具有平菇应用的色泽		
气味	具有平菇特有气味，无异味		
虫蛀菇/%	不允许		≤1.0
霉烂菇	不允许		
杂质/%	不允许		≤5.0

（二）香菇

根据《香菇》（GB/T 38581—2020）规定，香菇应符合下列基本条件：无毛发、金属、玻璃、砂石、动物排泄物；无霉烂菇；具有香菇应有的气味，无异味。

1. 香菇鲜品

香菇应新鲜，按形态分三个等级，每个等级分五个规格；其他应符合表6-4的规定。不能归入一级、二级、三级但未失去食用价值的列为等外级。标注为花菇的，菌盖表面应有天然龟裂纹，龟裂纹呈白色、乳白色、茶色。

表6-4　鲜香菇等级要求

项目	级别		
	一级	二级	三级
形态	形态自然；菌盖呈扁半球形圆整，内菌幕完好，菌肉组织韧性好	形态自然；菌盖呈扁半球形或近伞形规整，内菌幕稍有破裂	菌盖呈扁半球形或近平展
色泽	菌盖淡褐色至褐色；菌褶、菌柄乳白色至淡黄色或略带褐色斑点		
规格 φ_{max}/cm	$\varphi_{max}<2.0$，$2.0\leq\varphi_{max}<4.0$，$4.0\leq\varphi_{max}<6.0$，$6.0\leq\varphi_{max}<8.0$，$\varphi_{max}\geq8.0$		
杂质/%	≤1.0		

香菇鲜品等级允许误差范围：各等级中形态未达到该等级要求的产品超过取样的 5%，则一级降为二级，二级降为三级，三级降为等外级。

2. 香菇整菇干品

香菇整菇干品按形态和菌柄长度分三个等级，每个等级分五个规格；其他应符合表 6-5 的规定。不能归入一级、二级、三级但未失去食用价值的列为等外级。标注为花菇的，菌盖表面应有天然龟裂纹，龟裂纹呈白色、乳白色、茶色。

表 6-5　香菇整菇干品等级要求

项目	级别		
	一级	二级	三级
形态	形态圆整；菌盖呈扁半球形，菌盖边缘内卷，且贴近菌柄	形态自然；菌盖呈扁半球形或近伞形规整	菌盖呈扁半球形、伞形或铜锣状
色泽	菌盖淡褐色至褐色；菌褶、菌柄米白色至淡黄色		
规格 φ_{max}/cm	$\varphi_{max}<2.0$，$2.0\leq\varphi_{max}<3.0$，$3.0\leq\varphi_{max}<5.0$，$5.0\leq\varphi_{max}<7.0$，$\varphi_{max}\geq7.0$		
菌柄长度	与菌盖卷边持平	≤菌盖直径	
杂质/%	≤0.5		

香菇整菇干品等级允许误差范围：各等级中形态、菌柄长度未达到该等级要求的产品超过取样的 5%，则一级降为二级，二级降为三级，三级降为等外级。

（三）杏鲍菇

根据《杏鲍菇等级规格》（NY/T 3418—2019）规定，杏鲍菇应符合下列基本条件：具有杏鲍菇特有的外观、性状、色泽、无异种菇；外观新鲜，发育良好，具有该品种应有特征；无异味、腐烂；无坏死组织，菇盖、菇柄中部无严重机械伤；无病虫害造成的损伤；清洁、无肉眼可见的其他杂质、异物。在符合基本要求的前提下，杏鲍菇分为特级、一级和二级，各等级应符合表 6-6 的规定。

表 6-6　鲜杏鲍菇等级要求

项目	级别		
	特级	一级	二级
色泽	菌柄白色、近白色；菌盖浅灰或浅褐色、表面有丝状光泽；菌肉白色；菌褶肉白色至浅褐色		
光滑度	菌盖、菌柄光滑	菌盖、菌柄较光滑	菌盖、菌柄较光滑

续表

项目	级别		
	特级	一级	二级
形状	菇形完整、周正、无残缺，菌柄无明显弯曲	菇形较完整、较周正，允许有轻度残缺或弯曲	菇形基本完整，允许有残缺或弯曲
气味	杏鲍菇特有的轻微杏仁味、无异味		
异物	霉烂菇、虫体、毛发、金属物、砂石等肉眼可见异物不允许混入		
残缺菇（质量比）/%	≤0.5	≤1.0	≤2.0
畸形菇（质量比）/%	0	≤1.0	≤2.0
附着物（质量比）/%	≤0.3	≤0.5	≤1.0

等级允许度按质量计：特级允许有5%不符合该等级的要求，但应符合一级的要求；一级允许有8%不符合该等级的要求，但应符合二级的要求；二级允许有12%不符合该等级的要求，但符合基本要求。

规格划分以菌柄直径、菌柄长度为指标，杏鲍菇划分为小（S）、中（M）、大（L）三种规格，规格划分应符合表6-7的要求。

表6-7 鲜杏鲍菇规格 单位：cm

项目	要求		
	大（L）	中（M）	小（S）
菌柄直径	>5.0	4.0~5.0	<4.0
菌柄长度	>17.0	14.0~17.0	<14.0
整齐度要求	同批包装，菌柄直径差异±1.0，菌柄长度差异±1.0	同批包装，菌柄直径差异±0.5，菌柄长度差异±1.0	同批包装，菌柄直径差异±0.5，菌柄长度差异±0.5

注 大（L）、中（M）规格的划分满足菌柄直径或菌柄长度2个条件之一，即为满足相应规格要求，小（S）规格的划分需要同时满足菌柄直径或菌柄长度。

规格的容许度按质量计：大（L）允许有5%的产品不符合该规格要求；中（M）允许有8%的产品不符合该规格要求；小（S）允许有12%的产品不符合该规格要求。

（四）双孢蘑菇

根据《双孢蘑菇等级规格》（NY/T 1790—2009）规定，同一包装的新鲜双孢蘑菇应符合下列要求：无异种菇；无异常外来水分；无异常气味或滋味；无霉变、腐烂，无病虫损伤；采收时应切去菇脚，菇柄切割平整，不带泥土；无虫体、毛发、动物排泄物、金属等异物。在符合基本要求的前提下，新鲜双孢蘑菇分为特级、一级和二级，各等级应符合表6-8的规定。

表6-8　鲜双孢蘑菇等级要求

项目	级别		
	特级	一级	二级
色泽	白色，无机械损伤或其他原因导致的色斑	白色，有轻微机械损伤或其他原因导致的色斑	白色或乳白色，有机械损伤或其他原因导致的色斑
形状	圆形或近圆形，形态圆整，表面光滑，菇盖无凹陷；菇柄长度不大于10mm；无畸形菇、变色菇和开伞菇；无机械损伤及其他伤害	圆形或近圆形，形态圆整，表面光滑，菇盖无凹陷；菇柄长度不大于15mm；变色菇、开伞菇和畸形菇的总量小于5%；轻度损伤及其他伤害	圆形或近圆形，形态圆整，表面光滑；菇柄长度不大于15mm；变色菇、开伞菇和畸形菇的总量小于10%；菇体有损伤，但仍具有商品价值

等级允许误差范围按质量计：特级允许有5%的产品不符合该等级的要求，但应符合一级的要求；一级允许有8%的产品不符合该等级的要求，但应符合二级的要求；二级允许有10%的产品不符合该等级的要求，但应符合基本要求。

新鲜双孢蘑菇菌盖以直径来划分双孢蘑菇的规格，分为小（S）、中（M）、大（L）三种规格，规格划分应符合表6-9的要求。

表6-9　鲜白色双孢蘑菇规格　　　　　单位：cm

项目	要求		
	小（S）	中（M）	大（L）
菌盖直径	<2.5	2.5~4.5	>4.5
同一包装中最大直径和最小直径的差异	≤0.7	≤0.8	≤0.8

规格允许误差范围按质量计：特级允许有5%的产品不符合该规格的要求；一级和二级允许有10%的不符含该规格的要求。

（五）草菇

根据《草菇》（NY/T 833—2004）规定，鲜草菇和草菇干品均分为特级、一级和二级，各等级应符合相应要求。

253

1. 鲜草菇

鲜草菇的感官要求和理化要求应符合表 6-10 的规定。

表 6-10　鲜草菇感官和理化要求

项目	级别		
	特级	一级	二级
形状	菇形完整、饱满，荔枝形或卵圆形	菇形完整，长圆形	
菌膜	未破裂		
松紧度	实	较实	松
直径/cm	≥2.0，均匀	≥2.0，较均匀	≥2.0，不很均匀
长度/cm	≥3.0，均匀	≥3.0，较均匀	≥3.0，不很均匀
颜色	灰黑色或灰褐色，灰白或黄白色（草菇的白色变种）		
气味	草菇特有的香味，无异味		
虫蛀菇/%	0		≤1.0
一般杂质/%	0		≤0.5
有害杂质	无		
霉烂菇	无		
水分/%	≤91.0		
粗蛋白/%	≥2.0		
粗纤维/%	≤1.5		
灰分/%	≤1.2		

2. 草菇干品

草菇干品的感官要求和理化要求应符合表 6-11 的规定。

表 6-11　草菇干品感官和理化要求

项目	级别		
	特级	一级	二级
形状	菇片完整，菇身肥厚		菇片较完整
菌膜	未破裂		
松紧度	实	较实	松
直径/cm	≥2.0，均匀	≥2.0，较均匀	≥2.0，不很均匀

续表

项目	级别		
	特级	一级	二级
长度/cm	≥3.0，均匀	≥3.0，较均匀	≥3.0，不很均匀
颜色	白至淡黄色	深黄色	色暗
气味	草菇特有的香味，无异味		
虫蛀菇/%	0		≤1.0
一般杂质/%	0		≤0.5
有害杂质	无		
霉烂菇	无		
水分/%	≤10.0		
粗蛋白/%	≥18.0		
粗纤维/%	≤13.0		
灰分/%	≤10.0		

（六）黑木耳

根据中华人民共和国国家标准 GB/T 6192—2019 规定，鲜黑木耳分为一级、二级和三级，各等级应符合表 6-12 的规定。

表 6-12　鲜黑木耳等级要求

项目	级别		
	一级	二级	三级
形态	耳片完整均匀，耳瓣舒展或自然卷曲	耳片较完整均匀，耳瓣自然卷曲	耳片较完整均匀
色泽	耳正面纯黑褐色，有光泽，耳背面略呈灰白色，正背面分明	耳正面黑褐色，耳背面灰色	耳片灰色或浅棕色至褐色
气味	具有黑木耳应有气味，无异味		
最大直径 φ_{max}/cm	$0.8 \leqslant \varphi_{max} \leqslant 2.5$	$0.8 \leqslant \varphi_{max} \leqslant 3.5$	$0.8 \leqslant \varphi_{max} \leqslant 4.5$
耳片厚度/mm	≥1.0	≥0.7	—
虫蛀耳	不允许		
霉烂耳	不允许		

续表

项目	级别		
	一级	二级	三级
杂质/%	≤0.3	≤0.5	≤1.0
	不应出现毛发、金属碎屑、玻璃		
干湿比	1∶9以上		
水分/%	≤12.0		
灰分（以干质量计）/%	≤6.0		
总糖（以转化糖计）/%	≥22.0		
粗蛋白质/%	≥7.0		
粗脂肪/%	≥0.4		
粗纤维/%	3.0~6.0		

等级的允许误差范围：一级允许有2%的产品不符合该等级的要求，但应符合二级的要求；二级允许有2%不符合该等级的要求，但应符合三级的要求；三级允许有2%不符合该等级的要求。

（七）银耳

按市场销售方式和加工工艺不同分为：片状银耳、朵状银耳、干整银耳三大类。根据《银耳》（NY/T 834—2004）规定，每类分为特级、一级和二级，各等级应符合相关的规定。

1. 片状银耳和朵状银耳的感官要求

片状银耳和朵状银耳的感官要求应符合表6-13规定。

表6-13　片状银耳和朵银耳的感官要求

项目	要求					
	片状银耳			朵状银耳		
级别	特级	一级	二级	特级	一级	二级
形状	单片或连片疏松状，带少许耳基			呈自然近圆朵形，耳片疏松，带少许耳基		
色泽	耳片半透明有光泽			耳片半透明有光泽		
	白	较白	黄	白	较白	黄
气味	无异味或有微酸味			无异味或有微酸味		
碎耳片/%	≤0.5	≤1.0	≤2.0	≤0.5	≤1.0	≤2.0
拳耳/%	0		≤0.5	0		≤0.5

续表

项目	要求			
	片状银耳		朵状银耳	
一般杂质/%	0	≤0.5	0	≤0.5
虫蛀耳	0	≤0.5	0	≤0.5
霉烂耳	0		0	
有害杂质	0		0	

注　碎耳片指直径≤0.5mm 的银耳碎片（下同）。

2. 干整银耳的感官要求

干整银耳的感官要求应符合表 6-14 规定。

表 6-14　干整银耳的感官要求

项目	级别		
	特级	一级	二级
形状	呈自然近圆朵形，耳片较密实，带有耳基		
色泽	耳片半透明，耳基呈橙黄色、橙色或亚白色		
	乳白色	淡黄色	黄色
气味	无异味或有微酸味		
碎耳片/%	≤1.0	≤2.0	≤4.0
一般杂质/%	0	≤0.5	≤1.0
虫蛀耳	0		≤0.5
霉变耳	无		
有害杂质	无		

3. 理化要求

银耳的理化要求应符合表 6-15 规定。

表 6-15　银耳的理化要求

项目		级别		
		特级	一级	二级
片状银耳	干湿比	≤1∶8.5	≤1∶8.0	≤1∶7.0
	朵片大小，长×宽/cm	≥3.5×1.5	≥3.0×1.2	≥2.0×1.0
朵状银耳	干湿比	≤1∶8.0	≤1∶7.5	≤1∶6.5
	直径/cm	≥6.0	≥4.5	≥3.0

续表

项目		级别		
		特级	一级	二级
干整银耳	干湿比	≤1:7.5	≤1:7.0	≤1:6.0
	直径/cm	≥5.0	≥4.0	≥2.5
水分/%		≤15		
粗蛋白/%		≥6.0		
粗脂肪/%		≤5.0		
灰分/%		≤8.0		

三、食用菌卫生指标

食用菌卫生指标应符合《食品安全国家标准　食品中农药最大残留限量》（GB 2763—2021）和《食品安全国家标准　食品中污染物限量》（GB 2762—2017）规定（表6-16）。

表 6-16　食用菌及制品卫生指标

项目	限量/（mg/kg）		
砷（以 As 计）	≤0.5		
铅（以 Pb 计）	≤1.0		
汞（以 Hg 计）	≤0.1		
镉（以 Cd 计）	鲜食食用菌（香菇和姬松茸除外）	香菇	食用菌制品（姬松茸制品除外）
	0.2	0.5	0.5
亚硫酸盐（以 SO$_2$ 计）	≤50		
多菌灵	≤0.5		
敌敌畏	≤0.5		

第二节　食用菌保鲜技术

一、食用菌采后品质劣变的表现

大多数食用菌在采收后，仍然是活着的有机体，进行着各种生命活动，从而导致其品质下降，常见的衰败现象包括褐变、失水、质地变化、营养成分损失等。

（一）褐变

组织褐变是一种食用菌采后常见的品质劣变的现象，对食用菌尤其是浅色食用菌（如白平菇、猴头菇等）的商品价值具有较大影响。食用菌组织褐变的主要原因是细胞膜的破裂导致多酚底物与多酚过氧化物酶相接触，生成褐色或红色的醌类物质，从而使其表面颜色加深。一般来说，在生长发育过程中食用菌合成的酚类物质会随着贮藏时间的延长而下降，但在采收或采后处理过程中，如果造成机械损伤则会诱发酚类化合物含量的上升，导致褐变的发生。研究还发现，酪氨酸酶在催化子实体褐变中发挥着主要作用，通过降低酪氨酸酶的含量能有效地抑制采后食用菌的褐变现象，同时食用菌自身也会产生一系列化合物抑制酪氨酸酶的活性，达到减缓自身褐变进程的目的。此外，微生物的侵染也会导致食用菌的组织褐变，主要原因也涉及酪氨酸酶的变化。

（二）失水

新鲜食用菌含水量较高，通常在80%～95%，是衡量食用菌新鲜程度的重要指标之一。食用菌表面组织细嫩，并缺乏角质层的保护，采后极易失水萎蔫，导致其细胞膨压下降、呼吸速率加快、酶活性增强，进而加速了其品质的快速劣变，这也是食用菌采后品质劣变的主要表观现象之一。食用菌失水后，会引起菌体的收缩、菌帽卷曲或折断、细胞木质化、质地变硬、色泽风味变差等。

（三）质地变化

食用菌组织质地的变化包括硬度的下降和韧性的增加。采收后，食用菌的硬度因细胞内酶的分解作用和蒸腾作用而迅速下降，微生物更易侵染而发生腐烂变质。韧性的增加主要是由于参与木质素生物合成的一系列酶作用增强，进而导致食用菌组织内木质素的大量积累，主要表现为质地呈海绵状，不易咀嚼。

（四）营养成分的变化

食用菌采收后，各种生命活动仍在进行，由于缺少外界能量的补充，代谢活动只能靠消耗其自身的糖类、蛋白质、氨基酸和脂类等营养物质产生能量，以供自身所需。随着贮藏时间的延长，各种营养物质含量不断下降，使食用菌逐渐失去营养价值。研究者曾对双孢蘑菇采后贮藏期间化学成分变化进行了研究，发现双孢蘑菇子实体中甘露醇及多糖含量随着贮藏时间的增加而减少，为菇体采收后菌褶发育主要的呼吸作用的基质，其中固体所含的海藻糖与甘露醇能够提供双孢蘑菇采后呼吸作用二氧化碳产量的50%。食用菌采后由于缺乏外来氮源，子实体内的蛋白质在蛋白酶或肽酶的作用下分解成氨基酸，以酰胺的形式进行氮的转移。因此，食用菌中氨基酸的含量在一定程度上可以反映食用菌采后衰老的程度。有些游离氨基酸能够被氧化成醌类物质，导致食用菌的褐变。食用菌体内含有大量的不饱和脂肪酸，储存于食用菌的细胞膜上和细胞膜内，与食用菌的抗逆性有关。此外，在食用菌的贮藏期间，伴随着食用菌的衰老，其清除有害自由基的能力下降，导致自由基的积累，使膜脂质过氧化作用加强，细胞膜的透性增加，膜结构被破坏，细胞内容物渗漏，加速了食用菌的衰老变质，逐渐失去商品价值。

二、影响食用菌采后品质的因素

食用菌采后品质，除了受到自身的代谢特性等内部因素所影响外，还受到外界因素如温度、湿度、气体浓度、机械损伤等影响，而外界因素的影响仍是通过改变内部因素而发挥作用。

（一）内在因素

1. 呼吸作用

细胞呼吸是生物界最基本的异化作用，通过氧化分解有机物为生物体提供通用能源物质——ATP。食用菌采后仍进行着强烈的呼吸作用，氧化作用所产生的有害自由基，加速了食用菌后熟和衰老。呼吸作用也会导致食用菌体内干物质的消耗，从而降低了其营养价值和商品价值，是影响食用菌贮藏保鲜工作的关键因素之一。食用菌自身呼吸强度越高，其子实体从外界吸收氧气越多，菇体持续降解自身贮存的养分速度越快，过程中又会放出大量的热量和二氧化碳，造成菇体失重、菇柄生长、开伞、菇体皱缩萎缩、柄帽分离、子实体组织褐变甚至腐烂等现象，严重影响其商品价值，且变质程度与采后放置时间呈正相关。食用菌自身呼吸作用强烈与否，与贮藏环境温度、环境湿度、贮藏包装内的气体成分、组织所受机械损伤等密切关联。

2. 蒸腾作用

蒸腾作用是指水分以气体状态，通过植物体的表面，从体内散发到体外的现象。新鲜食用菌组织一般含水量较高，细胞汁液充足，细胞膨压大，使其组织器官呈现坚挺、饱满的状态，具有光泽和弹性，表现出新鲜健壮的优良品质。采收后的食用菌，其蒸腾作用仍在持续进行，组织失水得不到补充，水分散失快速。如果贮藏环境不适宜，食用菌就会成为一个蒸发体，不断地蒸腾失水，细胞膨压降低，菇体萎蔫、疲软、皱缩、光泽消退，进而使其鲜度及风味发生劣变，并产生一系列的不良反应。

3. 乙烯释放

乙烯是一种植物内源激素，能够促进食用菌的成长和衰老。食用菌贮藏期间，子实体会释放乙烯，释放量会随着其成熟而逐渐增加，从而加速菇体的衰老腐败和品质的下降，不利于贮藏保鲜。采用合适的方法调节或改善贮藏条件，延缓乙烯产生的速率或抑制乙烯的作用，如采用减压法可加速菇体细胞中乙烯的释放，有效地控制乙烯组织内的积累，使之保持在生理活性水平之下，达到保鲜目的。生产上还常应用乙烯吸收剂，如高锰酸钾等，对食用菌的保鲜起到显著的效果。

(二) 外界因素

1. 贮藏温度

温度是影响食用菌采后品质的重要因素之一。在一定的贮藏温度范围内，食用菌的呼吸作用和蒸腾作用随着温度的提高而增强，其消耗营养成分的速率加快，菇体更易失水失重，发生腐烂变质。适宜低温可以降低呼吸速率及理化反应速度，延长保鲜期，但温度过低可能会导致其发生冷害或冻害，且贮藏温度的稳定性对保鲜有着同样重要的作用。研究发现，贮藏期间温度波动将导致食用菌开伞率和褐变度增加，对食用菌的品质造成严重影响。此外，食用菌中各种酶的活性也受到温度的影响，如 PPO、POD、蛋白酶等，伴随着自身生理特性的变化可直接引起菇体的褐变与商品价值下降。

2. 贮藏湿度

食用菌所含水分在 85%~90%，将其置于相对湿度较高的环境中可减弱其蒸腾作用，避免菇体的失水速率过快，减少其水分大量流失，保持机体新鲜壮实的外观，维持其较强的抗逆境能力。食用菌要求较高的贮藏环境相对湿度，一般以80%~95%为宜。不同种类的食用菌采后对贮藏环境中的相对湿度要求也不一致，如双孢蘑菇适宜的贮藏环境相对湿度在 90%~95%，低于 90% 易造成菇体褐变和开伞；香菇贮藏环境相对湿度在 80%~90%，低于 80% 时会造成其菇体发生皱缩、失色或变形。

3. 气体成分

食用菌是好气性真菌，通过呼吸作用吸收 O_2，排放 CO_2 和 H_2O，因此环境中 O_2 和 CO_2 含量会直接影响其品质。当食用菌处于高 CO_2、低 O_2 的贮藏环境中，一些腐败和致病细菌和真菌孢子的萌发生长受到抑制，成熟衰老的合成反应及部分酶的活性降低，乙烯等挥发性物质的产生减少，从而延缓了其品质的劣变，贮藏保鲜期得以延长；但如若 CO_2 浓度过高或 O_2 浓度过低也会造成一定程度的损害。因此，采后食用菌贮藏过程中，需合理控制好环境气体成分。

4. 微生物

食用菌生长过程中，堆肥、高温、高湿的环境为微生物提供了良好的生长条件，且其组织娇嫩、无保护组织、水分含量高、中性 pH、呼吸代谢旺盛，增加了被微生物侵染的概率。食用菌在生长、生产过程中，由于受外界不良的环境条件、有害生物的侵染侵蚀的影响，会引发自身外形变化、内部构造以及生理机能等障碍，如菌丝体或子实体的生长发育变缓、畸形、枯萎甚至死亡等异常现象，从而引起食用菌产量和品质的降低，统称为食用菌病害。食用菌细菌性病害是由细菌侵染食用菌子实体所致，常见的病原细菌有黄单孢杆菌属、欧氏杆菌属、芽孢杆菌属、假单胞杆菌属等，引发细菌性褐斑病、细菌性菌褶滴水病、细菌凹点病等病害发生。造成食用菌采后真菌性病害主要有木霉菌、毛霉菌、根霉菌、曲霉菌、青霉菌、链格孢霉菌、轮枝霉菌、疣孢霉菌等。

5. 机械损伤

食用菌在采收、分级、包装、贮藏、运输、加工和销售等过程中，因受到挤压、跌落、振动、碰撞、摩擦等作用，都会对其造成机械损伤。机械损伤会导致食用菌受损部位细胞的破裂，造成细胞液外流，使底物与酶充分接触，促进酶促反应的发生。同时，受损部位表皮破裂，氧气进入量增加，从而促使呼吸作用和乙烯产生的明显增强，提高了微生物侵染的风险。

三、食用菌保鲜方法

食用菌在贮藏过程中仍然是有生命的个体，且正是依靠这种活体对不良环境的抵抗性，才能保持其品质，延长贮藏期，这被称为食用菌的"抗病性"和"耐贮性"。抗病性是指食用菌抵抗致病微生物侵害的特性；而耐贮性是指食用菌在一定贮藏时间内保持品质而不发生质量明显下降的特性。贮藏环境的温度、湿度、气体成分等均是影响食用菌采后品质变化和贮藏保鲜效果的重要因素。食用菌保鲜，即采用物理、化学或生物方法，使其呼吸代谢处于最低状态，防止有害微生物侵染，保持食用菌食用、药用和商品价值，延长保鲜期。虽然各种保鲜方法的操作技术有所不同，但是它们的保鲜原理归纳起来主要包括以下三个方面：

（1）降低新陈代谢强度，包括呼吸作用、乙烯的产生等，抑制衰老和褐变，减少营养物质的损失。

（2）抑制蒸腾作用，减少水分损失，降低失重率。

（3）抑制腐败菌和致病微生物的繁殖，抑制腐烂变质。

（一）冷藏保鲜

冷藏保鲜是通过采用降低贮藏环境温度来抑制食用菌的新陈代谢速率和微生物体生命活动，在一定时间内可较好地保持食用菌品质的保鲜技术，其可对食用菌的色、形、风味及营养成分进行较长时间的有效锁定，成本较低，操作方法简单，保鲜效果较好，适用于采摘后短期贮藏。

1. 机械冷库的构建

食用菌大批量的冷藏保鲜可通过机械冷藏库实现。机械冷藏库由库体与附属结构构成。冷藏库库体有砖、石或混凝土建成的固定式，也有保温夹层板装配而成的组装式。一般需将冷库设计为几个隔间，大规模的冷库分为多层多间，较小规模的分为单层多间。冷藏库库体的墙体、天花板、库门等需要选用导热系数小的隔热材料构建，以尽量减少库内与外界的热交换，多采用聚苯乙烯泡沫塑料板贴装或聚氨酯现场发泡喷布。冷藏库使用过程中，库内外温差较大，水蒸气的分压差也大，水汽总是由热壁面向冷壁面渗透扩散。因此，必须在隔热材料的两侧做好防潮处理，一般会通过铺设沥青、防水涂料、塑料薄膜等或使用金属板兼作防潮层来实现。冷藏库的制冷系统主要包括压缩机、冷凝器、膨胀阀和蒸发器等。压缩机、冷凝器等安装在库外，蒸发器安装在库内，将冷量交换给库内空气，使其温度下降。制冷系统的循环回路充有制冷剂，常用的制冷剂有氨、氟利昂等。

2. 机械冷库的管理

机械冷库用于保鲜新鲜食用菌的效果受诸多因素的影响，在管理上特别要注意以下方面：

（1）温度。温度是决定食用菌冷藏保鲜成败的关键。不同食用菌适宜的冷藏温度有所差别，即使同一种类不同品种也存在差异，甚至成熟度也会产生影响。选择和设定的温度太高，保鲜效果不理想，太低则易引起冷害，甚至冻害。冷藏保鲜温度一般设定在不发生冷害的情况下尽量降低温度。通常食用菌冷藏温度为 0~5℃。为了达到理想的保鲜效果和避免田间热的不利影响，贮藏初期降温速度越快越好。

在选择和设定冷藏温度时，还需要考虑到贮藏环境中水分过饱和会导致的结露现象，增加了湿度管理的困难，液态水的出现有利于微生物的活动和繁殖，致使病害的发生。因此，食用菌贮藏过程中，温度波动应尽可能小，最好控制在 0.5℃ 以内，尤其是相对湿度较高时。此外，库房各部分的温度要尽量保持均匀一致，对于长期冷藏的新鲜食用菌来说尤为重要。当冷库的温度与外界气温有较大温差时（通常超过 5℃），冷藏保鲜的食用菌在出库前需经过升温过程，以防止"出汗"现象的发生。升温最好在专用升温间或在冷库房穿堂中进行，升温的速度不宜太快，维持气温比品温高 3~4℃ 即可。出库前需催熟的产品可结合催熟进行升温处理。

综上所述，冷库温度管理的要点是适宜、稳定、均匀及合理的贮藏初期降温和商品出库时升温。

（2）相对湿度。对于绝大多数新鲜食用菌来说，贮藏环境的相对湿度应控制在 80%~95%。与温度控制相似，相对湿度也要保持稳定，而维持温度的恒定是关键。冷库库房建造时，增设能提高或降低库房内相对湿度的调节装置，是维持湿度符合规定要求的有效手段。当贮藏环境相对湿度低时，需对库房增湿，如撒水、空气喷雾等，对产品进行适当的包装，创造高湿的小环境，如用塑料薄膜套袋或以塑料袋作内衬等是常用的手段。当贮藏环境相对湿度过高时，可用生石灰、草木灰等吸潮，也可以通过加强通风换气来达到降湿目的。

（3）通风换气。通风换气是机械冷藏库管理中的一个重要环节。新鲜食用菌由于是有生命的活体，贮藏过程中仍在进行各种生命活动，需要消耗 O_2，产生 CO_2

等气体，其中有些对于其保鲜是有害的，如正常生命过程中形成的乙烯、无氧呼吸的产生乙醇等，因此需将这些气体从贮藏环境中除去，其中简单易行方法就是通风换气。通风换气的频率视品种和入贮时间的延长而有所差异，对于新陈代谢旺盛的对象，其通风换气的次数需要多一些。通风换气时间的选择要考虑外界环境的温度，理想的是在外界温度和贮温一致时进行，防止库房内外温度不同带入热量或过冷对产品带来不利影响，一般在晚上到凌晨这一段时间进行。

（4）库房及用具的清洁卫生和防虫防鼠。贮藏环境中的病、虫、鼠害是引起食用菌损失的主要原因之一。贮藏前库房及用具均应进行认真彻底地清洁消毒，做好防虫、防鼠工作。用具和库房消毒处理常用硫磺、甲醛溶液、过氧乙酸熏蒸，或0.3%~0.4%有效氯漂白粉、0.5%高锰酸钾溶液喷洒，以上处理对虫害也有良好的抑制作用，对鼠类也有驱避作用。

（5）产品的入贮及堆放。新鲜食用菌入库贮藏时，如已经预冷可一次性入库后建立适宜的贮藏条件进行贮藏，若未经预冷处理则应分次、分批进行。除第一批外，以后每次的入贮量不应太多，以免引起库温剧烈波动和影响降温速度。在第一次入贮前可对库房预先制冷并贮藏一定的冷量，以利于产品入库后使品温迅速降低。入贮量第一次以不超过该库总量的1/5为宜，以后每次以1/10~1/8为好。堆放的要求是"三离一隙"。"三离"指的是离墙、离地、离天花板，一般产品堆放距墙20~30cm；离地是指产品不能直接堆放在地面上，用垫仓板架空，使空气能在垛下形成循环，保持库房各部位温度均匀一致；应控制堆的高度不要离天花板太近，一般离天花板0.5~0.8m，或者低于冷风管道送风口30~40cm。"一隙"是指垛与垛之间及垛内要留有一定的空隙，以保证冷空气进入垛间和垛内，排除热量。留空隙的多少与垛的大小、堆码的方式有密切相关。"三离一隙"的目的是使库房内的空气循环畅通，避免死角的发生，及时排除田间热和呼吸热，保证各部分温度的稳定均匀。产品堆放时，要防止倒塌情况的发生（底部容器不能承受上部重力），可搭架或堆码到一定高度时（如1.5m）用垫仓板衬一层再堆放的方式解决。堆放时，要做到分等、分级、分批次存放，尽可能避免混贮情况的发生。不同种类的食用菌其贮藏条件是有差异的，即使同一种类，等级、成熟度、栽培技术措施不一样等均可能对贮藏条件选择和管理产生影响。混贮对于食用菌是不利的，尤其对于需长期贮藏，或相互间有明显影响的如对乙烯敏感性强的产品等影响更大。

（6）冷库检查。新鲜食用菌在贮藏过程中，不仅要注意对贮藏条件（温度、相对湿度）的检查、核对和控制，并根据实际需要记录、绘图和调整贮藏条件，还要组织对贮藏库房中的产品进行定期的检查，了解食用菌的品质状况和变化情况。

（二）速冻保鲜

速冻保鲜是一种通过快速降温使食用菌水分迅速结晶，导致菌体温度急剧下降，并在低温条件下冻藏，从而达到延长保鲜期的目的。由于速冻能最大限度地保持天然食品原有的新鲜程度、色泽和营养成分，被公认是最佳的保鲜方法。速冻法运用适宜的冻结技术，在尽可能短的时间内将食用菌温度降低到其冰点以下的低温，使其所含的大部分水分随着食用菌内部热量散失而形成微小的冰晶体，最大限度地减少生命活动和生化所需要的液体水分，最大限度地保留食用菌原有的天然品质，为低温冻藏提供一个良好的基础。

1. 速冻库的构建

速冻库主要由库体、速冻机、控制系统等构成。速冻库的库体构建与冷藏库基本一致，常用的速冻机主要包括箱式速冻机、隧道式连续速冻器、流化床式速冻机等。

（1）箱式速冻机。箱式速冻机在绝热材料包裹的箱体内装有可移动、带夹层的数块平板，故又称平板式速冻器。平板夹层中装有蒸发盘管，管间可以灌入氨液，也可以灌入盐水，制冷剂穿流于蒸发盘管内。被速冻的产品放在平板间，并移动平板，将物料压紧，进行冻结，平板间距可根据产品的厚度进行调节。其特点是结构简单紧凑、作业费用低，但生产能力小、装卸费工。

（2）隧道式连续速冻器。隧道式连续速冻器是一种空气强制循环的速冻器，主要由隧道体、蒸发器、风机、料架或不锈钢传动网带等组成。通常将未包装的产品散放在传动网带或浅盘内，通过冷冻隧道，冷空气由鼓风机吹过冷凝管系统进行降温，然后吹送到通道中穿流于产品之间，冷风温度为-35~-30℃，风速3~5m/s，其优点是可冻结产品范围广，冻结效率较高，冲霜迅速。冲洗方便。缺点是产品失水快。

（3）流化床式速冻机。流化床式速冻机主要由多孔板或多孔带、风机、制冷蒸发器等组成。工作过程是将前处理后的原料从多孔板的一端送入，铺放厚度为2~12cm，可根据产品性状而异。空气通过蒸发器风机，由多孔板底部向上吹送，使产品呈沸腾状态流动，并使低温冷风与需冻结产品全面直接接触，加速了冷冻速度。冷风温度一般为-35~-30℃，冷风流速6~8m/s，冻结时间为10~15min。其优点是传热效率高，冻结快，失水少。

优质速冻食品应具备以下五个要素：冻结要在-18~-30℃的温度下进行，并在20min内完成冻结；速冻后的食品中心温度要达到-18℃以下；速冻食品内水分形成无数针状小冰晶，其直径应小于100μm；冰晶体分布与原料中液态水分的分布相近，不损伤细胞组织；当食品解冻时，冰晶体融化的水分能迅速被细胞吸收而不产生汁液流失。

2. 双孢蘑菇速冻保鲜实例

原料挑选→护色、装运→漂洗、脱硫→分级→漂烫→冷却→精选、整修→排盘→

冻结→挂冰衣→包装→冻藏

（1）原料挑选。目前速冻双孢蘑菇主要是出口外销，必须依据出口标准严格挑选。菇体必须新鲜、洁白、完整、无病虫害、无杂质、无异味；菌盖直径在 2～5cm，圆形或近圆形，无明显畸形；菌盖表面光滑无鳞片、无斑点、无机械损伤、无开伞，但允许菌幕与菌柄即将脱离而未裂开，菌褶颜色浅粉红色；菌柄切削平整，长度约 1cm，切面无空心、不起毛、无变红等现象。

（2）护色、装运。采收后尽可能在 2～4h 内进行加工。如产地离加工厂较远，采收后应立即进行亚硫酸盐护色处理，并及时装运回厂加工。

（3）漂洗、脱硫。经亚硫酸盐护色处理的双孢蘑菇，进厂后应立即放入流动清水中漂洗，使其 SO_2 含量降至小于 0.002%。

（4）分级。一般按双孢蘑菇菌盖直径大小分为大、中、小三个级别。大级菇 36～45mm，中级菇 26～35mm，小级菇 15～25mm。由于鲜菇漂烫后会收缩，所以原料菇应比上述规格略大。

（5）漂烫、冷却。漂烫用可采用倾式夹层锅或连续式漂烫机，也可以用白瓷砖砌成的漂烫槽（池）通入蒸汽管处理。通常 150kg 水中每次投料 15kg 为宜。漂烫液可添加 0.3% 柠檬酸，将 pH 控制在 3.5～4.0。漂烫时间依菇体大小而定，使菇体熟而不烂，放入冷水中，菇体下沉而不上浮。注意要适时更换漂烫液，漂烫后及时冷却，可将菇连同盛装的竹篓一同移入 3～5℃ 流动冷却水池中冷却，以最快速度使菇体降至 10℃ 以下。

（6）精选、整修。冷却后将菇倒在清洁的不锈钢台面上，剔除菇体不完整的、脱柄菇、掉盖菇、畸形菇、开伞菇、变色菇、菌褶变黑等不合格的劣质菇；对泥根、柄长、起毛或斑点菇应进行整修；特大菇和缺陷菇，经修整后可作为生产速冻片菇的原料。

（7）排盘、冻结。整修后尽快速冻。速冻前，先将菇体表面附着的水分沥干，单层摆放于冻结盘中进行速冻。速冻双孢蘑菇通常选用回旋输送带式速冻机。将单层摆放的菇体连同冻结盘置于速冻机入口处的不锈钢网状传送带上。传送带的运行速度，可根据排盘厚度和工艺要求进行调节。冻结温度为 -40～-37℃，冻结时间 30～45min，冻品中心温度 -18℃。

（8）挂冰衣。所谓挂冰衣就是在速冻后的菇体表面裹一层薄冰，使菇体与空气隔绝，防止干缩、变色，保持速冻品外观色泽，延长贮存时间。挂冰衣多在冻结机出口处的低温车间内进行。将经过冻结的双孢蘑菇分成单个菇粒，立即倒入竹篓中，每篓约装 2kg，浸入 2～5℃ 清洁水中 2～3s，提出竹篓，倒出，菇体表面很快形成一层薄冰衣，厚度以薄为好。

（9）包装。为保护商品性状，便于保管和运输，通常结合挂冰衣工序同时进行包装。采取挂冰衣、装袋、称重、封口的流水作业法。随后装入双层瓦楞纸箱内，箱内衬垫防潮纸，表面涂防潮涂料，箱口用封口纸封牢固。箱外印刷有品名、规格、生产日期、生产厂家等，随即搬入低温冻库贮藏。

（10）冻藏。贮藏期冻库温度应稳定在-18℃，库温波动不超过±1℃，空气相对湿度控制在95%，其波动不超过5%。同时，速冻双孢蘑菇应避免与有强挥发性气味或腥味的冷冻制品贮藏在一起，可贮藏1~2年。

（三）气调包装保鲜

气调包装保鲜是通过改变包装内气体组成成分，或利用食用菌自身的呼吸作用，通过调节贮藏环境中的气体成分，降低薄膜中 O_2 的含量，且提高 CO_2 含量，最大限度地抑制其呼吸作用，保证其始终处于生理活动较低的状态，进而延缓衰老、延长贮藏期的保鲜方法。包装材料的选择是气调包装保鲜技术的关键，目前用于鲜菇保鲜的包装膜主要为不同厚度的聚乙烯薄膜（PE），透气性和透湿性是其2个重要参数。适宜的透气性和透湿性能够有效控制包装内的气体成分、比例以及相对湿度，从而延长鲜菇的货架期。此外，由于鲜菇的呼吸和蒸腾作用，气调包装内相对湿度变高，易凝结水汽；而高湿环境不仅有利于杂菌生长，且冷凝水回滴会使菇体表面易出现斑点褐变。因此，可结合吸湿剂处理来控制包装袋内的相对湿度。

1. 食用菌气调包装保鲜常用方法

（1）自发气调。一般选用 0.08~0.16mm 厚的聚乙烯袋，每袋装鲜菇 1~2kg，装好后即封闭。由于薄膜袋内鲜菇自身的呼吸作用，O_2 浓度下降、CO_2 浓度上升，可以达到较好的保鲜效果。此种方法简单易行，但降氧速度慢，有时效果欠佳。

（2）充气气调。将菇体封闭入容器后，人为地控制贮藏环境中的气体组成，使食用菌贮藏期延长。人工降氧的方法有多种，如充 CO_2 或充 N_2 法。充气气调保鲜法效率高，但所需设备投资大，成本也高。

（3）抽真空保鲜。采用抽真空热合机，将鲜菇包装袋内的空气抽出，造成一定的真空度，以抑制微生物的生长和繁殖，常用于金针菇鲜菇小包装。

2. 双孢蘑菇气调包装保鲜实例

采收一分选→预冷处理→气调包装

（1）采收。一般在双孢蘑菇子实体七八分熟采收，采收时对用具、包装容器进行清洁消毒，并注意减少机械损伤。

（2）分选。采后应进行拣选，去除杂质及表面损伤的产品；清洗后剪成平脚，如有菇色发黄或变褐，放入 0.5% 柠檬酸溶液中漂洗 10min，捞出后沥干。

（3）预冷处理。将双孢蘑菇迅速预冷，温度控制在 0~4℃。预冷可采用真空预冷，时间为 30min，也可采用冷库预冷，时间为 15h，同时用臭氧进行消毒，或采用装袋充臭氧消毒，臭氧浓度及时间应根据空间及产品数量计算确定。

（4）气调包装保鲜。

①自发气调：将双孢蘑菇装在 0.04~0.06mm 厚的聚乙烯袋中，通过菇体自身呼吸造成袋内的低氧和高二氧化碳环境。包装袋不宜过大，一般以可盛装容量 1~2kg 为宜，在 0℃下 5 天其品质基本保持不变。

②充二氧化碳：将双孢蘑菇装在 0.04~0.06mm 厚的聚乙烯袋中，充入 N_2 和 CO_2，并使其分别保持在 2%~4% 和 5%~10%，在 0℃下可抑制开伞和褐变。

③真空包装：将双孢蘑菇装在 0.06~0.08mm 厚的聚乙烯袋中，抽真空降低 O_2 含量，0℃条件下可保鲜 7 天。

（四）臭氧保鲜

臭氧保鲜是利用 O_3 对细菌、霉菌和真菌强烈的杀灭性，氧化乙烯来降低其对食用菌的催熟作用，同时还可以诱导食用菌表层的气孔收缩使其表面形成保护膜，达到保鲜的目的。研究表明，双孢菇经臭氧处理后，明显抑制菇体的开伞、褐变和病原菌的侵染，其色泽水平保持良好，对菇体品质影响较小。臭氧保鲜是一种零残留、高活性、高渗透的保鲜技术，同时投资少、操作简便、效果好，但其浓度过高也会导致食用菌代谢发生紊乱。

（五）辐射保鲜

辐射保鲜主要利用[60]Co、[137]Cs 等放射源产生的 γ 射线，或 10MeV 以下的高能电子束，或短波紫外线处理食用菌，使其体内的水分和其他物质发生电离，产生游离基或离子抑制菇体内酶的活性，阻止和降低菇体的新陈代谢速度，同时杀死腐败微生物和病原菌。有研究者曾采用 1.0kGy [60]Co 产生的 γ 射线处理香菇，与对照相比，处理组菇体表面色泽光亮，在贮藏过程中能保持较好的硬度，通过观察微观结构发现辐照能抑制菌丝分解，延缓菌丝细胞自溶现象，同时减少水分流失，从而延长香菇的保鲜期。此方法处理数量大、成本低、效果明显，且无任何残留，但对环境设备的要求十分高，适宜放射源要向有关单位申请，一般只有科研单位和规模化企业才使用。

（六）化学保鲜剂

保鲜剂是利用化学物质对食用菌进行防腐、杀菌、防止褐变的方法，能有效延长食用菌的保鲜期，一般采用喷涂、浸泡等方法。目前常用的化学保鲜剂有抗坏血酸、柠檬酸、二氧化氯、1-甲基环丙烯（1-MCP）等。利用化学保鲜剂的成本较低，操作方便。

第三节　食用菌的干制加工

一、干制贮藏原理

新鲜食用菌的腐败多数是微生物侵染繁殖的结果。微生物在生长和繁殖过程中离不开水和营养物质，而新鲜食用菌既含有大量的水分，又富含营养物质，是微生物良好的培养基。

食用菌干制是指在自然条件或人工控制条件下促使新鲜食用菌中水分蒸发的过程。经过干制可以提高渗透压或降低食用菌的水分活度，有效地抑制微生物活动和食用菌组织中自身酶的活性，产品因此得以长期保存。干制的食用菌具有良好保藏性，且能较好地保持其原有的风味。

（一）干制过程

食用菌在干制过程中最基本的现象就是脱水作用，是两个扩散作用交替进行的结果。当食用菌原料暴露在干燥介质（加热空气）中，由于与热空气接触，其表面的水分受热变成水蒸气而大量蒸发，称为水分的外扩散。当表面水分低于内部水分时，造成食用菌内部与表面水分之间的水蒸气分压差，此时水分就会由内部向表面转移，称为水分的内扩散。一般来说，在干制过程中水分的外、内扩散是同时进行的，但速度不会相等，因食用菌的种类、品种、状态及干制工艺条件等有所差异。在干制过程中应通过工艺条件的制订，尽可能使水分外扩散和内扩散的速度协调平衡，如果外扩散速度远大于内扩散，即造成内部水分来不及转移到表面，原料表面会因过度干燥而形成硬壳，称为"结壳"现象，阻碍水分继续蒸发，甚至出现表面焦化和干裂，降低了产品的质量。

（二）影响干制速度的因素

干制速度的快慢对于食用菌干制品品质起到决定性的作用。一般来说，干燥越快，制品的质量越好。干制的速度常受诸多因素的影响，主要包括干制的环境条件和原料本身的性质状态两个方面。

1. 干制的环境条件

作为干制介质的空气，可传递给食用菌干燥所需要的热能，促使食用菌水分蒸发，并将蒸发出的水分带走，使干制作用继续不断地进行。因此，空气的温度、相对湿度、流动速度等均与干制速度密切相关。

（1）空气温度。对新鲜食用菌进行干制，需要持续不断地提高空气和水蒸气的温度。温度升高，空气的湿度饱和差随之增加，达到饱和所需水蒸气越多，干制速度加快。反之，温度降低，空气达到饱和所需水蒸气越少，干制速度就变慢。因此，升高温度同时降低相对湿度是提高干制速度的最有效方法，在干制后期表现更为明显。此外，在干制过程中，须控制干制介质的温度略低于致使产品变质的温度，尤其对于富含糖分和芳香物质的原料，应特别注意。

（2）空气湿度。在温度不变的情况下，空气的相对湿度越高，空气的饱和差越小，制品的干制速度越慢，反之就越快。

（3）空气流动速度。空气流动速度越大，干制速度越快，主要是由于原料附近的饱和水汽不断地被带走，而补充未饱和的新空气，从而加速了蒸发过程。因此，有风晾晒比无风晾晒干燥得更快，同样鼓风干制机比一般干制设备干燥速度快得多。因此，在选用干制设备及建造烤房时，应注意通风设备的配备。

2. 原料性质和状态

（1）原料种类。不同食用菌，由于所含各种化学成分的保水力不同，组织和细胞结构性的差异，在同样干燥条件下，干燥速度各不相同。一般来说，可溶性固形物含量越高、组织越紧密的产品，干燥速度越慢，反之则干燥速度越快。

（2）原料装载量。单位烤盘面积上装载原料的数量，对干制速度影响极大。装载量越多，厚度越大，越不利空气流动，导致水分蒸发越困难，干制速度越慢。因此，干制过程可以灵活掌握原料的装载量，如干燥初期产品要放薄一些，后期可稍厚些；自然气流干燥宜薄，用鼓风干燥可厚些。

（三）食用菌在干制过程中的变化

食用菌干制过程中会发生一系列物理和化学变化，如体积缩小、重量减轻、色泽变化、营养成分变化等，营养成分变化最大的主要是水分、糖分和维生素，矿物质和蛋白质一般较稳定。

二、食用菌干制方法

（一）自然干制

自然干制是以太阳光为热源、以自然风为辅助进行干制的方法，适于竹荪、银耳、木耳、金针菇、灵芝等品种，此法简单、投入少。加工时将菇体互不挤压、重叠地平铺在竹帘上进行晾晒。冬季需要加大倾斜角度以增加阳光的照射，翻晒时要轻，以防破损，一般2~3天即可晒干，此法适于小规模加工厂。有的加工厂为了节约成本，会将新鲜食用菌晒至半干时再进行烘烤，但需根据天气、菇体含水量等情况灵活掌握，防止其变形、变色，甚至腐烂。

（二）加热干制

加热干制是利用烘箱、烘笼、烘房或炭火热风、电热以及红外线等热源进行烘烤而使菇体脱水干燥的方法，目前大量使用的是直线升温式烘房、回火烘房及热风脱水烘干机、蒸气脱水烘干机、红外线脱水烘干机等。此类方法干制速度快，产品质量好，不受自然条件限制，可用于各种食用菌的干制，适用于大规模加工。

要获得质量好的食用菌干制品，必须把握好以下环节：

1. 适时采收

食用菌要适时采收，采收前一天不要喷水，及时整理、挑选分级，鲜菇不能堆叠放置。

2. 干制

食用菌的干制无论采用何种形式或设备，都要注意温度的控制。在干制前期用低温将游离水慢慢排尽，这一阶段主要是使游离水蒸发，鲜菇收缩均匀，保证干制品能达到菇形圆、菇面光滑而有光泽；在干制中期，温度逐渐升高，慢慢脱去部分结合水，并促使香味物质形成；干制后期温度逐步下降，使菇体内水分继续排除，菇体均匀收缩，直至结束。在干制过程中，干制温度不超过65℃，否则菇体颜色会变黑、菌褶倒塌、变曲，干制品整体质量下降。当菇体含水量在12%~13%时，即用指甲顶压菇盖，感觉坚硬并稍有指甲痕迹，翻动时发出"哗哗"声音，视为干度适宜，即得成品。

3. 包装

食用菌干制品易吸湿回潮，因此要求包装容器密封性良好，既能防潮，又能防虫，可使用木箱、纸盒、塑料盒或袋等，也可以在包装盒或木箱内外壁涂防水材料，或采用塑料盒或袋抽真空或充气包装等。

4. 贮藏

食用菌干制品贮藏温度一般控制在10~14℃，贮藏环境空气越干燥越好，相对湿度应低于65%，并避光贮藏。

(三) 冷冻干制

冷冻干制是使新鲜食用菌在冰点以下冷冻，其中的水分变成固态冰，然后在较高真空下使冰升华为蒸汽而除去，达到干燥的目的。冷冻干制一般可分为预冻、升华、解析3个过程，其中升华和解析过程是在真空条件下进行的。这种干制方法能较好地保持原料的色、香、味和营养价值，且复水容易，复水后产品接近新鲜产品，比加热干制更具优势。

随着科学技术的发展，食用菌的干制技术也在原来的基础上有了不断的改良和创新。现有的食用菌干制加工过程中仍存在一些问题，如干制时间长，干燥效率不高；产品褐变，失去诱人色泽等。针对以上问题，需要进一步研究并采用新高效快速干制技术、对珍稀食用菌采用真空冷冻干燥技术来提高干制效率、对干制食用菌采用抽真空或密封充氮包装以减轻或防止褐变等，从而提高食用菌干制品的商品价值，并进一步增强其市场竞争力。

三、食用菌干制加工实例

（一）香菇干制加工

采收→摊晾、剪柄→分级→装机→烘烤→通风、排湿→→出房→冷却→包装

1. 采收

在香菇八成熟、未开伞时采收，此时孢子还未散发，干制后其香味浓郁、质量上乘。采前禁止喷水，采后放在竹篮内。

2. 摊晾、剪柄

鲜香菇采后要及时摊放在通风干燥场所的竹帘上，以加快菇体表层水分的蒸发。摊晾后，按市场要求，一般按菇柄不剪、菇柄剪半、菇柄全剪三种方式分别进行处理，同时清除木屑等杂物及碎菇。

3. 分级、装机、烘烤

当日采收，当日烘烤。将鲜菇按大小、厚薄、朵形等整理分级。菇柄朝上，质量好的均匀排放在上层烘架，质量稍差的排放在下层。为防止在烘烤过程中香菇细胞新陈代谢加剧，造成菇盖伸展开伞、色泽变白而降低品质，在烘烤前，可先将烘烤室（机）温度调到38~40℃，再排菇上架。

刚采的鲜菇含水量高达90%，此时不能高温急烘。在升温的同时，启动排风扇，使热源均匀输入烘房。待温度升至35~38℃时，将摆好鲜菇的烘帘分层放入烘房，促使菇体收缩，增加卷边程度及菇肉厚度，以提高香菇品质。烘房温度控制：第1~4h保持38~40℃，第4~8h保持40~45℃，第8~12h保持45~50℃，第12~16h保持50~53℃，第17h保持55℃，第18h至烘干保持60℃。

4. 通风、排湿

随着菇体内水分的蒸发，如若通风不畅，烘房内湿度不断升高，从而导致菇体色泽灰褐，品质下降。一般烘制第1~8h打开全部排湿窗，第8~12h通风量保持50%左右，第12~15h通风量保持30%，第16h后菇体已基本干燥，可关闭排湿窗。用指甲顶压菇盖感觉坚硬且稍有指甲痕迹、翻动时有"哗哗"的响声，表明香菇已干，可出房、冷却、包装、储运。

（二）黑木耳干制加工

采收→整理→干制→出房→冷却→分级→包装→贮藏

1. 采收

黑木耳采收根据季节不同，可以分为春、伏、秋三个阶段。从清明到小暑前采收的叫春耳，这一段时间采收的木耳具有朵大肉厚、色泽灰黑、吸水膨胀率好、品质佳等特点。从小暑到立秋前采收的叫伏耳，此时因为气温高，病虫害也多，易造成烂耳，所以品质较差，但产量最高。立秋后采收的叫秋耳，具有朵形略小、肉质

中等、品质好于伏耳但次于春耳等特点。采收春耳和秋耳时要采大留小，采收伏耳要大小一起采。

春耳、伏耳、秋耳均在晴天且耳片稍干后进行采收为宜。如天气干旱，则应在采收前一天黄昏均匀喷水，次日早晨露水干后采收耳片，这样木耳不易破碎。如遇连绵阴雨天气，则必须及时采收耳片，免得造成流耳。通常用小竹刀或小刀沿子实体边缘插入耳根割下耳片，并挖出耳根，要求是勤采、细采，成熟一朵采收一朵，避免发生流耳造成损失。

2. 整理

将鲜木耳剔去耳根基部和杂物。

3. 干制

采收后的鲜木耳含水量较高，若不及时干制易发生腐烂变质，可采用自然晾晒和人工烘干的方法进行干制。

自然晾晒一般选择通风透光良好的场地搭载晒架，并铺上竹帘、晒席或透气网筛等。将分级整理后的黑木耳薄薄地散摊在晒席上，在烈日下暴晒 1~2 天，用手轻轻翻动，干硬发脆，发生"哗哗"响声时，表明已干。在未干之前，尽量不要用手去动，以免形成"拳耳"，当含水量达到 12% 时即可。

若栽培黑木耳规模较大或者赶上连两天，不能及时自然晾晒，可采用人工烘干脱水的方法。先将鲜黑木耳放在帘子上在太阳下晒 3~5h，然后进入烘房内烘烤。当鲜木耳进入烘干室后，由于含水率较高，烘干室内的相对湿度会急剧升高，甚至达到饱和的程度，超过 70% 时应及时打开气窗和排风扇进行通风排湿。此外，烘干的起始温度应该在 35℃，如若起始温度过高，排湿不够，容易造成耳片卷曲和不规则收缩。在 35~40℃ 下烘烤 4h 后，就可以升高至 45~50℃，再经过 4h，升温度至 55~60℃，一般烘干时间在 12~16h，冷却至室温。在干燥过程中还要根据天气变化及时调整加热和通风条件。

4. 分级、包装、贮藏

干制完成的黑木耳，应剔除碎片、杂物等，按大小、厚薄、朵形等分级分装，再用塑料袋装好，扎紧袋口后放置在木箱或木桶内，贮藏于单调通风室内。

(三) 羊肚菌干制加工

分拣→修整、除杂→干制→分级→包装→贮藏

1. 分拣、修整、除杂

挑选出发生霉变或腐败的羊肚菌子实体，并将其菌柄长度修整为约 2cm，除去菌褶里的沙土或虫子。

2. 干制

热风烘干：先将羊肚菌装入烘盘，烘盘需采用筛网盘，其筛网孔径为 3~5mm。

筛网孔径太大更易造成干制品变形扭曲，但如采用实底盘或孔径太小则会加长烘干时间。将装盘后的羊肚菌放入热风烘干箱进行干燥处理，烘干温度≤90℃，干燥后水分含量应8%以下。

冷冻干制：冷冻干制需要先将羊肚菌在-30℃以下进行预冻，以减少冷冻过程中较大冰晶对细胞的损伤，避免汁液流失、颜色变黑、酸败变质、形状扭曲变形。预冻后将羊肚菌均匀摆放在冻干设备干制盘上，在真空压力40~60Pa、冷冻温度-25℃以下进行冷冻干燥。

3. 分级、包装、贮藏

达到干制技术指标的产品干制结束后，应剔除碎片、杂物等，立即按标准分级分装，密封包装处理，放置阴凉干燥处贮藏。

第四节　食用菌罐头加工

罐藏是食用菌加工保藏的一种主要方法，是将新鲜食用菌经过预处理后装入容器中脱气、密封，再经加热杀菌处理，杀死能引起其腐败、产毒、致病的微生物，破坏原料中酶的活性，防止微生物再次污染，在维持密封状态条件下，能够在室温下长期保存的方法，其保藏的产品称为食用菌罐头。依据罐藏内容物的组成和制造目的不同，食用菌罐头可分为两大类，包括清水食用菌罐头和复合式食用菌罐头。清水罐头是以食用菌整菇、片菇或碎菇为主要原料，注入适当浓度的盐水作为填充液，主要用于菜肴的烹调加工，是当前食用菌罐头生产的主要类型。复合式食用菌罐头是将菇类和肉、鸡、鸭等原料配制，经烹调加工制成的罐头，可直接食用。食用菌罐头厂一般采用马口铁罐和玻璃瓶罐，也有采用复合塑料薄膜袋包装。我国食用菌罐头生产大约从20世纪50年代开始，发展至今其在我国出口罐头中占有重要比例。

一、罐藏原理

罐头食品之所以能长期保藏主要是通过杀灭罐内能引起败坏、产毒、致病的微生物，钝化原料、酶的活性，保持密封状态防止二次污染来实现的。

（一）罐头食品与微生物的关系

微生物是导致食用菌败坏的主要因素之一，不同微生物生长繁殖所需条件有所差异，因而食用菌罐头所涉及的微生物也有一定限度，主要涉及细菌和霉菌。

1. 营养物质

食用菌罐头含有微生物生长繁殖所需的各种营养物质，如碳、氮、无机盐、微量元素等，是腐败菌生长发育的良好场所。

2. 氧气

微生物对氧的需求差异较大，霉菌一般都需要氧存在，而细菌生长对氧的要求有所不同，通常可依此将微生物分为需氧菌、专性厌氧菌和兼性厌氧菌。在排气密封的条件下，需氧菌受到控制，而厌氧菌和兼性厌氧菌则是导致罐藏食品败坏主要因子，若热杀菌不充分未被杀死，则会造成罐头的败坏。

3. pH

酸度或 pH 为罐头中游离酸对微生物产生的影响。一般微生物能够繁殖的 pH 范围是 1~11，其中细菌生长的 pH 为 3.5~9.5，最适 pH 为 7.0，真菌生长的 pH 为 2~11，最适 pH 为 6.0 左右。以 pH 4.5 为界，将食品分成酸性食品和低酸性食品两类：pH<4.5 为酸性食品，如水果及少量蔬菜；pH≥4.5 为低酸性食品，如大多数蔬菜、肉、蛋、乳、禽、鱼类等，食用菌属于低酸性食品。

4. 温度

各种微生物均有其最适宜生长温度和能够生长的温度范围，超过或低于此温度范围，就会影响其生长繁殖、甚至死亡。按微生物生长温度范围可分为三类，包括嗜冷微生物、嗜温微生物和嗜热微生物。在罐藏条件下，能够引起食品败坏和产毒的微生物大都属于嗜温性细菌，如肉毒梭状芽孢杆菌、生芽孢梭状芽孢杆菌等，它们对食品安全影响较大。此外，细菌在较高温度下形成的芽孢具有较强的耐热性，而耐热性强的细菌均属于高温芽孢形成菌。

(二) 罐头食品杀菌理论依据

1. 罐头食品杀菌的目的

罐头食品的杀菌，一方面是杀死一切引起罐内食品败坏和产毒致病的微生物；另一方面起到了调煮的作用，可改善食品的质地和风味，使其更符合食用要求。罐头食品杀菌目的不同于微生物学上的杀菌，后者是杀灭所有的微生物，而前者则只要求达到"商业无菌"状态。所谓商业无菌，是指在一般商品管理条件下的贮藏运销等流通过程中，不会因微生物败坏或产毒菌、致病菌的活动而影响人体健康。

2. 杀菌对象菌的选择

各种罐头产品由于原料的种类、来源、加工方法和加工卫生条件等不同，使其在杀菌前存在着不同种类和数量的微生物，不可能也没有必要对所有的微生物进行耐热性试验。生产上一般选择耐热性最强、最有代表性的腐败菌或引起食品中毒的微生物作为主要的杀菌对象菌。一般认为，如果热力杀菌足以杀灭耐热性最强的腐败菌时，则耐热性较低的腐败菌也很难残留。芽孢的耐热性比营养体强，若有芽孢菌存在时，则应以芽孢作为主要的杀菌对象。食用菌属于低酸性罐头食品，杀菌对象菌主要为厌氧性细菌，这类细菌的孢子耐热力较强。在罐头工业上一般采用产生毒素的肉毒梭状芽孢杆菌和脂肪芽孢杆菌为杀菌对象菌。

3. 杀菌公式

罐头食品杀菌规程包括杀菌温度、杀菌时间和反压，表达杀菌工艺条件和要求的杀菌公式：

$$\frac{t_1 - t_2 - t_3}{t}（p）$$

式中：t_1——从初温升到杀菌温度所需的时间，即升温时间，min；

t_2——保持恒定的杀菌温度所需的时间，min；

t_3——从杀菌温度降到所需温度的时间，即降温时间，min；

t——规定的杀菌温度，℃；

p——反压冷却时杀菌锅内采用的反压力，Pa。

4. 杀菌 F 值的计算

罐头食品合理的杀菌条件（杀菌温度和时间）是确保罐头质量的关键，罐头工业中杀菌条件常以杀菌效率值或杀菌强度表示。F 值，即在恒定的加热标准温度条件下（121℃或100℃）杀灭一定数量的细菌营养体或芽孢所需要的时间（min）。

罐头食品杀菌 F 值的计算，包括安全杀菌 F 值的估算和实际杀菌 F 值的计算两个内容。安全杀菌 F 值的估算，是通过对罐头杀菌前罐内食品微生物的检验，检验出该种罐头食品经常被污染的腐败菌的种类和数量，并切实地制定生产过程中的卫生要求，以控制污染的最低限量，然后选择抗热性最强的或对人体具有毒性的腐败菌的抗热性 F 值作为依据，通过以上内容估算出来的 F 值，就称为安全杀菌 F 值。实际杀菌 F 值的计算，即在安全杀菌 F 值的基础上根据实际的升温和降温过程，以及罐头内部中心温度的变化情况修正的 F 值。

（三）影响罐头杀菌的主要因素

1. 微生物的种类和数量

不同种类的微生物耐热能力有很大的差异，嗜热性微生物耐热性最强，而芽孢又比营养体更加抗热。原料带菌量也有很大影响，特别是芽孢存在的数量，数量越多，在同样的致死温度下杀菌所需时间越长。新鲜食用菌带菌量的多少取决于原料的新鲜程度和杀菌前的污染程度。此外，加工车间要注意卫生管理、用水质量以及与原料接触的一切机械设备和器具的清洗和处理，可使原料的带菌量减少到最低限度。

2. 食品化学成分

原料 pH 是影响微生物耐热性的主要因素之一。绝大多数能形成芽孢的细菌在中性基质中具有较强的耐热能力，随着食品 pH 的下降，其耐热能力逐渐下降，甚至受到抑制，如肉毒杆菌在 pH 4.5 以下的食品中生长受到抑制，也不会产生毒素，所以细菌或芽孢在低 pH 下不耐热。罐头内容物中的糖、淀粉、油脂、蛋白质、低浓度的盐水等能增强微生物的耐热性，在制定杀菌式时应加以考虑。食用菌罐头加工时可通过适当加酸来提高杀菌效果。

3. 传热的方式和传热速度

罐头杀菌时，热的传递主要是以热水或蒸汽为介质，因此杀菌时必须使每个罐头都能直接与传热介质接触。热量由罐头外表传至罐头中心的速度对杀菌效果有很大影响，影响罐头食品传热速度的因素主要有以下几方面：

（1）罐头容器的种类和形式。与玻璃罐相比，马口铁罐具有更快的传热速率，在其他条件相同时，则玻璃罐的杀菌时间需稍延长。罐型越大，热由罐外传至罐头中心所需时间越长，而以传导为主要传热方式的罐头更为明显。

（2）原料的种类和装罐状态。各种食品含水量的多少、块状大小、装填的松紧、汁液的多少与浓度等，都将直接影响到传热速度，如加汤汁的食用菌罐头传热速度比不加汤汁的更快。

（3）罐头的初温罐头。在杀菌前罐头的中心温度叫初温。初温的高低影响到罐头中心达到所需杀菌温度的时间，因此在杀菌前注意提高和保持罐头食品的初温，如装罐时提高食品和汤汁的温度、排气密封后及时进行杀菌等，可以在预定时间内获得更好的杀菌效果，对于不易形成对流和传热较慢的罐头更为重要。

（4）杀菌锅的形式和罐头在杀菌锅中的位置。静置式杀菌锅不及回转式杀菌锅效果好，主要由于后者能使罐头在杀菌时进行转动，罐内食品形成机械对流，从而提高传热性能，加快罐内中心温度上升，缩短杀菌时间。

二、食用菌罐藏制品加工工艺

原料处理→装罐→排气→密封→杀菌→冷却

（一）原料处理

1. 原料选择

原料需符合制作食用菌罐头等级标准，并应及时加工处理。

2. 漂白护色

将新鲜食用菌置于 0.3g/L 的焦亚硫酸钠溶液中浸 2~3min，再倒入 1g/L 的焦亚硫酸钠溶液中漂白为止，处理完成后用清水漂洗。

3. 预煮、冷却

将食用菌置于煮沸的 2% 食盐水中进行预煮，煮至熟而不烂，可抑制原料组织内酶的活性，防止酶引起的相关化学变化；排除菇体组织内滞留的气体，使组织收缩、软化，减少脆性，便于切片和装罐；可减少对铁皮罐的腐蚀。预煮的原料迅速放入流水中冷却。

（二）装罐

1. 空罐准备

空罐在使用前要进行清洗和消毒，以清除污物、微生物及油脂等。马口铁空罐可先在热水中冲洗，然后放入清洁的沸水中消毒 30～60s，倒置沥水备用。玻璃罐先用清水或热水浸泡，再用带毛刷的洗瓶机刷洗，最后用清水或高压水喷洗数次，倒置沥水备用。清洗消毒后的空罐应及时使用，不宜长期堆放，以免生锈和再次污染。

2. 罐液配制

食用菌罐头中，一般要向罐内加注液汁，多为盐水，称为罐液或汤汁。加注罐液能填充罐内空隙、增进风味、排除空气，并加强热传递作用，提高杀菌效率。配制时，将食盐加水煮沸，经过滤后取澄清液按比例配制成所需要的浓度，一般食用菌罐头所用盐水浓度为 1%～3%。配制好盐水可根据产品规格要求，在盐水中加入0.2%柠檬酸或 0.1%抗坏血酸，以改进产品的风味和提高杀菌效果。

3. 装罐

食用菌罐头装罐时，既可以采用人工装罐，又可以使用特定的装罐机。装罐时注意事项包括：

（1）经预处理整理好的原料应尽快进行装罐，不应堆积过久，否则微生物生长繁殖会影响杀菌效果。

（2）装罐量应符合要求，力求一致。净重和固形物含量必须达到要求。净重是指罐头总重量减去容器重所得的重量，包括固形物和汤汁。固形物含量是指固形物在净重中占的百分率，一般要求每罐固形物含量为 60%～65%。各种原料在装罐时应考虑其自身的缩减率，通常按装罐要求多装 10%左右。

（3）保证内容物在罐内的一致性，同一罐内原料的成熟度、色泽、大小、形状应基本一致，合理搭配，排列整齐。注入罐液时，其温度应保持在80℃以上，有利于提高罐头的初温。

（4）罐内应保留一定的顶隙。顶隙是指装罐后罐内食品表面（或液面）到罐盖之间所留空隙的距离。一般装罐时食品表面与翻边相距 4～8mm，封罐后保持顶隙在 3～5mm 为宜。

（三）排气

排气是将罐头容器内所含气体排除，使容器内保持一定真空低压状态。排气目的包括：防止加热杀菌时，罐内气体及内容物膨胀使罐头变形损坏；贮藏期间防止罐内壁腐蚀；防止内容物色泽、香味变化；防止好气性细菌及其他微生物的活动；瓶装罐头因真空脱气有助瓶盖密封及防止加热时瓶盖跳脱。

食用菌罐头排气的方法主要包括加热排气法、真空排气法和蒸汽喷射脱气法三种。

1. 加热排气法

加热排气法在装罐后先加热，使内容物膨胀，排除内容物组织间隙及顶隙中的空气，密封后及时杀菌，冷却降温促使罐内减压，形成真空度。

2. 真空排气法

真空排气法利用高速真空封罐机完成抽真空密封的方法，真空度一般保持在31.98~73.33kPa。真空排气法主要排除顶隙中的空气，而食品组织及罐液内的空气不易排除，因此应对原料和罐液预先进行抽气处理。

3. 蒸汽喷射脱气法

蒸汽喷射脱气法是在罐头密封前的瞬间，向顶隙喷射蒸汽，以蒸汽代替空气，当蒸汽凝结为水时形成真空。如食品组织疏松而空气量较多，则不适合此法。

（四）密封

罐头密封可以阻绝罐内外空气、水等流通，防止微生物二次污染。若密封不完全则所有杀菌、包装等操作变得没有意义。金属罐与玻璃罐的密封使用专门封罐机完成，蒸煮袋主要是通过热熔实现。

（五）杀菌

杀菌是罐头食品生产的重要工艺操作，通常以加热法使罐内腐败微生物死亡或停止活动，以防止内容物的腐败。食用菌常用杀菌公式为15min—20min—15min/121℃。

（六）冷却

杀菌完毕后应迅速冷却，处理不当会造成食用菌色泽和风味的劣变，组织软烂，甚至失去食用价值。此外，还可能造成嗜热细菌的繁殖和加剧罐头内壁的腐蚀现象。因此，罐头杀菌后冷却越快越好，但对玻璃罐的冷却速度不宜太快，常采用分段冷却的方法，如80℃、60℃、40℃三段，以免爆裂受损。冷却方法按冷却介质划分包括空气冷却和水冷却，以水冷却效果更好。水冷却时，一般采用流水浸冷法。

冷却时需注意：罐头冷却的最终温度一般控制在40℃左右，过高会影响罐内食品质量，过低则不能利用罐头余热将罐外水分蒸发，造成金属罐外壁生锈；冷却后应放在冷凉通风处，未经冷凉不宜入库装箱；冷却用水必须清洁，符合饮用水标准。

三、清水食用菌罐头加工实例

（一）白灵菇罐头加工

挑选→护色→漂洗→预煮软化→冷却、漂洗→修整、分级→称重、装罐→配料、注汁→排气→密封→灭菌→冷却→验收→包装→入库贮存

1. 原料挑选

采收新鲜白的灵菇，色泽正常，无发黄、异味、霉变、死菇、烂菇、机械伤和病虫害污染，无开伞、畸形，生长良好。采摘后先将菇柄修削干净，进行冷藏或直接运至加工地点进行加工。

2. 护色、漂洗

白灵菇按等级分开浸洗，先采用气泡清洗机进行洗涤，再用流动水浸洗 10 ~ 20min，洗后菇体应清洁、光滑、无泥土和杂质等。

3. 预煮软化

在 100℃ 水中预煮 15min，可软化组织，降低钝化酶的活性，杀死菇体表面的微生物，排除组织中的气体。

4. 冷却、漂洗

白灵菇预煮后及时冷却漂洗，以去除其残留的杂质。冷却漂洗最好用流动水，以菇体中心全部冷透为宜。

5. 修整、分级

分拣时按菇的大小及形态进行分类，每一类菇分开摆放以备装瓶。由于白灵菇肉质厚实、个体较大，所以装瓶前应切成大小、厚薄均匀的块或片。

6. 称重、装罐

空罐进厂时需对其外观和质量进行检查，采用高压清水冲洗，洗罐水温控制在 72℃ 左右较为适宜，再用热蒸汽冲淋消毒 3min。按照白灵菇切片 150g/瓶的标准称量装罐。

7. 配料、注汁

装罐后加注汤汁，起到填充固形物之间的空隙、增加产品的风味、利于灭菌和冷却时热能的传递的作用。汤液配制时，取适量清水煮沸，加入 2% ~ 3% 食盐，待其全部溶解后再加入 0.1% 柠檬酸、0.1% 抗坏血酸等搅拌均匀，并用 120 目滤布过滤到配料槽内，泵入加汁桶内备用。采用加汁机进行加汁，汤汁温度控制在 82℃ 左右送罐加汁。

8. 排气、密封

将热汤汁注入已装菇并称量好的玻璃罐内，允许少量溢出以排除罐内空气。盖上罐盖但不拧紧，置于蒸煮锅内，通过沸水加热使罐头内容物膨胀，将原料中存留或溶解的气体排出来，在封罐之前尽量把顶隙中的空气排尽，控制在 20min 内完成。排气后在温度还未下降时迅速封口，以提高瓶内真空度，延长罐头的保质期。

9. 灭菌、冷却

密封后的白灵菇罐头经检查无破裂后，须在高压灭菌锅内及时进行灭菌。灭菌后应及时冷却擦罐，并送入恒温间进行码垛，恒温间应通风换气、保持干燥。

10. 验收、包装、入库贮存

恒温结束后的罐头要进行包装，包装前剔除低真空罐及废次品罐，擦净罐面，贴标装箱。包装后的罐头要抽检是否合格，成品包装后要按品种批次分别码垛。

（二）双孢蘑菇罐头加工

验收→漂洗→预煮→冷却→分级→挑选、修整→切片→装罐→封口→灭菌→冷却

1. 原料验收

双孢蘑菇原料按标准进行挑选，如果发现有病虫害、异味菇、变色菇、渍水菇等一律拒收。收购后的菇体严禁风吹、日晒、雨淋，并将菇体盛放在清洁、无毒的塑料筐内。从原料收购到进厂投料时间不得超过 6h，当天采收原料当天加工。

2. 漂洗

先将菇体放入漂洗池中漂洗 1~3 次，再用高压水喷淋洗去菇体表面的泥沙和杂质，用流动水将其送至预煮机。

3. 预煮、冷却

使用预煮机在 80℃下处理 5~6min，立即在冷却流槽迅速冷却至 20℃以下，再输送至分级机。

4. 分级

采用分级机进行分级，要求投料连续均匀，防止跳级、混级，按级别分别送至处理桌，大菇则直接送至切片机。

5. 挑选、修整

采用人工挑选，修整剔除有泥根、斑点等品相不合格的菇体。

6. 切片

用切片机将需切片的菇切成 3.5~5.0mm 薄片，切片后经振动筛筛去碎屑，再送至传送带，通过金属探测器进行金属异物检测。

7. 装罐

空罐通过洗罐机后，再经 82℃以上热水进行喷淋清洗消毒，送至装罐台。装罐时，先对合格的菇体进行清洗、沥干水分，间隔 15min 抽查一次装罐量，每次至少抽检 3 罐，并做好记录。

8. 封口

封口要求外观无假封、无跳封、无卷边碎裂等现象，间隔 30min 检查一次卷边外观质量。

9. 灭菌、冷却

将经封口且检验合格的罐头，先用灭菌车吊入灭菌锅内，密闭后排净水汽，再在规定的时间内升温到 127℃进行灭菌，且从封口到开始灭菌的时间不能超过

60min。灭菌结束后在灭菌锅内冷却，冷却至罐中心温度不超过40℃时出锅。

四、食用菌复合罐头加工实例

（一）火腿香菇软罐头

原料验收→预处理→调味→计量包装→灭菌→冷却

1. 原料选择

火腿须经检验合格，无杂质、无异味，具有火腿特有的风味。香菇要求大小均匀，无虫菌，无杂质，含水率较低。

2. 火腿处理

将火腿在清水中浸泡1~5h，用刀轻轻刮去表面油污，热水清洗后再用竹刷刷洗3~5次。洗好的火腿置于沸水中煮2.5h，其间撇除浮沫，换水1次，以降低火腿的咸味。将煮制好的火腿捞出，经冷却后切成（3~5）cm×（2~3）cm的片，尽量使片切分均匀，碎块少。

3. 香菇处理

将香菇置于热水中浸泡至柔软，洗净后置于火腿汤汁中煮制3~5min，捞出冷却后切片。

4. 调味

将挑好的红辣椒油置于炒锅中调小火，放入白糖直至其基本溶化，再投入火腿片和香菇片翻炒1~2min，使肉的表面颜色呈金黄色，放熟芝麻调整感官性状。各种原料用量：火腿82.95%、香菇10%、白糖2%、味精0.05%、红辣椒油4%、芝麻1%。

5. 计量包装

用耐高温蒸煮袋包装，每袋称取100g，用真空封口机热合封口，封口时真空度在0.1MPa以上。

6. 灭菌、冷却

将装好的火腿香菇软罐头置于高压灭菌锅内灭菌。灭菌公式：15min—20min—10min/121℃，灭菌后反压冷却至室温，经检验合格即为成品。

（二）金针菇杏鲍菇复合罐头

原料验收→清洗→切片→预煮→冷却→分级→混合→装罐→称重→加汤→封口→灭菌→冷却

1. 原料验收

金针菇需新鲜、未开伞、无病虫害、无畸形、无霉味，柄长不大于15cm，切去1~2cm老菌根和颜色太深的菌柄。杏鲍菇需新鲜，色泽正常，无异味、无霉变、无病虫害污染和较大机械伤，肉质结实，菌盖小于或等于菌柄的杏鲍菇，采收后需先切除菇脚。

2. 清洗、切片

金针菇送到加厂后，及时去除菇柄基部相连部分，并用清水清洗除去泥沙；杏鲍菇到厂后，及时倒入漂菇池中，采用清水喷淋及气泡翻滚相结合的方法洗去菇体表面附着的泥沙，纵切成厚度 1cm 的薄片。

3. 预煮、冷却

金针菇清洗后捞到预煮锅中进行预煮，100℃处理 3~5min，及时用流动水冷却。清洗后的杏鲍菇经流槽流入螺旋式或斗式预煮机中进行预煮，100℃处理 9min，预煮后放入有流动水的流槽中，及时冷却。

4. 分级、混合

分级时按菇体的大小、长短及形态基本一致的归为同一类，以备装罐或切片，分级或切片后的菇体如若未及时装罐应浸没在水中，金针菇与杏鲍菇按 1∶1 配比混合。

5. 装罐、称重

将处理好的原料根据要求进行装罐称重，装入 550mL 玻璃瓶中，净重为 530g，固重为 320g。

6. 加汤、封口

装罐称重后注入汤汁，及时封口。注入的汤汁温度不低于 80℃，其最佳比例：2.0%食盐、0.05%柠檬酸、0.03%抗坏血酸，以饮用水配制。

7. 灭菌、冷却

封口后的罐头应及时入锅灭菌，127℃灭菌 13min，迅速冷却至 40℃左右即可。

第五节　食用菌高渗浸渍加工

食用菌加工可以利用食盐或食糖，让其渗入组织内部，降低水分活度，提高渗透压，以控制有害微生物的活动，防止食品的腐败变质。食用菌的盐渍品和糖制品就是利用这一原理进行保藏加工。一般微生物细胞处在等渗环境中，细胞内外水分处于相对平衡状态，其生命活动所需要的水分、营养物质依靠微生物自身的高渗透作用从环境中摄取。当微生物附着在一些渗透压低的产品上时，较易吸取其养分和水，得以生长繁殖。一般微生物自身渗透压多在 350~1670kPa。1%食盐可以产生 617kPa 的渗透压，当其浓度达到 10%~20%时，能够产生 6065~12130kPa 渗透压。1%葡萄糖可以产生 121kPa 的渗透压，1%蔗糖可以产生 71kPa 的渗透压，当糖的浓度达到 60%~70%时，可产生 4549~8086kPa 渗透压。当产品中含有大量的糖分或一定浓度食盐时，就会大大提高制品的渗透压，使盐渍、糖渍所产生的渗透压远远大于微生物的渗透压，减少了微生物生长活动所能利用的自由水分，并借助产品的高渗透压对微生物产生反渗透作用，使微生物细胞内的水分会通过细胞膜转移到高渗溶液中，造成细胞内水分不足，不能进行正常的生理活动，导致微生物细胞的质壁分离，或处于生理干燥而休眠、假死，从而抑制微生物活动，防止食品腐败变质。此外，食品高渗浸渍加工时，原料需经过预煮，可促进细胞膜内外物质交流，尤其是促进细胞内水分向细胞外高渗溶液转移。细胞内水分的大量丢失也会抑制菌体细胞生理活动，有效地保持食品营养和风味。此外，食盐与食糖具有一定的抗氧化作用，主要是由于氧在糖液、盐液中的溶解度要小于在水中的溶解度，并且随着溶液浓度的增加氧的溶解度下降。

高糖和高盐虽然对绝大多数微生物有抑制作用，但并不是对所有微生物都起作用，如一些耐盐、耐高糖的酵母菌、霉菌以及一些微生物的孢子。因此，一些高糖、高盐制品在包装或保存不当时也会被微生物侵染，造成发霉变质，也需要配合适当的包装或经过适当的杀菌。

一、食用菌盐渍加工

盐渍加工处理具有提高制品渗透压和降低水分活度的作用，还会对微生物产生毒害作用。食盐溶于水后会离解产生 Cl^-、Na^+、K^+、Ca^+、Mg^{2+} 等离子。在低浓度下，这些离子是微生物生活所必需的，当浓度足够高时就会对微生物产生生理毒害作用，如 Cl^- 能与微生物细胞的原生质结合，从而促进细胞的死亡。

（一）食用菌盐渍加工工艺

选菇→护色、漂洗→杀青→冷却→盐渍→翻缸→装桶

1. 选菇

对采收后的食用菌进行挑选，剔除畸形、发生病虫害、长斑及霉烂个体。菇体要求菌盖完整，削去菇脚基部。平菇应把成丛的子实体逐个掰开，淘汰畸形菇；猴头菇和滑子菇要切去老化菌柄。当天采收当天加工，不过夜，以降低菇体的损耗，保持其新鲜度。

2. 护色、漂洗

先用浓度为 0.6%~2% 盐水或 0.05% 柠檬酸溶液（pH 为 4.5）对菇体进行漂洗，可除去附着在菇体表面的泥沙和杂质，抑制菇体在放置过程中发生氧化和褐变，也可以用 0.03%~0.05% 焦亚硫酸钠溶液酸溶液浸泡 10min。

3. 杀青、冷却

杀青也称预煮，是将新鲜食用菌在稀盐水中煮沸，可有效抑制氧化反应和褐变、维持菇体形态、快速排出组织中水分，同时也具有破坏菇体细胞壁、增加细胞

膜的通透性、使盐水渍更快渗透到菇体组织中的作用。杀青要在漂洗后及时进行，容器可选用铝制或不锈钢预煮锅，避免使用铁锅，主要是由于菇体内含硫氨基酸在煮制时易与铁结合形成黑色硫化铁。

方法：在锅内倒入浓度为 5%~10% 淡盐水，煮沸后加入鲜菇，鲜菇和水的比例约为 2∶5。在预煮时不断搅拌，使菇体受热能均匀，并撇去水面漂浮的泡沫。杀青时间一般 5~10min，具体依菇体大小而定，以剖开没有白心、内外均呈淡黄色为适宜，若煮不透，保存过程中会变色，甚至腐烂。茶树菇、金针菇等的杀青时间一般在 5~10min，鸡腿菇、草菇、平菇、茶树菇为 8~10min，姬松茸为 10~12min。锅中盐水可连续使用 5~6 次，使用 2~3 次后，每次应补充适量食盐。杀青后的鲜菇需要立即冷却处理，否则热效将一直发挥作用，会影响菇体的口感，腌制后会变黑发臭，或使菇体变质。可以将菇体放入流水中冷却 20~30min 捞出，或连续 3~5 次轮番冷却。冷却结束后，放入竹制容器中沥干，或放进周转箱中等待盐渍。

4. 盐渍

在盐渍过程中，可以逐次放入不同浓度的盐水，或逐量加入食盐，有利于保持食用菌的形态。配好盐水后，还可以加入适量柠檬酸等来调节盐水适宜的 pH。盐渍容器要预先进行清洗，并用 0.5% 高锰酸钾溶液消毒后再用清水冲洗。将杀青、冷却、沥水的菇体逐层盐渍，按每 100kg 加 25~30kg 食盐比例。具体操作可先在缸底放一层盐，接着放一层菇（厚度 8~9cm），依次铺一层菇、放一层食盐，直到缸满。缸内倒入煮沸冷却的饱和盐水，表面铺一层食盐，加盖帘（竹片或木条制成），并用石块压住，保持所有菇体均充分浸没在盐水中。

5. 翻缸

翻缸能使盐分更均匀地渗透到菇体中，并可使盐渍过程中的一些有害气体顺利排出。一般在盐渍第 3 天要进行一次翻缸，之后每隔 5~7 天进行一次。在翻缸的过程中要密切关注盐渍溶液的浓度，使盐液保持在 25% 左右，低了就应倒缸，缸口要用纱布和盖子盖好。每次翻缸后要注意保持缸的密封性。

6. 装桶

一般盐渍在 15~20 天或盐水浓度稳定在 23% 以上时，即可装桶。将菌体捞起沥去盐水 5min，称重装入专用塑料桶内，灌入新配制的 20% 盐水（用 0.2% 柠檬酸溶液或调整液将盐水 pH 调整为 3~3.5，调整液用 42% 偏磷酸、50% 柠檬酸和 8% 明矾配制而成）至菇面，用精盐封口，排除桶内空气，加盖封存。盐渍食用菌含盐量达 20% 以上，属高盐制品，在食用或作其他加工时，必须使盐分降低到 2% 以下，食用时一般用清水漂洗数次来脱盐，或在 0.05mol/L 柠檬酸液（pH 为 4.5）中煮沸 8min。

盐渍加工过程中应注意：

①菇的品质：由于大多数菇在盐渍完成后，还要进行精加工，如制作软包装、装罐头、分装销售等，因此，在选菇时一定要选择代表本身的特性和适宜腌渍的品种。

②菇的分级：在采收后，需要按国内、国际市场上通行的要求规格进行分级加工，再进行盐渍。

③菇的颜色：各种食用菌子实体均具有自身的颜色，在盐渍水煮过程中，由于加热而造成了菇体的变色，因此，在煮制过程中需要采取适当的护色措施来防止菇体失去自身的特性，尽量保持原有的颜色。

④菇的盐度：盐的浓度一定在23%～25%。

⑤菇的煮熟度：各种食用菌在杀青的过程中，一定要煮熟，忌夹生菇或熟得过度，防止夹生菇在长期贮存时烂心，也防止熟得过度，使菇体发软、破碎。

⑥菇中的杂质和干净度：从采收到分级、煮制过程中，子实体要干净、无杂质，尤其需要除去培养基及幼、死菇，保持较高的商品性。

⑦在煮制中所加盐水需要开水化盐，以防盐红菌的出现。

⑧所用容器一定是不锈钢锅或铝锅，防止菇体变色。

⑨水量一定要充足，菇不超过水量的2/3。

⑩护色剂使用量要符合要求，不得超标。

（二）滑子菇盐渍加工

清洗→杀青→冷却→盐渍→调酸→装桶

1. 清洗

将分级后的滑子菇用流水清洗后，置于竹筛上沥去多余的水分。

2. 杀青、冷却

将滑子菇分批少量放入10%盐开水中轻轻翻动，水开后经2～3min后捞出。将杀青好的滑子菇捞出后置于流动的冷水中冷却，当菇体完全凉透后捞出沥去多余水分。

3. 盐渍

第一次盐渍：先在缸底铺上2cm厚食盐，按1kg滑子菇加0.5kg食盐的比例拌匀后装入缸内，再将一个大于缸口直径的纱布袋（内装盐）压在混盐的滑子菇上面，塞好，四周不留空隙，加水淹过滑子菇。几天后将浮起的黏泥状盐水捞出，注意不断向袋内加盐，以压住滑子菇使其不能浮起，必要时上面要盖木板再压石头，使盐袋、木板、石头的总重量达到菇重的60%，放置15～20天。

第二次盐渍：准备好另一个缸，底层铺2cm厚食盐，取出第一次盐渍的滑子菇，挑出开伞和变黑的滑子菇。如若第一次拌入的食盐全部溶解，再添加15%食盐，其他操作同第一次盐渍，15天后即可装桶。要逐渐加大压重物的重量，主要由于滑子菇表面有黏性较强的黏液，开始盐渍时若加重过大，盐分不易渗入，而到盐渍后期菇体内仍有水分和黏液，易引起腐烂变质。

4. 调酸、装桶

装桶前，需要配制加入调酸剂的饱和盐水。调酸剂由偏磷酸、柠檬酸和明矾按重量比 50∶42∶8 混合而成，其可使饱和盐水 pH 达到 3.0~3.5。装桶时，需将盐渍好的滑子菇捞出后去盐，沥去多余的水分（最好在筛子上面放 5~6h，至不再滴水），装入内衬塑料袋的铁桶内，每桶装滑子菇净重 70kg，再灌入调酸的饱和盐水，最上面再放 2cm 厚的食盐，扎好袋口，盖好桶盖加铅封，也可用 25kg 塑料桶包装，方法同上。桶外标明品名、等级、净重和产地，即可贮存或外销。

（三）金针菇盐渍加工

挑选→杀青→冷却→盐渍→管理→装桶

1. 挑选

盐渍用的新鲜金针菇应及时采收，清除杂质，要求菌盖直径 1.5cm，柄长 15cm，菇体洁白完整。

2. 杀青、冷却

预煮液采用 5%~7% 的盐水，用柠檬酸调 pH 至 4.5 左右。煮沸后将菇体倒入，翻动杀青使菇体受热均匀。菇水比例为 1∶2，煮 3~4min 捞出，用流水快速冷却，待温度下降到 15℃ 以下时，捞出沥去水分。

3. 盐渍

高盐处理法：适于高温季节，用盐量占菇重的 50%，贮存时间长。具体操作为先在缸底撒 2~3cm 厚的食盐，倒入预煮过的金针菇，摊平厚 6~7cm，再一层盐一层菇地放至缸满为止，最上一层用盐封顶，并注入冷却的饱和盐水和防腐护色液（配方为偏磷酸钠 55%、柠檬酸 40%、明矾 5%），浸没菇体。加盖纱布和竹片制成直径略大于缸口的井式隔离层，上面再用石块等重物加压。

低盐处理法：适用于冬天。具体操作为将预煮处理过的金针菇控干后，在冷却饱和盐水中充分搅拌，让菇体吸足盐分，并随时调整盐水饱和度。

4. 管理、装桶

盐渍一般需要 25~35 天，冬天时每 7d 翻缸 1 次，共翻 3 次；夏天时 2 天翻缸 1 次，共翻 10 次，即可装箱外运。装桶时应将盐渍过的菇体在原卤水中洗净后捞出，滴卤断线后称重装桶，注满饱和盐水和防腐护色液，用柠檬酸调节 pH 至 3.5 左右。

（四）平菇盐渍加工

清洗→杀青→冷却→盐渍→调酸→装桶

1. 清洗

将挑选后的平菇用流水洗出杂质，水洗后放到竹筛上滴去多余的水分。

2. 杀青、冷却

将洗净、沥干的鲜平菇放入已烧开的大锅水中煮7~10min，捞出摊在干净的凉席上迅速冷却。

3. 盐渍、调酸

将冷却的平菇置于30%的浓盐水中，菇体与盐水之比为1∶1。经12~24h盐渍后，检查盐水浓度，此时一般会下降至15%。把菇体捞出浸泡在新配制的25%盐水中，拌匀腌制后测定盐水浓度，如低于20%则如前操作，直至浓度稳定在20%为止，腌制时间为15~20天。盐渍时，盐水一定要浸没菇体，并用纱布覆盖缸口或在水泥池上加盖，以防蚊蝇或杂物等落入。为防腐可向浸泡液中加入0.2%鲜菇质量的柠檬酸，使盐水pH控制在3.5左右。

4. 装桶

鲜菇盐渍好后，捞出沥干，装入盛有新制备盐水的塑料桶内，最后用23%~26%盐水加满，加盖保存。观察几天后，抽查质量，称重量，盐水浓度不低于20%，即可外运。

二、食用菌糖渍加工

食用菌糖渍加工主要是制成蜜饯制品。与盐渍类似，食糖具有提高食品渗透压、降低水分活度、抑制有害微生物生长繁殖、抗氧化等作用，有利于食用菌色泽、风味的保持。

(一) 糖渍加工工艺流程

预处理→杀青→硬化→糖制→烘凉→上糖衣→包装

1. 预处理

对鲜菇挑选，清洗并沥干，按需求进行切分。

2. 杀青

一般采用沸水或水蒸气进行杀青处理，以达到熟而不烂状态。

3. 硬化

为提高原物料耐煮性和酥脆性，在糖制前需对原料进行硬化处理，即将物料浸泡于0.1%氯化钙、0.4%~0.6%石灰、0.2%~0.3%亚硫酸氢钙等溶液中处理。硬化剂的选用、用量及处理时间应依据原料特性制定。经硬化处理后的原料，在糖制前需进行漂洗，除去残留的SO_2、石灰等，避免对制品外观和风味产生不良影响。

4. 糖制

糖制是蜜饯类制品加工的主要工艺环节。糖制过程是原料排水吸糖的过程，糖液中的糖分依赖扩散作用先进入组织细胞间隙，再通过渗透作用进入细胞内，最终达到要求的含糖量。糖制方法有蜜制（冷制）和煮制（热制）两种。蜜制适用于多汁、质地柔软的原料，在蜜制过程中，初始糖液 30%~40%，一般分 3~4 次加糖，逐次提高蜜制的糖浓度。煮制方法适用于质地紧密、耐煮性强的原料，在加糖后一次性煮制成功，先配好 40%糖液入锅，加入原料后大火使糖液沸腾，分次加糖使糖浓度缓慢增高至 60%~65%停火。

5. 烘凉、上糖衣

除糖渍蜜饯外，多数蜜饯制品在糖制后需进行烘晒，除去部分水分，使表面不黏手，利于保藏。烘烤温度不宜超过 65℃，烘烤后的蜜饯，要求保持外形完整、饱满、不皱缩、不结晶、质地柔软，含水量在 18%~22%，含糖达 60%~65%。

糖衣蜜饯，是指蜜饯在干燥后用过饱和糖液浸泡一下取出，冷却晾干或烘干，使糖液在制品表面上凝结成一层晶亮的糖衣薄膜，使制品不黏结、不返砂，增强保藏性。

6. 包装

干态蜜饯或半干态蜜饯的包装形式，一般先用塑料食品袋包装，再进行装箱（纸箱或木箱），箱内衬牛皮纸或玻璃纸。湿态蜜饯采用罐头包装形式，在装罐、密封后，用 90℃进行巴氏杀菌 20~30min，取出冷却。

（二）平菇蜜饯加工

原料选择→预处理→硬化→糖制→烘干→均湿→整理、分级

1. 原料选择

选择菇体饱满、不开伞、无机械损伤、新鲜的平菇，去掉根部，用清水洗净。

2. 预处理

洗去平菇表面的泥土、稻草等杂质，注意轻拿轻放。清洗后置于浓度为 0.03% 焦亚硫酸钠溶液中护色处理，并及时放入 95~100℃清水中烫漂 2~3min，捞出后冷水冷却。

3. 硬化

烫漂后用浓度为 0.4%~0.5%氯化钙溶液浸泡 8~10h（按每 50kg 平菇加 100kg 溶液的比例）。硬化处理后用清水冲洗残液，再进行二次烫漂，水温控制在 80~85℃，烫漂时间 5~7min。

4. 糖制

先用食糖浸渍，即一层平菇放一层糖依次摆放，最上层用食糖覆盖，冷浸 5~6h。然后进行糖煮，采用多次煮成法，把冷浸后的平菇捞出沥干，沥出的糖液加热煮制 10min，将冷浸好的平菇放入沸糖液中煮沸 3~5min，随后连同糖液一起倒入缸中浸泡 15h，再把平菇捞出，将剩余糖液放回锅中烧开，同时提升 10%糖液浓度，再同第一次糖煮方法一样进行第二次糖煮。如此反复 3~4 次，直到糖浓度达到 65%~70%时，大火煮沸，同时加入 0.05%苯甲酸钠和 0.5%~0.8%柠檬酸

即可。

5. 烘干

把糖制好的平菇沥去糖液，铺放在竹帘上烘干，用烘烤箱、烘干炉、烘干房均可。

6. 均湿

干燥后的产品堆积在一起 1~2 天后，可使其含水量保持基本一致。

7. 整理、分级

剔出破碎的、色泽不均匀的产品，将黏连的、未烘干的蜜饯重新整理烘制，按大小分级包装。

（三）草菇蜜饯加工

原料选择→预处理→硬化→糖制→烘干→上糖衣→包装

1. 原料选择、预处理

选择菇体体形饱满、不开伞、无机械损伤的草菇，采收后立即放入 0.03%焦亚硫酸钠溶液中处理 6~8h，然后用清水漂洗干净，再将处理后的草菇投入沸水中烫漂 2~3min，以钝化酶的活性，烫漂后立即捞起，放入冷水中冷却。

2. 硬化

冷却后捞出，再放入 0.5%~1.0%氯化钙溶液中浸泡 10~12h，再用清水漂洗 3~4 次，以除去残液。漂洗后将原料捞出沥干水分，投入 85℃热水中保持 5min，再移入清水中漂洗 3~4 次。

3. 糖制

将漂洗干净的草菇放入 40%糖液中冷浸 12h。加入白糖使糖液浓度达 60%，再将草菇和糖液倒入不锈钢锅或铝锅中，大火煮沸后用文火煮到糖液温度达 108~110℃，糖液浓度达到 75%左右即起锅。

4. 烘干、上糖衣、包装

烘烤温度不超过 60℃，烘制 4h。烘制期间需要经常翻动，直至草菇表面不粘手为止，再用糖粉上糖衣。将白砂糖置于 60~70℃温度下烘干磨碎成粉即得糖粉，用量为草菇的 10%，搅匀后筛去多余的糖粉，再按预定规格包装。

（四）猴头菇蜜饯加工

原料选择→整理→清洗→热烫→护色、硬化→糖制→烘干→上糖衣→包装

1. 原料选料

选用形态正常、色泽洁白或微黄、无霉变、无斑疤伤的鲜猴头菇为原料。菌丝长度以不超过 0.8cm，直径不大于 5cm 为最宜。

2. 整理、清洗

原料采收后切去根蒂，清除黏附在菌刺上的碎屑和杂质，浸入 2%食盐水中，

尽快加工。

3. 热烫

在锅中放入清水，加入适量柠檬酸，将猴头菇置于锅中煮沸 5~6min，捞出后迅速用冷水冷却。对个体较大的猴头菇要进行适当切分，使菇体均匀，并剔除碎片及破损严重的菇体。

4. 护色、硬化

配制 0.2%焦亚硫酸钠溶液，并加入适量的氯化钙，待溶解后放入菇体，浸制 6~8h，捞起后用清水漂洗干净。

5. 糖制

按菇体重量加入 40%的白糖腌制 24h，滤取糖液，加热至沸腾，并调整糖液浓度达 50%趁热倒入缸内，糖液浸没菇体，继续糖渍 24h。糖渍结束后，将菇体连同糖液倒入锅中，加热煮沸，并逐步加入糖及适量转化糖液。当菇体被煮至有透明感，糖液浓度达 60%以上时，将糖液连同菇体倒入浸渍缸内，经浸泡后捞起沥干糖液。

6. 烘干、上糖衣、包装

将沥干糖液的菇体放入盘中摊平，60~65℃下烘烤 8~10h。当菇体水分含量降至 24%~26%时，取出烤盘，回潮 16~24h 后进行整形。将菇体压成扁圆形菇片，再送入烘房进行第二次烘烤，温度控制在 55~60℃，烘 6~8h。待含水降至17%~19%且不黏手时即可，经回潮处理后进行包装。

第六节　食用菌泡菜加工

食用菌泡菜在制作过程中，除了利用食盐的防腐能力，还有选择性地利用有益微生物的活动和发酵作用，抑制腐败菌的生长，从而防止食用菌变质，保持其食用品质。这一类制品的主要特点是在腌制过程中有着十分明显的乳酸发酵作用，产品酸味突出。

一、发酵原理

微生物的发酵种类是多种多样的，食用菌泡菜腌制过程中主要的发酵类型包括乳酸发酵、酒精发酵及醋酸发酵，这些发酵作用的主要生成物，不但能够抑制有害微生物的活动而起到防腐作用，而且能使制品产生酸味与香味。

（一）乳酸发酵

乳酸发酵是食用菌泡菜中最主要的发酵作用。引起乳酸发酵的乳酸菌一般以单糖（葡萄糖、果糖等）和双糖（蔗糖、麦芽糖等）为原料，主要生成物为乳酸，称为正型乳酸发酵。其发酵过程总化学反应式如下：

$$C_6H_{12}O_6 \longrightarrow 2CH_3CHOHCOOH$$

在乳酸发酵过程中，由于乳酸菌种类不同、所用原料不同等，发酵产物除乳酸外，还有许多其他产物，如乙醇、乙酸、二氧化碳等，称为异型乳酸发酵。其发酵过程总化学反应式如下：

$$\frac{3}{2}C_6H_{12}O_6 \longrightarrow 2CH_3CHOHCOOH+CH_3CH_2OH+CO_2\uparrow$$

（二）酒精发酵

食用菌在腌制过程中，由于附着在其表面的酵母菌活动的结果而产生乙醇。其发酵过程总化学反应式如下：

$$C_6H_{12}O_6 \longrightarrow 2CH_3CH_2OH+2CO_2\uparrow$$

此外，由于腌制初期食用菌的缺氧呼吸作用与一些细菌的活动，也会生成微量乙醇，这对于腌制品在后熟期中发生酯化反应而生成芳香物质十分重要。

（三）醋酸发酵

由于好气性的醋酸杆菌和其他细菌的活动，酒精会被氧化生成醋酸。其反应可用下列反应式表示：

$$CH_3CH_2OH+O_2 \longrightarrow CH_3COOH+H_2O$$

上述发酵过程中，最主要的产物是乳酸，还有乙醇、醋酸、二氧化碳等。酸和二氧化碳能使环境中 pH 降低，乙醇具有防腐作用，这些都能起到抑制微生物活动的作用，从而达到防腐的目的。

二、食用菌泡菜加工实例

（一）黑木耳泡菜

原料选择→预处理→装坛→水封→发酵

1. 原料选择

选择新鲜脆嫩、肉质肥厚的黑木耳作为原料。

2. 预处理

将黑干木耳放在冷水中泡 3~4h，再用清水将其冲洗干净，剔除病虫害等不可食用部分。然后将洗净后的黑木耳加热煮沸，捞出置于冷水中冲凉，沥干水分，按食用习惯切分。

3. 装坛

将沥干后的黑木耳装入泡菜坛中，加入冷开水，可按照一定比例添加 3.0%食盐、4.0%蔗糖、0.3%氯化钙和其他辅料，以增进泡菜的品质，然后加盖密封。

4. 发酵

将泡菜坛置于 15~25℃ 下自然发酵约 6 天即可食用。

(二) 平菇泡菜

原料选择→预处理→装坛→盐水制备→水封→发酵→包装、灭菌

1. 原料选择、预处理

选取新采收的平菇，菌柄保留 2cm 左右，去掉杂质，放入开水中煮沸 5~8min，不断翻动，保证受热均匀，捞出后浸于流动的冷水中，待冷却后取出，沥干多余水分。

2. 其他辅料预处理

芹菜剪去叶片和根，胡萝卜去掉叶和毛根，青椒去掉柄和籽。上述各辅料均用自来水冲洗干净，置于筛子上沥干多余水分。用不锈钢刀把芹菜切成 2~3cm 长小段，其余各原料包括平菇，均切成 4~5cm 长条或薄片。将各原料置于竹筛中，在阳光下晒 1~2h，使其表面水分蒸发，然后在大容器内将各种半成品原料相互混合均匀，混合时将白酒、鲜姜丝和花椒一并同时混合在料内。

3. 装坛

将已经混合均匀的半成品原料装入清洗干净的泡菜坛或大缸中，再倒入已冷却的盐水，以高出料面 1~2cm 为宜。盐水用量一定要适中，太少影响泡菜质量，发酵不均匀，有时易臭坛；太多影响产量，延长发酵时间。

4. 盐水制备

每 100kg 水加入精盐 8kg，置铝锅中加热煮沸后，离火自然冷却备用。

5. 发酵

将上述各种半成品原料和辅料加完后，立即密封，用水封好，置于 15~25℃ 下自然发酵，约 10 天发酵完毕，即可食用。

6. 包装、灭菌

将已发酵好的成品装袋后，采用巴氏消毒法进行灭菌处理，立即封口或封完口以后再灭菌均可。

第七节 食用菌休闲食品与调味品

一、食用菌休闲食品

休闲食品，俗称"零食"，是采用合理生产工艺加工制成的快速消费品，是人们在闲暇、休息时食用的食品，包括正餐和主食之外的所有食品。现今休闲食品已

渗透到人们食品消费的方方面面。对于大多数人来说，休闲食品不仅仅是食物，更是获取舒适感和归属感的重要源泉，能帮助人们缓解心理压力、消减内心冲突、保持心情舒畅。食用菌休闲食品，以高蛋白、低脂肪广受人们的青睐，但目前我国食用菌休闲食品种类较少，尚处于发展的初级阶段，是今后食用菌加工利用发展的重要方向。

(一) 香菇脆片

香菇→分选→清洗→修整、切片→漂烫→脱水→浸渍→速冻→真空油炸→脱油→冷却→调味→包装

1. 分选

干制香菇先浸泡 2h，完全浸透后，剔除残次、霉变、异物等，并按大小进行分级。

2. 清洗

将分选好的香菇放入浸泡池里，用 30mg/kg 次氯酸钠溶液浸泡 30min，再用清水搅拌清洗不少于 5min。

3. 修整、切片

留有毛根的香菇，切除根部，留根约 1cm，断体明显的菇体应进行修整，完整的乳香菇不需要切片，大香菇需要切片，厚度约为 5mm。

4. 漂烫、脱水

将预处理后的香菇，在 96℃ 热水中漂烫 10min，再在 1400r/min 下脱水 4min。

5. 浸渍、速冻

称取 100kg 脱水后的香菇放入真空浸渍机内，再准确称取 17.2kg 麦芽糖、5.6kg 白砂糖、7.8kg 麦芽糊精、1.5kg 食盐、1.6kg 香辛料，在 -0.9MPa 真空度、12r/min 转速条件下浸渍 60min，取出后在 -17℃ 下速冻 6h。

6. 真空油炸

将速冻后的香菇装入油炸用的不锈钢网筐中，固定好网筐盖，快速送入待炸香菇网筐，采用真空脆化机在 -0.09MPa 真空度、97℃ 下油炸 40min。

7. 脱油、冷却

真空油炸结束后，在 560r/min 转速下将油脱净，取出放入不锈钢盘内降温冷却至 40℃ 左右。

8. 调味

准确称量后，在搅拌机中先加入油炸后的香菇，按 100kg 脱水后的香菇计，分别加入 0.5kg 味精和 0.3kg 呈味核苷酸二钠，开机搅拌 5~10min。

9. 包装

由于产品比较脆，为了避免贮运过程中被挤压破碎，需要采取充氮包装方式。

打开制氮机约 30min 后，窗口显示氮气纯度为 99.9%时，进行包装。

（二）香菇软糖

预处理→熬煮→溶胶→熬糖→混合→调酸→注模→冷却→干燥

1. 预处理

将香菇经清洗后在 60℃烘干，粉碎过筛。

2. 熬煮、溶胶

将烘干粉碎的香菇粉按 2.3%比例加入水中搅拌均匀后煮沸，再加入 2.4%复配胶（琼脂与黄原胶质量比 10∶1），于 95℃恒温保持 25min，完全溶解后降温至 75℃备用。

3. 熬糖

将适量混合糖（葡萄糖浆与蔗糖）加入水中加热，熬至糖液呈金黄色拉丝状。

4. 混合、调酸

将糖液与复合凝胶溶液进行混合并搅拌，快速降温至 70~75℃，再加入 0.25%柠檬酸搅拌均匀。

5. 注模、冷却、干燥

将浓缩后的糖胶混合均匀，迅速倒入模盘，待冷却结块成型后放入 45℃恒温干燥箱中烘干至含水量 16%~25%，冷却至室温即可包装。

（三）香菇山楂果丹皮

香菇→清洗→切块→烘干→粉碎→过筛→香菇粉

↓

山楂→挑选、清洗→去果蒂→热烫→磨浆→混合调配→浓缩→刮片→烘干→揭起

1. 香菇粉制备

将香菇清洗后切成 3~5cm 小块，置于烘箱中烘干，再用粉碎机粉碎后，过 40 目筛，备用。

2. 山楂浆制备

选取颜色红艳、无病虫害、无腐烂的山楂，清洗，去除果蒂，煮沸至软，冷却，加适量水，用筛孔直径为 2mm 的打浆机打浆，打浆后可加入适量抗坏血酸以防止果浆褐变，冷藏备用。

3. 混合调配、浓缩

在果浆中分别加入适量香菇粉、白砂糖、柠檬酸，混匀，加热浓缩，不断搅拌以防止焦糊，浓缩至果浆呈泥状，有刮片现象为止。各种原料参考用量为：76.2%山楂、4.6%香菇粉、19.1%白砂糖和 0.1%柠檬酸。

4. 刮片、烘干

将浓缩的果泥均匀摊在不锈钢盘中，厚度适中，刮片要均匀一致，抹好的果泥

放入烘箱中，烘至其表面不黏手、能卷起、呈韧性薄片时取出。

5. 揭起

将烘好的果丹皮趁热揭起，再放到烤箱中 60~70℃ 下烘干，将水分降到 18%~20%，用刀切成片卷起，并撒上砂糖即为成品。

（四）木耳可食性纸

挑选→浸泡→清洗→打浆→调配→均质→脱气→涂膜→干燥→接膜→冷却→切片→整形→包装

1. 挑选

去掉杂质，并剔除虫蛀、变味、变色、破碎的木耳。

2. 浸泡、清洗

将挑选好的木耳浸入清水中泡发 2~3h，再进行漂洗，沥干备用。

3. 打浆

将黑木耳放入搅拌机中，加适量水，破碎打浆。

4. 调配

按比例在木耳浆液中加入预备好的增稠剂和调味料，搅拌混匀。

5. 均质

将调配好的料浆倒入均质机中，1200r/min 转速均质 2min。

6. 脱气

将均质好的料浆放入真空脱气机中进行脱气，直至气体全部抽出为止，避免制品表面不平整并利于涂膜成型。

7. 涂膜

将准备好的料浆均匀倒入烘烤托板上，摊平，厚度 2~3mm。

8. 干燥、接膜

将涂好的薄膜板在 60℃ 下烘烤 3h，含水量降至约 25%，用铲子从烘板的四周开始铲离，用手轻轻将膜揭起。然后进行第二次烘烤，含水量降至约 5%。

9. 冷却、切片、整形、包装

将木耳纸冷却之后进行切片整型，用食用膜袋抽真空包装，袋内放入 1 袋干燥剂。

（五）黑木耳果冻

原料清洗→干燥→粉碎→过筛→溶胀→混合→加热软化→加酸和香精→搅拌均匀→过滤→冷却成型

1. 黑木耳预处理

选择色泽黑而光润、无污染、无霉变、无病虫害的黑木耳，清洗干净后烘干，用粉碎机粉碎过筛（孔径为 0.125mm），得黑木耳粉。称取 2g 黑木耳粉加入 40℃、

60mL 的温水中溶胀 2h。

2. 混合

预先称取适量的白砂糖、魔芋粉、刺槐豆胶和卡拉胶，放入塑料杯中混合搅拌均匀，使食品胶充分分散开。

3. 加热软化

将混合好的糖及胶类物质倒入复水后的黑木耳中，搅拌均匀，加热沸腾保持15s，此过程要不断搅拌，避免粘锅。

4. 加酸和香精

加热结束后，待混合液冷却至 70℃ 以下再加入柠檬酸、苹果酸及香精，并搅拌均匀，最后加入山梨酸钾，搅拌均匀。

5. 冷却成型

将过滤后所得的混合液分装于果冻模具中冷却至室温或低温，产品凝结后即可包装。

（六）可吸型银耳莲子果冻

莲子→挑选→浸泡→匀浆　　柠檬酸、白砂糖、复配胶
↓　　　　　↓

银耳→挑选→泡发→去蒂、清洗→匀浆→煮制→过滤→调配→灌装→杀菌→冷却

1. 银耳选择、预处理

选择无异味或微有酸味、朵大体松、肉质肥厚、坚韧而有弹性、色泽呈白色或略带微黄、蒂小无根、无黑点、无杂质银耳为原料。将银耳用温水浸泡 3~4h，去蒂、清洗后，将其剪成 1cm×2cm 左右的碎片，再按银耳与水 1∶5 比例放入组织捣碎匀浆机中匀浆 2~3min。

2. 莲子选择、预处理

选择颗粒卵圆、均匀一致、表皮粉红透白、色泽一致、具有莲子固有清香、无异味的莲子为原料。将莲子清洗干净后，用温水浸泡 6~12h，再按莲子与水 1∶10 比例放入组织捣碎匀浆机中匀浆 3~4min。

3. 煮制、过滤

将银耳汁和莲子汁混匀，煮 3~4h，用四层纱布过滤。

4. 调配

将 0.8% 复配胶（黄原胶和卡拉胶复配，比例为 7∶3）和 14% 白砂糖混匀，加入 20 倍水，不断搅拌，80℃ 保温 10~15min，使糖胶完全溶解。将糖胶边搅拌边加入 80℃ 银耳莲子混合液中，冷却至 70℃ 时加入 0.12% 柠檬酸搅拌均匀。

5. 灌装、杀菌、冷却

将调配好的物料趁热灌装，密封后 85℃ 下保持 15min 进行杀菌，迅速冷却后，

即得成品。

（七）即食香辣杏鲍菇

原料挑选→清洗→切片→硬化→烫漂→脱水→调配→真空包装→杀菌→冷却

1. 原料挑选、清洗

选择菇体新鲜、完整且呈白色的杏鲍菇作为加工原料，将其根部修剪干净，利用清水将杏鲍菇冲洗干净。

2. 切片、硬化

将杏鲍菇用刀切成约 5mm 片状，再将杏鲍菇片放入 0.5%氯化钙溶液中浸泡30min，进行菇体硬化。

3. 烫漂、脱水

将硬化后的菇体加入沸水中烫漂 8~10min，取出后利用离心机进行脱水。

4. 调配

将各种调味料按一定比例进行调配，并与菇体搅拌均匀。以脱水后杏鲍菇片质量为基准，其他辅料参考用量为：2.5%食盐、2.0%白砂糖、1.0%味精、6.0%辣椒油、2.0%食醋、1.0%花椒、6.0%香油。

5. 真空包装

将调配好的物料装入复合薄膜袋内，用真空包装机抽气并封口。

6. 杀菌、冷却

采用高压锅进行灭菌，压力 0.05MPa，温度 105℃，时间 15min，自然冷却后出锅。

（八）杏鲍菇山楂即食片

山楂浆、糖、卡拉胶、淀粉等
↓

杏鲍菇选择→清洗→切片→预煮→打浆→混合→熬煮→摊片→干燥→揭片→切片→包装

1. 杏鲍菇选择、预处理

选取菇形完整、色泽正常、菇肉厚实、不开伞的新鲜杏鲍菇为生产原料，用流动水进行冲洗，将其表面附着的污物和细小杂质全部洗去。将经清洗后的杏鲍菇切成 5mm 厚薄片，置于 100℃沸水中预煮 5min，菇片取出冷却至室温后，再添加 0.5倍菇重的水，放入打浆机中进行打浆。

2. 山楂预处理

干山楂用清水洗净后，加入沸水中预煮 10min，去核，添加 4 倍干山楂重的水，利用打浆机打成浆液。

3. 混合

将杏鲍菇浆与山楂浆按一定比例混合，添加适量的糖、淀粉、卡拉胶等辅料，在容器中熬煮至膏状。各种原辅料的参考配比为：100g 杏鲍菇浆、40g 山楂浆、15g 蔗糖、5g 淀粉、0.2g 卡拉胶、0.1g 蛋白糖。

4. 摊片、干燥

将熬制好的膏浆摊倒在预先刷过食用油的玻璃板上，使其流延成厚度 4mm 的薄层，然后放入烘箱中于 65℃干燥 8h。

5. 揭片、切片、包装

经烘干后的产品取出，揭片，用刀切成 2cm×8cm 片状，表面撒少量糖粉，用铝箔复合纸包装，即得成品。

二、食用菌调味食品

调味品是指能增加菜肴的色、香、味，促进食欲，有益于人体健康的辅助食品，而食用菌调味品是基于传统调味品的工艺，配以食用菌或以食用菌为主要原料制备而成的具有菌类风味、营养、保健功能的酱油、醋、盐、菇精粉等调味品。食用菌类型调味料是近年来新兴起的一种调味料，不仅营养鲜美，更具有优良的多糖、蛋白质等营养成分，水溶性和稳定性佳，集美味、营养、健康于一身，深受消费者的喜爱而被广泛食用。食用菌调味料的加工，不仅可以利用其菌子实体，还可以利用其菌柄、菇脚甚至是碎屑等，经过深加工处理后制成调味品，满足了调味料的功能化与营养化要求。

食用菌中含丰富的呈味物质。挥发性呈味物质主要有八碳挥发性化合物和含硫化合物，其他的醛、酮、酸、酯类化合物对食用菌的香气起到修饰和调和作用；非挥发性呈味物质有可溶性糖、游离氨基酸、小肽和核酸代谢产物（如鸟苷酸、肌苷酸）等，这些呈味物质奠定了研发食用菌调味品的物质基础。我国以食用菌为原料生产调味品，主要包括以下几种：

（1）以微生物为动力，将食用菌及加工过程中的下脚料发酵成各种香气独特、口味鲜美的调味品，如香菇酱油、草菇酱油、平菇酱油、蘑菇醋等。

（2）利用食用菌抽提液为原料，经过滤、浓缩制得的一类产品，如香菇精、百菇精等，作为调味品或食品添加剂使用。

（3）食用菌调料粉，即把香鲜浓郁的食用菌干品直接粉碎至细粉末，然后加入味精、肌苷、鸟苷、食盐及其他一些添加剂和辅料混合调配制成。

（一）香菇酱

原料验收、分选→浸泡→清洗→脱水→切丁→油炸→调配→炒酱→灌装

1. 原料验收、分选

香菇柄原料进厂后由专人验收，选取干燥、无异味、无虫蛀、去除杂质（如塑料皮、头发、木屑、树叶、小石子等）、无黑硬霉变的干制香菇柄；新鲜香菇柄，

经过人工挑选剔除其中的异物及软烂、虫伤、霉变的部分。豆豉、芝麻、花椒粉、辣椒粉、食用盐、白砂糖、酵母提取物、味精、5′-呈味核苷酸二钠等配料添加量应符合《食品安全国家标准　食品添加剂使用标准》（GB 2760—2014）中的要求。

2. 浸泡、清洗

香菇柄含沙尘较多，切丁之前需清洗干净。清洗之前将香菇柄置于浸泡池中以50～60℃温水浸泡50min，再放入鼓泡清洗机中清洗。新鲜香菇柄可直接放入鼓泡清洗机中清洗，清洗用水须是生活饮用水，通过鼓风机向鼓泡清洗机中压入空气产生大气泡，带动菇柄在水中来回翻滚，冲洗去除沙尘。通过调节鼓泡清洗机的传送带来调节输送速度以达到需要的清洗效果，清洗时间30min。

3. 脱水、切丁、油炸

将清洗好的香菇柄装入脱水用的网袋中，置于离心脱水机中进行脱水，再将脱水后的香菇柄通过输送带连续均匀送入切丁机内进行切丁，之后向油炸锅中（常压）加入适量的一级大豆油（或菜籽油），开机加温，待油温达到预定温度后，投入切好的香菇丁进行油炸。

4. 调配

准确称取油炸脱油后的香菇丁（占总物料70%），放入不锈钢桶中备用，准确称取8.5%豆豉、6.0%芝麻、4.0%辣椒粉、3.5%食用盐、2.0%花椒粉、2.0%葱姜蒜粉、1.0%肉桂粉、1.0%丁香粉、1.0%白芷粉、0.57%白砂糖、0.2%酵母提取物、0.05%味精、0.04% 5′-呈味核苷酸二钠、0.04%山梨酸钾等配料，放入搅拌机内搅拌5min，使之充分混合均匀，然后放入不锈钢桶中备用。将称好的豆豉、芝麻、食用盐、白砂糖、酵母提取物、味精倒入胶体磨中进行研磨，制成豆酱，确保均匀，无颗粒感。

5. 炒酱

炒酱是香菇酱加工中最关键的工序，分三步进行。首先熬酱，在炒锅内加入适量的一级大豆油（或菜籽油），待油温升至160℃，可闻到大豆油（或菜籽油）特有的香味时，按调配工艺要求加入磨好的豆酱进行熬制。第二步炒制，向熬好的酱中加入称量好的、3.5min脱水、110℃油炸5min、8mm³大小的香菇丁进行炒制。第三步搅拌，向炒制好的酱料中加入混合处理好的香辛料和食品添加剂（5′-呈味核苷酸二钠、山梨酸钾），搅拌均匀。

6. 灌装

为了保持香菇酱的风味，采用密封性能好、无毒无味的一次性新玻璃瓶为灌装容器。香菇酱灌装温度不低于65℃，酱料要求稠稀均匀，瓶口瓶身及瓶盖洁净，灌装机抽真空连续灌装，立即密封。

（二）香菇柄发酵酱

糯米、黄豆→接种→制曲→烘干、粉碎→成曲→香菇柄粉、成曲→搅拌→加盐

水→发酵→装罐→灭菌

1. 烘干、粉碎

去除杂质后洗净，放在阴凉通风处晾干表面水分，放入105℃烘箱内烘6h，取出粉碎过40目筛子，放入密封袋中阴凉干燥处备用。

2. 接种、制曲

黄豆与糯米按照一定比例混合，浸泡12h后捞出沥干水分，在121℃高压灭菌锅中灭菌15min，取出后摊开放置于桌面自然冷却至30℃以下，接种0.7%米曲霉，30℃下培养48h，中间进行两次通风翻曲，曲料表面布满黄绿色菌丝，完成制曲。

3. 烘干、粉碎、成曲

将制曲过程中获得的成曲40℃烘制24h，取出粉碎过20目筛子，放入密封袋中4℃冰箱保存。

4. 加盐水

称取60g食用盐，加到1000g蒸馏水溶解，于高压蒸汽灭菌锅121℃灭菌10min后冷却。

5. 发酵

将粉碎后的成曲与盐水按1.0∶2.5的比例混合均匀，并将密封后的发酵罐放置在恒温培养箱中，50℃恒温发酵20天后，取出装罐。

6. 灭菌

灌装完成后的发酵酱进蒸屉排气，121℃灭菌20min，冷却。

（三）金针菇酱油

原料处理→过滤浓缩→中和调料→调配兑制→澄清杀菌→装瓶压盖

1. 原料处理

金针菇应新鲜洁净，杀青加热至65℃备用。

2. 过滤浓缩

杀青后经60目筛过滤，或经离心机分离，以除去金针菇碎屑及其他杂质。将滤液吸入真空浓缩锅中进行浓缩，氮化物真空度为66.67kPa，蒸汽压力为147~196kPa，温度为50~60℃，浓缩至可溶性固形物含量为18%~19%（折光计）时出锅。

3. 中和调料

浓缩液应调整至中性偏酸（pH为6.8左右），然后进行过滤。将桂皮烘烤至干焦后粉碎，再与八角、花椒、胡椒、老姜等调料混合在一起，用4层纱布包好，放在锅中加水熬煮，取其液汁，加入酱色和味精适量，制成调料液备用。

4. 调配兑制

取18%~19%金针菇浓缩液40~43kg，置于不锈钢夹层锅中，加入8.0~8.5kg

食用酒精，加热并不断搅拌，煮沸后再加入一级黄豆酱油9~11kg、5kg精盐和上述调料液500g，继续加热至80~85℃。

5. 澄清杀菌

将兑制好的金针菇酱油进行离心分离，除去其中的微粒等，取上清液进行杀菌，70℃恒温保持5~10min。

6. 装瓶压盖

在澄清的酱液中加入酱体量0.05%防腐剂，充分搅拌均匀，装瓶、压盖、贴商标、装箱，即为成品。

（四）杏鲍菇酱油

种曲

↓

杏鲍菇→润水→蒸煮→冷却→加面粉→接种→制曲→发酵→浸出→加热及配制→酱油

1. 原料处理

杏鲍菇洗净后，加水，然后搅拌均匀，采用高压进行蒸料，0.15MPa压力下蒸煮20min。

2. 制曲

熟料冷却至40℃，先将投料量3%的米曲精菌种拌入面粉，将面粉与熟料按照3：5比例混合均匀。曲料装入曲盘中，置于30℃恒温下进行制曲。品温上升至35℃左右时，翻曲1次，维持品温28~32℃，培养过程中视品温的上升情况再进行2~3次翻曲。曲料疏松、孢子丛生、呈黄绿色并散发曲香，停止培养，即制好成曲。

3. 发酵

在成曲中加入60℃、19%~20%盐水，使酱醅含水量达65%，拌匀后装入发酵容器中，密封，四周用盐封边加盖。保温发酵，控制品温45℃左右，每天定时定点翻拌，20d左右即可成熟。

4. 浸出、加热及配制

按照常规酱油生产操作进行。

（五）平菇醋

活化干酵母

↓

平菇→切片→粉碎→浸泡→提取平菇多糖→调整糖度→杀菌→冷却→酒精发酵→灭菌→醋酸发酵→灭菌→过滤→陈酿→澄清

↑

二级扩培醋酸

1. 原料选择

选择无霉变、无异味的干平菇（碎菇也可），将附着在干平菇表面的草叶、泥土等脏物清理干净。

2. 提取平菇多糖

在平菇粉中加入一定量水，采用热水提取法提取平菇多糖。

3. 杀菌

将平菇浆加热到85℃杀菌15min，杀菌后将平菇浆快速冷却至40℃以下。

4. 酒精发酵

取一定量安琪活性干酵母，与等质量糖混合后加入10倍38~40℃水，将干酵母搅拌并溶解复水10~20min，再将复水后的酵母液迅速降温至30℃左右，并活化1h后，加入3倍平菇浆保温10min，即可接入平菇浆中进行酒精发酵。

5. 醋酸发酵

在发酵完全的灭菌平菇酒液中接入二级种子扩大培养醋酸菌进行醋酸发酵，为增加发酵液中氧气含量，每日定时通气3次，并每日测发酵液酸度，待发酵液中酸度连续3天无变化，则表明醋酸发酵结束。

6. 陈酿

醋酸发酵结束后，对得到的平菇醋进行6个月静置陈酿。

（六）黑木耳红枣复合果醋

黑木耳与红枣混合汁→调整糖度→酒精发酵→醋酸发酵→粗滤→调配→精滤→杀菌、灌装→冷却

1. 黑木耳汁制备

将优质的干黑木耳于30℃左右水中浸泡50~60min，清洗干净。将浸泡好的黑木耳加适量水，用组织捣碎机粉碎。称取一定量已磨好的黑木耳，在75℃恒温水浴中浸提2h得到汁液。浸提后的汁液经过滤，再在3000r/min转速下离心5min，制得黑木耳汁。

2. 红枣汁制备

选择优质的和田玉枣，去核清洗，加3倍质量清水，放入组织捣碎机进行粉碎。将粉碎后的红枣泥再加3倍质量的水，于70℃恒温水浴中浸提1.5h。向红枣浸提液中添加0.5%果胶酶，于50℃恒温水浴继续浸提30min。经过滤得到略微黏稠的红枣汁。

3. 混合

将制备好的黑木耳浆液、红枣浆液和水按5∶3∶2混合，-2℃保藏。

4. 调整糖度

采用低糖原果汁直接发酵法发酵，混合浆含糖量控制在 15%。

5. 酒精发酵

将活化后的酿酒酵母接入黑木耳红枣混合浆汁中发酵，接种量 4%，发酵温度 30℃，初始糖度 12.5%，发酵 7 天，当酒精度（vol）达到 10%左右且不再升高时，酒精发酵结束。

6. 醋酸发酵

调整醋酸菌发酵液最适 pH 至 4.5，将扩大培养后的醋酸菌直接接入酒精度达到 7%左右的发酵液中，接种量 10%左右，发酵温度 30~35℃，发酵时间 5~7 天，当醋酸转化率达到 80%左右且不再升高时醋酸发酵结束。

7. 粗滤、调配、精滤

经发酵结束后的液体，先经粗滤，然后按照成品的要求进行调配，再进行精滤（200 目），将发酵后剩余残渣滤除，使不溶性固形物含量下降到 20%以下。

8. 杀菌、灌装、冷却

将经上述处理的果醋迅速加热到 85℃以上维持几秒，快速装入消毒过的玻璃瓶内，趁热（不低于 70℃）立即封口，密封后迅速冷却至 35℃以下，得到复合果醋成品。

（七）山榛蘑汤料

原料选择→浸泡→除杂→清洗→切分→调味、煮制→干燥→微波灭菌

1. 原料选择、预处理

选择新鲜的或成熟晒干的优质野生榛蘑。用 0.2%~0.3%食盐水浸泡 30min，使干燥的榛蘑充分泡开，菌盖边缘放射状排列的条纹柔软，清晰可见。榛蘑经过仔细挑选，剔除烂菇、霉菇及其他杂质，用水将修整好的榛蘑清洗 2~3 遍，待清洗后的水清澈即可。将清洗后的榛蘑切分成 2~3cm 长的蘑菇小片，注意切分要基本做到均匀一致，切忌过大或者过小。

2. 调味、煮制

按 30%榛蘑、16%食盐、7%白砂糖、10%调味剂的比例充分混合（其余部分为水），其中调味剂为五香粉、鸡精、味素、白胡椒粉、姜粉按 2∶6∶6∶6∶6 比例的混合物，投入沸水中煮 6~8min，并不断搅拌榛蘑使其受热均匀，浓缩，待榛蘑充分入味后捞出，沥干冷却后备用。

3. 干燥

将煮制好的榛蘑放入干燥箱内，在 60℃下连续烘干 4h。烘干到表面既不潮湿又不十分坚硬即可。

4. 微波杀菌

采用微波间歇灭菌法灭菌，输出功率为 800W，灭菌总时间为 4min。

（八）牛肝菌奶油浓汤粉

1. 白牛肝菌奶油浓汤

配方：0.25kg 红葱、1kg 北风菌、1kg 白牛肝菌、0.3L 波特甜葡萄酒、1L 牛奶、0.1kg 黄油、0.3kg 奶油、0.15kg 盐、0.03kg 胡椒粉、3L 白色鸡肉基础汤。

主辅料切配成形→黄油炒制→制汤→捣碎→过滤→加入奶油→成品

将红葱、白牛肝菌原料去根部，清洗干净后切碎。用黄油炒香碎红葱、碎白牛肝菌和北风菌，加入波特甜葡萄酒煮干，倒入鸡汤和牛奶煮沸，调节火力大小，保持微沸 20min，再将白牛肝菌汤倒入捣碎机中搅成蓉汤，40 目滤网过滤后加奶油浓缩，调味后备用。需要注意，白色鸡肉基础汤需要提前准备，而白牛肝菌奶油浓汤的要点在于汤的浓度，可以通过黄油炒面粉来补充调节汤的稠度，通常 2.5L 的汤使用 125g 黄油面酱来增稠。

2. 微胶囊粉末制作

配方：90.0% 白牛肝菌奶油浓汤、5.1% 麦芽糊精、2.7% β-环状糊精、2.2% 阿拉伯胶。

白牛肝菌奶油浓汤→原料混合→真空浓缩→喷雾干燥→包装→检验

（1）原料混合、真空浓缩。按照配方比例将浓汤、麦芽糊精、β-环状糊精、阿拉伯胶等配成一定浓度的溶液，经过保温杀菌、过滤，并将温度保持在 60℃ 左右，以备喷雾干燥之用。需要注意的是，为了提高包埋剂的溶解效率，浓汤必须预热至 55~60℃；在混合过程中，包埋剂不能加得过多，以免结块，难以化开。原料混合后要进行真空浓缩，其操作条件为真空度 0.096MPa，温度 50~60℃，搅拌转速 110r/min。

（2）喷雾干燥。经上述处理的白牛肝菌奶油浓汤，再经离心喷雾干燥的处理，得到粉状的白牛肝菌奶油浓汤粉。具体操作条件为控制喷雾干燥的进风温度为 140~150℃、出风温度为 90~100℃，进料温度控制在 55~60℃，离心转速控制在 16000r/min。

（3）包装、检验。白牛肝菌奶油浓汤粉为低水分含量，故吸湿性较强，需采用铝箔包装。贮存于干燥、阴凉处，避免受潮，严禁与有毒有害物质混放。样品经抽样检验合格即为成品。

第八节　食用菌饮料

食用菌饮料是指采用食用菌子实体、菌丝体及其培养液浸提、发酵或直接加工得到的一类产品，其兼具食用菌的营养价值、风味，可以起到提高人体免疫力、抗肿瘤、降血糖等作用。目前，我国食用菌饮料的研究和开发仍然具有很大的发展空间，可以依据不同的食用菌的特性进行食用菌饮料的研发，所制备的食用菌功能保健饮品产品多样化，可以满足不同消费者的需求，给予消费者充分的选择空间。

一、子实体配制型食用菌饮料

子实体配制饮料主要是利用食用菌子实体的粉碎浸提、调配而制成的饮料。以食用菌子实体为原料制成饮料，会受到生产、季节等多方面因素的制约，实行工厂化生产的可行性较低。

（一）黑木耳饮料

β-环糊精、糖、酸、蜂蜜、稳定剂等

↓

黑木耳→预处理→微波浸提→过滤→调配→均质→UHT 杀菌→灌装→封口杀菌→冷却→包装

1. 预处理

选择无虫害、无霉变、颜色尽量深些的黑木耳，去除杂质，清洗干净，粉碎。

2. 微波浸提

采用微波浸提法，料液比为 1∶60，微波火力为中强火，浸提 1 次，85℃浸提 15min。

3. 过滤

黑木耳浸提液中含有大量蛋白质、黏性多糖等易沉淀物质，一般采用微孔过滤，以保证饮料的稳定性。

4. 调配

黑木耳浸提液中，异味主要来源于黑木耳的有效成分，既要保留黑木耳的有效成分，又要使口味易于被消费者接受，为此，采用 β-环状糊精的包埋作用、蜂蜜的遮味作用、糖和酸的调味作用对产品的口味进行调配，并添加少量增稠剂提高稳定性。

5. 均质

通过均质将黑木耳饮料中的微小颗粒进一步细化，从而提高饮料的均匀性，防止分层、沉淀的产生。控制均质温度 50~60℃，压力 40MPa，均质 2 次。

6. UHT 杀菌、灌装

料液经 137℃、6s 瞬时杀菌，控制杀菌出口温度为 88~89℃，进行热灌装。

7. 封口杀菌、冷却

灌装封口后料液温度控制在 88℃，对瓶子盖子等进行一次巴氏杀菌，时间控制 20min 以上，及时冷却，即得成品。

(二) 山楂银耳复合饮料

山楂→清洗→去核→浸提→打浆→过滤

↓

银耳→除杂→清洗→浸泡→去根→浸提→打浆→调配→冷却→均质→脱气→灌装→封口→杀菌→冷却→产品

1. 山楂汁制取

选用成熟度较低的鲜山楂，要求无霉烂变质。除杂清洗后，采用一次软化浸渍法，85~95℃软化时间30min，自然冷却，浸渍12~24h，浸渍用水量为鲜山楂果重量3倍。浸提后，去核、打浆得到山楂汁。

2. 银耳汁制备

选用色泽白、完整、杂质少的银耳，除杂清洗，用3倍重量的清水进行浸泡至完全泡发。捞出水发的银耳，除根后投入4倍重量的水中小火煮制40min，再用组织捣碎机进行破碎，粉碎粒度应小于1mm，所得浆液冷却后备用。

3. 调配

将上述制备的山楂汁、银耳浆以及其他原辅料进行混合调配。具体比例为：60%山楂汁、10%银耳浆、12%白砂糖、0.2%琼脂、0.15%黄原胶、0.02%柠檬酸、0.016%山梨酸钾、0.013% β-环糊精，其余为纯净水。

4. 均质、脱气

先将料液用高压均质机进行均质，在18~20MPa均质压力、50~60℃下均质3~4min，然后用真空脱气机在真空度90.7~93.3kPa、温度50~70℃下脱气，以减少维生素C、色素及香气物质的氧化。

5. 灌装、封口、杀菌

将银耳和山楂复合饮料分装到250mL玻璃瓶中，封好瓶口。工业生产中采用列管式杀菌器，110℃杀菌50s后冷却至常温，即为成品。

二、一次发酵型食用菌饮料

一次发酵型食用菌饮料主要利用液体或固体培养基发酵法得到食用菌菌丝体，过滤发酵液或提取菌丝体的有效成分，经调配、添加其他成分等制得的饮料。一次发酵型食用菌饮料不但保留了食用菌原有的风味物质，还能减少有效功能性成分的流失。经过调配、添加辅料，其感官指标得到提高。

(一) 榆黄蘑发酵饮料

榆黄蘑发酵产物→组织捣碎→加热浸提→过滤→调配→均质→灌装→杀菌

1. 榆黄蘑发酵产物

榆黄蘑液体发酵最适胞外多糖积累的培养基配方为：20%马铃薯、1.5%葡萄糖、1.5%蔗糖、0.1%酵母膏、0.1%蛋白胨、10.03% NaCl、0.15%磷酸二氢钾、0.075%硫酸镁、10.0%维生素 B。摇瓶培养的最佳培养条件为：500mL 的三角瓶装液量 200mL、pH 6.0、转速 160r/min、温度 27℃、接种的菌龄 7 天、接种量 15%、发酵时间 9 天。

2. 组织捣碎

将发酵液连同菌丝体一起倒入组织捣碎机中，将其打碎成浆液。

3. 加热浸提、过滤

匀浆后的发酵浆液置于水浴中进行浸提，以促使菌丝体自溶，有利于较多的营养物质溶于发酵液中，60℃浸提 30min。浸提结束后用离心机离心分离并过滤，得到发酵匀浆滤液，滤渣可重复匀浆，浸提 1 次，合并 2 次滤液。

4. 调配

原味榆黄蘑饮料调配比例为：40%发酵原液、11%蔗糖、0.15%柠檬酸、0.15%稳定剂（果胶∶卡拉胶=1∶1），其余为纯净水。

果味榆黄蘑饮料调配比例为：30%发酵原液、15%苹果原汁、9%蔗糖、0.15%柠檬酸、0.15%稳定剂（果胶∶卡拉胶=1∶1），其余为纯净水。

5. 均质

将调配好的浆液放入均质机中均质，均质压力为 18~20MPa。

6. 灌装、灭菌

将均质后的饮料先灌装密封然后杀菌，杀菌采用高温煮沸灭菌，100℃煮沸 15min，冷却后经质量检验合格者为成品。

（二）滑菇发酵饮料

滑菇发酵产物→菌丝体分离→酶解→混合→调配→后处理

1. 滑菇发酵液制备

斜面培养基：PDA 培养基。

发酵培养基：25g 玉米粉，10g 黄豆粉，2g 酵母粉，0.5g $MgSO_4$，1g KH_2PO_4，0.25g K_2HPO_4，微量 $ZnSO_4$，微量 $MnCl_2$，加水 1000mL。

（1）菌种活化。PDA 培养基配制好后分装试管，于 121℃下灭菌 20min，制成斜面培养基，每支斜面接入 0.5~1.0cm^2 菌块，27℃培养 72h。

（2）一级摇瓶种子。500mL 三角瓶内装入 100mL 液体培养基，经 121℃下灭菌 20min，冷却后接入斜面菌种，置 25℃恒温培养室，振荡培养 3~4 天。

（3）二级摇瓶培养。5000mL 三角瓶内装入 600mL 液体培养基，经灭菌冷却后，按 10%~15%接种量接入一级摇瓶种子，25~26℃振荡培养 2~4 天。

（4）血清瓶培养。10000mL 血清瓶装入 5000mL 培养液，进行间歇高压蒸汽灭菌，冷却后按 10%~15%接种量接入二级摇瓶种子，置于 25~26℃恒温室内通气培养，通气量为 $1：0.4\sim1：0.5$（V/V）。

2. 菌丝体分离

用过滤或离心法，将发酵液菌丝体分离，收集上清液。

3. 酶解

将菌丝体与适量的水和纤维素酶液混匀，在 $40\sim55℃$ 中进行酶解处理，使菌丝体内的营养成分游离到菌丝体外，经离心或过滤获得营养成分提取液。

4. 混合

将上述两部分获得的上清液和营养提取液合并，作为发酵营养饮料原液。

5. 调配

在原液中加入糖液和食用酸（如柠檬酸），使其具有天然风味的饮料在酸甜程度上更适合人们的口味。

6. 后处理

将配制好的饮料原液，经加热、冷却、澄清、灌装、灭菌等一系列工序，加工成饮料。

三、菌丝体或子实体多次发酵型食用菌饮料

（一）酵母菌发酵

酵母菌发酵主要以糖为主要营养物质，因此在发酵过程中以食用菌菌丝体或子实体为基础，需适量添加果汁或糖才能够达到酵母菌发酵条件。发酵得到的产物中不仅具有酒精发酵的风味物质，还带有食用菌原有的菌类风味。以金针菇保健酒为例，其生产工艺如下：

原料→清洗→破碎→压榨→静置澄清→调整成分→前发酵→后发酵→贮藏管理→配制→过滤→树脂交换→杀菌→封装

1. 原料清洗、破碎

选用无病无虫的新鲜金针菇，除去杂质，洗净。将洗净的金针菇用锤式破碎机破碎，从采菇到加工不超过 18h 为宜。

2. 压榨、静置澄清

将破碎的金针菇用连续压榨机榨汁，每 100kg 汁液加入 $12\sim15g$ 二氧化硫，在每升汁液中加入 $0.1\sim0.15g$ 果胶酶，混匀后静置澄清 24h。

3. 调整成分

将澄清汁液用虹吸法进行分离，上清液泵入不锈钢发酵罐中，汁液不得超过罐容积的 4/5。取样分析后，根据要求用白砂糖调整糖度至 $40\%\sim42\%$。

4. 前发酵

向发酵罐中接入 $5\%\sim10\%$ 人工酵母或活性干酵母，充分搅拌或用泵循环混匀，

经 3~5 天即可出罐转入后发酵。

5. 后发酵

将前发酵液转入密闭式罐中后发酵，发酵液占罐容积的 90%，温度控制在 16~18℃，约经 30d 发酵结束。之后取样检验分析酒度、残糖等理化指标。

6. 贮藏管理

后发酵结束后 8~10 天，皮渣、酵母、泥沙等杂质沉积于罐底，将其与原酒分开，进行第 1 次开放式倒罐，补加二氧化硫至 150~200mL/L，用精制食用酒精调整酒度（vol）至 12%~13%，再在原酒表面加 1 层酒精封顶。11~12 月进行第 2 次开放式倒罐，次年 3~4 月用密闭式进行第 3 次倒罐。此时酒液澄清透明，可在酒液面加 1 层精制酒封顶，进行长期贮存陈酿。

7. 配制

根据产品质量标准，精确计算出原酒、白砂糖、酒精、柠檬酸等用量，依次加入配酒罐中，拌匀。取样分析化验，符合标准后进行过滤。

8. 过滤、树脂交换

将上述配制好的酒液利用过滤机过滤，然后利用强酸 732 型阳离子交换树脂进行酒液离子交换。

9. 杀菌

用薄板式换热器进行巴氏杀菌，温度控制在 68~72℃，保温 15min。

10. 封装

对杀菌后的酒液进行灌装、封口、贴标、装箱，成品入库贮存或上市。

（二）醋酸菌发酵

将食用菌子实体或菌丝体先进行酒精发酵，将糖转化为酒精，然后接种醋酸菌再进行醋酸发酵，即可得到食用菌醋，或者直接在发酵液中添加酒精，接种醋酸菌进行发酵，得到醋酸。由于醋酸味道浓重、刺激性强，需使食用菌的风味与醋酸发酵产物调和。以猴头菇保健醋为例，生产工艺如下：

马铃薯液体培养基→猴头菌菌丝体培养→过滤→糖化（加白糖）→酒精发酵（活性干酵母活化）→液态深层醋酸发酵（醋酸菌）→加盐陈酿→调配→过滤→灭菌→冷却→检验→包装

1. 猴头菇菌丝体培养

将马铃薯液体培养基装入三角瓶中 126℃灭菌 20min，冷却后接入猴头菌，在 25℃、180r/min 下振荡培养 7 天，即得猴头菌丝体液。

2. 糖化

由于培养基中的蔗糖大部分被菌丝利用在酒精发酵，其糖度明显不足，需添加适量的蔗糖，配比为猴头菌丝体液:蔗糖=1:1。

3. 酒精发酵

按醪液量的 5% 接入预先活化好的活性干酵母，酒精发酵温度控制在 26~28℃，发酵 72~96h，即可获得酒精度为 5%~7% 的酒醪。

4. 液态深层醋酸发酵

将醋酸菌在 30℃ 条件下活化 24h 后，转入装醋酸菌活化培养基 100mL 的 500mL 三角瓶中，4 层纱布封口，在 30℃、转速 180r/min 条件下进行培养 24h（总酸度 > 1%）。待酒精发酵结束后，向酒精发酵醪中接入 10% 的醋酸菌液，发酵温度控制在 32℃，空气流通，发酵 6 天醋酸菌的生长代谢逐渐缓慢，测定醋液酸度不再上升时，醋酸发酵即完成。

5. 加盐陈酿

为提高发酵醋的风味及色泽，在醋酸发酵后，加入 3% 食盐，抑制醋酸菌的活动及时转入陈酿，并按不同质量要求进行调配、过滤。80℃ 下灭菌 15min，冷却澄清，检验合格，包装即得成品。

（三）乳酸菌发酵

利用乳酸菌发酵生产食用菌饮料，使产品发酵后产生乳酸，味道柔和，改善产品风味，同时还能够促进胃肠道消化吸收。发酵原料可以采用子实体或菌丝体，还可进行混合菌种发酵。以香菇红枣发酵乳饮料为例，生产工艺如下：

红枣汁、脱脂乳粉
↓
香菇→预煮→打浆→胶磨→混合→杀菌→冷却→接种→发酵→过滤→调配→均质→杀菌→罐装→成品

1. 红枣汁的制备

红枣清洗，去核，按 1：3 比例加水，沸水煮 30min，使组织软化并破坏氧化酶，同时起护色作用，还能补足蒸煮过程中缺失的水分，冷却至室温后，用打浆机打浆，分离出果肉再过 3 次胶体磨，得到红枣汁备用。

2. 鲜菇浆的制备

称量 1000g 鲜香菇，清洗干净，加入 1：3 的水，沸水煮 30min 后，补足缺失的水分，用打浆机打浆 1 次，再过 3 次胶体磨，得到香菇浆盛入容器中密封备用。

3. 混合、杀菌

将香菇浆与红枣汁按适当比例混合稀释进行高温杀菌，枣汁添加量为 6%。

4. 冷却、接种

待杀菌样品冷却至室温后，在无菌环境下先加入 14% 乳粉摇匀，再按 0.15% 接种乳酸菌。

5. 发酵

放入恒温培养箱中 42℃、150r/min 振荡培养发酵 12h。

6. 调配

按 70%香菇发酵原液、16%白砂糖、0.20%羧甲基纤维素钠、0.15%果胶比例进行调配。

7. 均质

均质压力 35MPa 下均质 3min。

8. 杀菌

采用巴氏杀菌法。

第九节　食用菌深加工

除对可进行传统的干制、罐头和盐渍等初加工以外，食用菌的深加工也越来越引起食用菌产业界的重视。食用菌中所含有的独特物质，比如萜、酮和酚等不仅可以有效增强人体免疫力、降低血脂和抑制肿瘤等，也可以缓解人体疲劳，提高了氧气吸收率。因此，食用菌深加工主要是提取其具有高营养、药用或其他特殊价值的特定物质成分，进而生产具有高附加值的产品，包括科学提取食用菌有效功能性成分，加工成药品、保健食品、化妆美容产品等。

一、食用菌保健食品

通过提取、分离和纯化等多种精细化深加工工艺，可将食用菌原料加工制成食用菌茶、食用菌胶囊和食用菌片剂、饮剂等。目前，市场中此类产品占据主导地位，具有广阔的发展空间。猴头菇多糖是目前研究最多的猴头菇活性成分之一，大量研究表明，猴头菇多糖具有抗疲劳、增强免疫力等生物活性功能。不同的提取方法对猴头菇多糖的生物活性、结构及提取率均有很大的影响，所得片段结构会有很大的差异。传统上最常用的多糖提取方法多为热水浸提法，其提取率受温度、时间以及料液比等因素的影响较大，且具有时间长、成本高、提取率低等缺点。新型的多糖提取工艺如酶辅助提取法、微波辅助提取法、超滤浓缩提取法，虽然可以弥补这些缺点，但是其对多糖的结构影响较大，进而影响其生物活性功能。

二、食用菌药品

食用菌药品对于精细化深加工有着十分精准的要求，如香菇和灵芝等多种食用菌对于艾滋病病毒和流感病毒等病毒都有着不同程度的抑制作用，目前市场中主要有香菇口服液和猴菇护胃片。

三、食用菌护肤品

食用菌中有效成分对于人的皮肤具有抗皱、消炎和美白等多重功效，被用于护肤品较多的菌类主要有香菇、灵芝和银耳等。食用菌护肤品可以有效地缓解皮肤衰老的速度，对色素沉淀和老年斑也有着比较明显的改善，深受消费者喜爱。

第七章　菌渣综合利用

食用菌栽培一般主要以木屑、棉籽壳、麦麸、玉米芯、牲畜粪便等为原料，栽培过程中基质仅有部分被降解利用。食用菌菌渣是指采用木屑、棉籽壳、玉米芯等有机物栽培食用菌之后，培养料中剩余的菌丝、被不同程度降解的木质纤维素和多种糖类、有机酸类及生物活性物质，菌渣中还残留丰富的木质素、纤维素、蛋白质等结构物质，其有机质含量仍较高，同时还含有大量矿质营养物质。一般来说，栽培食用菌后，培养基木质素可降解 30% 左右，粗纤维降低 40%~70%，粗蛋白质可提高 25%~40%。通常食用菌菌渣含水量在 30%~55%，粗蛋白质 5.8%~15.4%，粗纤维 2.0%~37.1%，粗脂肪 0.1%~4.5%，粗灰分 1.5%~35.8%，无氮浸出物 33.0%~63.5%，钙 0.2%~4.6%，碳氮比在 30∶1 以下，pH 6.0~8.0，多数菌渣有机质含量在 45% 以上。

由于食用菌栽培过程已经降解利用了培养基中相对容易降解的成分，因此菌渣中的有机物通常相对更为稳定，可作为基质结构材料。此外，菌渣表面存在大量羟基、磷酰基和酚基等吸附性官能团，一般具有较高的阳离子交换率。同时，菌渣还具有容重小、孔隙度大等特点，菌渣的这些特性赋予了其极好的基质化利用潜力。食用菌菌渣氨基酸齐全，其中多种氨基酸含量与玉米中氨基酸含量接近，不但含有大量的营养物质，还存在着多种微生物及酶等其他活性物质，对改良土壤理化性状和微生态环境、促进植物营养吸收有着积极的作用。

我国食用菌产量逐年增加，据中国食用菌协会的统计调查，2021 年全国食用菌总产量为 4133.94 万吨（鲜品），比 2020 年的 4061.42 万吨增长了约 1.79%，如此高的产量必将产生巨量的菌渣，对菌渣处理不当将造成巨大的资源浪费和环境污染。目前，菌渣的利用率仍然较低，多数菇农以燃烧、丢弃或者粉碎还田等粗放方式处理菌渣，易造成环境污染，并产生潜在的人畜疾病传播风险，影响食用菌产业可持续发展。因此，菌渣的资源化、高值化、科学化、规范化利用对提高农林废弃物的资源利用率、应对未来食用菌生产原料短缺以及保护环境具有重要意义。

一、菌渣栽培食用菌

不同食用菌对培养料利用程度不同。菌渣含有丰富的营养成分如氨基酸、多糖等，可部分替代棉籽壳、木屑、玉米芯等材料，拓宽食用菌培养料来源，降低生产成本，经过粉碎、发酵和（或）灭菌等过程后可二次栽培食用菌，降低原材料成本，对可能的原材料紧缺问题和食用菌产业可持续发展具有重要意义。

目前工厂化栽培的金针菇、杏鲍菇、真姬菇等食用菌菌渣中，如金针菇、刺芹侧耳只出一潮菇，不仅含有未完全降解利用的木质纤维素等营养物质，还含有大量食用菌菌丝体，晒干粉碎后补充一些其他栽培原料，不仅可以再次栽培双孢蘑菇、草菇等草腐型食用菌，还可以栽培秀珍菇、榆黄蘑、平菇等侧耳类食用菌。采用金针菇菌渣替代部分棉籽壳进行平菇栽培，当菌渣添加量为70%时，生物学效率达到110%以上，栽培成本比全棉籽壳降低30%以上，经济效益提高12%以上。双孢蘑菇菌渣处理后作为覆土材料，可以提高双孢蘑菇生物学效率，菌渣添加量对产量和子实体性状具有显著影响。杏鲍菇菌渣在双孢蘑菇栽培中表现出较常规粪草培养料更强的优势，已经被大量推广。

在利用菌渣进行食用菌栽培时，应该注意经前次栽培后菌渣会留下菇根、病菇、老菇等，料内就会滋生各类微生物，且湿度下降、易发酸变质，不利于新菌菇的生长。同时，菌渣应与作物秸秆、棉籽壳、玉米芯等配合使用，新加入的辅料要经过相应的预处理后其营养成分才易于被菇体吸收，因此在调湿、调 pH 等处理后还要根据实际选择合适的栽培方式才能达到较好的栽培效果。

(一) 菌渣的预处理

用于二次种菇前，必须先清除霉变腐烂的菌渣，机械或人工脱袋粉碎、过筛，将混有的塑料袋、硬结块、木棒、捆扎绳、玻璃等杂物清除干净。如菌渣新鲜且无杂菌污染，则可直接粉碎后使用，或发酵处理后作为食用菌的主要栽培原料。菌渣如需长期存放，应将鲜菌渣粉碎晒干或烘干后储存备用。晾晒过程中，应多次翻动，防止霉变、腐烂、生虫，影响菌渣质量。

(二) 菌渣的发酵处理

将粉碎后的菌渣混合均匀，调节含水量到60%~65%，pH 7.5~8.0，建梯形条垛发酵堆，堆底宽 2.0~3.0m、顶宽 1.2~2.0m，高 0.8~1.0m，长度不限，每隔40cm 在料面从上到下打一通气孔，孔直径5cm 左右。发酵时须及时翻堆，堆制的前几天如不翻堆极易滋生大量霉菌。一般建堆第 3 天翻堆一次，之后当堆温达 60℃以上，保持24~36h 后再翻堆一次，并补足水分至含水量 60%~65%，之后再翻堆1~2 次，发酵周期 5~7 天。发酵期间应及时翻堆，并防止雨淋和积水，预防霉菌污染和害虫发生。发酵结束后的菌渣呈深褐色，长有放线菌，有特殊香味，无霉臭味。

(三) 菌渣配方调整

由于不同菌渣理化性状不同，与棉籽壳、玉米芯、木屑、作物秸秆等配合再次用于种菇时，添加比例应适当。添加量根据新鲜菌渣或发酵菌渣的含水量折合成干料重，与其他原料按比例复配。出菇潮次少、生物学效率低的工厂化菌渣，碳氮比较高，供二次种菇时，添加的比例可适当增加，为40%~70%；出菇潮次多、生物学效率高的传统栽培产生的菌渣，碳氮比偏低，添加比例须适当减少，为 20%~40%。

二、菌渣生产有机肥

目前农业生产中大量使用化肥对生态环境产生了严重危害。菌渣含有丰富的有机质和营养元素，可以显著改善土壤营养和物理结构，提高土壤有机质、碱解氮、速效磷和速效钾含量，减少土壤有机质流失，在蔬菜种植中具有良好的应用前景。菌渣质地疏松，有较好的持水能力，进一步分解成具有良好通气蓄水能力的腐殖质，可有效改良土壤。通过复配在菌渣中添加一些养分，实现养分的合理搭配，能生产菌渣有机肥。

微生物有机肥是按照行业标准《生物有机肥》（NY 884—2012）生产的，指特定功能微生物与主要以动植物残体（如畜禽粪便、农作物秸秆等）为来源并经无害化处理、腐熟的有机肥料复合而成的一类兼具微生物肥料和有机肥效应的肥料。

随着现代化学工艺和微生物产业的不断发展，菌渣用作有机肥的研究越来越完善。在食用菌菌渣堆肥中接种高温放线菌，可使堆内温度上升至 45℃ 以上，并可持续 18~20 天，其总养分和有机质含量等指标均达到有机肥料标准。采用真姬菇菌渣快速堆制有机肥料，无须添加其他原材料，仅做好水分、pH、通气和温度等管理，就可获得各项养分指标均符合相关标准的有机肥料产品。在双孢蘑菇菌渣中添加发酵剂腐熟生产肥料，用于稻田做基肥试验，可使水稻空瘪粒数少，稻穗饱满，产量较施用普通肥料增加 20.55%，与不施肥相比增产 44.18%，增产效果明显。

但是，有的菌渣含有较多的可溶性无机盐，可能存在潜在的重金属和病原体污染风险，不利于植物生长。欧美国家在生产中通常将菌渣进行 1~2 年的室外自然腐熟、雨水淋洗，降低盐含量后再利用。同时，菌渣作为有机肥使用时应对其盐含量进行检测，控制施用量，以避免培养料盐含量过高，影响植物生长。

（一）加工有机肥对菌渣的要求

有机肥的首要条件是有机质含量高于 40%，对于食用菌菌渣来说，大部分远高于这一指标，多达 70%~80%。菌渣中有机质含量高，速效性养分齐全，菌丝在生产过程中分泌的一些生物活性物质，能够分解复杂有机物，抑制部分土传性病害，促进植物生长；菌渣质地疏松，有较好的持水能力，在土壤中可进一步分解成具有良好透气蓄水能力的腐殖质，可有效改良土壤。对于达不到要求的菌渣可通过复配实现养分的合理搭配。菌渣有机肥作为一种化学肥料替代品，是极具潜力的生物肥料。

（二）菌渣加工商品有机肥流程

菌渣经堆肥化处理后，粉碎过筛，加辅料复配，再混合造粒，即加工成商品有机肥。采用条垛式、圆堆式、机械强化槽式和密闭仓式堆肥等技术进行好氧堆肥处理。好氧堆肥工艺包括一级发酵和二级发酵。一级发酵即高温阶段,保证料堆内温度在50~60℃,当温度超过65℃时进行翻堆,使此过程发酵温度在50℃以上保持7~10天或45℃以上不少于15天。一级发酵过程含水量宜控制在50%~60%,发酵周期为35~40天。二级发酵即降温阶段,堆体温度为50℃以下,适时控制堆高、通风和翻堆作业,发酵周期为15~20天。当堆温不再上升,料呈黑褐色、无异味时发酵结束。

三、菌渣制作栽培基质

草炭是一种具有较好理化性状的基质原料,目前应用广泛,但由于草炭是煤的原始状态,是不可再生资源,不仅总量有限,而且过度开采会给生态环境造成极大的破坏,因此,开发草炭的替代物一直是栽培基质的研究热点。菌渣物理性质优良、容重轻、孔隙度大、持水性能优良、透气性好,产量丰富,成本低廉,而且腐熟后的理化性质得到改善且可利用养分增加,与其他基质复配可起到较好的育苗效果。菌渣材料自身具备良好的物理性状,是一种无土栽培的好材料。同时,在食用菌种植时,菌丝会对其中的纤维素、半纤维素、木质素等进行不同程度的降解,而且菌丝在生长过程中会向菌渣中分泌次生代谢产物、菌体蛋白、微量元素等多种养分,增加其可利用的有机物质含量,对植物生长具有很大的促进作用。

以发酵好的金针菇菌渣、草炭土和珍珠岩为原料,以发酵菌渣∶草炭土∶珍珠岩为4∶4∶2的配比进行黄瓜无土栽培,从苗期生长情况看,利用金针菇菌渣发酵料作为黄瓜的无土栽培基质效果不错,瓜苗长势好,叶片嫩绿。产量方面与常规栽培基质差异不大。菌渣基质栽培的实生苗黄瓜中的还原糖、维生素C、多种氨基酸、总氨基酸的含量都比土壤栽培嫁接苗黄瓜中的含量高,黄瓜品质提升,口感更好。

四、菌渣生产饲料

食用菌多数栽培基质中蛋白质含量较低或粗纤维含量过高,影响畜禽对营养物质的消化吸收,导致其饲用性能较差。菌渣饲料化利用的基本条件是氨基酸含量要与玉米相当,在经过多种微生物发酵和食用菌的分解作用,纤维素、半纤维素和木质素等均被不同程度降解,同时还产生了大量菌体蛋白、多种糖类、有机酸类和其他活性物质,增加了有效营养成分含量。菌渣中含有少量生物碱、黄酮及其苷类,还含有机酸、多肽、甾醇及三萜皂苷等生物活性物质,这些物质可作为天然抗氧化剂和抗炎物质,能预防一些动物因食物链问题而引起的疾病。

饲料化利用对菌渣的新鲜度及其栽培原料要求较高,须做到无霉变、无动物不可食和不可消化的原料或异物，未使用高毒、高残留药物等。新鲜菌渣须尽快干燥，可添加适量脱霉剂，减轻霉菌毒素的危害。根据菌渣种类和营养成分、畜禽的种类和生长阶段，与其他饲料合理搭配，特别是与能量、蛋白质、矿物质以及维生素类饲料搭配使用。饲喂时要渐次逐量添加，适应后逐渐增加到常规用量。

在育肥猪日粮中添加 40% 的发酵菌渣，不仅能促进肉猪生长，明显降低腹泻率，同时又能减少精料用量，降低养殖成本。用金针菇菌渣替代其他饲料饲喂牛、羊等草食动物，可降低饲料成本，提高经济效益。用发酵的金针菇菌糠喂奶牛可以显著提高产奶量，改善奶牛健康状况，显著提高经济效益。菌渣饲料还可提高畜禽对于营养物质的消化利用效率。

五、菌渣提取活性成分

由于菌渣中残留大量食用菌菌丝体，因此菌渣中含有所有食用菌自身（菌丝体和子实体）体内存在的生物活性物质，从食用菌中获取的生物活性物质也能够从菌渣中获得，如多糖、植物甾醇、三萜皂苷、肌酸等。这些物质具有多种保健功能，如萜类、甾醇类具有抗病毒、抗肿瘤及调节酶活性等的作用，多糖类可以调节并提高免疫力、记忆力和抑制病菌等，对促进人体健康具有重要意义，所以其在食品和医药领域均具备巨大的开发潜力。

（一）菌渣浸提液的制备和应用

杏鲍菇菌渣建堆发酵 30 天，再将发酵菌渣按 1∶10 的比例加水，搅拌发酵制备好氧浸提液，厌氧环境发酵制备厌氧浸提液。分别在双孢蘑菇覆土时打"出菇水"和"转潮水"时喷施，现蕾时间分别提前 3 天和 2 天，对产量无影响。好氧浸提液防控双孢蘑菇干泡病的效果达到 40.85%，厌氧浸提液防控效果为 27.08%，均显著高于咪酰胺药剂，说明利用菌渣浸提液处理覆土对双孢蘑菇干泡病具有较好的防控作用。

（二）菌渣中寡糖的提取

在 PDA 液体培养基中添加金针菇菌渣粗寡糖可以促进食用菌菌丝体的生长，但对不同种类的食用菌促进效果不同，金针菇菌丝增重 62.32%，灵芝菌丝增重 16.08%。粗寡糖对植物病原真菌菌丝生长有不同程度的抑制作用，当粗寡糖浓度为 100mg/mL 时，对植物病原菌具有较强的抑制作用，其中以茄子褐纹病菌抑制效果最明显，抑制率达 82.93%。

六、菌渣用于生态修复

重金属污染对环境和人体的危害巨大，其来源广泛、不易降解且治理困难。化学吸附降解法不仅成本高且经常会带来二次污染，但以食用菌菌渣为代表的生物降解法不仅成本低廉、降解效果好，还达到了"以废治废"的效果，是不会产生二次污染的环境友好型方法。食用菌菌渣表面积大、微孔结构发达且富含有利于吸附重金属元素的小分子物质，具备广泛利用和推广的潜力。

菌渣含有丰富的木质纤维素和菌丝体，且不同的食用菌菌渣具有不同的物理特性，是吸附重金属、石油等污染物的良好材料。食用菌菌渣对 Pb^{2+} 和 Zn^{2+} 吸附作用的研究表明，菌渣对 Pb^{2+} 和 Zn^{2+} 有较强的吸附作用。在人工配制的 Pb^{2+} 和 Zn^{2+} 溶液 pH 分别为 5 和 6，初始浓度均为 20mg/L，吸附剂用量分别为 16g/L 和 12g/L，吸附时间为 3h，室温（25℃）条件下吸附率达到最高，吸附后水中 Pb^{2+} 和 Zn^{2+} 浓度与污水综合排放标准《污水排放标准》（GB 8978—1996）中规定的浓度相接近。菌渣中的微生物以及酶类，如漆酶、木聚糖酶、纤维素酶、β-葡聚糖酶、木质素过氧化物酶等对多环芳烃（PAHs）和酚类等污染物具有较好的降解作用。

食用菌菌渣所拥有的多种微生物还具有对土壤和水中存在的有机异源化合物进行生物分解的能力。戊唑醇能够有效防治多种作物病害，但戊唑醇在表层土壤中容易富集，易造成环境污染。采用 75% 双孢蘑菇菌渣和 25% 糙皮侧耳菌渣对戊唑醇污染的土壤进行修复处理，为期一年的试验表明，在土壤中添加菌渣不仅能够加快戊唑醇去除速率，还对其持续性和迁移性具有一定的影响，将戊唑醇类农药和菌渣同时使用会显著降低戊唑醇污染土壤与水体的危险性。

在土壤中添加有机物料，能够改变土壤微生物群落结构，提高土壤肥力。使用食用菌菌渣改善土壤结构，提高作物产量，在国内外均有很多报道。西班牙学者采用双孢蘑菇菌渣 T1 和双孢蘑菇与平菇混合（1∶1）菌渣 T2 进行试验，以不添加菌渣处理的土壤作为对照。在处理后 126 天时间内测定了土壤 pH、电导率、可氧化有机碳、可利用磷、有机氮、土壤呼吸作用以及多种酶（过氧化氢酶、脲酶、磷酸酶等）的活性。结果表明，菌渣处理后的土壤尤其是 T1 组土壤，过氧化氢酶活性、可氧化有机碳和可利用磷含量显著增加，而对土壤物理、化学特性（pH 和电导率）的影响不大，菌渣处理后土壤呼吸作用和磷酸酶活性显著增强。研究结果表明，施用食用菌菌渣能够增加土壤肥力，但不能显著改变土壤盐渍度和 pH。

七、菌渣的能源化利用

菌渣中含有丰富的有机物质，原料经食用菌分解后形成较多的小分子水解物质，还含有铁、钙、锌、镁等生长因子，容易被沼气微生物利用，因此菌渣可作为沼气生产的良好原料，剩余的沼液和沼渣还可作为有机肥还田。食用菌菌渣中含有的剩余秸秆、木屑、玉米芯、粪便和酶解产生的纤维素等，可作为乙醇的发酵原料，1t 食用菌菌渣大约可生产 150kg 乙醇。

利用菌渣生产沼气时，将菌渣添加量控制在 80%~90%，少量添加人畜粪便，菌渣的发酵效率高，产气量稳定，产沼气量与以畜禽粪便为原料的沼气池相比差别不大甚至稍高。将其应用于户用沼气池，可满足农户生活用气需求。

利用菌渣生产有机燃料时，将废菌包脱袋后，挤压成高密度颗粒，可作为锅炉燃料。近年开发出了菌渣木炭机，将菌渣通过粉碎、烘干、制棒、炭化处理等工艺，在隔绝空气条件下，经高温高压成型、炭化处理后制成木炭。另有"生物质气化炉"，可直接利用菌渣作燃料，提高了热值和气化效率。

参考文献

[1] 张金霞, 陈强, 黄晨阳, 等. 食用菌产业发展历史、现状与趋势 [J]. 菌物学报, 2015, 34 (4): 524-540.

[2] 于汇, 赵梓霖. 食用菌工厂化生产的关键技术 [J]. 热带农业工程, 2021, 5: 121-123.

[3] 周晚来, 杨睿, 张冬冬, 等. 菌渣基质化利用中存在的问题与应对策略探讨 [J]. 中国农业科技导报, 2021, 23 (10): 117-123.

[4] 陈雪冬, 刘雪龙, 高冠群, 等. 食用菌副产物资源化再利用研究进展 [J]. 天津农业科学, 2021, 27 (10): 41-46.

[5] 郭远, 宋爽, 高琪, 等. 食用菌菌渣资源化利用进展 [J]. 食用菌学报, 2022, 29 (2): 103-114.

[6] 宫志远, 韩建东, 杨鹏, 等. 食用菌菌渣循环再利用途径 [J]. 食药用菌, 2019 (1): 9-16.

[7] 曹君, 李超, 刘国宇, 等. 两种工厂化食用菌菌糠主要营养成分分析及平菇栽培试验效果比较 [J]. 园艺与种苗, 2017 (9): 1-3.

[8] 刘启燕, 戚俊, 周洪英, 等. 食用菌液体菌种工厂化生产应用现状及发展浅析 [J]. 食用菌, 2018, 40 (6): 8-10, 22.

[9] 张志军, 李凤美, 周永斌, 等. 猴头菇工厂化栽培的关键技术示范 [J]. 中国科技成果, 2017 (23): 1.

[10] 张丽影, 潘婷, 苏宇, 等. 平菇和杏鲍菇两种菌糠的营养价值分析 [J]. 广东微量元素科学, 2015, 22 (5): 24-28.

[11] 匡云波, 蔡丽婷, 叶智文, 等. 金针菇栽培原料与菌渣中营养成分的变化分析 [J]. 亚热带农业研究, 2017, 13 (3): 187-190.

[12] 黄小云, 沈华伟, 韩海东, 等. 食用菌产业副产物资源化循环利用模式研究进展与对策建议 [J]. 中国农业科技导报, 2019, 21 (10): 125-132.

[13] 宫福臣, 张东雷, 张玉铎, 等. 平菇菌糠饲料的营养价值与安全性评估分析 [J]. 中国畜牧兽医, 2012, 39 (11): 86-89.

[14] 温广蝉, 叶正钱, 王旭东, 等. 菌渣还田对稻田土壤养分动态变化的影响 [J]. 水土保持学报, 2012, 26 (3): 82-86.

[15] 王莹, 马宏伟. 食用菌废渣改良土壤理化性质的研究 [J]. 吉林农业, 2013

(1)：59-60.

[16] 王鲁，郭旭超，蒋健，等.食用菌工厂化生产环境无线监控系统的研发 [J].
山东农业科学，2016（1）：129-133.

[17] 徐青松，骈跃斌，杨杰，等.果树下食用菌复合套种栽培技术研究 [J].山
西农业科学，2018，46（12）：2029-2033.

[18] 陈敏，王军涛，冯有智，等.菇菜套作对土壤微生物群落的影响 [J].土壤
学报，2015（1）：145-153.

[19] 强巴卓嘎.菌菜套种对设施内环境因子的影响 [J].中国林业产业，2016
（11）：242.

[20] Yang Y X, Chen J L, Lei L, et al. Acetylation of polysaccharide fromMorchella
angusticeps peck enhances its immune activation and anti-inflammatory activities in
macrophage RAW264.7 cells [J]. Food and chemical toxicology, 2018, 125：
38-45.

[21] Cai W D, Ding Z C, Wang Y Y, et al. Hypoglycemic benefit and potential mecha-
nism of a polysaccharide from Hericium erinaceus in streptozotoxin-induced diabetic
rats [J]. Process biochemistry, 2020, 88：180-188.

[22] Yan J K, Ding Z C, Gao X L, et al. Comparative study of physicochemical proper-
ties and bioactivity of Hericium erinaceus polysaccharides at different solvent extrac-
tions [J]. Carbohydrate polymers, 2018, 193：373-382.

[23] Cai Z N, Li W, Mehmood S, et al. Structural characterization, in vitroand in vivo
antioxidant activities of a heteropolysaccharide from the fruiting bodies of Morchella
esculenta [J]. Carbhydrate polymers, 2018, 195：29-38.

[24] Wu F, Zhou L W, Yang Z L, et al. Resource diversity of Chinese macrofungi：
Edible, medicinal and poisonous species [J]. Fungal diversity, 2019, 98（1）：
1-76.

[25] Shimizu T, Mori K, Ouchi K, et al. Effects of dietary intake of Japanese mush-
rooms on visceral fat accumulation and gut microbiota in mice [J]. Nutrients,
2018, 10（5）：1-16.

[26] 郑佳，颖谢勇.我国食用菌及其制品加工研究现状及进展 [J].福建轻纺，
2023（6）：22-24.

[27] 景晓卫，李孟霁.四川省食用菌加工产业现状及发展建议 [J].四川农业科
技，2022（11）：79-82.

[28] 曹品晶，孙达锋，苟学磊，等.食用菌预制菜加工现状分析及展望 [J].中
国食用菌，2022，41（10）：62-65.

[29] 杨宁，罗晓莉，张微思，等．食用菌调味油加工技术研究进展［J］．中国食用菌，2022，41（8）：71-75．

[30] 张良洁．食用菌复合调味料加工现状与发展趋势［J］．现代食品，2020（12）：36-38．

[31] 郭晓帆，杨蓓蕾，王欣悦，等．食用菌加工产品发展前景分析［J］．现代园艺，2018（4）：21．

[32] 杨文建，王柳清，胡秋辉．我国食用菌加工新技术与产品创新发展现状［J］．食品科学技术学报，2019，37（3）：13-18．

[33] 侯瑞明．食用菌的经济价值及其加工利用分析［J］．农产品加工，2018（11）：74-76．

[34] 黄蓓蓓．食用菌食品加工技术探析［J］．现代食品，2019（11）：60-62，65．

[35] 沈文凤，王月明，王文亮，等．食用菌调味料加工工艺研究现状［J］．农产品加工，2016（14）：65-67．

[36] 张士罡，汪尚法．食用菌蔬菜罐头的加工［J］．农村新技术，2016（2）：54．

[37] 马征祥，王文亮，石贤权，等．食用菌脆片休闲食品的加工工艺研究现状及展望［J］．中国食物与营养，2016，22（1）：30-34．

[38] 康孟利，宣晓婷，林旭东，等．食用菌保鲜技术研究及其在花菇保鲜上的应用［J］．农产品加工，2023（10）：76-80，90．

[39] 商立超，弓志青，王文亮，等．食用菌采后保鲜技术研究进展［J］．山东农业科学，2022，54（7）：149-156．

[40] 周忠明，沈海霞．食用菌保鲜技术的研究进展［J］．现代园艺，2022，45（8）：178-180，183．

[41] 胡春丽．食用菌储藏保鲜现代物流发展模式及对策［J］．农业工程，2022，12（2）：156-159．

[42] 邱铭锰，胡宇欣，林程，等．食用菌采后保鲜方法在草菇上的应用进展［J］．中国食用菌，2022，41（2）：1-5，9．

[43] 周忠明，沈海霞．食用菌保鲜技术的研究进展［J］．现代园艺，2022，45（8）：178-180，183．

[44] 邱铭锰，胡宇欣，林程，等．食用菌采后保鲜方法在草菇上的应用进展［J］．中国食用菌，2022，41（2）：1-5，9．

[45] 夏紫茜，李辣梅，严涵，等．食用菌采后保鲜研究进展［J］．中国果菜，2021，41（5）：15-22．

[46] 杜金艳．食用菌采后生理特性与保鲜技术研究进展［J］．农业开发与装备，2021（1）：128-129．

[47] 孙若兰，王璐，易有金，等．食用菌采后贮藏保鲜 [J]．食品工业，2020，41（8）：266-270.

[48] 赵敏．互联网经济背景下食用菌保鲜流通模式的优化 [J]．中国瓜菜，2020，33（9）：103-107.

[49] 杨军，李钊．现代物流发展中的食用菌保鲜技术探讨 [J]．中国食用菌，2020，39（6）：53-55.

[50] 程丽丽．食用菌冷链物流保鲜市场现状及发展趋势 [J]．中国食用菌，2020，39（6）：103-105，109.

[51] 钱磊，刘连强，李凤美，等．食用菌生物保鲜技术研究进展 [J]．保鲜与加工，2020，20（1）：226-231.

[52] 任浩，于官楚，孙炳新，等．食用菌贮藏保鲜技术研究进展 [J]．包装工程，2019，40（13）：1-11.

[53] 徐嘉，丁程元，佟璐，等．现代物流技术在食用菌储藏保鲜中的应用 [J]．中国食用菌，2019，38（6）：136-138.

[54] 李淑芳，陈晓明，丁舒，等．羊肚菌干制方法对产品品质的影响研究 [J]．天津农林科技，2021（5）：6-9.

[55] 冯清妍，倪元颖，宋弋，等．双孢蘑菇干制技术研究进展 [J]．食品工业科技，2019，40（6）：336-341.

[56] 邵平，彭继腾，马新，等．茶树菇软罐头加速贮藏过程中的品质变化规律 [J]．食品与发酵工业，2014，40（1）：226-231.

[57] 高志强，何梦烨．杏鲍菇什锦罐头的工艺研究与优化 [J]．农业与技术，2021，41（12）：17-22.

[58] 张健．白灵菇罐头加工工艺 [J]．农家致富，2014（23）：44-45.

[59] 陈伟，崔佳丽．双孢菇罐头的加工工艺 [J]．农村百事通，2017（13）：22-23.

[60] 安振营．滑子菇盐渍加工方法 [J]．农村新技术，2016（2）：53-54.

[61] 王振波．金针菇盐渍保鲜法 [J]．农业知识，2011（29）：51.

[62] 江明．平菇蜜饯加工工艺初探 [J]．安徽农业科学，2007（26）：8327.

[63] 阎欣欣．草菇蜜饯 [J]．农业知识，2005（8）：34.

[64] 牟水元．猴头菇蜜饯的加工 [J]．中小企业科技，2006（5）：48.

[65] 胡盼盼，高平，王莉，等．黑木耳发酵泡菜加工工艺研究 [J]．天津农业科学，2017，23（5）：53-57.

[66] 张羲，陈安特，吴秋昊，等．黑木耳泡菜发酵液配方优化研究 [J]．中国调味品，2017，42（4）：47-52.

［67］谢晨阳，付婷婷，朱立明，等．黑木耳泡菜优化工艺研究［J］．农业机械，2013（32）：65-67.

［68］马征祥，陈相艳，弓志青，等．食用菌休闲食品的研究开发现状及展望［J］．中国食物与营养，2016，22（6）：33-36.

［69］康林芝，刘诗琦，李少娟．响应面法优化香菇软糖的制作工艺研究［J］．粮食与油脂，2022，35（3）：122-126.

［70］严亮，刘丽，林珊，等．香菇软糖的研制［J］．食品安全导刊，2015（26）：76-79.

［71］范春艳．木耳可食性特种纸工艺研究［J］．食品工业科技，2014，35（1）：246-248，253.

［72］张欣，刘志鑫，孔祥辉．黑木耳果冻加工工艺研究［J］．食用菌，2022，44（3）：59-64.

［73］曹晶晶，何容，罗晓莉，等．香菇风味酱加工工艺配方研究［J］．食用菌，2020，42（3）：61-64.

［74］王桂桢，陈忠泽．香菇酱加工工艺研究［J］．保鲜与加工，2017，17（5）：88-95.

［75］程洋洋，惠靖茹，郝竞霄，等．香菇柄发酵酱营养品质及风味成分研究［J］．中国酿造，2022，41（7）：162-167.

［76］陈云．平菇醋酿造工艺的研究［J］．中国调味品，2016，41（2）：93-95，99.

［77］魏奇，吴艳钦，张锶莹，等．食用菌饮料的研究开发现状及展望［J］．食品工业，2022，43（3）：206-210.

［78］吕德平，王婷婷，陈旭．食用菌饮料研究进展［J］．中国食用菌，2013，32（4）：1-3.

［79］任文武，詹现璞，杨耀光，等．黑木耳饮料加工技术［J］．农产品加工（学刊），2012（7）：155，157.

［80］李延辉，郑凤荣．榆黄蘑发酵饮料的研制［J］．北方园艺，2010（3）：165-167.

［81］田龙．滑菇发酵饮料的研制［J］．食用菌，2008（5）：57-58.

［82］胡顺端．金针菇保健酒生产工艺［J］．农村新技术，2011（10）：46.

［83］王广耀，慈钊．猴头菇保健醋的生产工艺［J］．中国调味品，2009，34（6）：76，79.

［84］王立安．食用菌保鲜与加工技术手册［M］．北京：中国农业科学技术出版社，2020：27-31.

［85］庄海宁，冯涛．现代食用菌深加工［M］．北京：化学工业出版社，2022：

2-11.

[86] 杜连启．新型食用菌食品加工技术与配方［M］．北京：中国纺织出版社，2017：85-87.

[87] 郝利平．园艺产品贮藏加工学［M］．北京：中国农业出版社，2020：284-305.

[88] Navarro, María J, Gea F J, González, et al. Identification, incidence and control of bacterial blotch disease in mushroom crops by management of environmental conditions［J］. Scientia Horticulturae, 2018, 229：10-18.

[89] 骆庆，郭涛，孙召新，等．大球盖菇的生物学基础、活性成分及其应用［J］．微生物学通报，2023, 50（6）：2709-2720.

[90] 李建波，何璞．我国食用菌双翅目害虫种类和防治研究现状［J］．中国植保导刊，2017, 37（11）：8.

[91] 王剑．四川黄背木耳（*Auricularia polytricha*）主要病虫害发生与防治研究［D］．雅安：四川农业大学，2012：30-32.

[92] 罗佳，庄秋林．福建食用菌双翅目害虫的种类、为害及防治［J］．福建农林大学学报（自然科学版），2007, 36（3）：237-240.

[93] 何嘉，张陶，李正跃，等．我国食用菌害虫研究现状［J］．中国食用菌，2005, 24（1）：21-24.

[94] 张学敏，杨集昆，谭琦．食用菌病虫害防治［M］．北京：金盾出版社，1994：7-61.

[95] 杨春清，张学敏．平菇厉眼蕈蚊为害药用真菌初报［J］．植物保护，1994, 20（2）：19-20.

[96] 郑其春，陈容庄，陆志平，等．食用菌主要病虫害及其防治［M］．北京：中国农业出版社，1995：149-173.

[97] 沈登荣，张宏瑞，李正跃．云南食用菌眼蕈蚊分类及优势种分析［J］．昆虫学报，2009, 52（8）：934-940.

[98] Scheepmaker J W A, Geels F P, Smits P H, et al. Location of immature stages of the mushroominsectpest *Megaselia halterata* in mushroom-growing medium［J］. Entomologia E-xperimentaliset Applicata, 1997, 83：323-327.

[99] Omran Ali, Dunne R, Brennan P. Effectiveness of the predatory mite*Hypoaspis miles*（Acari：Mesostigmata：Hypoaspidae）in conjunction with pesticides for control of the mushroom fly *Lycoriella solani*（Diptera：Sciaridae）［J］. Experimental & Applied Acarology, 1999, 23：65-77.

[100] Nagesh M, Parvatha Reddy P. Status of mushroom nematodes and their management inIndia［J］. Integrated Pest Management Reviews, 2000, 5：213-224.

[101] Renata Angelica Prado Freire, Gilberto Jose de Moraes, Edmilson Santos Silva, et al. Biologicalcontrol of *Bradysi amatogrossensis* (Diptera: Sciaridae) in mushroom cultivation with predatorymites [J]. Exp Appl Acarol, 2007, 42: 87-93.

[102] Hussey N W, Wyatt I J. Cecid control by incorporation of insecticides in composts [J]. Mushroom Science, 1959, 4: 280-287.

[103] Hussey N W, Wyatt I J. The interaction between mushroom mycelium and insect pestp-opulations [J]. Mushroom Science, 1962, 5: 509-517.

[104] Wyatt I J. Insecticides and spawn strains [J]. Mushroom J., 1973, 3: 112-114.

[105] Wyatt I J. Principles of insecticide action on mushroom cropping incorporation into compost [J]. Ann. Appl. Biol., 1977, 85: 375-388.

[106] Wyatt I J. Principles of insecticide action on mushroom cropping: incorporation into casing [J]. Ann. Appl Biol., 1978, 88: 89-103.

[107] Kalberer P P. Control of sciarids in mushroom cultures [J]. Mushroom Science, 1978, X (2): 385-395.

[108] Keil C B, Othman M H. Effect of methoprene on*Lycoriella mali* (Diptra: Sciaridae) [J]. J. Econ. Entomol, 1988, 81 (6): 1592-1597.

[109] Wrighet E M, Chambers R J. The biology of the predatory mite*Hypoaspis miles* (Acari: Laelapidae), potential biological control agent of *Bradysia paupera* (Diptera: Sciaridae) [J]. Entomophaga, 1994, 39: 225-235.

[110] 孙立娟. 食用菌害虫种类调查及防治技术研究 [D]. 咸阳: 西北农林科技大学, 2008.

[111] 穆洪雁. 食用菌害虫优势种物理防治和生物防治技术的研究 [D]. 泰安: 山东农业大学, 2012.

[112] 周振辉, 廖浩锋, 陈多扬, 等. 食用菌工厂化栽培中病虫害防控措施浅析 [J]. 中国食用菌, 2019, 38 (5): 5.

[113] 洪鹏翔. 食用菌栽培主要病虫害综合防治技术 [J]. 中国食用菌, 2020, 39 (10): 4.

[114] 侯锡忠. 食用菌栽培常见病虫害及预防措施 [J]. 农业科技与信息, 2022 (15): 43-45.

[115] 宋新华. 食用菌常见病虫害的综合防治措施 [J]. 现代农业, 2021 (1): 47-48.

[116] 赵春生. 食用菌栽培中的病虫害防治措施与技术分析 [J]. 新农民, 2020 (23): 59-60.

[117] 沈晓红. 食用菌常见病虫害及防治方法 [J]. 食用菌, 2015, 37 (4):

54-56.

［118］洪鹏翔．食用菌栽培主要病虫害综合防治技术［J］．中国食用菌，2020，39
（10）：120-122，131.

［119］李宝通，黄葳珂，刘慧芹．我国食用菌常见病虫害的生防防治研究进展［J］．
天津农林科技，2021（6）：29-30，40.

［120］李云龙，张沐诗，白积海，等．食用菌常见病虫害及防治方法［J］．青海农
技推广，2021（2）：38-39.

［121］朱富春．食用菌病虫害绿色防控对策［J］．农业知识，2018（11）：49-51.

［122］董良华．食用菌病虫害综合防治技术［J］．农民致富之友，2018（15）：50.

［123］颜一红．食用菌主要病虫害调查及防治建议［J］．乡村科技，2017（25）：
61-62.

［124］朱广东．食用菌主要病虫害综合防治新技术［J］．农民致富之友，2014
（20）：194.

［125］周振辉，廖浩锋，陈多扬，等．食用菌工厂化栽培中病虫害防控措施浅析
［J］．中国食用菌，2019，38（5）：52-56.

［126］赵静，王延锋，盛春鸽，等．我国食用菌工厂化生产现状与发展趋势［J］．
中国林副特产，2021（5）：68-71，74.

［127］张俊彪，李波．对我国食用菌产业发展的现状和政策思考［J］．华中农业大
学学报（社会科学版），2012（5）：13-21.